现代物理基础丛书·典藏版

中子衍射技术及其应用

姜传海　杨传铮　编著

科学出版社

北京

内 容 简 介

“中子衍射技术及其应用”是基于材料中物质对入射中子的吸收、散射和衍射等现象，对物质(材料)晶体结构和磁结构研究的学科分支. 全书分为13章. 包括晶体结构和磁结构基础，中子射线及其与物质的交互作用，中子衍射的运动学理论，中子衍射散射实验方法，晶体结构的测定，自旋结构和磁结构的测定，物相衍射分析，材料残余应力衍射测定，材料织构的衍射测定，中子小角衍射散射的应用，新型材料的衍射散射分析，物质动态结构的非弹性散射研究以及中子衍射散射的工业应用.

本书可供固体物理、材料科学与工程、化学与化工、生物学与生物工程和医药与药物工程等专业的高校及科研院所的教师、研究生、高年级本科生阅读，也可供从事衍射分析的专业人员参考.

图书在版编目(CIP)数据

中子衍射技术及其应用/姜传海，杨传铮编著. —北京：科学出版社，2012
(现代物理基础丛书・典藏版)
ISBN 978-7-03-034451-9
Ⅰ. ①中… Ⅱ. ①姜… ②杨… Ⅲ. ①中子衍射 Ⅳ. ①O571.56
中国版本图书馆 CIP 数据核字(2012) 第 106336 号

责任编辑：刘凤娟　尹彦芳／责任校对：钟　洋
责任印制：吴兆东／封面设计：陈　敬

科学出版社 出版
北京东黄城根北街16号
邮政编码：100717
http://www.sciencep.com
北京凌奇印刷有限责任公司 印刷
科学出版社发行　各地新华书店经销
*
2012年6月第一版　开本：B5(720×1000)
2022年1月印　刷　印张：20 3/4
字数：392 000
定价：98.00元
(如有印装质量问题，我社负责调换)

前　　言

原子由原子核和核外电子组成, 而原子核包括质子和中子. 研究原子核的性质的科学称为核科学. 核科学的三大实际应用是:

(1) 和平利用原子能, 大的如原子能发电站, 小的如核电池等;

(2) 核武器, 如原子弹和氢弹;

(3) 建立在原子反应堆和核裂变基础上的中子衍射和散射在科学上的应用 (是这本书要讨论和研究的问题).

中子与 X 射线的性质比较如表 0.1 所示.

表 0.1　中子与 X 射线的性质比较

性质	中子	X 射线
波长	用晶体单色器从中子源中获得单色光	各种靶元素发出的特征 X 射线, 用晶体单色器从同步辐射中获得单色光
$\lambda = 1Å$的能量	10^{13}h, 和晶体振动能量一个量级	10^{18}h
原子散射的一般特征	核 各向同性, 原子散射因子与散射角无关 散射因子随原子序数不规则变化, 和核的结构有关, 只能用实验来确定 对不同的同位素振幅是不同的, 还与核自旋有关, 产生同位素和自旋的非相干性 对大多数核相差 180°, 但 H、^{3}Li、Ti、V、Mr、^{62}Ni 产生零相差, 如 ^{113}Cd 产生反常散射	电子 形状因子取决于 $\sin\theta/\lambda$ 散射因子随原子序数增大而增加, 极化系数与角度无关 同位素之间无差别 散射时相差 180°
磁散射	具有磁矩的原子产生磁散射 (1) 顺磁材料的漫散射 (2) 铁磁和反铁磁材料的相干衍射峰振幅随 $\sin\theta/\lambda$ 下降 由磁矩可以计算出振幅, 对不同自旋量子数的离子, 如 Fe^{2+}、Fe^{3+} 振幅是不同的	磁散射极弱, 只有同步辐射才能探测到磁散射
吸收系数	吸收系数很小, $\mu \sim 10^{-1}$ 有明显的例外, 如 B、Cd 和稀土元素具有较大的吸收系数, 随同位素而不同	吸收系数较大, 真实吸收常常大于散射, $\mu \sim (10^2 \sim 10^3)$, 随原子序数增加而增加

续表

性质	中子	X 射线
热效应	相干散射按德拜指数因子减小	
非弹性散射	波长变化显著; 对晶格振动和磁自旋可以得到频率–波数关系	波长变化很小
单晶反射	完美晶体反射受初级消光的限制, 嵌镶晶体元积分反射等于 QV	
	厚晶体中次级消光是主要的, "准薄晶体" 准则 $R^{\theta} \sim 3\eta$	厚晶体中次级消光是次要的 R^{θ}(厚晶体)$=Q/2\mu$
一般测量方法	BF_3 ^3He 计数器 新型探测器	照相底片、计数器、新型探测器
绝对强度测量	直接, 特别是粉末法	困难

可见中子具有如下特征.

(1) 来自反应堆或脉冲源的中子波谱 (能量谱) 呈连续分布, 最有利的中子波长 (1~10Å) 对于研究原子间的空间关系是很理想的; 入射中子的能量 (E) 和动量 ($\boldsymbol{Q}$) 与凝聚态物质中作用产生的典型能量相匹配, 有利的中子能量 [$E = 2\pi\lambda$(MeV). 当 $\lambda = 1$Å 时, $E = 6.82$MeV], 1~1000MeV 的中子允许测量 μeV ~ MeV 范围的元激发. 而 $\lambda = 1$Å的 X 射线, $E = \dfrac{hc}{\lambda} = \dfrac{12.398}{\lambda}$(keV) $= 12.398$keV.

(2) 中子具有磁矩, $\mu_{\rm m} = -1.1932$, 这使得它与材料在原子尺度上的磁化密度的空间变化相适应, 因此中子散射是研究磁结构和磁涨落的理想方法.

(3) 零电荷, 从原理上讲, 中子与物质的交互作用 (见图 0.1) 是短程强的交互作用, 并随原子序成无规则变化 (见图 0.2), 轻元素的散射长度也相当大, 相邻元素的散射长度也有一定差别.

(4) 同一元素的不同同位素有不同的散射长度, 如氢和氘散射分别为 $b_{\rm H} = -0.37 \times 10^{-12}$cm, $b_{\rm D} = 0.66 \times 10^{-12}$cm.

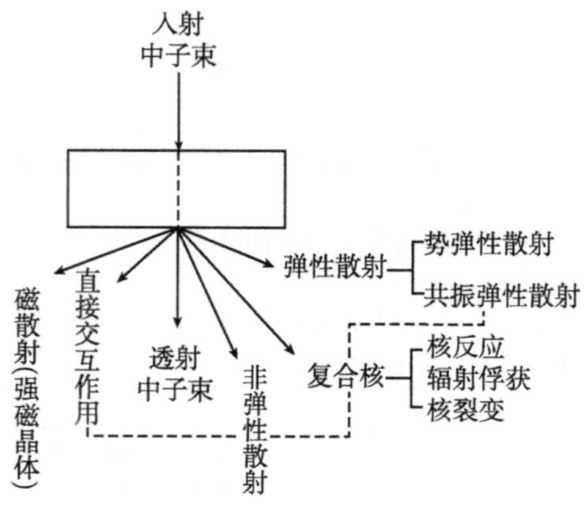

图 0.1 中子射线与物质的交互作用简图

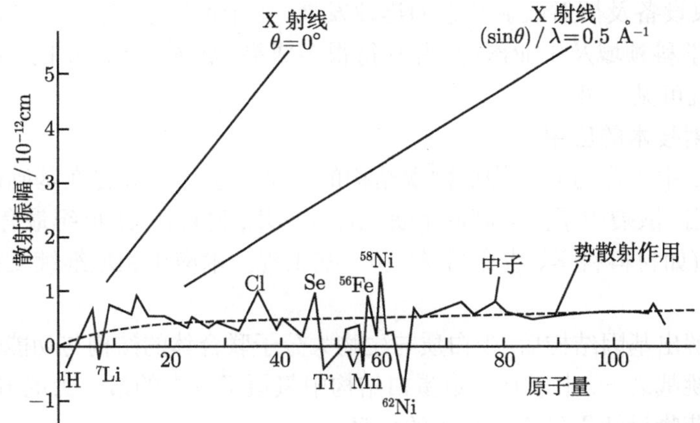

图 0.2　中子和 X 射线的原子散射振幅与原子序的关系曲线

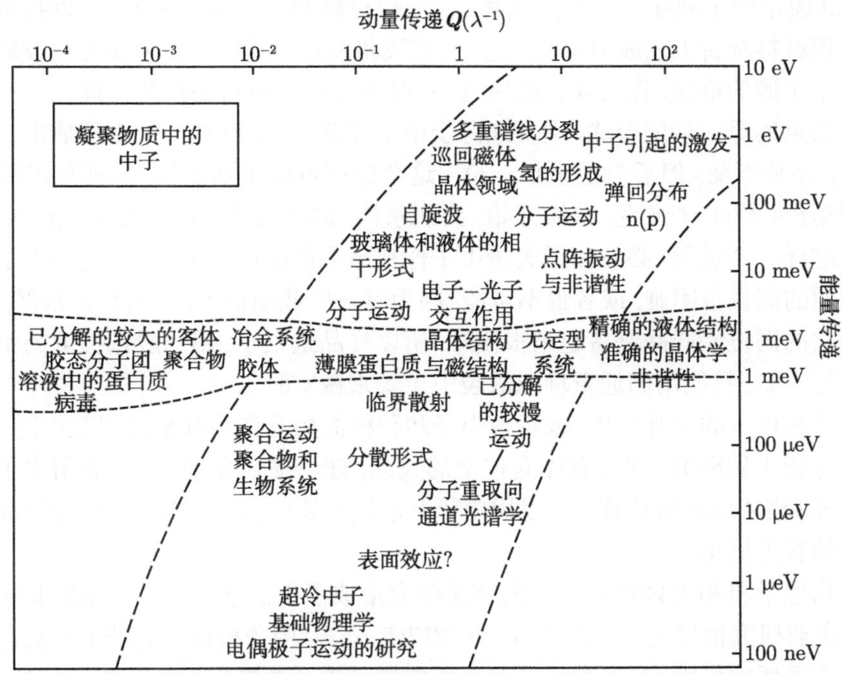

图 0.3　中子衍射和散射所覆盖的某些学科领域的示意说明

横向虚线间的区域为弹性散射

(5) 由于绝大多数材料 (元素) 的低吸收, 所以中子已成为凝聚态物质和材料高度有效的体探针和研究手段.

近 30 年来, 由于供衍射和散射用的中子源的分布遍及世界主要国家, 我国除中国原子能科学研究院的反应堆装置源外, 在广东东莞 2011 年动工兴建的散裂中子源, 以及线束设备及衍射散射装置的迅速发展, 中子衍射散射的应用日益广泛, 已深入到许多学科领域及工业部门, 并获得很多成果. 从图 0.3 所示的 “凝聚态物质中的中子” 就可见一斑.

中子散射技术的应用

21 世纪, 中子作为研究物质微观结构的一个理想体探针将在基础研究领域发挥重要的作用. 散裂中子源与高通量研究性反应堆, 也将在 21 世纪最有生命力、最活跃的学科 (如材料科学、生命科学) 和一些工程技术应用领域继续发挥它的重要作用.

在人们解出基因结构后, 蛋白质与生物大分子联合体的结构与功能便成为生命科学的主要挑战之一. 中子是确定蛋白结构中氢原子位置的最有力的方法, 为理解蛋白功能及药物设计提供不可缺少的信息.

工程材料、金属疲劳、氢化、腐蚀、形变每年造成上万亿元的损失和无数严重事故. 高通量中子能穿透一切金属体, 使理解材料的这种变化的机理, 以找出合格的新工程材料及新工艺成为可能. 美国一家飞机制造公司花上百万美元将发动机装上脉冲中子源的谱仪, 在发动机运转时, 实时测定机件材料的疲劳过程.

比铁重的重元素的合成, 主要来源于中子俘获, 即它吃掉一个中子放出一个光子, 原子序数不变, 但质量数增加一位. 这个过程可以不断进行, 它还要继续吃中子, 当然还要经过 β 衰变. 从铁开始, 到锕系核, 这些核素的产生都是这样形成的. 要模拟这样一个过程, 必须知道大量中子俘获截面的准确数据, 用其他的中子源开展这方面的测量很困难, 或者说不可能. 因为有一些截面很小, 作用几率很低. 有一些核素它的同位素样品制备起来很困难, 所以样品量很小, 用一般低强度的中子源无法进行实验, 只能用高通量堆或散裂中子源来做实验.

中子和核子的相互作用, 或者说中子和靶核的相互作用都是强相互作用. 如果用质子打靶去做研究, 因为有库仑位垒的关系, 理论描述非常复杂, 而用中子打靶去做研究, 描述就非常简化. 所以用中子开展这类实验, 可以非常清晰地获取强相互作用的有关信息.

核物理学科和天体物理学科的交叉研究形成了新的学科 —— 核天体物理学, 该学科主要研究恒星元素的形成以及它的丰度分布, 中子核反应有若干参数在其中起着至关重要的作用. 高通量堆及兆瓦级的散裂中子源能提供的源强, 可以用来研究一些极其罕见的稀有的事件.

兆瓦级中能强流质子加速器还可作为开展洁净核能源 (ADS) 相关的物理及技术研究的一个平台, 强流中子束有可能将核反应堆产生的长寿命放射性同位素转变为短寿命和稳定同位素, 变核废料为核原料, 开发新核能源. 俄罗斯科学家正在研究用强中子流照射法处理核废料.

在其他重要应用领域, 如中子活化分析、中子掺杂生产半导体器件、中子辐照育种、中子探伤、中子照相、中子测井等, 广泛地服务于国家安全、资源勘测、环境监测、农业增产等领域, 都产生了不可估量的社会效应.

《中子衍射技术及其应用》是基于材料中物质对入射中子的吸收、散射和衍射等现象, 对物质 (材料) 晶体结构和磁结构研究的学科分支. 全书分为 13 章. 包括晶体结构和磁结构基础, 中子射线及其与物质的交互作用, 中子衍射的运动学理论, 中子衍射散射实验方法, 晶体结构的测定, 自旋结构和磁结构的测定, 物相衍射分析, 材料残余应力衍射测定, 材料织构的衍射测定, 中子小角衍射散射的应用, 新型材料的衍射散射分析, 物质动态结构的非弹性散射研究和中子衍射散射的工业应用, 可见本书未包括中子在核物理、核天体物理方面的应用.

本书的特色是专业读物和高级科普相结合. 所谓专业读物是指本书可供从事 (中子和 X 射线) 衍射实验工作的专业人员工作中参考; 所谓高级科普是指本书可供欲在科学和工程技术中使用中子衍射散射技术的研究人员阅读.

创新点主要体现章节安排、选材和写作技巧上.

全书 1/3 篇幅讲述基础 —— 晶体结构和磁结构基础、中子射线及其与物质的交互作用、中子衍射的运动学理论、中子衍射散射实验方法 (第 1 ~ 4 章); 重点是介绍中子衍射散射技术的应用 (第 5~13 章). 晶体结构和磁性结构测定分两章 (第 5 和第 6 章) 来讨论; 以后每章为一个应用专题, 如物相分析、织构、应力、小角散射、新型材料分析、动力学结构和工业应用等.

选材料上以讲明原理方法为原则, 应用上以较新和最新资料为主, 阅读织构、应力、新型材料的分析和动力学结构各章就能明显感受到这点.

写做技巧上,

(1) 突出中子衍射和散射, 注意与 X 射线等衍射散射相比较, 以便融会贯通, 了解中子衍射散射的特点.

(2) 讲述原理方法简单扼要, 进一步用实例来说明, 特别注意数据分析方法和结果的解释.

(3) 需要说明的是, 实例不一定都是中子衍射散射的, 有时使用 X 射线衍射散射的实例, 这是因为: ①中子衍射散射与 X 射线衍射散射在原理、实验方法及数据处理方法上是相通的; ②作者有意将材料 X 射线衍射散射方法推广到中子衍射散射分析中.

尽管如此, 由于编者的水平有限, 不足之处在所难免, 敬请读者批评指正.

姜传海　杨传铮

2011 年 9 月于上海交通大学

目录

前言
第 1 章 晶体结构和磁结构基础 …… 1
1.1 晶体点阵 …… 1
1.1.1 点阵概念 …… 1
1.1.2 晶胞、晶系 …… 2
1.1.3 点阵类型 …… 2
1.2 晶体的宏观对称性和点群 …… 4
1.2.1 宏观对称元素和宏观对称操作 …… 4
1.2.2 宏观对称性和点群 …… 7
1.3 晶体的微观对称性和空间群 …… 10
1.3.1 微观对称要素与对称操作 …… 10
1.3.2 230 种空间群 …… 12
1.4 倒易点阵 …… 12
1.4.1 倒易点阵概念的引入 …… 12
1.4.2 正点阵与倒易点阵间的几何关系 …… 14
1.5 晶体极射赤面投影 …… 16
1.5.1 晶体极射赤面投影原理 …… 16
1.5.2 标准极图 …… 18
1.6 晶体的结合类型 …… 19
1.6.1 离子结合 …… 20
1.6.2 共价结合 …… 21
1.6.3 金属结合 …… 21
1.6.4 分子结合 …… 22
1.6.5 氢键结合 …… 22
1.6.6 混合键晶体 …… 23
1.7 磁对称性和磁结构 …… 25
1.7.1 磁性原子的自旋结构 …… 25
1.7.2 磁点阵 …… 25
1.7.3 磁点群 …… 27
1.7.4 磁空间群 …… 28

1.7.5 磁性结构 …… 30
主要参考文献 …… 31
第 2 章 中子射线及其与物质的交互作用 …… 32
2.1 引言 …… 32
2.2 原子反应堆中子源 …… 33
2.3 脉冲中子源 …… 35
2.4 三种源的比较 …… 38
2.5 中子射线源的线束设备 …… 40
2.6 中子与物质的交互作用 …… 44
2.6.1 物质对中子射线的吸收 …… 44
2.6.2 中子射线的折射 …… 49
2.6.3 中子射线的反射 …… 50
2.7 物质对入射中子的散射 …… 52
2.7.1 中子的核散射 …… 52
2.7.2 中子的磁散射 …… 53
主要参考文献 …… 54
第 3 章 中子衍射的运动学理论 …… 55
3.1 相干散射和非相干散射 …… 55
3.2 射线衍射线束的方位 …… 55
3.2.1 劳厄方程 …… 55
3.2.2 布拉格公式 …… 58
3.3 多晶体核衍射强度的运动学理论 …… 59
3.3.1 单个核的散射强度 …… 59
3.3.2 固体原子核集的衍射强度 …… 61
3.3.3 多晶物质的积分散射 …… 68
3.4 中子的磁散射强度 …… 69
3.4.1 顺磁材料的磁散射 …… 71
3.4.2 铁磁和反铁磁材料的散射 …… 73
3.4.3 稀土原子的散射 …… 73
3.5 中子衍射强度公式及其比较 …… 75
3.5.1 中子衍射强度公式 …… 75
3.5.2 三种结构因子的比较和其中原子位置参数 …… 76
3.5.3 f_X、b、μ 的比较 …… 78
3.5.4 磁衍射形状因子 …… 78
主要参考文献 …… 82

第 4 章　中子衍射散射实验方法 ··· 83
4.1　中子衍射实验方法的基本类型 ··· 83
4.2　中子照相法 ··· 84
4.3　高分辨粉末衍射仪 ··· 85
4.4　中子单晶衍射仪 ··· 88
4.5　其他中子散射衍射装置 ··· 90
4.5.1　中子小角度散射术 ··· 90
4.5.2　中子材料织构测定仪 ··· 91
4.5.3　中子貌相实验设备 ··· 91
4.5.4　中子干涉量度术 ··· 92
4.6　中子非弹性散射谱术 ··· 92
4.7　原位中子衍射装置 ··· 93
主要参考文献 ··· 95
第 5 章　晶体结构的测定 ··· 97
5.1　多晶样品衍射花样的 Rietveld 结构精修 ··· 98
5.1.1　Rietveld 结构精修的原理 ··· 98
5.1.2　Rietveld 结构精修的步骤 ··· 101
5.2　$YFe_{10}Si_2$ 的晶体结构和磁结构的测定 ··· 102
5.3　多晶样品结构测定从头计算法 ··· 104
5.4　粉末衍射花样指标化的计算机程序 ··· 106
5.4.1　Ito(伊藤) 指标化程序 ··· 106
5.4.2　TREOR 指标化程序 ··· 107
5.4.3　DICVOL 指标化程序 ··· 108
5.4.4　Jade 程序包中的衍射花样指标化 ··· 111
5.5　重叠峰的分离 ··· 112
5.5.1　晶面间距相近的重叠峰的分离 ··· 113
5.5.2　晶面间距相同的重叠峰的分离 ··· 114
5.6　多晶样品结构测定实例. ··· 115
5.6.1　不计衍射强度的多晶样品结构测定实例 ··· 115
5.6.2　计衍射强度的多晶样品结构测定实例 ··· 118
5.7　单晶样品的结构测定 ··· 120
5.7.1　实验数据的获得 ··· 120
5.7.2　单晶结构测定的相角问题 ··· 121
5.7.3　解相角的各种方法 ··· 122
5.7.4　单晶结构的精修 ··· 124

5.7.5 单晶结构测定小结 …… 127
5.8 单晶样品晶体结构中子衍射测定实例 …… 128
主要参考文献 …… 131
第 6 章 自旋结构和磁结构的测定 …… 132
6.1 磁散射效应和晶体的衍射强度 …… 133
6.2 衍射花样中磁散射的特征和磁散射效应分离 …… 134
6.2.1 衍射花样中磁散射的特征 …… 134
6.2.2 磁散射效应分离 …… 137
6.3 MnO 的晶体结构和磁结构的测定 …… 137
6.4 高 T_c 超导体的磁相图和自旋关系的研究 …… 140
6.4.1 $La_{2-x}(Sr, Ba)_xCuO_{4-y}$ 和 $YBa_2Cu_3O_{6+x}$ 磁相图 …… 140
6.4.2 La_2CuO_4 和 $YBa_2Cu_3O_6$ 自旋关系的研究 …… 141
6.5 磁结构中子衍射的测定举例 …… 142
6.5.1 $Er_2Fe_{13-x}Mn_xB$ 的磁结构的测定 …… 143
6.5.2 $Y(Mn_{1-x}Co_x)_{12}$ 磁结构的测定 …… 145
主要参考文献 …… 148
第 7 章 物相衍射分析 …… 149
7.1 物相鉴定 …… 149
7.1.1 物相鉴定 (定性相分析) 的原理 …… 149
7.1.2 PCPDFWIW 在定性相分析系统中的应用 …… 151
7.2 多相试样的衍射强度 …… 154
7.3 采用标样的定量相分析方法 …… 155
7.3.1 内标法 …… 156
7.3.2 增量法 …… 159
7.3.3 外标法 …… 161
7.3.4 基体效应消除法 (K 值法) …… 166
7.3.5 标样方法的实验比较 …… 169
7.4 无标样的定量相分析方法 …… 170
7.4.1 直接比较法 …… 170
7.4.2 绝热法 …… 170
7.4.3 Zevin 的无标样法及其改进 …… 172
7.4.4 无标样法的实验比较 …… 176
7.5 中子衍射物相分析注意事项 …… 177
7.5.1 PDF 标准数据库的格式 …… 177
7.5.2 衍射花样中的线条分布和相对强度 …… 178

7.5.3 中子衍射物相分析注意要点 …… 180
7.6 相变研究 …… 180
7.6.1 结构相变和非结构相变 …… 180
7.6.2 现代相变研究 …… 181
主要参考文献 …… 183
第 8 章 材料残余应力衍射测定 …… 184
8.1 应力的分类及其射线衍射效应 …… 184
8.1.1 第 I 类内应力 …… 185
8.1.2 第 II 类内应力 …… 186
8.1.3 第 III 类内应力 …… 186
8.2 平面宏观应力测定原理 …… 187
8.2.1 材料中应变与晶面间距 …… 187
8.2.2 平面应力表达式 …… 188
8.3 平面宏观应力的测定方法 …… 190
8.3.1 同倾法 …… 190
8.3.2 侧倾法 …… 191
8.4 三维应力的测定 …… 193
8.5 中子衍射法应变测定装置 …… 194
8.6 残余应变中子衍射测定的一些例子 …… 197
8.6.1 焊接应力测定的两个例子 …… 198
8.6.2 合成物和多相材料中的残余应力 …… 200
8.6.3 渗碳层中的残余应力 …… 201
8.6.4 三维应力测定实例 …… 202
8.6.5 原位测定残余应力的两个例子 …… 203
主要参考文献 …… 205
第 9 章 材料织构的衍射测定 …… 206
9.1 晶粒取向和织构及其分类 …… 206
9.1.1 晶体取向的表达式 …… 206
9.1.2 晶体学织构及分类 …… 207
9.2 极图测定 …… 207
9.2.1 极图测定的衍射几何和方法 …… 207
9.2.2 数据处理和极图的描绘 …… 208
9.3 反极图的测定 …… 209
9.4 三维取向分布函数 …… 210
9.4.1 一般介绍 …… 210

9.4.2 极密度分布函数 ······ 211
9.4.3 取向分布函数的表达式 ······ 212
9.4.4 取向分布函数的计算 ······ 213
9.4.5 取向分布函数截面图和取向线 ······ 213
9.5 材料织构分析 ······ 214
9.5.1 理想取向的分析 ······ 215
9.5.2 多重织构组分分析 ······ 218
9.5.3 织构的形成和演变 ······ 219
主要参考文献 ······ 221
第 10 章 中子小角衍射散射的应用 ······ 222
10.1 中子反射率和中子折射指数 ······ 222
10.2 材料颗粒大小的小角中子散射研究 ······ 223
10.2.1 多粒子系统的小角散射 ······ 223
10.2.2 材料微粒大小及其分布的测定 ······ 225
10.3 材料分形 (fractal) 结构研究 ······ 229
10.3.1 分形 ······ 229
10.3.2 来自质量和表面尺幂度体的小角散射 ······ 230
10.3.3 散射强度与尺幂度体维度的关系 ······ 232
10.3.4 分形结构测定实例 —— 碳纳米管的分形 ······ 232
10.4 应用实例 —— 含氮奥氏体钢拉伸形变中纳米偏聚 ······ 233
主要参考文献 ······ 234
第 11 章 新型材料的衍射散射分析 ······ 235
11.1 薄膜和一维超点阵材料的分析 ······ 235
11.1.1 工程薄膜和多层膜的研究 ······ 235
11.1.2 一维超点阵材料的分析 ······ 236
11.2 纳米材料微结构分析 ······ 239
11.2.1 测定纳米材料微结构时各有关参数的获得 ······ 240
11.2.2 晶粒大小、微应力及层错的宽化效应 ······ 241
11.2.3 分离微晶和微应力宽化效应的最小二乘方法 ······ 244
11.2.4 分离微晶–层错 XRD 线宽化效应的最小二乘方法 ······ 245
11.2.5 分离微应力–层错二重宽化效应的最小二乘方法 ······ 246
11.2.6 微晶–微应力–层错三重宽化效应的最小二乘方法 ······ 247
11.2.7 计算程序系列的结构 ······ 248
11.2.8 纳米材料颗粒大小的小角中子散射分析 ······ 249
11.3 介孔材料的射线分析 ······ 251

11.3.1 介孔材料的分类 ······ 251
11.3.2 介孔材料的结构特征 ······ 251
11.3.3 介孔材料的应用 ······ 253
11.3.4 介孔材料射线表征方法的特点 ······ 254
11.3.5 孔结构参数的计算 ······ 255
11.3.6 介孔材料分析实例 ······ 255
11.3.7 介孔材料的分形结构 SAXS 研究 ······ 259
主要参考文献 ······ 262
第 12 章 物质动态结构的非弹性散射研究 ······ 264
12.1 动态结构研究理论基础简介 ······ 264
12.1.1 核的振动和声子 ······ 264
12.1.2 声子散射谱的实验测定和数据分析 ······ 266
12.2 结晶物质的点阵动力学研究 ······ 269
12.2.1 晶体内的点阵动力学 ······ 270
12.2.2 晶体表面和界面的动力学结构 ······ 273
12.2.3 多晶样品中的声子 ······ 275
12.2.4 薄膜和纳米晶中的声子 ······ 276
12.3 非晶物质、聚合物和生物高分子中的动力学结构 ······ 278
12.3.1 非晶固体的动力学结构 ······ 278
12.3.2 高聚合物 (polymer) 动力学结构 ······ 279
12.3.3 生物大分子的动力学结构 ······ 281
12.4 高 $\mathrm{T_c}$ 超导体的点阵动力学研究 ······ 282
12.4.1 $YBa_2Cu_3O_7$ 的温度效应 ······ 282
12.4.2 氧含量对 $YBa_2Cu_3O_{7-\delta}$ 的影响 ······ 282
12.4.3 高 T_c 和低 T_c 材料的比较 ······ 284
12.5 小结 ······ 287
主要参考文献 ······ 289
第 13 章 中子衍射散射的工业应用 ······ 291
13.1 材料微结构参数的测定 ······ 291
13.2 材料微粒子 (微孔) 大小及分布的测定 ······ 296
13.3 多相产品分析 ······ 297
13.4 材料的织构分析 ······ 298
13.5 单晶质量检查 ······ 298
13.6 残余应力测定的工业应用 ······ 298
13.7 材料的中子射线照相 ······ 299

13.8 材料的中子衍射综合表征 ······ 301
主要参考文献 ······ 302
附录 ······ 304
附表 1 晶体结构和磁结构的晶系、布拉维点阵、点群、空间群数目的比较 ······ 304
附表 2(a) 晶体的布拉维点阵一览表 ······ 304
附表 2(b) 磁布拉维点阵一览表 ······ 304
附表 3(a) 晶体点群一览表 ······ 305
附表 3(b) 磁点群一览表 ······ 305
附表 3(c) 可接受的磁点群目录 ······ 305
附表 4(a) 晶体 230 个空间群一览表 ······ 306
附表 4(b) 六方晶系磁空间群一览表 ······ 307
附表 4(c) 立方晶系磁空间群一览表 ······ 308

第 1 章　晶体结构和磁结构基础

1.1　晶 体 点 阵

1.1.1　点阵概念

固体分为晶体和非晶体, 两者的主要差别是是否具有内部结构的周期性和对称性, 晶体 (结晶体) 有内部结构的周期性和对称性; 非晶体无这种周期性和对称性, 但有短程的局域结构.

为了集中描述晶体内部原子排列的周期性, 把晶体中按周期重复的那一部分原子团抽象成一个几何点, 由这样的点在三维空间排列构成一个点阵, 点阵结构中每一个阵点代表的具体的原子、分子或离子团称为结构基元, 故晶体结构可表示为

$$\text{晶体结构} = \text{点阵} + \text{结构基元}$$

图 1.1 表示晶体结构和点阵的关系. 所谓结构基元就是重复单元, 如原子、原子团、分子等. 如果把重复单元想象为一个几何点, 并按结构周期排列, 这就是点阵, 根据点阵的性质, 把分布在同一直线上的点阵称为直线点阵或一维点阵, 分布在同一平面中的点阵称为平面点阵或二维点阵, 分布在三维空间的点阵称为空间点阵或三维点阵. 图 1.2 给出了一维、二维和三维点阵的示意图.

在直线点阵中, 若将连接两个阵点的单位矢量 $\boldsymbol{a}$ 进行平移, 必指向另一阵点, 而矢量的长度 $|\boldsymbol{a}| = a$ 称为点阵参数. 平面点阵可分解为两组平行的直线点阵, 并选择两个不相平行的单位矢量 $\boldsymbol{a}$ 和 $\boldsymbol{b}$, 可把平面点阵划分为无数并置的平行四边形单位, 点阵中的各点都位于平行四边形的顶点处, 矢量 $\boldsymbol{a}$ 和 $\boldsymbol{b}$ 的长度 $|\boldsymbol{a}| = a$、$|\boldsymbol{b}| = b$ 及其夹角 γ, 称为平面点阵参数. 空间点阵可分解为两组平行的平面点阵, 并可选择三个不相平行的单位矢量 $\boldsymbol{a}$、$\boldsymbol{b}$ 和 $\boldsymbol{c}$, 将空间点阵划分成并置的平行六面体, 而点阵中各点都位于各平行六面体的顶点. 矢量 $\boldsymbol{a}$、$\boldsymbol{b}$ 和 $\boldsymbol{c}$ 的长度 a、b、c 及其相互间

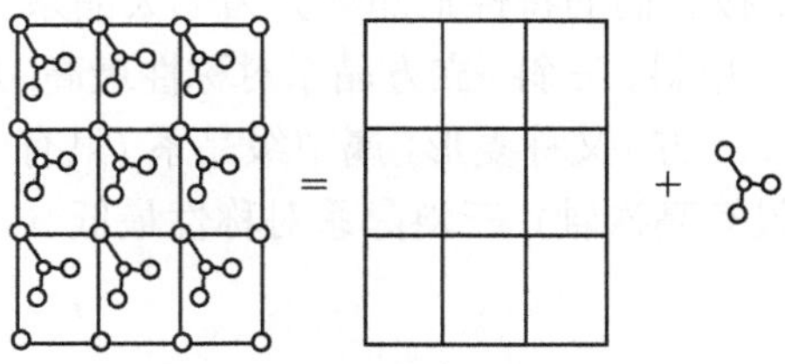

图 1.1　晶体结构和点阵的关系

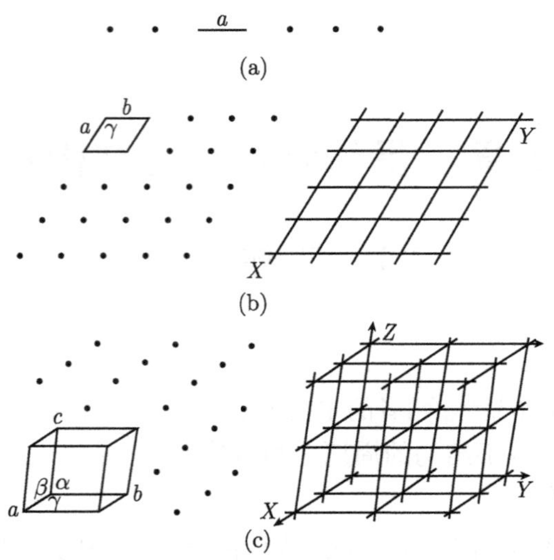

图 1.2 一维、二维和三维点阵的示意图

(a) 直线点阵; (b) 平面点阵; (c) 空间点阵和晶格

的夹角 γ、β 和 α, 称为点阵参数. 晶体的三个坐标轴方向 X、Y、Z 或称格子线方向, 通常选择右手定则, 它们分别与 $\boldsymbol{a}$、$\boldsymbol{b}$ 和 $\boldsymbol{c}$ 平行.

必须指出的是, 晶体的空间点阵只不过是晶体中原子、离子或分子所占据的位置在三维空间的重复平移而已, 因此点阵这个词绝不应该用来代表由原子堆垛成的真实晶体的结构.

1.1.2 晶胞、晶系

根据晶体内部结构的周期性, 划分出许多大小和形状完全等同的平行六面体, 在晶体点阵中, 这些确定的平行六面体称为晶胞 (或称单胞), 用来代表晶体结构的基本重复单元. 这种平行六面体可以是晶体点阵中不同结点连接而行成的形状大小不同的各种晶胞, 显然这种分割方法有无穷多种, 但在实际确定晶胞时, 应遵守布拉维 (Bravais) 法则, 即选择晶胞时应与宏观晶体具有相同的对称性、最多的相等晶轴长度 (a、b、c)、晶轴之间的夹角 (α、β、γ) 呈直角数目最多, 满足上述条件时所选择的平行六面体的体积最小, 这样在三维点阵中选择三个基矢 $\boldsymbol{a}$、$\boldsymbol{b}$ 和 $\boldsymbol{c}$ 它们间的夹角 α、β 和 γ, 按它们的特性把晶体分为七大晶系, 即立方、六方、四方、三方 (又称菱形)、正交、单斜、三斜. 立方晶系对称性最高, 是高级晶系 (有一个以上高次轴); 六方、四方、三方 (又称菱形) 属中级晶系 (只有一个高次轴); 正交、单斜、三斜属低级晶系 (没有高次轴), 三斜晶系对称性最低.

1.1.3 点阵类型

单位晶胞中, 若只在平行六面体顶角上有阵点, 即一个晶胞只分配到一个阵点时, 则称它为初基晶胞. 若在平行六面体的中心或面的中心含有阵点, 即一个晶胞含有两个以上的阵点时, 称为非初基晶胞. 初基晶胞构成的点阵称为简单点阵, 记为 P. 非初基晶胞构成的点阵根据顶角外的阵点是在体心、面心和底面心而分别

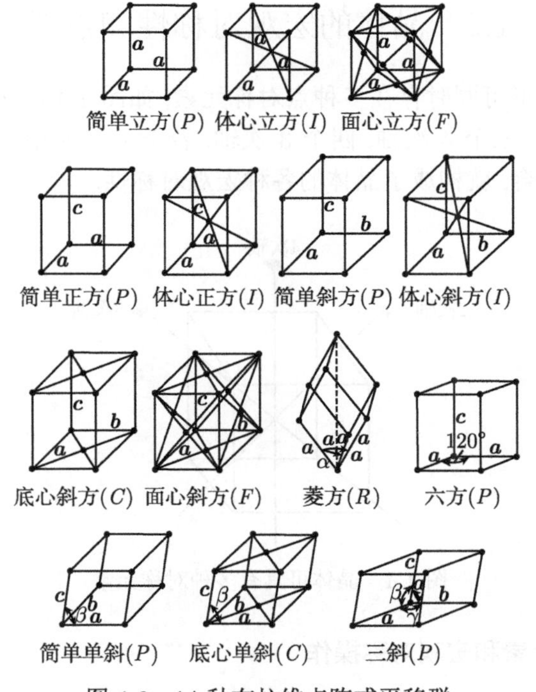

图 1.3 14 种布拉维点阵或平移群

表 1.1 晶系划分和点阵类型的对应关系

	晶系	晶胞参数	14 种布拉维点阵	点阵符号
高级对称	立方	$a=b=c$ $\alpha=\beta=\gamma=90°$	简单、体心、面心	P、I、F
中级对称	六方	$a=b\neq c$ $\alpha=\beta=90°, \gamma=120°$	简单	P
	四方	$a=b\neq c$ $\alpha=\beta=\gamma=90°$	简单、体心	P、I
	三方	$a=b=c$ $\alpha=\beta=\gamma\neq 90°$	简单	$P(R)$
低级对称	正交	$a\neq b\neq c$ $\alpha=\beta=\gamma=90°$	简单、体心、底心、面心	P、I、C、F
	单斜	$a\neq b\neq c$ $\alpha=\gamma=90°\neq\beta$	简单、底心	P、C
	三斜	$a\neq b\neq c$ $\alpha\neq\beta\neq\gamma\neq 90°$	简单	P

称为体心、面心和底心点阵, 记为 I、F、C. 用数学方法可以证明只存在 7 种初基和 7 种非初基类型, 称为布拉维点阵, 因是通过平移操作而得, 故又称为平移群或点阵类型, 如图 1.3 所示. 表 1.1 列出了晶系划分和点阵类型的对应关系.

1.2 晶体的宏观对称性和点群

晶体的宏观外形可同时存在多种点对称元素, 如图 1.4 所示的岩盐晶体, 同时具有一个对称中心, 三个 4 次轴, 四个 3 次轴, 若干个 2 次轴和若干个镜面. 晶体的对称元素相互结合, 就构成了晶体的各种宏观对称性.

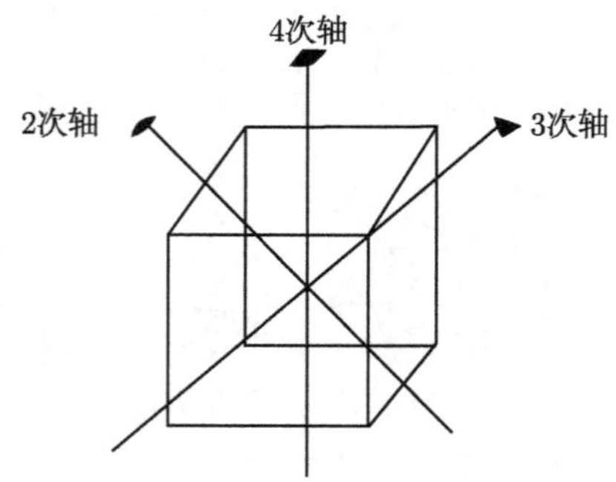

图 1.4 晶体可具有多种对称元素

1.2.1 宏观对称元素和宏观对称操作

1. 对称中心

对称中心的对称操作是反演, 它的效果是使 (x, y, z) 变到 $(\overline{x}, \overline{y}, \overline{z})$ 处, 有手性变化. 操作矩阵 $\boldsymbol{R}$ 为

$$\boldsymbol{R} = \begin{bmatrix} \bar{1} & 0 & 0 \\ 0 & \bar{1} & 0 \\ 0 & 0 & \bar{1} \end{bmatrix} \tag{1.1}$$

2. 镜面

镜面的对称操作是反映, 涉及手性变化, 如图 1.5 所示. 图中 ⊙ 表示对称操作前后手性有变化. 当纸面为镜面时, 上下等效点重合在一起, 按国际表的表示方法, 此时可用 –⦶+ 来表示这两个重叠的对称相关点. “+” 表示镜面上方的点; “–” 表示镜面下方的点.

镜面反映操作可表达为

$$\{m\,[uvw]\}\,(x, y, z) = (x', y', z') \tag{1.2}$$

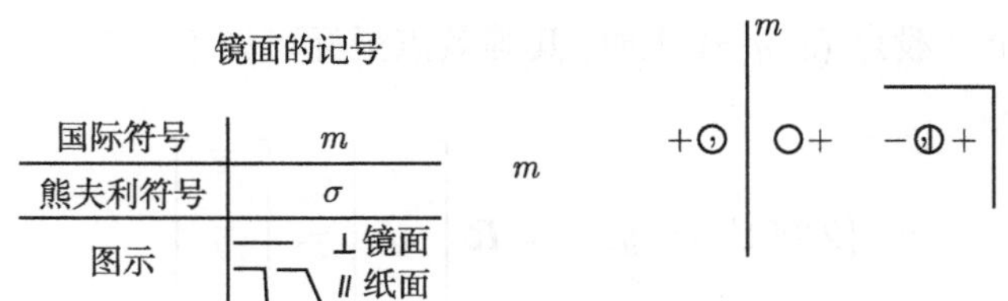

图 1.5 镜面记号和镜面反映 ("+" 在纸面上方: "−" 在纸面下方)

式中, $[uvw]$ 表示镜面法线方向. 以 $m[001]$ 为例, 它的操作矩阵为

$$\boldsymbol{R} = \begin{bmatrix} 1 & 0 & 0 \\ 0 & 1 & 0 \\ 0 & 0 & \bar{1} \end{bmatrix} \tag{1.3}$$

当它作用到某个一般点 (x, y, z) 上时, 其对称相关点坐标可如下求得

$$\{m\,[001]\}\,(x, y, z) = \boldsymbol{R}\begin{bmatrix} x \\ y \\ z \end{bmatrix} = \begin{bmatrix} x \\ y \\ \bar{z} \end{bmatrix} \tag{1.4}$$

这就是图 1.5 中上下等效点重合的情况 (纸面为 m, [001] 和纸面垂直).

3. 旋转 (真旋转)

一个 n 次旋转轴定义为绕此轴旋转 $\alpha(\alpha = 2\pi/n)$ 后晶体的外观复原, 称 α 为旋转角.

国际符号	2	3	4	6
熊夫利 (Schönflies) 符号	C_2	C_3	C_4	C_6
图示	⬮	▲	◆	⬢

和一般的宏观图形旋转对称不同的是, 晶体中只存在 $n = 1, 2, 3, 4, 6$ 几种旋转轴, 不存在 5 次及 6 次以上的旋转轴, 这是晶体的三维周期性制约所致.

旋转轴除了轴次外还有轴线的方向. 晶体学中用记号 $[uvw]$ 表示某一方向, 在需要时常常同时标出轴次和轴的方向, 如:

国际符号: $n[uvw]$ 熊夫利符号: $C_n[uvw]$

真旋转的效果, 如用手来表示, 只涉及单手, "手性" 没有变化.

以 2[001] 为例, 它的操作矩阵为

$$\boldsymbol{R} = \begin{bmatrix} \bar{1} & 0 & 0 \\ 0 & \bar{1} & 0 \\ 0 & 0 & 1 \end{bmatrix} \tag{1.5}$$

当它作用到某个一般点 (x, y, z) 上时, 其等效点坐标可如下求得

$$\{2\,[001]\}\,(x,y,z)=\boldsymbol{R}\begin{bmatrix} x \\ y \\ z \end{bmatrix}=\begin{bmatrix} \overline{x} \\ \overline{y} \\ z \end{bmatrix} \tag{1.6}$$

写成通式:

$$\begin{bmatrix} 1 & 0 & 0 \\ 0 & \cos\theta & -\sin\theta \\ 0 & \sin\theta & \cos\theta \end{bmatrix}\begin{bmatrix} x \\ y \\ z \end{bmatrix}=\begin{bmatrix} x \\ y\cos\theta - z\sin\theta \\ y\sin\theta + z\cos\theta \end{bmatrix} \tag{1.7}$$

4. *反轴* (*非真旋转轴*)

反轴又称为旋转倒反轴, 下面就是两种符号的对比

国际符号	$\overline{1}$	$\overline{2}$	$\overline{3}$	$\overline{4}$	$\overline{6}$
熊夫利符号	i	σ	S_6^5	S_4^3	S_3^5

它的对称操作是旋转倒反, 是一种复合操作, 即是另两个操作的乘积. 对特定晶体, 组成这种复合操作的每一步不一定是对称操作, 但两者合起来的效果却是对称操作. 在国际方案中, 它是先进行 n 次旋转, 接着进行 $\overline{1}$ 倒反, 记为 $\overline{1}n$, 简略符号 $\overline{n}$. 图 1.6 示出了反轴对称操作中的对称相关点位置.

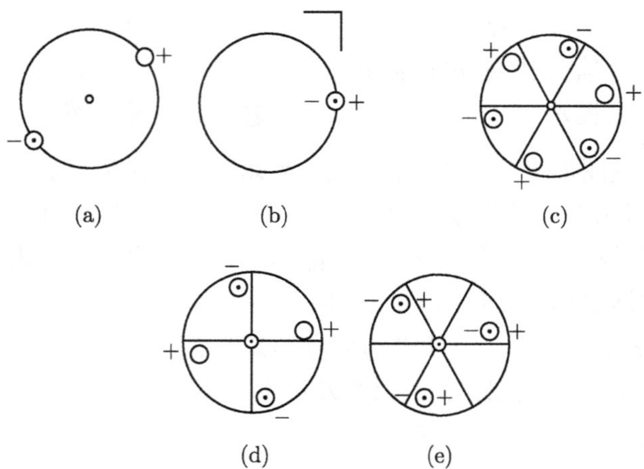

图 1.6　由反轴联系的对称相关位置示意

(a) $\overline{1}(i)$; (b) $\overline{2}(m)$; (c) $\overline{3}(3+\overline{1})$; (d) $\overline{4}$; (e) $\overline{6}(3+m)$

由图可以看出 $\bar{1}$ 相当于对称中心; $\bar{2}$ 相当对于存在镜面, $\bar{3}$ 相当于 $3+\bar{1}$; $\bar{6}$ 相当于 $3+m$, 只有 $\bar{4}$ 有新对称性.

因此, 晶体的宏观对称元素只有以下八个基本的, 即 1, 2, 3, 4, 6, $\bar{1}$, m, $\bar{4}$. 操作通式

$$\begin{bmatrix} -1 & 0 & 0 \\ 0 & -\cos\theta & \sin\theta \\ 0 & -\sin\theta & -\cos\theta \end{bmatrix} \begin{bmatrix} x \\ y \\ z \end{bmatrix} = \begin{bmatrix} -x \\ -y\cos\theta + z\sin\theta \\ -y\sin\theta - z\cos\theta \end{bmatrix} \tag{1.8}$$

称不改变 "手性" 的对称操作为第一类对称操作, 如旋转; 改变手性的对称操作为第二类对称操作, 如反映、反演、旋转倒反等. 这种左右手的手性关系称为对称关系或对映关系. 如果两个物体具有这种关系, 则称为对映体 (enantiomorph), 如右旋 α 石英和左旋 α 石英就是一对典型的对映体. 显然, 对映体中不可能具有使手性变化的对称元素, 如镜面、对称中心及反轴等. 如果两个物体具有相同的手性, 就称它们是同宇 (congruent) 的.

1.2.2 宏观对称性和点群

1. 对称元素的组合规律

晶体的点对称元素的组合有两条限制: 一条是对称元素必交于一点, 这是因为晶体的大小有限, 若无公交点, 经过对称操作后就会产生无限多的对称元素, 使晶体外形发散; 另一条是点阵周期性的限制, 组合的结果不能有点阵不兼容的对称元素, 如 5 次或 6 次以上的旋转轴.

2. 32 种结晶学点群

把八种基本的点对称元素按一定的组合规律性组合起来, 可得到 32 种结晶学点群. "点" 是指所有对称元素有一个公共点, 它在全部对称操作中始终不动 (通常取为原点), "群" 在这里是指一种对称元素或一组对称操作的集合. 需要指出的是, 每种点群的一组对称操作实际上也是数学意义上的一个群.

点群的研究是很重要的, 因为

(1) 可以利用它对晶体分类. 历史上对晶体的研究是从它的外表面开始的. 如果从同一点画出各晶面的法线方向, 并以此来表征晶体, 人们发现所有的晶体可分为 32 种晶体. 一种晶类对应一种点群, 它有特定的面法线关系.

(2) 为了导出空间群, 只要在点群中加入空间点阵的平移对称性即可.

(3) 晶体物理性质的许多对称性都与点群有关. 表 1.2 列出了点群的符号以及有关物理性能.

表 1.2 32 种点群符号和有关性质

(国际符号中 n/m 表示镜面垂直于 n 次轴, nm 表示镜面包含 n 次轴)

晶系	序号	熊夫利符号	国际符号(全写)	国际符号(简写)	对映	旋光	压电	热电	倍频	劳厄群
三斜	1	C_1	1	1	+	+	+	+	+	$\bar{1}$
	2	C_1	$\bar{1}$		−	−	−	−	−	
单斜	3	C_2	2	2	+	+	+	+	+	$2m$
	4	C_3	m	m	−	(+)	+	+	+	
	5	C_{2h}	$2/m$	$2/m$	−	−	−	−	−	
正交	6	D_3	$2\ 2\ 2$	$2\ 2\ 2$	+	+	+	−	+	mmm
	7	C_{2v}	$m\ m\ 2$	$m\ m\ 2$	−	(+)	+	+	+	
	8	D_{2h}	$\frac{2}{m}\frac{2}{m}\frac{2}{m}$	$m\ m\ m$	−	−	−	−	−	
四方	9	C_4	4	4	+	+	+	+	+	$4/m$
	10	S_4	$\bar{4}$	$\bar{4}$	−	(+)	+	−	+	
	11	C_{4h}	$4/m$	$4/m$	−	−	−	−	−	
	12	D_4	422	422	+	+	+	−	−	
	13	C_{4v}	$4mm$	$4mm$	−	−	+	+	+	
	14	D_{2h}	$\bar{4}mm$	$\bar{4}2m$	−	(+)	+	−	+	$4/mmm$
	15	C_{4h}	$\frac{4}{m}\frac{2}{m}\frac{2}{m}$	$4/mmm$	−	−	−	−	−	
三方	16	C_3	3	3	+	+	+	+	+	$\bar{3}$
	17	C_{3i}	$\bar{3}$	$\bar{2}$	−	−	−	−	−	
	18	D_3	32	32	+	+	+	−	+	$\bar{3}m$
	19	C_{3v}	$3m$	$3m$	−	−	+	+	+	
	20	D_{4h}	$\bar{3}\frac{2}{m}$	$\bar{3}m$	−	−	−	−	−	
六方	21	C_6	6	6	+	+	+	+	+	$6/m$
	22	C_{3h}	$\bar{6}$	$\bar{6}$	−	−	+	−	+	
	23	C_{6h}	$\frac{6}{m}$	$6/m$	−	−	−	−	−	
	24	D_6	622	622	+	+	+	−	−	$6/mmm$
	25	C_{6v}	$6mm$	$6mm$	−	−	+	+	+	
	26	D_{4h}	$\bar{6}m2$	$\bar{6}m2$	−	−	+	−	+	
	27	D_{4h}	$\frac{6}{m}\frac{2}{m}\frac{2}{m}$	$6/mmm$	−	−	−	−	−	
立方	28	T	23	23	+	+	+	−	+	$m3$
	29	T_h	$\frac{2}{m}\bar{3}$	$m3$	−	−	−	−	−	
	30	O	432	432	+	+	−	−	−	
	31	T_d	$\bar{4}3m$	$\bar{4}3m$	−	−	+	−	+	
	32	O_h	$\frac{4}{m}\bar{3}\frac{2}{m}$	$m3m$	−	−	−	−	−	$m3m$

3. 点群和符号

有两套得到广泛承认的通用符号 —— 国际符号和熊夫利符号. 国际符号能一

目了然地表示出对称性, 我们主要介绍它. 为帮助提高和看懂更多文献, 也简单介绍熊夫利符号.

国际符号一般有三个符号, 每一字表示一个轴向的对称元素. 对于不同的晶系, 这三个字符位置所代表的轴向并不同, 兹列于表 1.3 中.

表 1.3 点群国际符号中三个字符位置所代表的位置

晶级	晶系	位置 1	位置 2	位置 3	位置 1	位置 2	位置 3
高级	立方	a	$a+b+c$	$a+b$	[100]	[111]	[110]
中级	六方	c	a	$2a+b$	[001]	[100]	[110]
	四方	c	a		[001]	[100]	[210]
	菱 (R 晶胞)	$a+b+c$	$a-b$				
	形 (H 晶胞)	c	a				
低级	正交	a	b	c	[100]	[010]	[001]
	单斜	b 或 c			[010] 或 [001]		
	三斜	a			[100]		

国际符号有全写和简写两种, 如点群 $\frac{4}{m}\bar{3}\frac{2}{m}$ 可简写为 $m3m$. 这是因垂直于立方体三个晶轴和垂直于六个面对角线的各镜面组合, 必然导致三个晶体为 4 次轴和六个面对角线方向为 2 次轴, 而偶次轴和垂直于它的镜面组合又会产生对称中心, 从而使 $3+\bar{1}\rightarrow\bar{3}$. 因而简写符号更简洁概括. 不过, 简写符号省略了一些对称元素, 增加了识别的困难.

最后, 简要介绍一下熊夫利符号系统, 它包括以下规定记号.

C_n 有一个 n 次轴, C 表示循环.

C_{nh} 有一个 n 次轴及垂直于该轴的水平镜面.

C_{nm} 有一个 n 次轴含有此轴的垂直镜面.

D_n 有一个 n 次旋转轴及 n 个垂直于该轴的 2 次轴, D 表示两面体.

d 有通过对角线的对称面, 如 D_{sd}

S_n 有一个 n 次旋转–反映对称轴, S 表示反映. 在熊夫利方案中用旋转–反映取代国际方案中旋转–反演.

T 有四个 3 次轴及三个 2 次轴, T 表示四面体.

O 有三个 4 次轴、四个 3 次轴及六个 2 次轴, O 代表八面体.

此外, 还有 E 表示恒等, i 表示对称中心, σ 表示镜面等.

4. 点群和晶体性质

1) 等效晶面族

通过点群对称操作, 可将一组晶面和另一组相重合. 如点群 $m3m$ 中, $(\bar{1}\ 0\ 0)$ 面有关晶面及晶向指数可经对称操作转为 (1 0 0)、$(0\ \bar{1}\ 0)$、(0 1 0)、(0 0 1) 及

$(0\ 0\ \bar{1})$. 这些由点群对称性联系的晶面族称为等效晶面族, 晶体学中用符号 $\{h\ k\ l\}$表示 (也称单形符号), 如 $\{1\ 0\ 0\}$. 在理想情形下, 这些晶面不但几何同形、等大, 原子的排列也相同, 表示的物理和化学性质也相同, 性能各向同性.

2) 等效晶向族

类似地, 由点群对称性联系的晶向族称为等效晶向族, 用 $\langle u\ v\ w\rangle$ 表示. 如 $m3m$ 中的 $\langle 1\ 0\ 0\rangle$ 方向包括 $[1\ 0\ 0]$、$[\bar{1}\ 0\ 0]$、$[0\ 1\ 0]$、$[0\ \bar{1}\ 0]$、$[0\ 0\ 1]$ 以及 $[0\ 0\ \bar{1}]$.

有些晶类中 $[u\ v\ w]$ 和 $[\overline{u}\ \overline{v}\ \overline{w}]$ 是不等效的. 这些不等效的方向称为极性方向, 晶轴称为极轴. 显然, 有极轴的晶体不含有使正方向和负方向等效的对称元素, 如对称中心、垂直于极轴的偶次轴、镜面等.

α-石英 (α-SiO_2, 即水晶) 属点群 32, c 方向是 3 次轴, 垂直 c 方向是 2 次轴. 尽管水晶是压电晶体, 但它的 c 方向不可能是极轴. 因此, 水晶 Z 切片 (表面垂直 c 轴) 没有压电效应. 又如 $LiNbO_3$ 在居里点 (1210°C) 以下是铁电相, 属点群 $3m$, c 方向也是 3 次轴, 但镜面包含 c 轴, 因此它的 c 是极轴. 自发极化方向可沿 $+c$ 和 $-c$, 有反平行极化的两种电畴.

3) 诺依曼 (Neumann) 原理

诺依曼原理是说晶体物理性质的对称性比相应的点群对称性高, 即晶体的宏观 (张量) 性质至少具有点群的对称性. 因此, 晶体的一些张量物理量, 如弹性常数、压电常数等的独立分量数目由于点群对称性可以简化.

根据点群还可以大致判断晶体的一些物理性质. 例如, 有对称中心的晶体不可能有压电性. 再如对映体中不含 $\bar{1}$, m, $\bar{n}$ 等对称元素, 因此对映体一般有压电性 (点群 432 例外).

1.3 晶体的微观对称性和空间群

1.3.1 微观对称要素与对称操作

1. 螺旋轴

螺旋轴为一直线, 相应的对应操作是绕此直线的旋转, 伴随沿此直线方向平移. 每次旋转角 $\alpha = 2\pi/n$, 沿轴方向平移距离为 τ, 旋转 2π 角度后, 必定达到轴方向一个或几个周期. 当 T 是轴方向周期时, 即

$$n\tau = mT; \quad \tau = (m/n)T \tag{1.9}$$

m 是小于 n 的自然数. 螺旋轴的符号记为 n_m, n 是轴次, 晶体中也只能有 2、3、4、6 次螺旋轴. 2 次轴有 2_1 轴, 3 次轴有 3_1、3_2 轴, 4 次轴有 4_1、4_2、4_3 轴, 6 次轴有 6_1、6_2、6_3、6_4、6_5 轴. 以图 1.7(a) 的 4_1 次螺旋轴为例, 从左下面 A_0 出发, 右旋 90°, 向上平移 1/4 遇到 A_1 点, 再右旋 90°, 向上平移 1/4 遇到 A_2 点, 再右旋 90°,

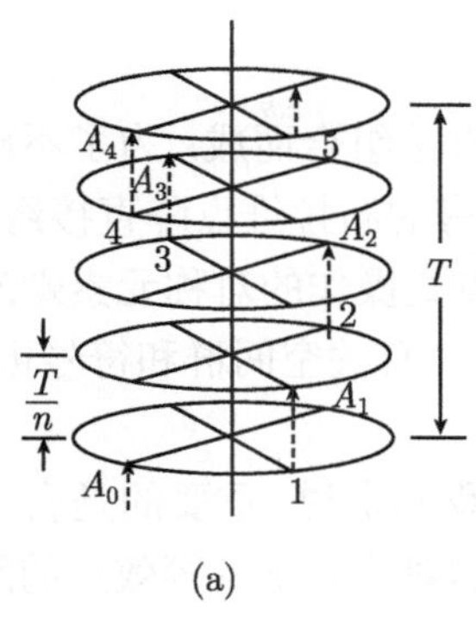

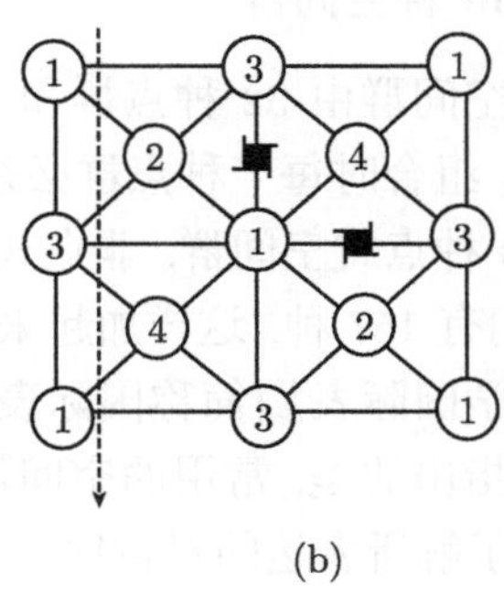

图 1.7

(a) 4_1 次螺旋轴; (b) 金刚石结构在 (110) 面上的投影

---- 滑动面 d; 螺旋轴; ① 晶胞底层原子; ② 高 $a/4$ 的原子; ③ 高 $a/2$ 的原子; ④ 高 $3a/4$ 的原子

向上平移 1/4 遇到 A_3 点, 再右旋 90°, 向上平移 1/4 遇到 A_4 点, 这个点与出发点等同, 但已上移了一个周期. 图 1.7(b) 为金刚石结构在 (1 1 0) 面上的投影, 它有 4_1 和 4_3 两种螺旋轴.

2. 滑动面

滑动面为一平面, 相应的对称操作是镜面反映后再沿平行于此面的某一方向平移的联合操作. 图 1.8 所示是一种轴, 称为 b 滑动. 虚线代表滑动面, 与纸面垂直. 从左上角起始点出发, 沿 b 方向滑动 $\frac{1}{2}b$, 紧接着反映到下面的第二个点, 由这个点再沿 b 方向滑动 $\frac{1}{2}b$, 反映到右上方第三个点. 第三个点与起始点等同, 完成一个周期. 滑动面可分为轴滑动和对角滑动. 轴滑动的滑动方向在轴方向, 滑动量分别为 $\frac{1}{2}a$, $\frac{1}{2}b$, $\frac{1}{2}c$, 依次用符号 a, b, c 表示. 对角线滑动又分为面对角滑动和体对角滑动. 面对角滑动的滑动方向为面对角方向, 滑动量为面对角线长的 1/2. 对角滑动面的符号都用 n 表示. 金刚石滑动面也是一种体对角滑动面, 滑动量为体对角线长或面对角线的 1/4. 金刚石滑动面的符号用 d 表示. n 滑动和 d 滑动只在四方晶系和立方晶体中存在.

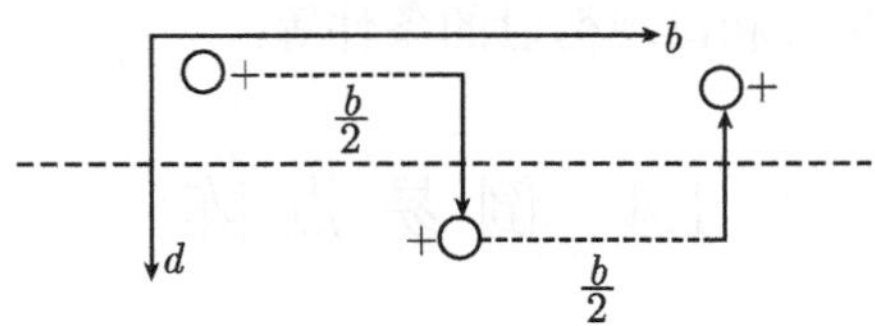

图 1.8 b 滑动面操作

1.3.2　230 种空间群

点式空间群由 32 种点群和 14 种布拉维点阵直接组合而成. 为了不破坏晶体的对称性, 组合时每一种点群必须同该种晶类可能有的布拉维点阵直接组合, 这样可得到 73 种点式空间群. 非点式空间群则含有非点式操作的对称元素螺旋轴和滑动面, 它们有 157 种. 这样加起来共有 230 种空间群. 有关空间群和符号可查阅《X 射线结晶学国际表》(简称国际表) 第一卷.

需要指出的是, 常用的空间群只有几十个. 对我们来说, 重要的是会识别空间群符号及了解所表达的对称性; 能根据国际表提供的对称元素及等效点的配列情况去处理实际问题.

空间群的国际符号由两部分组成： 前面大写英文字母表示布拉维点阵类型 ——P(初基), A、B 或 C(底心), I(体心), F(面心), R(菱形); 后面是一个或者几个表示对称性的符号. 符号位置所代表的轴向对不同的晶系并不相同, 其规定和点群符号相似. 例如, $Pnma$ 和 $P2_1/c$ 是属于不同晶系的两种空间群, 点阵均为初基的. 很容易写出的点群分别为 mmm 和 $2/m$. 由点群符号很容易看出前者属正交晶系后者属于单斜晶系.

$Pnma$ 是简写的国际符号, 表示垂直于三个正交晶轴分别有 n 滑移面、m 镜面和 a 滑动面. 根据这些对称元素的组合, 在三个正交面上必产生三个 2_1 螺旋轴, 因此它的完全符号为 $P\dfrac{2_1}{m}\dfrac{2_1}{m}\dfrac{2_1}{m}$.

$P2_1/c$ 也是简写, 表示有一个 c 滑移面垂直于 2_1 轴, 完全符号为 $P1\dfrac{2_1}{c}1$(第二种定向). 这个空间群如用单斜的第一种定向则写成 $P2_1/b$ 完全符号为 $P1\dfrac{2_1}{c}1$, 可见空间群的国际符号写成和晶胞的定向有关. 但如用熊夫利符号, 不论何种定向, 这个空间群都是 C_{2h}^5, 因此这两套符号是各有优点的.

在《X 射线结晶学国际表》第一卷里给出了空间群的两种图示描述, 即①等效点系图：从某个一般位置起, 经过该空间群的全部对称操作, 引出其他的等效点; ②对称元素排布图：把晶胞中各对称元素分布用图示记号画出, 使对称性一目了然.

国际表中给出了上述两种图示的同时, 还列出了等效点的位置数、它的对称性高低记号 (Wyckoff 记号, 用 a、b、$c\cdots$ 表示. a 的对称性最高, 以下按顺序降低)、点对称性、等效点位置坐标和出现衍射的条件等.

1.4　倒易点阵

1.4.1　倒易点阵概念的引入

因为在晶体学中通常关心的是晶体取向, 即晶面的法线方向, 希望能利用点阵

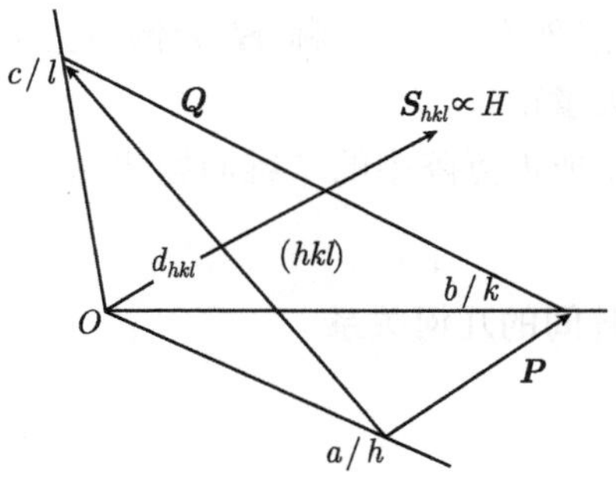

图 1.9 倒易矢量的引入

的三个基点 a、b、c 来表示出某晶面的法向矢量 $\boldsymbol{S}_{hkl}$., 由图 1.9 可看出晶面法向矢量

$$\boldsymbol{S}_{hkl} \perp \boldsymbol{P} \text{ 及 } \boldsymbol{Q} \tag{1.10}$$

其中,

$$\boldsymbol{P} = \frac{\boldsymbol{b}}{k} - \frac{\boldsymbol{a}}{h};\ \boldsymbol{Q} = \frac{\boldsymbol{c}}{l} - \frac{\boldsymbol{b}}{k},\ \text{即 } \boldsymbol{P} \times \boldsymbol{Q} \propto \boldsymbol{S}_{hkl} \tag{1.11}$$

因为矢量 $\boldsymbol{S}_{hkl}$ 的大小尚未限制, 不妨定义一个矢量

$$\boldsymbol{H} = \frac{\boldsymbol{P} \times \boldsymbol{Q}}{\text{“归一化因子”}} \propto \boldsymbol{S}_{hkl} \tag{1.12a}$$

来表示晶面法向, 并取 “归一化因子” 为

$$\frac{\boldsymbol{a} \cdot \boldsymbol{b} \times \boldsymbol{c}}{hkl} = \frac{V}{hkl}(V \text{ 为晶胞体积}) \tag{1.13}$$

因此

$$\boldsymbol{H} \equiv \left[\frac{hkl}{\boldsymbol{a} \cdot \boldsymbol{b} \times \boldsymbol{c}}\right] \cdot \left(\frac{\boldsymbol{b}}{k} - \frac{\boldsymbol{a}}{h}\right) \times \left(\frac{\boldsymbol{c}}{l} - \frac{\boldsymbol{b}}{k}\right) \tag{1.12b}$$

即

$$\boldsymbol{H} = h\boldsymbol{a}^* + k\boldsymbol{b}^* + l\boldsymbol{c}^* \tag{1.14}$$

上式中

$$\boldsymbol{a}^* = \frac{\boldsymbol{b} \times \boldsymbol{c}}{V};\ \boldsymbol{b}^* = \frac{\boldsymbol{c} \times \boldsymbol{a}}{V};\ \boldsymbol{c}^* = \frac{\boldsymbol{a} \times \boldsymbol{b}}{V} \tag{1.15}$$

于是我们能用点阵的基矢来表示出晶面的法向.

现在, 以 $\boldsymbol{a}^*$、$\boldsymbol{b}^*$、$\boldsymbol{c}^*$ 为三个新的基矢, 引入另一个点阵. 显然该点阵矢量 $\boldsymbol{H}$ 的方向就是晶面 $(h\ k\ l)$ 的法线方向, 该矢量指向的阵点指向指数为 hkl. 这个有意义的性质表明：新点阵的每个阵点是和一族晶面 $(h\ k\ l)$ 相对应的. 我们称这个新点阵为倒易点阵, 而原来的点阵为正点阵; 称 $\boldsymbol{H}$ 为倒易矢量 (在电子衍射中, 常用符号 $\boldsymbol{g}$ 表示被激发的倒易矢量).

倒易点阵的引入可以把正点阵中的二维问题化为一维处理, 使许多问题得到简化.

1.4.2 正点阵与倒易点阵间的几何关系

1. 基矢间关系

由 (1.15) 式, 利用矢量运算关系可得到

$$\boldsymbol{a}\cdot\boldsymbol{a}^*=\boldsymbol{b}\cdot\boldsymbol{b}^*=\boldsymbol{c}\cdot\boldsymbol{c}^*=1$$

$$\boldsymbol{a}\cdot\boldsymbol{b}^*=\boldsymbol{a}\cdot\boldsymbol{c}^*=\boldsymbol{b}\cdot\boldsymbol{a}^*=\boldsymbol{b}\cdot\boldsymbol{c}^*=\boldsymbol{c}\cdot\boldsymbol{a}^*=\boldsymbol{c}\cdot\boldsymbol{b}^*\equiv 0 \tag{1.16}$$

以及 $VV^*=1$, 即正空间晶胞体积和倒易空间晶胞体积互为倒易关系. 同样利用矢量运算公式可证明:

$$\boldsymbol{a}=\frac{\boldsymbol{b}^*\times\boldsymbol{c}^*}{V^*};\ \boldsymbol{b}=\frac{\boldsymbol{c}^*\times\boldsymbol{a}^*}{V^*};\ \boldsymbol{c}=\frac{\boldsymbol{a}^*\times\boldsymbol{b}^*}{V^*} \tag{1.17}$$

可见, 正点阵基矢和倒易点阵基矢间有倒易关系. 正点阵基矢量有 [长度] 量纲, 而倒易点阵矢量具有 $[长度]^{-1}$ 量纲.

2. 倒易矢量大小和晶面间距的关系

图 1.9 示出了 $(h\ k\ l)$ 晶面族中最靠近原点 O 的晶面 (设 O 点也在该晶面族的一个晶面上), O 点到 hkl 晶面的垂直距离, 即为晶面间距 d_{hkl}. 由图中几何关系及 (1.14) 式和 (1.16) 式:

$$d_{hkl}=\frac{\boldsymbol{a}}{h}\cdot\frac{\boldsymbol{H}}{|\boldsymbol{H}|}=\frac{1}{|\boldsymbol{H}|}\quad 或\quad |\boldsymbol{H}|=\frac{1}{d_{hkl}} \tag{1.18}$$

表明和晶面 $(h\ k\ l)$ 相应的倒易矢量的大小就是该面晶族中相邻晶面间距的倒数. 因此, 由 (1.14) 式定义的倒易矢量 $\boldsymbol{H}$ 具备了描述 $(h\ k\ l)$ 晶面族的条件 (取向及面间距), $\boldsymbol{H}$ 一旦确定, 晶面族也就完全确定. 用一个矢量来代替平面族的确带来很大方便. 不仅如此, 在晶体衍射现象中, 倒易矢量还有更重要的物理意义, 它正是满足 hkl 衍射条件的衍射矢量. 因而在空间中讨论晶体衍射问题是很自然方便的.

3. 晶胞参数间关系

正点阵晶胞参数 a、b、c、α、β、γ 和倒易晶胞参数 a^*、b^*、c^*、α^*、β^*、γ^* 可以利用前面介绍的基矢间关系来互相推求. 这也是由射线衍射数据 (如旋进照相给出倒易点阵参数) 来推求实空间正点阵参数的依据. 例如, 当倒易点阵参数已知时,

正点阵参数可由下式计算:

$$
\begin{aligned}
&a=\frac{b^*c^*\sin\alpha^*}{V^*};\quad b=\frac{a^*c^*\sin\beta^*}{V^*};\quad c=\frac{a^*b^*\sin\gamma^*}{V^*}\\
&\sin\alpha=\frac{V^*}{a^*b^*c^*\sin\beta^*\sin\gamma^*}\\
&\sin\beta=\frac{V^*}{a^*b^*c^*\sin\alpha^*\sin\gamma^*}\\
&\sin\gamma=\frac{V^*}{a^*b^*c^*\sin\alpha^*\sin\beta^*}\\
&V=(V^*)^{-1}
\end{aligned}
\tag{1.19}
$$

反之亦然, 公式形式不变, 只是* 移至等号左边.

4. 利用倒易矢量求面间距和面夹角

在这里, 我们将看到用一个矢量代表平面的好处.

设两组晶面的倒易矢量分别为 $\boldsymbol{H}_1$, $\boldsymbol{H}_2$, 它们的夹角为 ϕ, 则

$$
\boldsymbol{H}_1\cdot\boldsymbol{H}_2=|\boldsymbol{H}_1|\cdot|\boldsymbol{H}_2|\cos\phi=\frac{1}{d_1d_2}\cos\phi \tag{1.20}
$$

式中, d_1、d_2 分别为每组晶面的面间距.

当 $\boldsymbol{H}_1=\boldsymbol{H}_2$, 即晶面相同, $d_1=d_2=d$, 可得到晶面间距的计算公式

$$
\frac{1}{d^2}=\boldsymbol{H}\cdot\boldsymbol{H}=h^2\boldsymbol{a}^{*2}+k^2\boldsymbol{b}^{*2}+l^2\boldsymbol{c}^{*2}+2hk(\boldsymbol{a}^*\cdot\boldsymbol{b}^*)+2hl(\boldsymbol{a}^*\cdot\boldsymbol{c}^*)+2kl(\boldsymbol{b}^*\cdot\boldsymbol{c}^*) \tag{1.21}
$$

当 $\boldsymbol{H}_1\neq\boldsymbol{H}_2$, $\phi\neq0$, 可求得两组晶面的面夹角计算公式

$$
\cos\phi=\boldsymbol{H}_1\cdot\boldsymbol{H}_2d_1d_2 \tag{1.22}
$$

将各晶系的晶胞有关参数代入, 即能得到任一晶系下的面间距和面夹角公式. 例如, 对立方晶系有

$$
d_{hkl}=\frac{a}{\sqrt{h^2+k^2+l^2}} \tag{1.23}
$$

$$
\cos\phi=\frac{h_1h_2+k_1k_2+l_1l_2}{\sqrt{(h_1^2+k_1^2+l_1^2)(h_2^2+k_2^2+l_2^2)}} \tag{1.24}
$$

其他晶系的公式在一般参考资料中均能查到, 兹不累列. 需要说明的是立方晶系的面间角公式与点阵常数无关, 其他晶系的则与晶胞参数有关. 因此, 只有立方晶系可以先绘制标准极图, 图中用晶体投影的方法给出各晶面取向的关系供参考. 其他晶系的极图只能对具体晶体绘制.

1.5 晶体极射赤面投影

在描述晶体的取向性, 即给出各重要晶面的法线方向问题上, 最直观的方法是做一个立体的晶体模型, 并将它放在一个大球 (称为投影球或极球) 球心上, 从球心引出的各晶面的法线在球面上的交点称为极点. 极点之间的角距离 (即球心角) 就给出了面夹角的关系. 由球面上的极点的分布可以看出晶面的取向. 例如, 同一晶带中各晶面的极点一定分布在同一大圆上, 通过球心并与此大圆垂直的直径则为晶带轴; 晶带轴的极点到晶带面任一极点的角距离均为 90°, 这就是晶体的球面投影方法.

可以看出, 这种表达晶体的取向的方法很不方便. 实际工作中是用一平面来描述晶面取向及夹角、晶带关系和对称情况等, 这种方法为平面投影法, 其中最有用的一种是极射赤面投影.

1.5.1 晶体极射赤面投影原理

1. 球面极点的投影

如前所述, 投影球面的极点是晶面法线的极点, 可用下面的方法转换为平面上的极点, 如图 1.10 所示. 设 A, B 分别为上半球和下半球面上的两个极点 (因此 OA 和 OB 就是两族晶面法线方向). 为作图清楚起见, 假设 A, B 位于投影球面和纸面的交线上. 取与南北极 S, N 点连线垂直并通过球心 O 的平面为投影平面. 该平面是一赤道平面, 它与投影球面的交线为投影基圆.

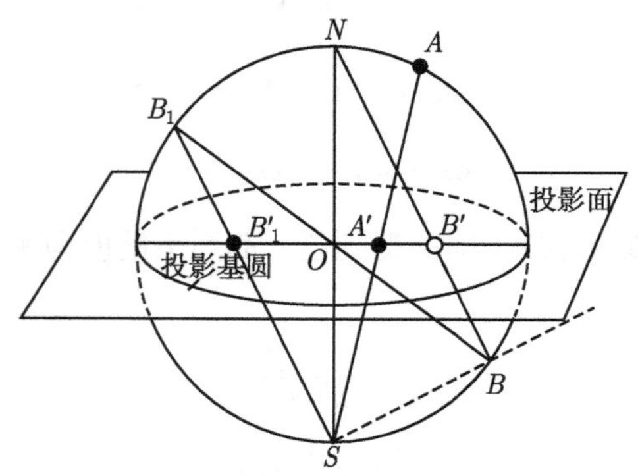

图 1.10 球面极点的极射赤面投影

取 S 点为极射点, 它与 A 点的连线在投影平面上的交点 A' 是唯一的, 因此 A' 就是 A 点极射赤面投影点. 然而, 由 S 向下半球面极点 B 的连线与投影平面的交点却落在投影基圆外, 而且 B 愈靠近南极, 这个交点愈落向无穷远处. 为了避免这一情况, 可用两种方向来投影：一种方向是改用北极作投影点, 因此 NB 与投影平

面上的交点 B' 可作为 B 的极射赤面投影点, B' 用 “o” 表示, 以表明代表南半球上的极点; 另一方法是仍以南极作投影点, 但可将 OB 延长与投影球交于 B_1 点, 该点正是晶面法线 OB 的反方向极点, 或晶面背面的法线极点, 显然它也能描述晶面的取向. SB_1 与投影平面的交点 B_1' 落在投影基圆内, B_1' 也是极射赤面投影点, 用 “×” 表示, 以表明是某晶面内法线极点的投影.

2. 球面上圆的投影

由晶带的概念知, 同一晶带中各晶面的法线处在同一平面上, 该平面通过球心与投影球相交的轨迹是以球心为圆心的圆, 称为大圆. 另外, 有许多晶面的法线虽然不在同一平面上, 但是形成以某晶向为轴的圆锥, 该圆锥与投影球面的交线为一小圆 (其圆心不为球心). 现在要问这些大圆和小圆的极射赤面投影形状如何? 即有上述几何关系的晶面的极点在平面投影中是如何分布的?

可以严格证明极球上的大圆和小圆的极射赤面投影仍是圆. 只是由于球面上圆的位置不同, 投影的圆不一定完整, 且投影的圆心不一定是球面上圆心的投影.

现以小圆为例, 定性说明这一投影的原理. 在图 1.11 中, 以 AB 为直径的小圆的极射赤面投影是过 E 点和 F 点的闭合曲线. 现要证明它是圆. 为此可作球面圆心 P 点的切平面 CD. 由图中几何关系可看出:

$$\angle SPD = \angle OP'P = \pi/2 + \alpha$$

由于以 AB 为直径的小圆是与 P 点的切平面相平行的, 因此 AB 和 PS 之间的夹角等于 EF 和 PS 之间的夹角. 连接小圆圆周上各点到南极 S 的直线形成一个斜圆锥. 通过此锥体并与 PS 轴成 $\pi/2 + \alpha$ 倾斜角的截面都是圆. 其中一个截面 $A'B'$ 与 AB 平行; 另一个截面 EF 则和投影面重合. 所以, 以 AB 为直径的小圆投影到赤平面上成为以 EF 为直径的圆. 在这个例子中, 投影圆的圆心并不是球面圆

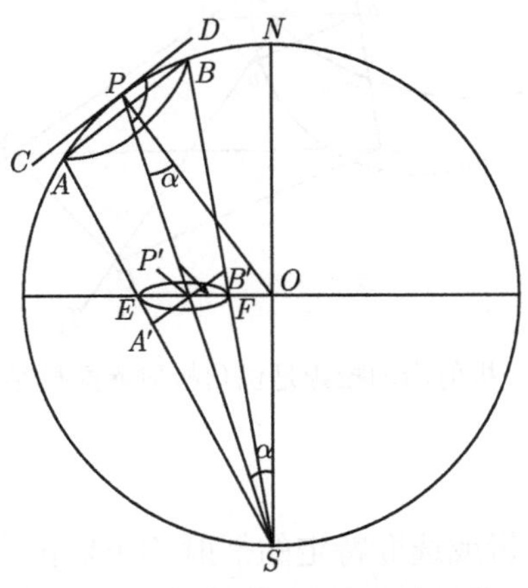

图 1.11 圆的极射赤面投影仍为圆的证明

心 P 的投影点.

大圆是小圆的一个特殊殊情况 (圆心为球心), 因此大圆的投影也是圆, 可能不完整, 是圆曲线的一部分.

3. 球面角的投影

极射赤面投影的一个重要的性质是保角性, 即球面角投影后得到同一角 —— 投影的角度不变. 因此极射赤面投影能表达晶带或晶面的空间对称关系. 图 1.12 给出了简单的证明. A 点是投影球面上任意两条曲线的交点 (这两条球面曲线未画出). 这两条曲线的交角是用它们和切线 AT_1 和 AT_2 之间的夹角来定义的. 这两条切线也是球面的切线, 故位于通过 A 点的切平面上. 过投影球南极 S 做切平面, 此面与 AT_1 和 AT_2 相交于 U, V 两点. 因此, 球外一点向球面所作的所有切线相等, 所以

$$UA = US;\ VA = VS$$

所以

$$\triangle UAV = \triangle USV;\ \angle UAV = \angle USV$$

赤道投影平面与棱锥钵 $USAV$ 的交面角 uav. 因为投影面平行于 S 点的切面, 故

$$\triangle uav = \triangle USV$$

$$\therefore \angle uav = \angle USV = \angle UAV$$

因此, 球面上任一角 UVA 与其投影角 uav 是相等的.

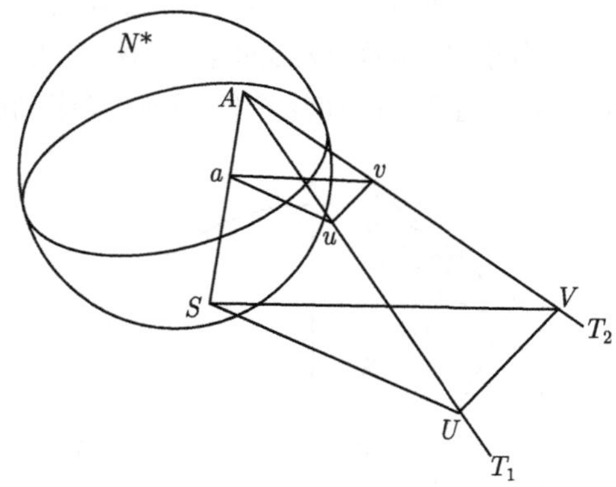

图 1.12　极射赤面投影是保角极射赤面投影的证明

1.5.2　标准极图

在单晶定向、结构分析或选取特定的衍射 (如貌相研究) 等工作中, 应用标准极图能带来很大的方便.

标准极图预先把所有重要晶面或衍射面法线极点的极射赤面投影点标出. 在立方晶系中常绘制 (0 0 1)、(0 1 1) 或 (1 1 1) 的标准极图, 在这些图中分别把 0 0 1、0 1 1 或 1 1 1 极点放在投影中心, 这意味着晶体的投影平面是 (0 0 1)、(0 1 1) 或 (1 1 1) 面. 图 1.13 是立方晶体 (0 0 1) 标准极图的示意图. 可以看到晶面极点的分布有四次对称性.

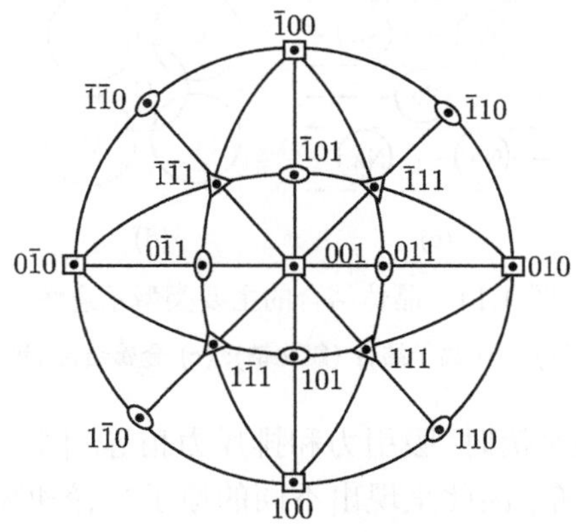

图 1.13 立方晶体 (001) 标准投影图示意

极图是晶体取向的投影图, 极点的分布给出了晶面的夹角与晶胞参数无关, 所以立方晶系的标准图对所有的立方晶体是通用的. 对于其他的晶系, 由于不同晶体的晶轴比不同, 晶面夹角没有固定的数值, 因而没有统一的标准极图, 只能按照实际的晶轴比绘制适用于某一晶体的极图.

顺便指出, 有些极图删去了系统消光的极点, 它们只适用于特定的点阵结构. 此外, 射线的波长不同, 有些高指数极点可能不出现. 现在已能用计算机自动绘制极图.

1.6 晶体的结合类型

原子结合成晶体时, 原子的外层电子要做重新分布, 外层电子的不同分布产生了不同类型的结合力, 各种晶体中粒子之间的结合力本质上都是原子核和电子静电相互作用的结果, 这种相互作用服从量子力学规律, 由薛定谔方程描述. 然而, 由于原子、分子或离子的性质不同, 这种相互作用力的表现形式也不同, 从而导致了晶体结合的不同类型. 典型的晶体结合类型是：离子结合、共价结合、金属结合、分子结合和氢键结合, 前三种是强结合, 后两种是弱结合. 尽管晶体结合类型不同, 但结合力有其共性：库仑吸引力是原子结合的动力, 它是长程力; 晶体原子间还存在

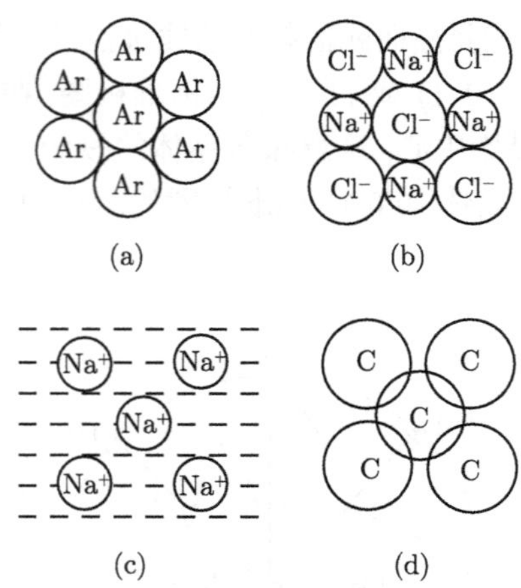

图 1.14　晶体结合的主要类型示意图

(a) 范德瓦耳斯结合 (晶态氩); (b) 离子结合 (氯化钠); (c) 金属结合 (钠); (d) 共价结合 (金刚石)

排斥力, 它是短程力; 在平衡时, 吸引力和排斥力相等. 同一种原子, 在不同结合类型中有不同的电子云分布, 因此呈现出不同的原子半径和离子半径. 图 1.14 是几种主要结合类型的示意图.

1.6.1　离子结合

离子结合的特点是靠正、负离子之间的库仑引力作用结合为晶体. 元素周期表左边元素的电负性小, 容易失去电子形成正离子, 而右边元素的电负性大, 容易俘获电子形成负离子, 两者结合在一起形成的这种晶体称为离子晶体. 最典型的离子晶体是 IA 族碱金属 Li、Na、K、Rb、Cs 和 VIIA 族卤族元素 F、Cl、Br、I 之间形成的化合物, 如 NaCl、CsCl 等. II 族元素和 VI 族元素构成的晶体也可基本视为离子晶体. IA 族碱金属元素, 最外层电子只有一个, 当这一电子被 VIIA 族卤族元素俘获后, 碱金属离子的电子组态与原子序号比它小一号的惰性原子的电子组态一样, 而卤族离子的电子组态与原子序号比它大一号的惰性原子的电子组态一样, 即正负离子的电子壳层都是球对称稳定结构. 离子晶体结合过程中的动力显然是正负离子间的库仑力, 离子晶体中正负离子是相间排列的, 这样可以使异号离子之间的吸引作用强于同号离子之间的排斥作用, 库仑作用的总效果是吸引的, 晶体势能可达到最低值, 从而使晶体稳定.

典型的离子晶体结构有两种, 一种是 NaCl 型面心立方结构, 即 Na 原子失去一个外层电子形成正一价的离子 Na^+, Cl 原子得到一个电子成为负一价离子 Cl^-, 它们都是满壳层的离子, 其排列方式如图 1.15 所示, 呈面心立方结构, 每个离子与六个异号离子为最近邻. 另一种典型的离子晶体是 CsCl 结构, 如图 1.16 所示, 每个离子与八个异号离子为最近邻.

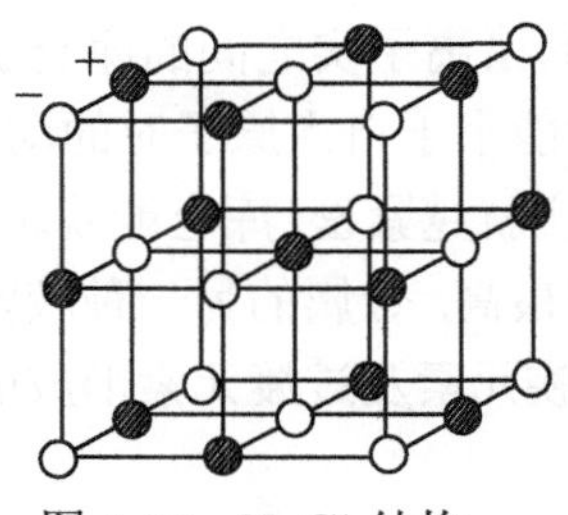

图 1.15 NaCl 结构

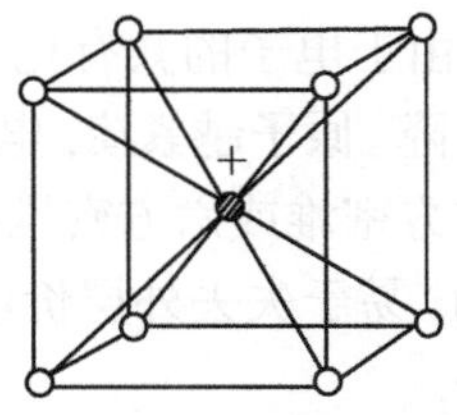

图 1.16 CsCl 结构

离子晶体主要依靠较强的库仑引力而结合, 故结构都很稳定, 结合能都很大, 这就导致了离子晶体熔点高、硬度大、膨胀系数小. 由于离子的电子满壳层结构, 使得这种晶体的电子导电性差, 但在高温下可发生离子导电, 电导率随温度升高而加大.

1.6.2 共价结合

电负性较大的原子倾向于俘获电子而难以失去电子, 因此, 由这类同种原子结合形成晶体时, 原子之间通过形成共价键, 即使最外层的电子不脱离原来电子, 但靠近的两个电负性大的原子可以各出一个电子, 形成两原子共有的自旋相反的电子对, 从而产生结合力, 这样形成的晶体称为共价晶体或原子晶体. 氢分子中两个氢原子之间就是典型的共价键. IVA 族元素能结合成最典型的共价结合晶体, 其次是 VA、VIA、VIIA 族元素, 它们的元素晶体也是共价晶体.

共价键的基本特征是饱和性和方向性. 由于共价键只能由未配对的电子形成, 故一个 d 只能与其他原子形成共价键的数目是有限制的, 这称为共价键的饱和性. 氢原子只有一个电子, 故可与其他原子形成一个共价键. 氦原子有两个 1s 电子, 已构成自旋相反的电子对, 故不能与其他原子形成共价键. 一般说来, 如原子价电子次壳层的电子数不到半满, 则每个电子都可以是不配对的, 因而能形成共价键的数目与价电子相等. 如果原子的价电子数目超过半满, 根据泡利原理, 其中必有部分电子已配对, 因而能形成共价键的数目少于价电子数, 一般符合 $8-N$ 定则, N 是价电子数, $8-N$ 等于最外壳层的空态数目. 共价键的方向性指的是一个原子与其他原子形成的各个共价键之间有确定的相对取向, 该方向是配对电子的波函数的对称轴. 最典型的共价晶体是金刚石, 每个碳原子与邻近的碳原子形成四个共价键, 相互夹角均为 $109°28'$, 硅和锗也属于金刚石结构.

共价键是一种强结合, 并且其方向性使晶体具有特定结构, 因而共价晶体结合能很大、熔点高、硬度大、脆性大. 由于共价键使电子形成封闭壳层结构, 故共价晶体一般导电性差.

1.6.3 金属结合

金属结合的特点是原子最外层价电子的共有化, 即这些价电子为整个晶体所共有. 带负电的电子云与沉浸于其中的带正电的诸离子实之间的库仑引力使金属晶体得以形成. 由于电子的共有化, 可使电子动能小于自由原子时的动能, 从而使晶体内部能量下降. 原子越紧凑, 电子云与原子实就越紧密, 库仑能就越低, 所以许多金属原子是立方密堆或六方密堆排列, 配位数最高. 金属的另一种较紧密的结构是体心立方结构. 易于失去外层价电子的 I、II 族元素及过渡元素形成的晶体都是典型的金属结合.

金属结合也是一种较强的结合, 并且由于配位数较高, 金属一般具有稳定、密度大、熔点高的特点. 由于金属中价电子的共有化, 所以金属的导电导热性能都很良好. 金属具有光泽也是和价电子的共有化相关的. 另外, 由于金属结合是一种体积效应, 对原子排列没有特殊要求, 故在外力作用下容易造成原子排列的规则性重新排列, 从而金属表现出很大的延展性, 容易进行机械加工.

1.6.4 分子结合

组成粒子时为具有稳定电子结构的原子或分子, 形成晶体时它们的状态不变, 只是依靠相互间的范德瓦耳斯力 (或称分子力) 结合, 这类晶体统称为分子晶体. CO_2、HCl、H_2、Cl_2 等以及惰性元素 Ne、Ar、Kr、Xe 在低温下形成的晶体都是分子晶体. 大部分有机化合物的晶体也是分子晶体. 分子间的范德瓦耳斯力一般可分为三种类型：极性分子间的结合、极性分子与非极性分子的结合、非极性分子间的结合.

范德瓦耳斯键 (分子键) 无方向性和饱和性. 对于惰性元素, 由于分子外形是球对称的, 故其晶体采取最密排列方式以使势能最低. Ne、Ar、Kr、Xe 晶体均为面心立方结构, 对其他分子晶体, 微观结构和分子的几何构型相关. 范德瓦耳斯键是弱结合, 所以分子晶体熔点低、硬度小.

1.6.5 氢键结合

除以上四种基本结合类型外, 还有氢键结合, 即氢原子可以同时和两个电负性大的原子形成一强一弱的两个键. 它涉及许多由氢和电负性强的元素构成的化合物晶体, 如冰、HF 及许多有机化合物晶体. 氢原子核外只有一个电子, 其外电子壳层饱和情况也只有两个电子而不是绝大多数原子的八个电子, 氢的电离能很大, 不易失去电子. 当氢原子与电负性强的元素结合时, 形成共价键, 而不是离子键, 而且只能形成一个共价键. 由于电子的配对, 氢的电子云被拉向另一个原子一侧, 从而氢核便处于电子云的边缘. 这个带正电的氢核还可以通过库仑引力和另一个电负性较大的原子结合, 形成另一个键, 这个键弱于前面的共价键. 体积几乎为零的氢核夹在两团带负电的电子云之间, 就阻止了其他原子接近氢核, 不能再形成更多的键. 所以氢键结合具有方向性和饱和性. 在化学结构式中, 氢键一般表示为 X-H-Y 或

X-H···Y, 其中短线表示共价强键 (键长短, 即原子间距小), 而另一个为弱键 (键长大). 冰是典型的氢键晶体.

由于氢键较弱, 故氢键晶体一般熔点低、硬度小. 氢键的性质是比较复杂的, 以上仅仅是定性的描述.

1.6.6 混合键晶体

值得注意的是, 上述几种结合类型的划分只是为了研究的方便, 实际晶体的结合往往很复杂. 一方面, 有些结合难于看作是某一种单纯的结合形式. 例如, ZnS、AgI 一般称为离子晶体, 但它含有相当的共价键成分, 即使典型的离子晶体 NaCl, 也含有少量共价键成分. 而共价晶体 GaAs、GaP 等也含有离子键成分. 另一方面, 一种晶体中又可有多种形式的结合. 例如, 石墨晶体 (见图 1.17). 石墨是层状结构, 每一层内碳原子以三个共价键与邻近原子结合成二维蜂房型结构, 而多余的一个价电子则成为层内的共有化电子 (金属性结合), 在层与层之间靠范德瓦耳斯力结合, 这种结合特点使石墨性质与金刚石有天壤之别, 它质软而熔点高, 导电性好.

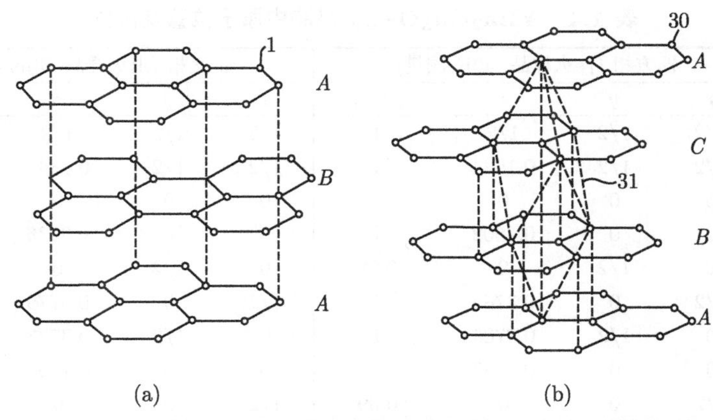

图 1.17 两种石墨的晶体结构

(a) 六方 2H-石墨; (b) 三方 3R-石墨

1986 年发现的 La-Ba-Cu-O 复合氧化物的 T_c 高达 52K, La-Sr-Cr-O 系的 T_c 为 48.6K, 一个世界范围的超导研究热从此揭开了序幕.

1987年的研究确定在Y-Ba-Cu-O系的超导相, Y:Ba:Cu=1:2:3, 即$YBa_2Cu_3O_{7-x}$, 其超导零电阻温度在 90K 以上. 此外, 又用元素 La、Sc 取代 Y, 用 Sr、Ca、Pb 取代 Ba, 获得一系列超导体.

X 射线和中子衍射研究表明, 其晶体具有和 Perovskite 型类似的结构. 在高温 (约 <1000K) 时, 是四方点阵, 为非超导体; 低温下是正交点阵, 为超导体. 该两种相结构晶胞模型示于图 1.18 中.

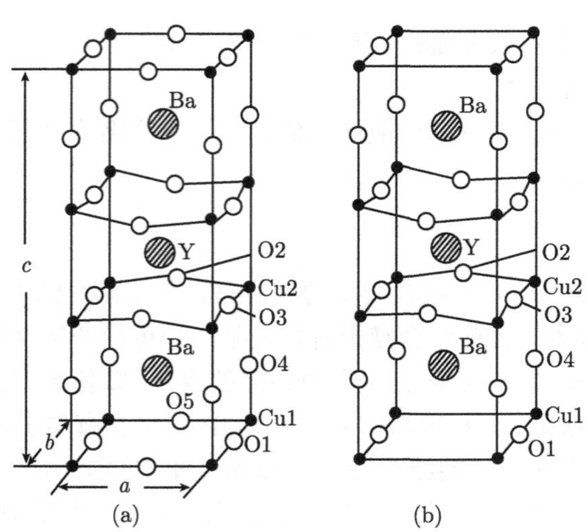

图 1.18　$YBa_2Cu_3O_7$ 的晶体结构

(a) 四方晶胞 (高温); (b) 正交晶胞 (低温)

表 1.4　$YBa_2Cu_3O_{7-x}$ 晶胞中原子位置及占位

原子	四方相 (淬火样品, 49K 测量)				正交相 (退火样品, 49K 测量)			
	x	y	z	占位率	x	y	z	占位率
Y	1/2	1/2	1/2	1	1/2	1/2	1/2	1
Ba	1/2	1/2	0.1944	1	1/2	1/2	0.1845	1
Cu1	0	0	0	1	0	0	0	1
Cu2	0	0	0.3602	1	0	0	0.3536	1
O1	0	1/2	0	0.09	0	1/2	0	0.84
O2	1/2	0	0.3785	1	1/2	0	0.3779	1
O3	0	1/2	0.3785	1	0	1/2	0.3773	1
O4	0	0	0.1537	1	0	0	0.1595	1
O5	1/2	0	0	0.09	1/2	0	0	−0.05

四方相的点阵参数 $a = 3.859$, $c = 11.71$Å; 超导的正交相点阵参数 $a = 3.827$, $c = 3.877$Å, 空间群 $Pmmm$. 可见四方相 $c = 3a$. 因此可得出超导相结构的粗略模型是三个近似钙钛矿基本单胞沿 c 轴方向堆垛而成, 由于四方 → 正交的点阵参数变化是 a 轴缩短, b 轴增长, 这表明在 a、b 轴上氧原子的占位可能有变化. X 射线衍射对轻元素氧是不敏感的, 中子衍射可精确测定它的位置. 表 1.4 列出的原子位置数据是用中子粉末衍射的飞行时间方法 (TOF), 测定并经 Rietveld 精化的结果.

由表可看出氧原子 O1 和 O5 在 a, b 轴上的占位率在四方相中均为 0.09(即 $z = 0$ 平面上基本无氧原子); 而在正交相中 O1 为 0.84(可认为 b 轴中点有氧原子分布), O5 为 0.05(可认为 a 轴中点氧缺位). 这说明从高温到低温的四方 → 正交相变时, 出现了氧原子在 a、b 轴中点的无序到有序排列转变. 这种无序到有序变化从 a、b 随淬火温度的变化及 O1、O5 占位率随淬火温度的变化上也得到明确证明.

1.7 磁对称性和磁结构

磁结构是由磁性材料的晶体结构加上磁性原子的磁矩而构成. 磁对称性来自磁矩反转操作与晶体结构对称操作的交互作用.

1.7.1 磁性原子的自旋结构

磁性材料的原子的自旋结构归纳于图 1.19, 分铁磁体、反铁磁体、三角形的、倾斜的、伞形的、正弦 (或余弦) 型、圆螺旋线型和椭圆螺旋线型等.

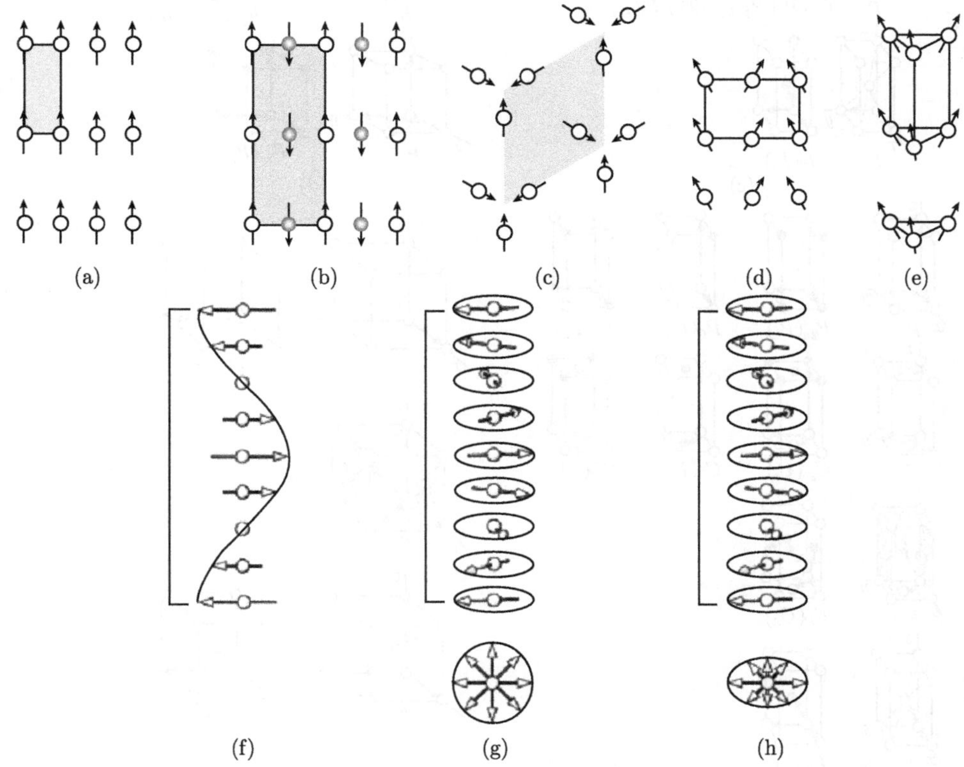

图 1.19 磁性材料中的自旋结构

(a) 铁磁体; (b) 反铁磁体; (c) 三角形的; (d) 倾斜的; (e) 伞形的; (f) 正弦 (或余弦) 型; (g) 圆螺旋线型; (h) 椭圆螺旋线型

1.7.2 磁点阵

作为晶体结构的平移群的 14 种布拉维点阵, 加上平移后, 就扩展为 36 种磁

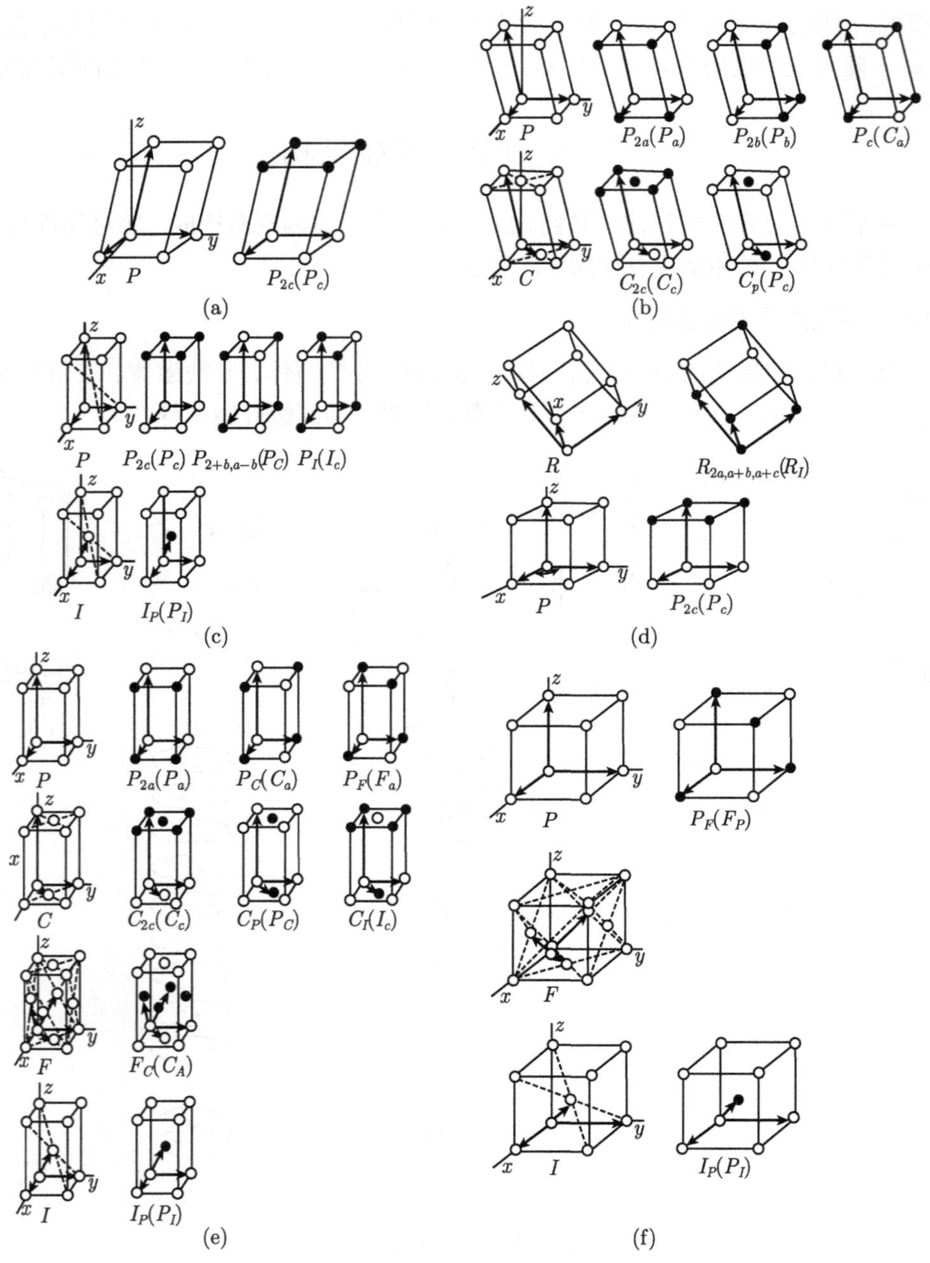

图 1.20　七个晶系 36 种磁布拉维点阵

(a) 三斜晶系的磁点阵; (b) 单斜晶系的磁点阵, 可选择二次轴; (c) 四方晶系的磁点阵; (d) 三方晶系和六方晶系的磁点阵; (e) 正交晶系的磁点阵; (f) 立六方晶系的磁点阵

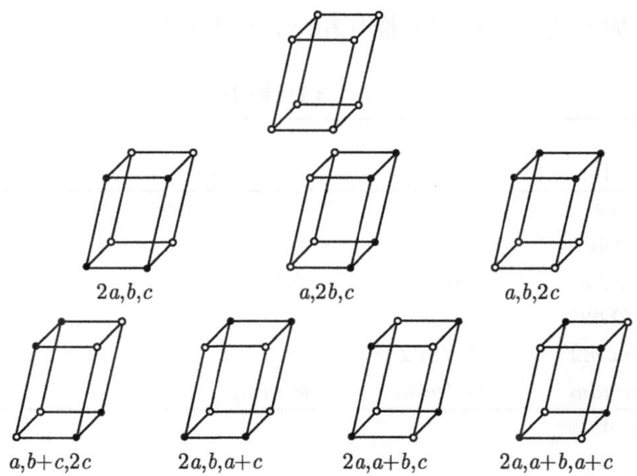

图 1.21 磁布拉维点阵中有关符号的说明

布拉维点阵. 如用黑色和白色表示磁矩的两种相反的取向, 则对称性的概念就扩展到 “色” 对称了. 它们被称为 36 种有 “色” 的平移群. 七个晶系的磁布拉维点阵如图 1.20 所示, 有关符号的说明见图 1.21, 可见, 简单点阵各阵点环境相同, $2a$、$2b$、$2c$ 分别表示在 a、b、c 面发生磁性原子的交替排列, $b+c$ $2c$; $2a$ $a+c$ 等发生半个原子平面交替排列.

1.7.3 磁点群

磁对称元素是由晶体学对称元素 (包括宏观和微观对称元素) 与表征磁矩方向相反的反对称操作群 A(即 1 和 $1'$ 两个元素) 结合组成. 例如, 4 与 $1'$ 结合得 $41'=4'$, $4'$ 就是磁对称元素, 如图 1.22 所示, 它在旋转 90° 后必须使磁矩方向反向才能复原.

磁对称性中由于有使磁矩反转的操作, 所以平移对称性除有通常的平移 τ 外, 还有反平移 τ', 如图 1.23 所示. 对于其他的对称元素也有类似情况.

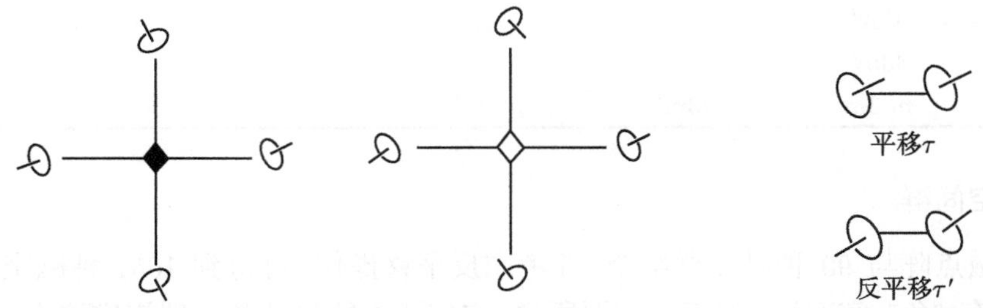

图 1.22 晶体学对称元素 4 和磁对称元素 $1'$ 结合得 $4'$　图 1.23 平移和反平移对称操作

磁点群共有 90 个, 它们反映了晶体可能具有宏观的磁对称性, 是由晶体的宏观的磁对称操作加上使磁矩反转的操作组成. 表 1.5 给出了 90 个磁点群的符号.

表 1.5　磁点群表

$*1$					
$*\bar{1}$	$\bar{1}'$				
$*2$	$*2'$				
$*m$	$*m'$				
$*2/m$	$2'/m$	$2/m'$	$*2'/m'$		
222	$*22'2'$				
$mm2$	$*m'm2'$	$*m'm'2$			
mmm	$m'mm$	$*m'm'm$	$m'm'm'$		
$*4$	$4'$				
$*\bar{4}$	$\bar{4}'$				
$*4/m$	$4'/m$	$4/m'$	$4'/m'$		
422	$4'22'$	$*42'2'$			
$\bar{4}2m$	$\bar{4}2'm$	$\bar{4}'2m'$	$*\bar{4}2'm'$		
$4/mmm$	$4/m'mm$	$4'/mm'm$	$4'/m'm'm$	$*4/mm'm'$	$4/m'm'm'$
$*3$					
$*\bar{3}$	$\bar{3}'$				
32	$*32'$				
$3m$	$*3m'$				
$\bar{3}m$	$\bar{3}'m$	$\bar{3}'m'$	$*\bar{3}m'$		
$*6$	$6'$				
$*\bar{6}$	$\bar{6}'$				
$*6/m$	$6'/m$	$6/m'$	$6'/m'$		
622	$6'2'2$	$*62'2'$			
$6mm$	$6'm'm$	$*6m'm'$			
$\bar{6}m2$	$\bar{6}'m'2$	$\bar{6}m2'$	$*\bar{6}m'2'$		
$6/mmm$	$6/m'mm$	$6'/mm'm$	$6'/m'm'm$	$*6/mm'm'$	$6/m'm'm'$
23					
$m3$	$m'3$				
432	$4'32'$				
$\bar{4}3m$	$\bar{4}3m'$				
$m3m$	$m'3m$	$m3m'$	$m'3m'$		

1.7.4　磁空间群

36 种磁点阵与 90 种磁点群结合, 并考虑反平移操作, 可得到 1651 种磁空间群, 又称为有 “色” 空间群. 但正如前面所说, 它们还不能包括各种螺旋磁结构 (如稀土材料低温下常出现) 的对称性. 表 1.6 仅列出了立方晶系的 137 个空间群的符号.

表 1.6 立方晶系空间群符号

				$P4_332$			$I\bar{4}3m$	
				$P4_2'32'$				
	$P2_33$						$I\bar{4}'3m'$	
	$I2_13$			P_F4_232	F_P4_132		$I_P\bar{4}3m$	$P_I\bar{4}3m$
				$F432$			$I_P\bar{4}'3m'$	$P_I\bar{4}3n$
	I_P2_13	P_I2_13		$F\bar{4}'32'$				
$m3$				$F4_132$			$P\bar{4}3n$	
	$Pm3$							
				$F4_1'32'$				
	$Pm'3$						$P\bar{4}'3n'$	
	P_Fm3	F_Pm3		$I432$			$F\bar{4}3c$	
				$I4'32'$			$F\bar{4}'3c'$	
	$Pn3$			I_F432	P_I432			
	$Pn'3$			$I_F4'32'$	P_I4_132		$I\bar{4}3d$	
	P_Fn3	F_Pd3		$P4_332$			$I\bar{4}'3d'$	
				$P4_3'32'$				
	$Fm3$					$m3m$		
	$Fm'3$			$P4_132$			$Pm3m$	
	$Fd3$						$Pm'3m$	
				$P4_1'32$				
	$Fd'3$						$Pm3m'$	
	$Im3$			$I4_132$			$Pm'3m'$	
	$Im'3$						P_Fm3m	F_4m3m
				$I4_1'32'$				
	I_pm3	P_Im3					P_Fm3m'	F_2m3c
	$Ipm'3$	P_In3		I_P4_132	P_I4_232			
							$Pn3n$	
				$I4_1'32'$	P_I4_132			
	$Pa3$						$Pn'3n$	
	$Pa'3$			I_P4_132			$Pn'3n'$	
	$Ia3$							
				$I_P4_1'32'$				
	$Pa'3$						$Pm3n$	
	I_Pm3	P_Im3	$\bar{4}3m$				$Pm'3n$	
	$Ipa'3$	P_In3		$P\bar{4}3m$			$Pm'3n'$	
				$P\bar{4}'3m'$			$Pn3m$	
432				$P_F\bar{4}3m$	$F_P\bar{4}3m$			
	$P432$			$P_F\bar{4}'3m'$	$F_P\bar{4}3c$		$Pn'3m$	
	$P4'32'$			$F\bar{4}3m$			$Pn3m'$	
	P_F432	F_P432		$F\bar{4}'3m'$			$Pn'3m'$	
立方				$Fm3c'$			$Im3m$	
	$Pn3m$			$Fm'3c'$				

续表

			$Im'3m$	
P_Fn3m	F_Pd3m	$Fd3m$	$Im3m'$	
$PIn3m'$	F_Id3c		$Im'3m'$	
		$Fd'3m$	I_Pm3m	P_Im3m
$Fm3m$		$Fd3m'$	$I_Pm'3m$	P_In3m
		$Fd'3m'$	I_Pm3m'	P_Im3n
$Fm'3m$			$I_Pm'3m'$	P_In3n
$Fm3m'$				
$Fm'3m$		$Fd3c$		
			$Ia3d$	
$Fm3c$		$Fd'3c$		
		$Fd3c'$	$Ia'3d$	
$Fm'3c$		$Fd'3c'$	$Ia3d'$	
			$Ia'3d'$	

1.7.5　磁性结构

物质的磁性来源于原子的磁性. 原子有磁矩, 它来自原子中的电子及原子核, 不过核的磁矩很小, 可以忽略. 电子引起的磁矩由电子绕原子核的轨道运行和本身自旋引起. 原子的总磁矩就是电子的轨道磁矩和自旋磁矩之和. 当原子组合成分子或晶体时, 物质的平均原子磁矩并不等于孤立的原子磁矩, 这说明组合后原子的磁相互作用引起变化.

物质在外磁场 $\boldsymbol{H}$ 中的磁化规律是:

$$\boldsymbol{M} = \chi \boldsymbol{H} \tag{1.25}$$

式中, $\boldsymbol{M}$ 是磁化强度 (单位体积的磁矩); χ 为相对导磁率. 按照磁化情况来分类, 大致有以下的磁性类型: 抗磁性、顺磁性、铁磁性、反铁磁性、亚铁磁性. 近年来, 借助中子衍射还发现反铁磁结构中存在特殊的螺旋磁性结构. 图 1.24 示出一些重要磁结构的晶胞 (原子磁矩用小箭头表示). 由图可看出, 铁磁晶胞中原子的磁矩是平行的, 反铁磁晶胞中磁矩方向交替向上、向下, 螺旋磁性的原子磁矩方向 (或大小) 螺旋式的变化. 由于反铁磁体的磁矩交替变化, 它们的单胞的体积通常比结晶学晶胞 (或化学单胞) 大, 即磁单胞基矢是结晶学晶胞的倍数. 在磁性晶体衍射中出现分数值的磁附加衍射指数就与此有关. 图 1.25 是反铁磁材料 MnO 的磁结构模型. X 射线衍射已探明 MnO 在室温是面心立方点阵 NaCl 结构, 结晶学细胞的点阵常数 $a = 4.426$Å. 中子衍射发现它在低温时变为反铁磁体, 存在磁性单胞, 其边长是 $2a$. 磁单胞中的铁磁片 (磁矩方向平行的原子平面) 是 (111) 面.

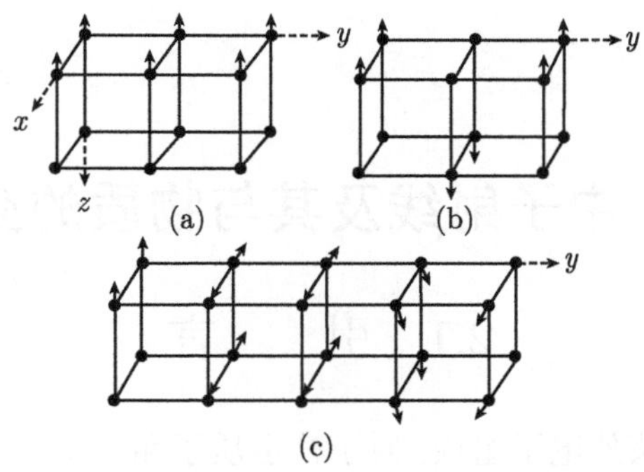

图 1.24　磁结构的晶胞示意

(a) 铁磁结构; (b) 反铁磁结构; (c) 螺旋磁结构

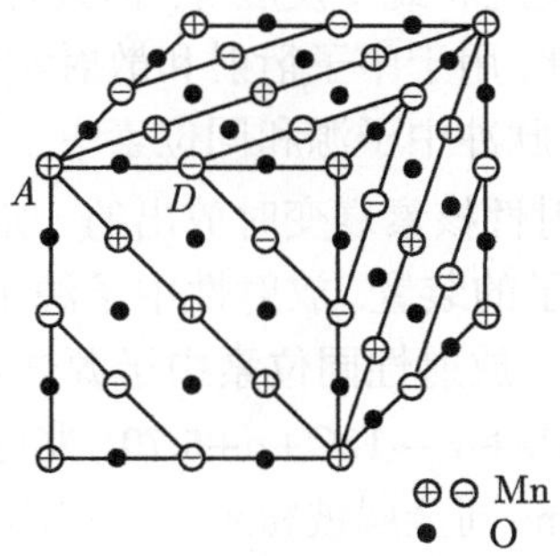

图 1.25　MnO 的磁矩分布

+, − 表示 Mn 磁矩相反

主要参考文献

1 张建中, 杨传铮. 晶体射线衍射基础. 南京：南京大学出版社, 1992.

2 姜传海, 杨传铮. 材料射线衍射和散射分析. 北京：高等教育出版社, 2010.

3 程国峰, 杨传铮, 黄月鸿. 纳米材料的 X 射线分析. 北京：化学工业出版社, 2010.

4 Cracknell A P. Group theory and magnetic phenomena in solids. Rep. Orog. Phys., 1969, 32: 633-707.

5 Wills A S, Rodriguez J. Magnetic Structure Determination from Neutron Powder Diffraction Data. Abingdon: The Cosener's House, 2002, 1-140.

第 2 章　中子射线及其与物质的交互作用

2.1　引　　言

原子由原子核和核外电子组成, 原子核由质子和中子组成. 质子带正电, 核外电子带负电, 中子是电中性的. 因此, 中子和中子束是从原子核中释放出来的.

能产生中子的反应有：裂变连锁反应、聚变反应、电子韧致辐射引起的中子和光聚变反应、带电粒子的核反应和蜕变反应等. 但只有核的裂变反应和蜕变反应能提供较高通量的中子束, 因此, 用于中子衍射和散射实验的中子源通常是原子反应堆中子源、散裂 (spallation) 脉冲中子源和同位素中子源.

同位素中子源. 利用放射性核素衰变时放出的一定能量的射线, 去轰击某些靶物质, 产生核反应而放出中子的装置. 放射性中子源主要有 α 放射性中子源、光中子源和核自发裂变中子源. 放射性同位素中子源体积小、制备简单、使用方便. (α,n) 中子源利用核反应：9Be+α →12C+n+5.701 兆电子伏特 (MeV) 将放射 α 射线的 238Pu、226Ra 或 241Am 同金属铍粉末按一定比例均匀混合压制成小圆柱体密封在金属壳中. (γ,n) 中子源利用核反应中发出的 γ 射线来产生中子, 有 24Na-Be 源、124Sb-Be 源等.

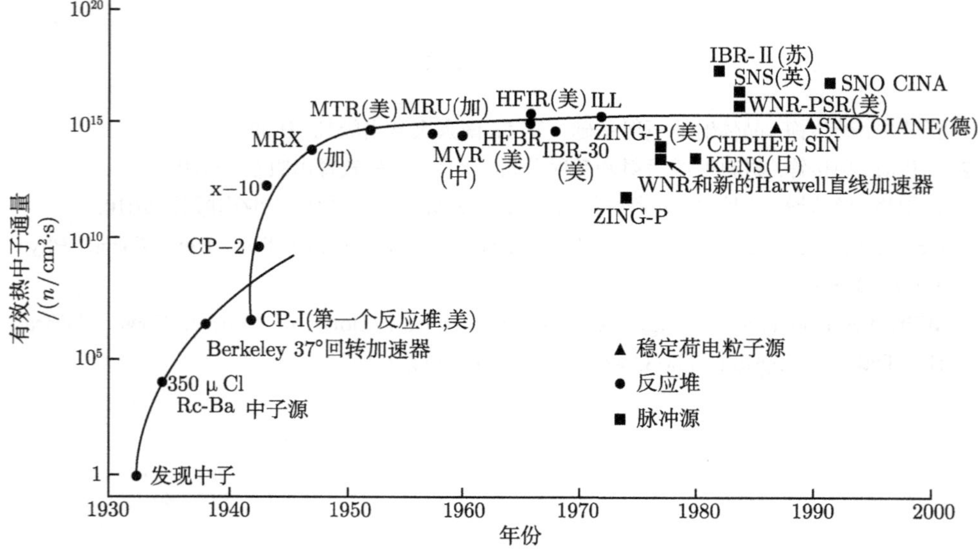

图 2.1　有效热中子源通量的进展, 脉冲中子源用峰值通量近似表示

加速器中子源. 利用加速器加速的带电粒子轰击适当的靶核, 使原子核发生蜕变核反应而产生中子, 最常用的蜕变核反应有 (d, n)、(p, n) 和 (γ, n) 等, 其中子强度比放射性同位素中子源大得多. 可以在很宽的能区上获得单能量中子. 加速器采用脉冲调制后, 可成为脉冲中子源. 所说的散裂中子源、脉冲中子源和加速器中子源都是这种源.

反应堆中子源. 利用反应堆中原子重核裂变所形成链式反应产生大量中子. 反应堆是最强的热中子源. 在反应堆的壁上开孔, 即可把中子引出. 所得的中子能量是连续分布的, 很接近麦克斯韦分布. 采取一定的措施, 可获得各种能量的中子束.

图 2.1 给出了有效中子源的发展情况.

2.2 原子反应堆中子源

反应堆中子源基于核裂变反应, 又分静态反应堆源和脉冲反应堆源. 反应堆中子源的核心是核反应堆, 它由核心的裂变材料 ^{235}U、冷却剂慢化器和慢化反射器组成. 冷却剂的作用一方面从反应堆核心带走热, 另一方面降低裂变中的能量, 使之达到大的裂变截面, 以提供具有裂变材料最小质量的临界度; 慢化反射器降低来自核心的快中子, 并把它们作为慢中子储存起来, 且逸出中子束, 同时把某些中子反射回核心, 以减少裂变材料的质量. 用作冷却剂和反射器的主要材料如下：

材料	快中子迁移长度 M/cm	热中子扩散长度 L_T/cm
H_2O	2.85	5.1
D_2O(纯重水)	170	10.5
Be	21	9.2
石墨	59	17.6

对反应堆的考查是它所用冷却剂慢化器和反射器的结合, 其结合情况是：

D_2O—D_2O	最佳的选择	H_2O—D_2O	给出较好的强度
H_2O—Be	较一般的选择	D_2O—Be	

表 2.1 几个原子反应堆中子源的操作性能

国家	地方	反应堆	功率 /MW	ϕ_{Th} /$(n/cm^2 \cdot s)$	冷源	冷却剂	反射器	热源
中国	北京	HWR						
美国	Brookhaven	HFBR	60	1×10^{15}	L-H_2	D_2O	D_2O	无
	橡树岭	HFIR	100	1.5×10^{15}	无	H_2O	Be	无
	橡树岭	HFIR-II	200	4.0×10^{15}		D_2O	D_2O	
法国	Grenoble	HFR	57	1.2×10^{15}	L-D_2	D_2O	D_2O	2000K 石墨
		Orphee		0.3×10^{15}	L-D_2	D_2O	D_2O	1700K 石墨

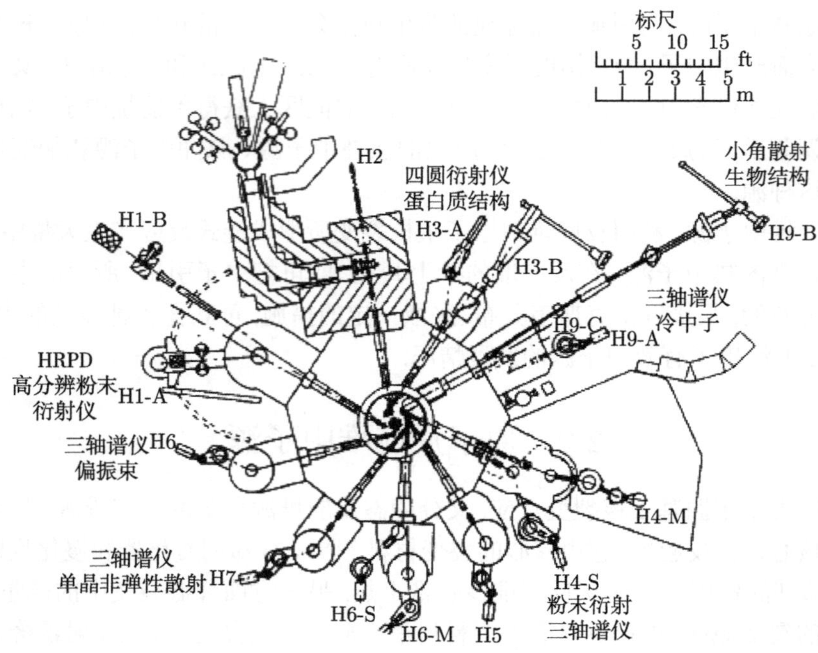

图 2.2　美国长岛 Brookhaven 国家实验室的高通量反应堆 (HFBR) 中子源的中子线束和实验站散射装置分布情况 (1ft(英尺) = 3.048×10^{-1}m)

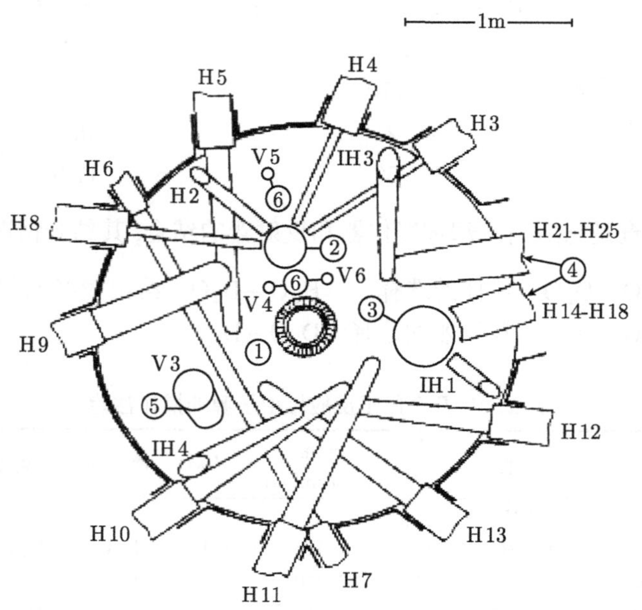

图 2.3　法国 Grenoble 的 HFR 原子反应堆装置源的线束管和慢化器位置

①反应堆核心; ②热中子源; ③冷源; ④中子导管, ⑤垂直束管; ⑥辐照用冲气口

目前世界上几个最强反应堆中子源及性能见表 2.1. 图 2.2 给出了美国长岛 Brookhaven 国家实验室的高通量反应堆中子源的中子线束和实验站散射装置分布情况. 图 2.3 给出了法国 Grenoble 的高通量反应堆中子源的示意图, 可见一个反应堆可同时提供热中子和冷中子. 反应堆可采用自动引发式反应或外引发 (Booster) 做成脉冲式反应堆. 自动引发式对中子散射实验并不合适. 采用外引发的脉冲反应堆包括一个核燃料或反射器材料的运动部件, 它迅速通过反应堆核器芯引起反应率简单而迅速的变化, 当反应率超过允许的临界值, 便快速产生脉冲, 从而形成脉冲式反应堆中子源.

2.3 脉冲中子源

加速器中子源基于蜕变反应, 它是借助来自加速器的荷电粒子的短脉冲轰击靶材料而获得中子的. 其原理如图 2.4 所示, 图 2.5 给出了不同能量质子轰击不同靶材料后的中子产生率, 由图可见, 重元素靶产生最多的中子, 空心的 U 为最好; 较高离子能量产生更多的中子, 近似符合下列关系式

$$\begin{aligned} Y_{(E,A)} &= 0.1(E\mathrm{GeV} - 0.120)(A + 20) \quad (\text{除能裂变的材料}) \\ &= 5.0(E\mathrm{GeV} - 0.120) \quad (^{238}\mathrm{U}) \end{aligned} \tag{2.1}$$

其中, A 是靶的质量; Y 是每个质子产生中子的数目.

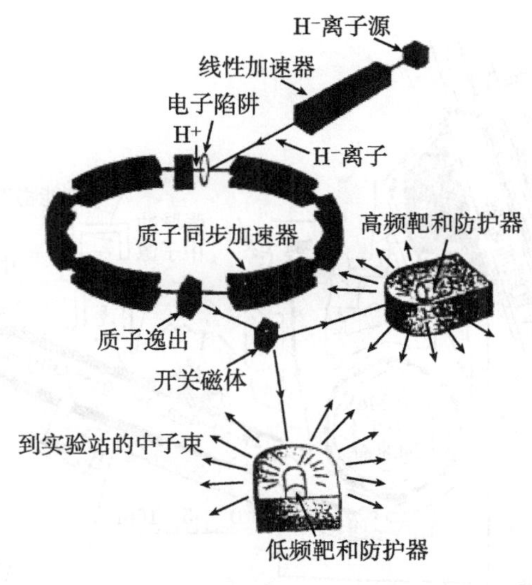

图 2.4 质子加速器驱动的脉冲中子源示意图

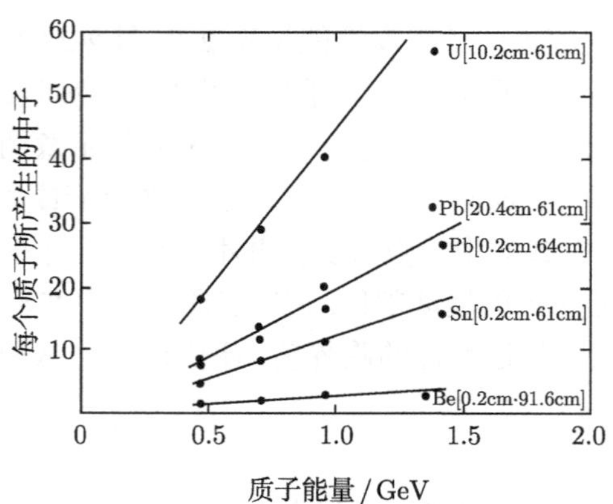

图 2.5　不同能量质子轰击不同靶材料后的中子产率

基于加速器的中子源又分静态源、时间调制或准静态源、短脉冲或简单脉冲源. 目前世界上最强的脉冲中子源是美国 Argonne 的 IPNS 和英国 Rutherford 的 ISIS.

图 2.6 给出了美国 Argonne 国家实验室强脉冲中子源 (IPNS) 的加速器系统示意图. 表 2.2 给出了世界上几个主要蜕变 (散裂) 中子源. 建在中国广东东莞的中国散裂中子源主要参数：1.6GeV, 25Hz, 100kW, 每脉冲中子数 1.56×10^{13}(平均流强 62.5μA). 美国橡树岭国家实验室的散裂中子源和同位素中子源的实验站分布情况列于表 2.3 中. 可见一个中子源所能进行的实验研究范围和应用领域是十分广泛的, 这一点与同步辐射光源十分类似.

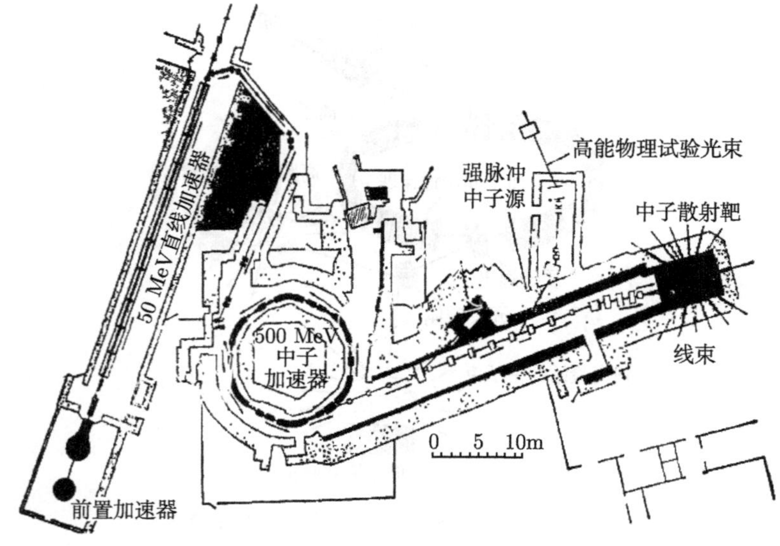

图 2.6　美国 Argonne 国家实验室强脉冲中子源的加速器系统示意图

表 2.2 世界上几个主要蜕变(散裂, spallation)中子源

国家	地方	中子源名称及缩写		主管单位	建成时间
美国	橡树岭	蜕变中子源	SNS	橡树岭国家实验室	2006 年
		Los Almos 中子科学中心	LANCE	Los Almos 国家实验室	
	Argonne	强脉冲中子源	IPNS	Argonne 国家实验室	
中国	东莞	中国散裂中子源	CSNS	中国科学院高能物理研究所	
英国		英国散裂中子源	ISIS	卢瑟福实验室	
日本		日本中子科学实验室	J-PARC	日本质子加速器研究联合体	
韩国		质子工程 Frontier 方案	PEFP	韩国原子能研究所	
印度		印度散裂中子源	ISNS		

表 2.3 美国橡树岭国家实验室两个中子源的光束线和实验站

美国橡树岭国家实验室的散裂中子源的实验站		
光束线代名	实验站名称	Name of experimental station
BL-2	背散射谱仪	Backscattering Spectrometer (BASIS)
BL-3	散裂中子和高压衍射仪	Spallation Neutrons and Pressure Diffractometer (SNAP)
BL-4A	磁反射仪	Magnetism Reflectometer (MR)
BL-4B	液体反射仪	Liquids Reflectometer (LR)
BL-5	冷中子斩波器谱仪	Cold Neutron Chopper Spectrometer (CNCS)
BL-6	扩展 Q 范围小角中子散射衍射仪	Extended Q-Range Small-Angle Neutron Scattering Diffractometer (EQ-SANS)
BL-7	工程材料衍射仪	Engineering Materials Diffractometer (VULCAN)
BL-9	弹性漫散射谱仪	Elastic diffusion scattering specstrometer
BL-11A	粉末衍射仪	Powder Diffractometer (POWGEN)
BL-12	单晶衍射仪	Single-Crystal Diffractometer (TOPAZ)
BL-15	中子自旋–回波谱仪	Neutron Spin Echo Spectrometer (NSE)
BL-17	精细分辨费米斩波谱仪	Fine-Resolution Fermi Chopper Spectrometer (SEQUOIA)
BL-18	广角范围斩波器谱仪	Wide Angular-Range Chopper Spectrometer (ARCS)
美国橡树岭国家实验室的同位素中子源的实验站		
CG-1	未来发展	Future development
CG-2	一般目的 SANS–小角中子散射衍射仪	General-Purpose SANS–Small-Angle Neutron Scattering Diffractometer
CG-3	生物 SANS–生物小角散射仪	Bio-SANS–Biological Small-Angle Neutron Scattering Instrument
CG-4A	未来发展	Future development
CG-4B	未来发展	Future development

续表

美国橡树岭国家实验室的同位素中子源的实验站		
CG-4C	美国/日本冷中子源-三轴谱仪	USA/Japan Cold Neutron source-Triple-Axis Spectrometer
CG-4D	未来发展	Future development
HB-1	极化三轴谱仪	Polarized Triple-Axis Spectrometer
HB-1A	固定入射能量三轴谱仪	Fixed-Incident-Energy Triple-Axis Spectrometer
HB-2A	中子粉末衍射仪	Neutron Powder Diffractometer
HB-2B	中子残余应力 Mapping 装置	NRSF2–Neutron Residual Stress Mapping Facility
HB-2C	美国/日本 wand	USA/Japan wand
HB-3	三轴谱仪	Triple-Axis Spectrometer
HB-3A	四圆衍射仪	Four-Circle Diffractometer

2.4　三种源的比较

中子散射技术所依赖的中子源有两种主要的实现途径, 即基于反应堆的中子源和基于质子加速器的散裂中子源. 前者通常是时间连续的, 后者则是脉冲的. 两者各有优点, 在应用上具有互补性. 比较而言, 散裂中子源具有一些独特而优异的性能, 主要包括: 随着近年来强流质子加速器技术的发展, 使获得较反应堆中子源高一到两个量级以上的有效中子通量成为可能, 如束流功率达 $10^2 \sim 10^3$kW, 这也是世界各国着力发展和建造散裂中子源的最重要原因之一; 可提供丰富的高能短波长中子, 以保证高 Q 值、高能量转移的中子散射需求; 可实现低本底中子散射数据的获取, 信噪比大为提高; 无需使用核原料, 同时不产生强放射性核废料等. 三种中子源的特点以比较的方式列入表 2.4.

表 2.4　三种中子源的特点比较

比较项目	三种典型中子源特点比较		
	放射性核素中子源	反应堆中子源	散裂中子源
中子产生	(α, n) 反应 (g, n) 反应; 自发裂变	核裂变链式反应	高能质子轰击重核散裂反应
反应方式	连续	连续	脉冲
时间结构	无	无	有
中子能谱	窄	较宽	宽
中子通量	$\sim 10^7$n/cm^2·s	$\sim 10^{15}$n/cm^2·s	$\sim 10^{17}$n/cm^2·s
每产生中子靶内能量沉积	0.1~6MeV	180MeV	20~45MeV
本底 γ	高	高	低

高有效通量、宽波段、高信噪比、高效安全的散裂中子源使得中子散射技术的应用领域不断扩大, 使以往很多无法涉足的研究领域得以开展, 因此被国际上公认为新一代中子源. 目前世界上运行的散裂中子源主要有日本的 KENS、美国的 IPNS 和 LANSCE、英国的 ISIS, 其中 ISIS 的有效中子通量最高, 且超过 ILL 一个量级. 而在建或计划建设的有美国的 SNS、日本的 J-PARC(JSNS) 和中国的 BSNS 等, 其中 SNS 和 J-PARC 的设计束流功率均超过 1MW, ISNS 和 BSNS 为 100kW. 另外, 欧盟一直在朝着建造 10 MW 级散裂中子源 (ESS) 的方向努力. 总之, 建造高性能散裂中子源已成为 21 世纪世界各主要经济体提高其科技竞争能力的重要步骤.

由于脉冲源和定态源本质上有很大差别, 描叙它们的功能需要较多的参数, 因此, 难以比较, 但下述特性还是明确的.

对于反应堆中子源, 中子流是连续的、近各向同性的, 谱分布占主导地位的是“麦克斯韦” 热分布, 源平衡温度在 300K 左右, 用热中子通量的时间平均积分和温度两个指标足以表征它们, 除非指明是“冷” 或 “热” 源. 然而, 对于脉冲源, 初基源的脉冲宽度、脉冲频率、超热和热中子的强度、热中子谱温度、能量依赖关系的持续时间和慢化器的波形等都是重要的.

图 2.7 示出两种普通源：核反应堆 (a、b、c) 和脉冲蜕变源 (SNS) 的中子谱分布, 可见反应堆源的中子谱呈麦克斯韦分布.

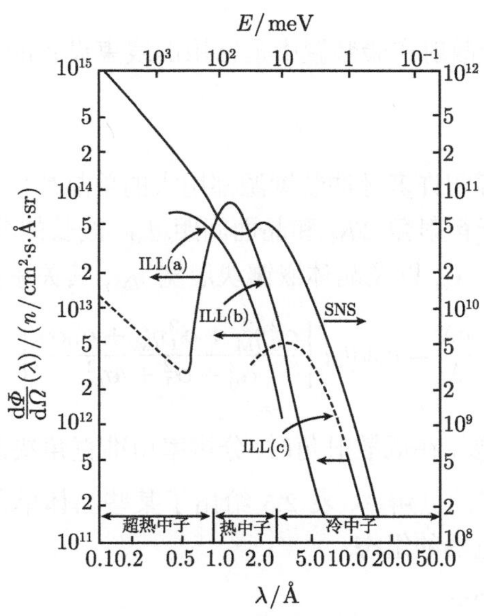

图 2.7 典型的中子谱分布

其中反应堆中子源慢化剂 (a) 2000K 石墨; (b) 300K D_2O; (c) 25K 液态 D_2O; SNS 是质子流为 200μA 的脉冲源

散裂中子源与反应堆中子源相比有以下优点.

(1) 它和脉冲时间飞行技术结合后, 能使用脉冲散裂中子源产生的中子脉冲里的全部中子, 并有极高的能量分辨率. 从而使谱仪的样品处的中子通量和核反应堆相比提高了 100 倍以上. 比如英国 ISIS 脉冲中子源的粉末衍射仪 GEM, 只需 1mg 的样品就能测出衍射谱. 美国在建的 MW 级 SNS 脉冲散裂中子源的工程材料衍射仪, 只用 1/10s 就能测出衍射谱. 比核反应堆的相应衍射仪快几百倍.

(2) 脉冲技术给出高分辨率和低本底. 脉冲中子源的谱仪具有最高的能量分辨率 ($\mathrm{d}E/E$=0.04%和 0.1meV). 脉冲当中含不同波长的超热、热和冷中子, 因此谱仪的频宽大, 与核反应堆的谱仪比较, 能将能量转移范围扩大 5~10 倍.

(3) 脉冲中子源不用核燃料, 不产生核废物, 不污染环境. 停电就不再产生质子、中子, 绝对安全.

(4) 建造费和运行费较低. 散裂脉冲中子源的配套工程较少 (不需要核反应堆必备的庞大的冷却水系统, 核废料的贮存转运空间和复杂的多层次核反应安全保护系统). 特别要提到的是慢化中子用的慢化器的制冷功率仅两三百瓦, 是核反应堆用的十分之一, 制冷系统的投资和运行费用也大致小十倍, 大大降低散热和制冷的投资.

2.5　中子射线源的线束设备

图 2.8 示出了中子散射实验装置中最常用的线束设备的主要部件, 其中某些重要部件简介如下.

1) 晶体单色器

多数反应堆装置源和许多脉冲装置源都用大的单晶片作单色器, 被晶体单色器反射的平均波长取决于衍射角 $2\theta_{\mathrm{M}}$ 和晶面间距 d_{M}. 波长的分辨率取决于单色器前和后的角准直度 α_0 和 α_1, 以及晶体嵌镶块展宽 η_{M}, 其关系如下：

$$\frac{\delta\lambda}{\lambda} = \cot\theta_{\mathrm{M}}\left[\frac{\alpha_0^2\eta_{\mathrm{M}}^2 + \alpha_1^2\eta_{\mathrm{M}}^2 + \alpha_0\alpha_1}{\alpha_0^2 + \alpha_1^2 + 4\eta_{\mathrm{M}}^2}\right] \tag{2.2}$$

其中, $\cot\theta_{\mathrm{M}}$ 项十分重要. 在低散射角时, 分辨率由准直角决定, $\dfrac{\delta\lambda}{\lambda} = \dfrac{\delta\theta}{\theta}$; 当 $\cot\theta_{\mathrm{M}}$ 趋于 0 时, 能获得极好的分辨率. 表 2.5 给出了某些晶体单色器的数据. 图 2.9 给出了常用两种双晶单色器的组态.

2) 中子斩波器 (chopper)

用在反应堆中子源, 中子斩波器为产生脉冲中子束, 以进行中子飞行时间(TOF)实验. 在加速器上用斩波器与源一起给出单色中子的给定脉冲. 一般的斩波器是具有圆周运动速度 v_{P} 的旋转转子. 最特殊的斩波器是 Fermi 斩波器, 它由被宽度为

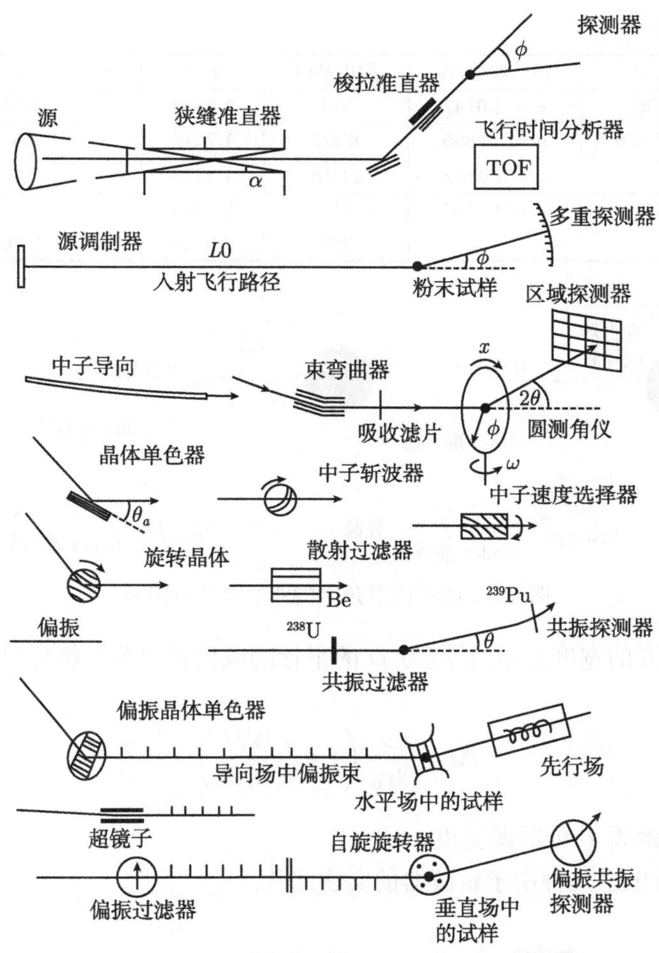

图 2.8 中子散射装置中最常用的线束设备

表 2.5 中子衍射实验站常用的晶体单色器

材料	结构	点阵参数/Å	所用晶面	d/Å	$2\theta_M = 45°$ 时波长/Å
石墨	层状	$a = 2.456$	002	3.3528	4.7416
		$c = 6.7056$	004	1.6764	2.3708
Ge	金刚石立方	$a = 5.6575$	111	3.2663	4.6192
			113	1.7058	2.4124
			115	1.0888	1.5398
Si	金刚石立方	$a = 5.4309$	111	3.1256	4.4344
			113	1.6375	2.3158
			115	1.0452	1.4781
Cu	FCC	$a = 3.6147$	111	2.0869	29438
			220	1.2780	1.8074

续表

材料	结构	点阵参数/Å	所用晶面	d/Å	$2\theta_{\mathrm{M}}=45°$ 时波长/Å
Cu	FCC	$a=3.6147$	311	1.0899	1.5411
Be	密堆六方	$a=2.2856$	0002	1.7916	2.5337
		$c=3.5832$	$11\bar{2}0$	1.1428	1.6162
Al	FCC	$a=4.0496$	111	2.3380	3.3064
			200	2.0248	2.8635

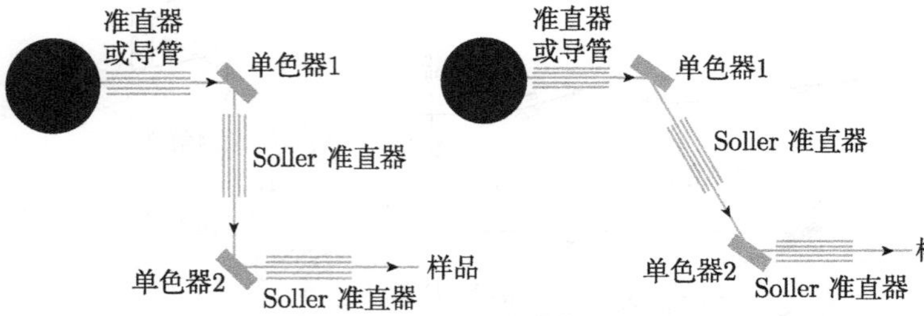

图 2.9　两种出射角上的双晶单色器组态

Z 的吸收器分开的宽度为 ω, 长度为 D 的平行的或稍微弯曲的组件组成, 脉冲宽度由下式给出：

$$\Delta t=\frac{\omega}{2v_{\mathrm{p}}}\left(1+\frac{1}{4}\frac{W/L}{\omega/D}\right)\tag{2.3}$$

其中, W 是在距离 L 处的源宽度.

图 2.11 给出了几种中子斩波器的实物照片.

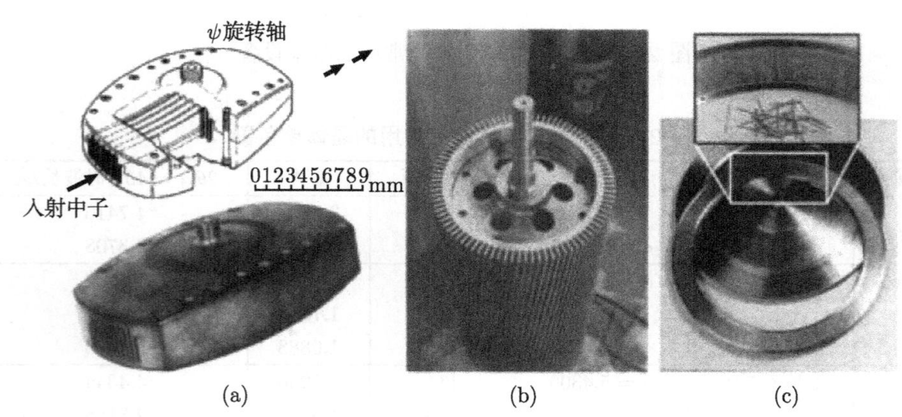

图 2.10　几种中子斩波器的实物照片

(a) Fermi 斩波器; (b) 螺旋速度选择器; (c) Fourier 盘斩波器

3) 中子速度选择器

具有外表面制成一组螺丝沟槽的旋转圆柱体所提供的非脉冲的近似单色光束的器件就是中子速度选择器. 圆柱体在它的轴上旋转, 中子以平均波长传输. 平均波长与螺旋的螺距与旋转速度有关, 波宽度与它的长度和槽缝宽度有关. 这种中子速度选择器特别适用于小角散射要求在 5%~20%量级的粗略单色化时.

4) 偏振晶体单色器和超镜子

完全偏振 (极化) 的中子束可由确定的晶体单色器的 Bragg 反射产生. 从特殊的晶体和合金反射会产生几乎相等的核和磁散射长度. 如果这种晶体被磁化, 那么散射中子束将是偏振的. 某些偏振单色器如下：

材料	反射面	晶面间距 d/Å
$Co_{0.92}Fe_{0.08}$	200	1.600
Cu_2MnAl	111	3.430
^{57}Fe	110	2.03

但没有完全满足的反射, Co 合金有高的吸收, 若用 Cu_2MnAl, 要求高度准直的入射中子束.

使用冷中子 ($\lambda \sim 5$Å), 简单而有效的偏振器是磁性材料的磁反射. 最有效的偏振器是 Mezei 超镜子, 它由蒸发在塑料衬底上, 并由银层隔开的许多磁化铁组成.

5) 共振滤片

多数重核元素的吸收截面有若干明锐的峰或共振, 它们能用来限制中子能量. 几种共振滤片及性能如下：

同位素	共振能量/MeV	本征宽度/MeV	能量分辨率/%
^{149}Sm	872	61	7.0
^{249}Pu	1056	33	3.1
^{103}Ru	1257	156	12.4
^{115}In	1457	75	5.1
^{242}Pu	2670	27	1.0
^{181}Ta	4280	57	1.3
^{197}Au	4906	139	2.8
^{238}U	6674	27	0.4

6) 自旋旋转器

多数偏振中子使用的基本部分是测量某些截面的偏振关系. 中子自旋能在不改变其他使用条件下用自旋旋转器快速反转, 即中子偏振反转 180°.

7) 飞行时间分析器

飞行时间技术的基本参数是计算开始前的延迟时间 t_z、通道宽度 Δt、重复率 $t_{\rm per}$，这些要求的差别使得能用共振的通道数目来充满覆盖感兴趣的范围. 典型的飞行时间飞行器系统能处理 50 个探测器. 对于一个自动试验交换器内五个样品的每一个, 每个探测器有 256 个时间通道.

2.6　中子与物质的交互作用

2.6.1　物质对中子射线的吸收

射线与撞击物的原子相互作用, 被撞击物质吸收. 当射线遇到任何物质时, 一部分射线透过物质, 另一部分则被物质吸收. 这称为**吸收现象**, 这是第一类效应. 实验证实, 当射线通过任何均匀物质时, 它的强度衰减的程度与经过的距离 x 成正比, 其微分形式是

$$-\frac{\mathrm{d}I}{I}=\mu_L\mathrm{d}x \tag{2.4}$$

式中的比例常数 μ_L 称作线性吸收系数, 它与物质种类、密度以及射线的波长有关, 将式 (2.4) 积分得

$$I=I_0\mathrm{e}^{-\mu_L x} \tag{2.5}$$

式中, I_0 的是入射中子射线束的强度; I 则是透过厚度为 x 后射线束强度. 由于线性吸收系数与密度 ρ 成正比, 对于一定物质来说, 这就意味着 $\dfrac{\mu_L}{\rho}$ 是一个常数, 它与物质存在的状态无关. $\dfrac{\mu_L}{\rho}$ 用 μ_m 表示, 称为质量吸收系数. 方程式 (2.5) 可以改写成更为合适形式：

$$I_x=I_0\mathrm{e}^{-\mu_m\rho x} \tag{2.6}$$

这就是比尔定律.

在实际工作中经常遇到的吸收体物质是含有多于一种元素的物质, 例如, 机械混合物、化合物和合金, 它们的质量吸收系数如何确定呢? 设 W_1、W_2、W_3、$\cdots$、W_n 是吸收体中各组分元素的重量分数 μ_{m1}、μ_{m2}、μ_{m3}、$\cdots$、μ_{mn} 为相应元素对特定射线的质量吸收系数, μ_m 单位是 $\mathrm{cm^2/g}$, 则吸收体的质量吸收系数

$$\mu_m=W_1\mu_{m1}+W_2\mu_{m2}+W_3\mu_{m3}+\cdots+W_n\mu_{mn} \tag{2.7}$$

表 2.6 给出了元素对中子和 X 射线的吸收参数. 表 2.7 给出了中子、X 射线的透射系数.

表 2.6 元素对中子和 X 射线的吸收参数

原子序数	元素	真实吸收截面 $\sigma/10^{-14}cm^2$		质量吸收系数 $(\mu/\rho)/(cm^2/g)$		固体元素的线吸收系数 $/cm^{-1}$	
		中子 ($\lambda=1.08$Å)	X 射线 ($\lambda=1.54$Å)	中子	X 射线	中子	X 射线
1	^1H	0.19	0.7	0.11	0.43		
	^2H	0.0005	0.7	0.0001	0.43		
2	He		2.5		0.38		
	^3He		2.5		0.38		
3	Li	40	8.2	3.5	0.72	1.87	0.38
	^4Li	570	8.2	49	0.72	26	0.38
	^7Li						
4	Be	0.005	22	0.0003	1.5	0.0006	2.7
5	B	430	43	24	2.4	56	5.6
	^{10}B	2300	43	128	2.4	300	5.6
	^{11}B		43		2.4		5.6
6	C	0.003	92	0.00015	4.6	0.0005	15.2
7	N	1.3	175	0.048	7.5		
8	O	0.0001	305	0.00001	11.5		
9	F	0.006	518	0.0002	16.4		
10	Ne	0.2	767	0.006	22.9		
11	Na	0.28	1150	0.007	30.3	0.007	29
12	Mg	0.04	1560	0.001	38.6	0.0017	67
13	Al	0.13	2180	0.003	48.6	0.008	131
14	Si	0.06	2830	0.002	60.6	0.004	141
15	P	0.09	3810	0.002	74.1	0.004	163
16	S	0.28	4740	0.0055	89.1	0.011	178
17	Cl	19.5	6210	0.33	106		
18	Ar	0.4	8170	0.006	123		
19	K	1.2	9250	0.018	143	0.016	123
20	Ca	0.25	10800	0.0037	162	0.0057	251
21	Sc	19	13700	0.25	184	0.75	550
22	Ti	3.5	16500	0.044	208	0.20	994
23	V	2.8	19700	0.033	233	0.20	1423
24	Cr	1.8	22400	0.021	260	0.15	1869
25	Mn	7.6	26000	0.083	285	0.60	2090
26	Fe	1.4	28600	0.015	308	0.12	2420
27	Co	21	32400	0.21	313	1.87	2790
28	Ni	2.7	4450	0.028	45.7	0.25	407
29	Cu	2.2	5580	0.021	52.9	0.19	474
30	Zn	0.6	6550	0.0055	60.3	0.039	430
31	Ga	1.8	7859	0.015	67.9	0.089	401
32	Ge	1.3	9110	0.011	75.6	0.058	402

续表

原子序数	元素	真实吸收截面 $\sigma/10^{-14}\text{cm}^2$		质量吸收系数 $(\mu/\rho)/(\text{cm}^2/\text{g})$		固体元素的线吸收系数 $/\text{cm}^{-1}$	
		中子 ($\lambda = 1.08\text{Å}$)	X 射线 ($\lambda = 1.54\text{Å}$)	中子	X 射线	中子	X 射线
33	As	2.5	10400	0.020	83.4	0.12	478
34	Se	7.4	12000	0.056	91.4	0.27	438
35	Br	3.8	13200	0.029	99.6		
36	Kr	18	15000	0.13	108		
37	Rb	0.42	16500	0.003	117	0.0044	179
38	Sr	0.7	18200	0.005	125	0.012	317
39	Y	0.83	19800	0.006	134	0.031	596
40	Zr	0.10	21700	0.0006	143	0.0041	933
41	Nb	0.63	23600	0.004	153	0.034	1311
42	Mo	1.4	25900	0.009	162	0.08	1650
43	Te		28300		172		
44	Ru	1.5	30700	0.009	183	0.10	2270
45	Rh	90	33200	0.53	194	6.6	2410
46	Pd	4.0	36400	0.023	206	0.28	2480
47	Ag	36	39000	0.20	218	2.0	2290
48	Cd	2650	43000	14	231	121	2000
	113 Cd	23000	43000	122	231	1050	2000
49	In	115	45400	0.6	243	4.4	1780
50	Sn	0.35	50500	0.002	256	0.011	1870
51	Sb	3.2	54500	0.016	270	0.10	1810
52	Te	2.7	59800	0.013	282	0.081	1760
53	I	3.7	62000	0.018	294	0.09	1450
54	Xe	18	66800	0.082	306		
55	Cs	17	70200	0.077	318	0.14	573
56	Ba	0.6	75100	0.0026	330	0.01	1155
57	La	5.3	78600	0.023	341	0.14	2080
58	Ce	0.48	81900	0.0021	352	0.016	2620
59	Pr	6.7	85000	0.029	363	0.19	2440
60	Nd	26	89700	0.11	374	0.76	2580
61	Pm		92800		386		
62	Sm	3500	9900	14	397	104	2970
	^{149}Sm	114000	9900	460	397	3420	2970
	^{154}Sm	3	9900	0.012	397	0.09	2970
63	Eu	1600	107000	6	425	31	2240
64	Gd	20000	115000	76	439	600	3410
	^{160}Gd	1	115000	0.004	439	0.03	3410
65	Tb	26	72000	0.1	273	0.8	2260
66	Dy	580	77000	2.1	286	18	1090

续表

原子序数	元素	真实吸收截面 $\sigma/10^{-14}\text{cm}^2$		质量吸收系数 $(\mu/\rho)/(\text{cm}^2/\text{g})$		固体元素的线吸收系数 $/\text{cm}^{-1}$	
		中子 ($\lambda=1.08\text{Å}$)	X 射线 ($\lambda=1.54\text{Å}$)	中子	X 射线	中子	X 射线
67	Ho	50	35100	0.18	128	1.6	1130
68	Er	120	37200	0.43	134	3.9	1210
69	Tm	71	39300	0.25	140	2.3	1310
70	Yb	30	42100	0.10	146	0.7	1020
71	Lu	85	44400	0.29	153	2.9	1510
72	Hf	61	47200	0.20	159	2.6	2110
73	Ta	13	49800	0.043	166	0.7	2750
74	W	11	52600	0.035	172	0.7	3320
75	Re	50	55400	0.16	179	3.4	3760
76	Os	9	58700	0.028	186	0.6	4200
77	Ir	260	61600	0.51	193	18	4330
78	Pt	5	64900	0.015	200	0.3	4290
79	Au	57	68000	0.17	208	3.3	4170
80	Hg	210	71800	0.63	216	8.5	3040
81	Tl	2	75900	0.006	224	0.07	2650
82	Pb	0.1	79700	0.0003	232	0.003	2630
83	Bi	0.02	83300	0.00006	240	0.0006	2340
84	Po						
85	At						
86	Rn		102000		278		
87	Fr						
88	Ra		113400		304		
89	Ac	300		0.79			
90	Th	4.1	118000	0.01	307	0.1	3580
91	Pa						
92	U	2.1	121000	0.005	306	0.1	5800
93	^{237}Np	102		0.26		4.9	
94	^{237}Pu	620	140000	1.56	353	31	7000

表 2.7 中子、X 射线的透射系数

	透射百分数/%		
	中子 ($\lambda=1.08\text{Å}$)	X 射线 ($\lambda=1.54\text{Å}$)	
	6.3mm 厚	6.3mm 厚	0.1mm 厚
Al	94	0	27
Cu	67	0	1
Cd	0	0	0
Pb	84	0	0
石墨	80	25	90
CaF(单晶)	97	0	5

图 2.11 示出了三种射线 (X 射线、电子和中子射线) 在元素衰减 1/e 时的穿透深度随原子序数的变化的比较. 由图可见, B、Cd、Sm 的穿透深度最小, 它们对中子射线的阻挡作用类似于 X 射线情形中的 Pb.

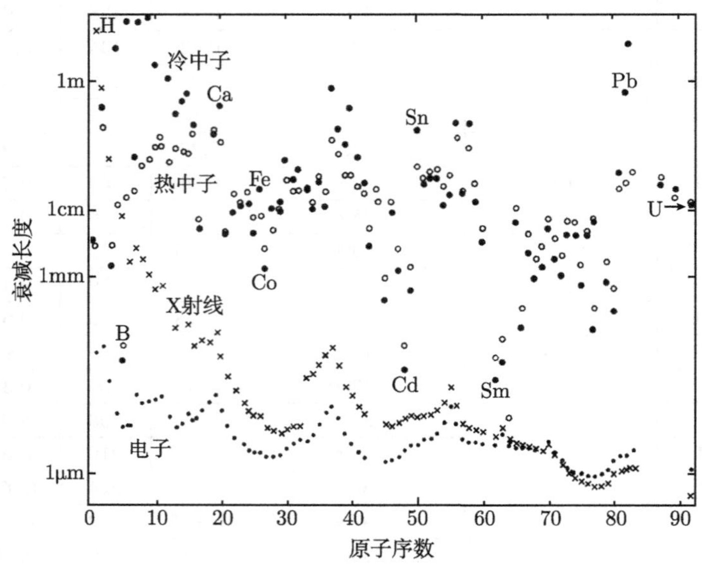

图 2.11　1/e 衰减后三种射线的穿透深度随原子序数的变化

●冷中子; ○ 热中子; ×X 射线; • 电子

另外, 还用吸收截面表示吸收系数, 并用对公用的元素系数截面 $\sigma_{1.8}^{\text{abs}}$ 来表征. 即某元素对波长为 λ 的中子的系数截面 $\sigma_{\lambda}^{\text{abs}}$ 由下式给出：

$$\sigma_{\lambda}^{\text{abs}} = \sigma_{1.8}^{\text{abs}} \frac{\lambda}{1.8} \tag{2.8}$$

表 2.8 列出一些元素的原子相干散射长度, 相干的、非相干的, 对 1.8Å中子束的吸收截面.

表 2.8　一些元素的原子相干散射长度, 相干的、非相干的, 对 1.8Å中子束的吸收截面

元素	$\bar{b}/10^{12}$cm	σ^{coh}/ban	σ^{incoh}/ban	σ^{abs}(1.8Å)/ban	$N^{v}/10^{22}$cm	$I_{0.95}$/mm
H	−0.374	1.758	80.27	0.383	0.0054	
D	0.667	5.592	2.05	0.0005	0.0054	
B	0.530	3.54	1.70	767.0	13.04	0.3
C	0.665	5.550	0.001	0.004	9.527	47
N	0.936	11.01	0.5	1.9	0.0054	
O	0.580	4.232	0.000	0.0002	0.0054	
Al	0.345	1.495	0.008	0.231	6.024	287
Ti	−0.344	1.485	2.87	6.09	5.708	50

续表

元素	$\bar{b}/10^{12}$cm	σ^{coh}/ban	σ^{incoh}/ban	σ^{abs}(1.8Å)/ban	$N^{v}/10^{22}$cm	$I_{0.95}$/mm
V	−0.038	0.018	5.07	5.08	7.222	41
Cr	0.364	1.66	1.83	3.05	8.316	55
Mn	−0.373	1.75	0.4	13.3	7.9	24
Fe	0.945	11.22	0.4	2.56	8.491	25
Ni	1.03	13.3	5.2	4.49	9.131	14
Cu	0.772	7.485	0.55	3.78	8.491	30
Zr	0.716	6.44	0.02	0.185	4.295	105
Nb	0.7054	6.253	0.0024	1.15	5.54	73
Mo	0.672	5.67	0.04	2.48	6.415	57
Cd	0.487	3.04	3.46	2520	4.634	0.27
Sn	0.623	4.87	0.022	0.626	2.92	147
Gd	0.65	29.3	151	49700	3.026	0.03
Ta	0.691	6.00	0.01	20.6	5.543	20
W	0.486	2.97	1.63	18.3	6.322	21
Pb	0.941	11.115	0.003	0.171	3.299	81
U	0.842	8.903	0.005	7.57	4.794	38

2.6.2 中子射线的折射

中子反射技术能研究层平均核和磁散射密度随深度的变化. 热中子的折射指数

$$n^{\pm}(Z)=1-\frac{\lambda^2}{2\pi}\cdot\frac{1}{V}\left[b(Z)\pm C\mu(Z)\right]-\mathrm{i}\beta \tag{2.9}$$

λ 是入射中子波长; V 为研究材料的分子体积; $C=0.3695\times10^{-10}\mathrm{cm}/\mu_{\mathrm{B}}$; μ_{B} 为玻尔磁子; $\beta=a_{\mathrm{l}}\lambda/4\pi$; a_{l} 长度吸收系数. 用中子反射率测量的层平均和深度相关量是散射振幅 $b(Z)$ 和磁矩 $\mu(Z)$. 对偏振平行于磁矩的有正的折射指数, 反平行的有负的反射指数. 对于非偏振中子, 铁磁测量有双折射现象.

中子波进入介质中, 同样会发生折射, 其折射率与中子散射长度有关, 因此可大于 1, 也可小于 1. 费米曾用简单方法导出了中子的折射率公式; 如图 2.12 所示, 设一平面中子波 $\mathrm{e}^{\mathrm{i}2\pi Kx}$ 沿 X 方向射到厚度为 t 的样品上. 样品内单位体积的核(设为等同核) 数目为 N, 入射波矢大小为 K(真空). 如物质对中子的折射率为 n, 则介质中的波数大小为 nK. 如果样品很薄, 略去衰减, 中子波穿过样品在 x 处的表达式可用介质和真空中的光程不同来处理, 即

$$\mathrm{e}^{\mathrm{i}2\pi[nKt+K(x-t)]} \tag{2.10}$$

另一方面, x 处的中子波也可看成入射波和散射波的叠加, 即

$$\mathrm{e}^{\mathrm{i}2\pi Kx}=-\int_0^{\infty}\left(\frac{b}{r}\right)\mathrm{e}^{\mathrm{i}\pi Kr}2\pi Nty\mathrm{d}y \tag{2.11}$$

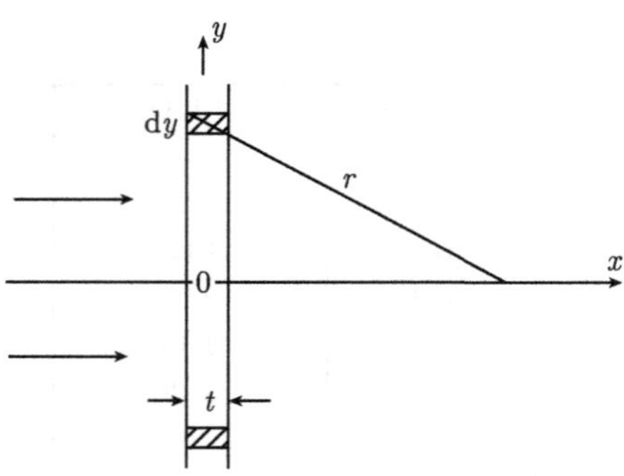

图 2.12　中子射线折射率计算作图

式中, 第二项是散射波的贡献; b 是中子散射长度; 负号是散射时相角通常改变 180°. 这两种表达方式等效. 用 $r\mathrm{d}r$ 代换 $y\mathrm{d}y$, 于是得到

$$\mathrm{e}^{\mathrm{i}2\pi Kx}\cdot\mathrm{e}^{\mathrm{i}\pi Kt(n-1)}\equiv\mathrm{e}^{\mathrm{i}2\pi Kx}-2\pi bNt\int_x^\infty\mathrm{e}^{\mathrm{i}2\pi Kr}\mathrm{d}r \tag{2.12}$$

上式右端积分在 $r\to\infty$ 是不确定的, 为此可在被积函数中引入因子 e^{-r/a^2}, 然后令 $a\to\infty$, 即

$$\int_x^\infty\mathrm{e}^{\mathrm{i}2\pi Kr}\mathrm{d}r=\left[\int\mathrm{e}^{\mathrm{i}2\pi Kr-r/a^2}\mathrm{d}r\right]_{a\to\infty}=\frac{\mathrm{i}}{2\pi K}\mathrm{e}^{\mathrm{i}2\pi Kx} \tag{2.13}$$

因此, 有

$$\mathrm{e}^{\mathrm{i}2\pi Kt(n01)}=1-\frac{\mathrm{i}}{K}\mathrm{e}^{\mathrm{i}2\pi Kx} \tag{2.14}$$

令两端虚部相等, 注意到 t 很小, 最后得到

$$n=1-\frac{\lambda^2N}{2\pi}\bar{b} \tag{2.15}$$

式中, 散射长度用平均值 $\bar{b}$ 是考虑一般非等同核的情况; $\lambda=\dfrac{1}{K}$ 是中子波长. 因 b 可正可负, 故中子的折射率可大于 1 或小于 1, 其修正值 $\left|\dfrac{\lambda^2Nb}{2\pi}\right|\approx10^{-6}$.

2.6.3　中子射线的反射

在图 2.13 中, AB 为一光滑的固体表面, 中子射线由右上方穿过此表面进入固体介质时, 折射至 PR 方向. 当入射角 i 接近于 90°(即掠射角 θ_i 接近于 0°), 可以产生全反射, 此时反射角 $r=90°$. 当 θ_i 接近于临界掠射角 θ_c 时, i 接近于临界入射角 i_c, $r=r_\mathrm{c}=90°$. 由于

$$\mu=\frac{\sin i}{\sin r} \tag{2.16}$$

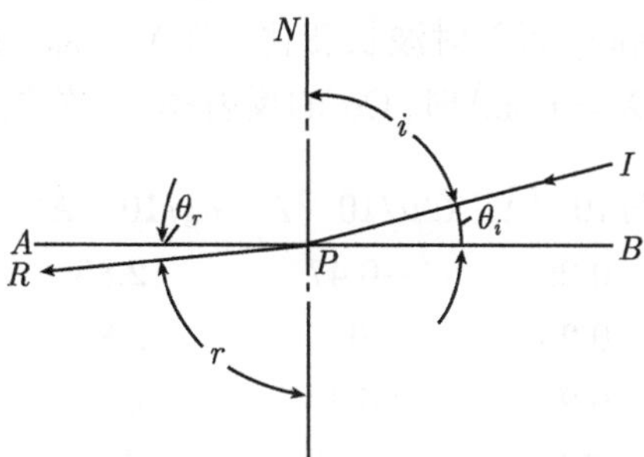

图 2.13 中子射线的全反射临界角

$$\cos\theta_{\mathrm{c}} = \sin i_{\mathrm{c}} = \mu\sin 90^{\circ} = \mu = 1-\delta \tag{2.17}$$

因此,

$$\delta = 1-\cos\theta_{\mathrm{c}} \tag{2.18}$$

由三角公式 $1-\cos 2x = 2\sin^2 x$ 得到

$$1-\cos\theta_{\mathrm{c}} = 2\sin^2\left(\frac{1}{2}\theta_{\mathrm{c}}\right) = \delta \tag{2.19}$$

因为 δ 极小, 故 $\sin\dfrac{1}{2}\theta_{\mathrm{c}}$ 可近似等于 $\dfrac{1}{2}\theta_{\mathrm{c}}$, 所以

$$\delta = 2\left(\frac{1}{2}\theta_{\mathrm{c}}\right)^2 = \frac{1}{2}\theta_{\mathrm{c}}^2 \quad 或 \quad \theta_{\mathrm{c}} = \sqrt{2\delta}. \tag{2.20}$$

中子反射率被定义为反射和入射中子强度之比, 由 Fresnel 定律给出

$$R_{\mathrm{f}} = \frac{2x^2-1-2x\sqrt{x^2-1}}{2x^2-1+2x\sqrt{x^2-1}}\text{Å} \tag{2.21}$$

$$x = q/q_{\mathrm{c}} \quad 或 \quad \theta/\theta_{\mathrm{c}} \quad 或 \quad \lambda_{\mathrm{c}}/\lambda \tag{2.22}$$

这里 $q=\dfrac{4\pi\sin\theta}{\lambda}$; θ 是中子束与表面的夹角; $q_{\mathrm{c}}=\dfrac{4\pi\sin\theta_{\mathrm{c}}}{\lambda}$, 下标 c 表示临界值. 当 $x\leqslant 1$ 时, 为全反射, $R_{\mathrm{f}}=1$; 对于 $x\geqslant 1$ 强度很快降低; 当 x 为大值 $(x>5)$

$$R_{\mathrm{f}} \approx \frac{1}{16}x^{-4} \tag{2.23}$$

如果表面不完整, 反射线形 (轮廓) 偏离 Fresnel 定律, 这种偏离包括了垂直于表面方向表面结构的信息.

在实验上长度这种反射线形有两种方法: ① 这种单色束以 θ 角度掠射到表面, 作 $\theta-2\theta$ 扫描, 当 $\theta>\theta_{\mathrm{c}}$ 所记录的反射线形随 θ 而变化; ② 第二种方法, 用固定的几何学, 即保持入射角相同, 而入射波长变化, 当 $\lambda < \lambda_c$ 时, 所记录的反射线形为波长的函数. 图 2.14 为 $\lambda = 1.26\text{Å}$时, Co 的反射率, 有关数据如下：

Co($\lambda = 1.26\text{Å}$)	$b/10^{-4}\text{Å}$	$C\mu/10^{-4}\text{Å}$	$a_e/10^{-8}\text{Å}^{-1}$	$C/\text{Å}^3$	θ_c/rad
中子 (−)	0.25	−0.47	2.85	11.0	0
中子 (0)	0.25	0	2.85	11.0	1.38
中子 (+)	0.25	+0.47	2.85	11.0	2.34
X 射线 (X)	7.6	−	408	11.0	7.60

于是可根据式 (2.20) 求折射指数 $n(x)$ 和系统的折射指数的变化 $\Delta n(x)$.

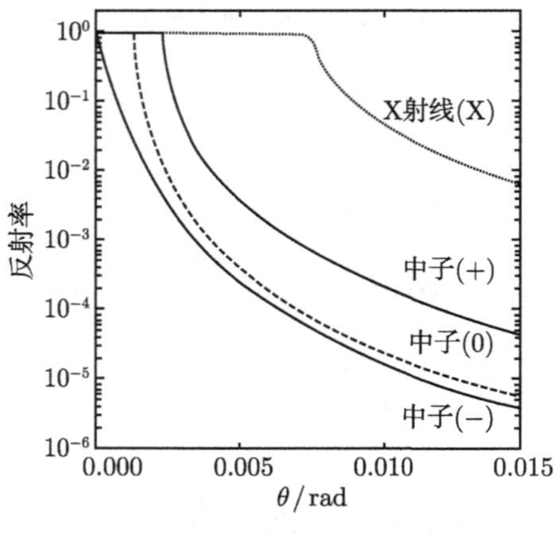

图 2.14　Co 的反射率 ($\lambda = 1.26\text{Å}$)

"+" 中子偏振平行于试样的磁矩; "−" 中子偏振反平行于试样的磁矩; "0" 中子未极化

2.7　物质对入射中子的散射

2.7.1　中子的核散射

散射效应属于第三类效应, X 射线散射体是原子核外电子, 通过电子的电荷与入射的 X 射线交互作用而产生散射波. 中子和物质的交互作用过程很复杂, 中子本身不带电, 通过物质时主要与原子核作用, 产生核散射, 还与原子磁矩作用产生磁散射.

中子与原子核的作用形式与中子能量和核的情况有关, 一般有势弹性散射、形成复合核和直接交互作用三类方式.

势弹性散射是指入射的中子靠近原子核时, 受核力作用在势阱边缘反射, 不引起核内部分状态变化, 对于重核和低能中子, 这种效应显著, 是一种弹性散射.

中子不受原子内部库仑电场的影响, 当中子能量等于或高于核的共振能量时, 会被原子核吸收而形成复合核, 此时核处于激发态, 若核再通过辐射中子而回到基态, 这一过程称为共振弹性散射; 如放出中子后, 剩余核仍处于激发态, 这一过程称为非弹性散射. 有时复合核还会放出 α、β 等带电粒子, 使核的组成发生变化, 引起核反应. 复合核也可能发射 γ 射线而衰变, 这称为辐射俘获. 对于重核, 如激发态很高时, 甚至会发生裂变.

当中子能量甚高时, 还会和核直接作用, 与靶核中粒子碰撞, 击出该粒子, 中子留在核内.

以上这些交互作用可概括如下:

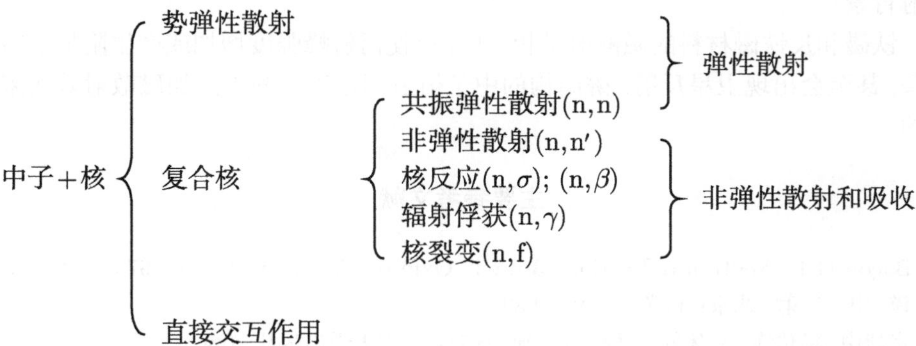

只有弹性散射的中子束才能用于晶体衍射研究, 非弹性散射的中子能量损失较多, 波长变化可以很大, 甚至能和入射中子波波长达同一量级, 而 X 射线非弹性散射的波长改变很小. 因此, 就能量损失而言, X 射线非弹性散射贡献很小, 主要靠真吸收; 而中子射线的能量损失主要靠非弹性散射, 吸收贡献很小.

通常用中子色散截面 σ 表示中子和核发生作用的概率. 散射截面定义为

$$\sigma_{\mathrm{s}} \equiv \frac{\text{散射中子向外的流量}}{\text{入射中子通量}} = 4\pi b^2 \tag{2.24}$$

其中, b 称为散射长度. 许多元素在正常状态下不是由单一形式的核组成, 而是由各种不同丰度的同位素核组成, 各同位素都有自己的特征散射长度, 比如 ^{54}Fe 和 ^{56}Fe 的散射长度分别为 0.42×10^{-12}cm 和 1.01×10^{-12}cm. 散射长度随原子序的增加略有增加, 但叠加了很大的不规则性, 如图 0.2 所示, 共振散射和缓慢增加的势散射相叠加是这种不规则变化的原因.

2.7.2 中子的磁散射

对于磁性原子来说, 除了原子核对中子束的散射外, 还存在中子磁矩与原子磁矩交互作用的附加磁散射. 具有不完全的 3d 电子壳层的 Fe、Ni、Co 和具有不成对电子的 Fe、Ni、Co、Mn 等自由原子或离子产生合成磁矩, 因此有附加磁散射. 此外, 稀土族原子核离子具有不完全的 4f 电子壳层, 具有磁矩也产生磁散射.

如果散射体中原子呈长程有序排列, 无论是 X 射线衍射、还是原子核的中子散射, 以及磁散射都会在许多特定方向上产生大大加强的衍射线束, 这就是 Laue-Bragg 衍射现象.

顺磁材料的磁散射截面在某些情况下大于核散射截面. 比如二氧化锰中的 Mn^{+2}, 向前磁散射截面 1.69 靶 (1 靶 $=10^{-24}cm^2$), 而 Mn 的核散射截面为 0.14 靶. 但并不意味着都是这样, 如 Ni^{+2} 的向前磁散射截面为 0.39 靶, 核散射截面为 1.06 靶. 顺磁材料的磁矩随机取向, 磁散射非相干, 因此在粉末衍射花样上给出漫散射背景.

铁磁和反铁磁材料的磁散射是相干的, 能使衍射峰强度增加或产生附加磁衍射线条, 甚至会出现卫星反射. 磁结构的中子衍射测定正是利用附加磁散射效应来进行的.

主要参考文献

1 Bacon G E. Neutron diffraction. 3rd ed. Oxford: Clarendon Press, 1975. 谭洪, 乐英, 译. 中子衍射. 北京：科学出版社, 1980.

2 张建中, 杨传铮. 晶体的射线衍射基础. 南京：南京大学出版社, 1992.

3 姜传海, 杨传铮. 材料的射线衍射和散射分析. 北京：高等教育出版社, 2010.

第 3 章　中子衍射的运动学理论

3.1　相干散射和非相干散射

散射效应属于第三类效应, 散射总的分为弹性散射和非弹性散射. 弹性散射是一种几乎无能量损失的散射, 换言之, 被中子射线照射的物质将发出与入射线波长相同的次级中子射线, 并向各个方向传播. 如果散射体是理想无序分布的原子或分子, 由于向各个方向传播的次级射线没有确定的相差, 不能探测到衍射射线. 如果原子或分子排列具有长程周期性或短程周期性, 则会发生相互加强的干涉现象, 产生相干散射波, 这就是射线衍射现象. 如果散射体是短程有序的或散射体存在某些杂质原子或缺陷, 那么相干散射的射线强度很弱, 且叠加在背景上, 这种相干散射称为漫散射. 如果散射体中原子呈长程有序排列, 则在许多特定方向上会产生大大加强的衍射线束, 这就是劳厄–布拉格衍射现象.

非弹性散射是一种散射线的能量 (或波长) 不同于入射线的散射, 这种新的辐射波长比入射线波长大 (能量小) 一些, 或波长小 (能量大) 一些, 且随方向不同而改变, 这就是非弹性散射.

3.2　射线衍射线束的方位

当一束中子射线照射到晶体上时, 首先被原子核散射, 每个原子都是一个新的辐射波源, 向空间中辐射出与入射波同频率的中子波. 因此, 可以把晶体中每个原子都看成是一个散射波源. 这些散射波的干涉作用使得空间某方向上的波始终保持互相叠加, 在这些方向上可以观测到衍射线, 而在另外一些方向上的波始终是互相抵消的, 没有出现衍射线. 那么, 在什么方向出现衍射线呢? 下面来讨论这个问题.

3.2.1　劳厄方程

一个等间距 a 的一列原子组成一个一维点阵, 如图 3.1(a) 所示. 当一束波长为 λ 的平行射线束与一维点阵成 α 角入射, 则一维点阵上的每个原子都成为入射射线的散射中心, 并在一定的方向产生衍射束, 如图 3.1(a) 中的 OS 和 RT 分别由原子 O 和原子 R 产生的衍射束, 它们与一维点阵成 ε 角, OS 和 RT 的程差是

$$\delta = OQ - PR = H\lambda \tag{3.1}$$

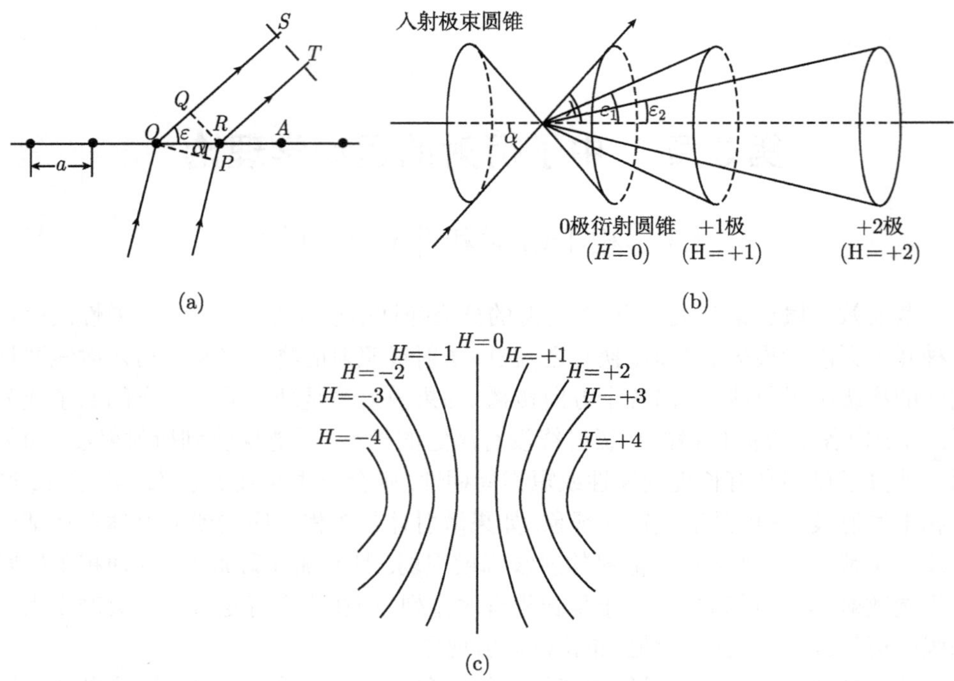

图 3.1　受一维点阵衍射的情况

(a) 射线受原子列衍射的条件; (b) 衍射束圆锥; (c) 衍射花样

式中, H 为整数 (0, ±1, ±2, ⋯), 即衍射级.

$$OQ = OR\cos\varepsilon = a\cos\varepsilon, \quad PR = a\cos\alpha$$

$$\delta = a(\cos\varepsilon - \cos\alpha) = H\lambda$$

因此, 当掠射角 α 一定时, 在符合下列条件的方向都能找到衍射线束

$$\cos\varepsilon = \cos\alpha + \frac{H}{a}\lambda \tag{3.2a}$$

该衍射线束的轨迹在以一维点阵为轴、以 ε 为半圆锥角的圆锥面上. 图 3.1(b)、(c) 分别给出其衍射圆锥和衍射花样的分布.

上述推导可推广到二维

$$\begin{aligned} a(\cos\varepsilon_1 - \cos\alpha_1) = H\lambda; \quad \cos\varepsilon_1 = \cos\alpha_1 + \frac{H}{a}\lambda \\ b(\cos\varepsilon_2 - \cos\alpha_2) = K\lambda; \quad \cos\varepsilon_2 = \cos\alpha_2 + \frac{K}{b}\lambda \end{aligned} \tag{3.2b}$$

推广到三维是

$$
\begin{aligned}
a(\cos\varepsilon_1-\cos\alpha_1)&=H\lambda,\quad \cos\varepsilon_1=\cos\alpha_1+\frac{H}{a}\lambda\\
b(\cos\varepsilon_2-\cos\alpha_2)&=K\lambda,\quad \cos\varepsilon_2=\cos\alpha_2+\frac{K}{b}\lambda\\
c(\cos\varepsilon_3-\cos\alpha_3)&=L\lambda,\quad \cos\varepsilon_3=\cos\alpha_3+\frac{L}{c}\lambda
\end{aligned}
\tag{3.2c}
$$

式 (3.2a)、式 (3.2b) 和式 (3.2c) 分别对应于一维、二维和三维晶体衍射的劳厄方程. 三维情况的衍射圆锥和与底片的交线如图 3.2 所示.

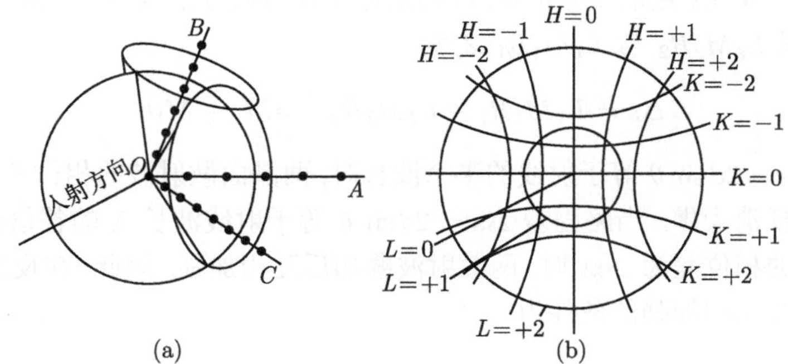

图 3.2　受三维晶体点阵衍射线的轨迹及三组圆锥面和底片的交线形状

(a) 衍射束圆锥; (b) 三组圆锥面与底片的交线

在一般情况下, 不能同时满足式 (3.2c) 中的三个方程, 因此不会发生衍射现象. 但如果改变入射线和晶轴间的夹角 (或改变入射线的波长), 就能同时满足式 (3.2c) 中的三个方程, 即图 3.2(b) 中对应于 H、K、L 的三组曲线相交于一点, 即依这些交点方向发生衍射, 在照片上得到一系列衍射斑点 (三维衍射花样).

如果三个晶轴正交 (即互成 90° 夹角), 式 (3.2c) 中的 $\cos\alpha$ 和 $\cos\varepsilon$ 分别为入射线束和衍射线束的方向余弦. 用 2θ 代表入射线的延长线与衍射线的夹角, 据立体几何学的关系有

$$\cos 2\theta=\cos\varepsilon_1\cos\alpha_1+\cos\varepsilon_2\cos\alpha_2+\cos\varepsilon_3\cos\alpha_3 \tag{3.3}$$

如果为立方晶体, $a=b=c$, 将式 (3.2c) 的左边的三个方程平方后相加, 并注意

$$\cos\alpha_1^2+\cos\alpha_2^2+\cos\alpha_3^2=1$$

把式 (3.4) 代入得

$$4a^2\sin^2\theta=\lambda^2(H^2+K^2+L^2) \tag{3.4}$$

如果 H、K、L 中有公约数 n(n 为整数), 则 $H=nh$, $K=nk$, $L=nl$, 于是有

$$\frac{2a}{\sqrt{h^2+k^2+l^2}}\cdot\sin\theta=n\lambda \tag{3.5}$$

式 (3.5) 给出了射线波长 λ 与晶体点阵 a、半衍射角 θ 及衍射晶面指数 h、k、l 间的关系.

3.2.2 布拉格公式

晶体可看成由平行的原子面所组成, 晶体衍射线则是原子面的衍射叠加效应, 也可视为原子面对射线的反射, 这是导出布拉格方程 (公式) 的基础.

由于射线具有穿透性, 不仅可照射到晶体表面, 而且可以照射到晶体内部的原子面, 这些原子面都要参与射线的散射. 假设图 3.3 中入射线 L_1 和 L_2 分别照射到 BB 层的 M_1 和 AA 层的 M_2 位置, 经两层原子反射后分别到达 R_1 和 R_2 位置. 可以证明, 路程 $L_2M_2R_2$ 与 $L_1M_1R_1$ 之差

$$\Delta s = L_1M_1R_1 - L_2M_2R_2 = aM_1 + M_1b \tag{3.6}$$

当路程差 $\Delta s = 2d\sin\theta$ 等于射线的半个波长时, 两晶面散射波的相位差为 π 时, 两散射波互相抵消为零. 当路程差 $\Delta s = 2d\sin\theta$ 等于射线波长 λ 的整倍数 n 时, 两晶面散射波的相位差为 $2n\pi$ 时, 两散射波叠加后互相加强. 因此, 在反射方向上两晶面的散射线互相加强的条件为

$$2d\sin\theta = n\lambda \tag{3.7}$$

式 (3.7) 就是著名的布拉格方程. 式中, d 为晶面间距; θ 为入射线 (或反射线) 与晶面之夹角, 即布拉格角; n 为整数, 即反射的级; λ 辐射线波长. 入射线与衍射线之间的夹角则为 2θ.

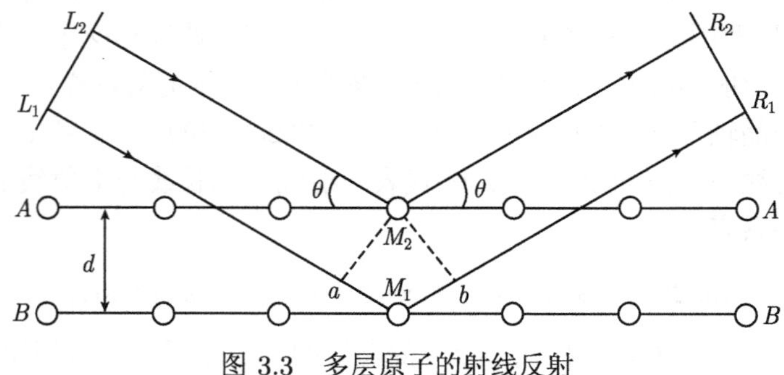

图 3.3 多层原子的射线反射

将衍射看成反射是布拉格方程的基础, 但反射仅是为了简化描述衍射的方式. 射线的晶面反射与可见光的镜面反射有所不同, 镜面可以任意角度反射可见光, 但射线只有在满足布拉格方程的 θ 角时才能发生反射, 因此这种反射也称选择反射.

布拉格方程在解决衍射方向时是极其简单而明确的. 波长为 λ 的射线, 以 θ 角投射到晶间距为 d 的晶面系列时, 有可能在晶面的反射方向上产生反射 (衍射) 线, 其条件为相邻晶面反射线的光程差为波长的整数倍.

推导布拉格方程时, 默认的假设包括: ① 原子不作热振动, 并按理想的有序空间方式排列; ② 原子中的电子皆集中在原子核中心, 简化为一个几何点; ③ 晶体中包含无穷多个晶面, 即晶体尺寸为无限大; ④ 入射射线严格平行, 且严格的单一波长. 还要注意, 布拉格方程只是获得射线衍射的必要条件, 而并非是充分条件. 在后面将会涉及这些问题.

图 3.4 给出了多晶衍射的实空间示意图, 可见它们是由以入射方向为轴的一系列衍射圆锥组成.

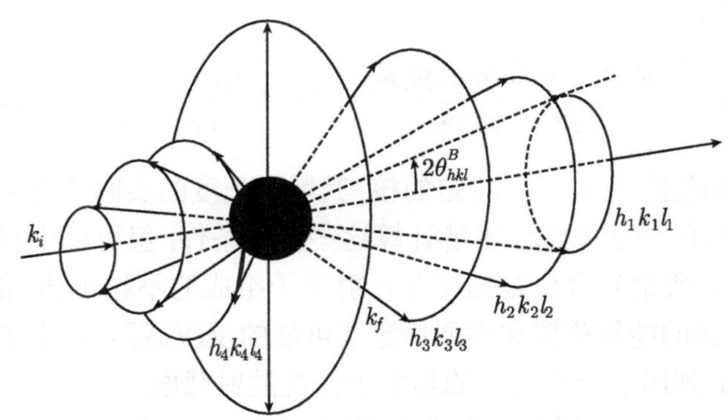

图 3.4 多晶衍射的实空间示意图

3.3 多晶体核衍射强度的运动学理论

X 射线的散射主体是电子, 因此, 讨论 X 射线的衍射强度时, 是从单个电子的散射强度出发, 讨论单个原子的散射强度, 引入了 X 射线原子散射因子 f_{X}, 然后讨论单个晶胞的衍射强度, 引入 X 射线的结构因子 $F_{\mathrm{X},hkl}$, 最后讨论多晶样品的衍射强度.

中子衍射的主体是原子核和原子磁矩, 因此分核衍射强度 $I_{核}$ 和磁衍射强度 $I_{磁}$. 本节先讨论核 (一般) 中子衍射强度.

3.3.1 单个核的散射强度

入射的中子波可用平面波来描述

$$\Psi = \mathrm{e}^{\mathrm{i}\pi\kappa} \tag{3.8}$$

$\kappa = 2\pi/\lambda$ 称为波数. 单核对这一入射的平面波的散射波是球面波

$$\Psi = -(b/r)\mathrm{e}^{\mathrm{i}\pi\kappa} \tag{3.9}$$

r 是测量点到核所在原点的距离. 物理量 b 具有长度量纲, 称为 "中子散射长度", 它是一个复数

$$b = \alpha + \mathrm{i}\beta \tag{3.10}$$

只有对于那些高吸收系数的核, 比如镉、硼的散射长度的虚部才重要. 一般情况还是把它看成实数处理. 这样合成的中子波是

$$\Psi = \mathrm{e}^{\mathrm{i}\pi\kappa} - (b/r)\mathrm{e}^{\mathrm{i}\kappa r} \tag{3.11}$$

定义核的散射截面

$$\sigma = \frac{\text{散射中子波向外的能量}}{\text{入射中子通量}} = 4\pi r^2 v \frac{|(b/r)\mathrm{e}^{\mathrm{i}\pi r}|^2}{v|\mathrm{e}^{\mathrm{i}\pi Z}|^2} = 4\pi b^2 \tag{3.12}$$

式中, v 为中子的速度. 任何一个特定的核, 其散射长度的实际值将由边界条件所决定. 虽然由现有核结构的知识还不能计算这些边界条件, 但可以用和复合核有关的一些量来表达它. 所谓复合核是指核及入射中子组成的不稳定体. 很自然, 这样一个不稳定的混合核的能级位置和性质决定了可能的反应截面, 决定了入射中子的吸收或散射. 表 3.1 列出了一些元素的热中子弹性散射截面.

Breit 和 Wigner 给出了散射和吸收截面与单共振能级之间的关系式. 常把这一公式称为 "色散公式". 许多人对它作了修正和补充. 这里只给出由此公式推出的散射截面的表达式

$$\sigma = \frac{4\pi}{\kappa^2}\left|\kappa\xi + \frac{\frac{1}{2}\Gamma_n^{(r)}}{(E - E_r) + \frac{1}{2}\mathrm{i}[\Gamma_n^{(r)} + \Gamma_a^{(r)}]}\right|^2 \tag{3.13}$$

式中, E 为入射中子束的能量; E_r 为在复合核中, 中子必须具有的共振能量, 也就是复合核共振激发能为 $E_r - E_b$, 而 E_b 是中子的结合能; $\Gamma_n^{(r)}$, $\Gamma_a^{(r)}$ 分别为中子以入射的能量再发射与吸收的共振 "宽度".

因为中子宽度 $\Gamma_n^{(r)}$ 和波数 κ 成正比, 所以散射截面 σ 的表达式为

$$\sigma = 4\pi\left|\xi + \frac{\text{常数}}{(E - E_r) + \frac{1}{2}\mathrm{i}[\Gamma_n^{(r)} + \Gamma_a^{(r)}]}\right|^2 \tag{3.14}$$

式 (3.14) 右边的两项分别对应于势散射和共振散射, 势散射这一项 ξ 永远为正, 而且等于核半径 R, 如果仅存在势散射, 散射截面应等于 $4\pi R^2$. 根据波动力学理论, 一个半径为 R 的不可贯穿的球. 如原子核在低速运动时, 其散射截面为 πR^2 的四倍, 这和上述势散射截面相等. 而在高速时的波动力学理论得出的散射截面应是

$2\pi R^2$. 核半径近似等于 $1.3\times10^{-13}A^{1/3}$cm, A 是质量数, $A^{1/3}$ 因子的出现意味着原子核是等密度的. Bethe 讨论过这个公式, 可推论：当不存在能量上充分接近的共振能级时, 对热中子的散射长度 b 应正比于核质量数的立方根; 由式 (3.14) 可知只有共振项分母中 $(E-E_r)$ 较大时, 才能使共振项很小, 对于重的元素这一结论和实验测量结果很符合. 表 3.1 给出散射截面 σ 和 $4\pi R^2$ 的比较.

表 3.1 热中子散射截面 σ 和 $4\pi R^2$ 的比较

元素	原子量	$4\pi R^2/10^{24}\text{cm}^2$	$\sigma/10^{24}\text{cm}^2$	元素	原子量	$4\pi R^2/10^{24}\text{cm}^2$	$\sigma/10^{24}\text{cm}^2$
Ti	47.9	3.6	6.0	Pd	106.7	6.3	4.8
Cr	52.0	3.8	3.8	Ag	107.9	6.4	6.6
Mn	54.9	3.8	2.2	Cd	112.4	6.5	5.3
Fe	55.8	4.0	11.7	Sn	118.7	6.6	5
Co	58.9	4.2	5	Sb	121.8	6.9	4.2
Ni	58.7	4.4	17	Te	127.6	7.0	5
Cu	63.6	4.5	8	Ba	137.4	7.5	8
Zn	65.4	4.6	4.2	Ta	180.9	9.0	7.2
Ge	72.6	5.0	8.5	W	183.9	9.2	5.7
Se	78.9	5.3	10	Us	190.2	9.3	14.9
Br	79.9	5.4	6	Pt	195.2	9.4	11.2
Sr	87.6	5.5	10	Hg	200.6	9.8	26.5
Cb	92.6	5.9	6.2	Tl	204.3	9.8	9.7
Mo	95.9	6.0	7.4	Pb	207.2	9.9	11.6
Ru	101.7	6.1	6	Bi	209.0	10.0	10.0

当 E_r 和 E 接近时, 即当中子的热能接近共振能级时, 共振项将变得很大, $\Gamma_n^{(r)}$ 和 $\Gamma_a^{(r)}$ 都为正的, 而 $E-E_r$ 可能是正, 也可能是负. 在某些情况下, 共振项可能是负的, 而且数值上超过了势散射项, 那时散射长度将为负值.

3.3.2 固体原子核集的衍射强度

1. 无穷大质量核的相干散射

固体中散射核在中子的撞击下不会自由地反冲, 散射截面是适用于固定束缚核的. 然而当核被束缚组成晶体形式时, 如果核不是无限重, 那么核将从入射中子束中取得能量且传递给晶体振动, 或者反过来从晶体中取得能量传给中子, 增加中子的速度. 所以如果核是有限的质量, 那么中子散射过程可能是非弹性的. 人们在研究一般情况之前, 假定核的质量是无限大, 这样可以在不考虑复杂的非弹性碰撞效应情况下, 处理核的三维核集干涉效应.

入射中子平面波

$$\Psi = \mathrm{e}^{\mathrm{i}\kappa z} \tag{3.15}$$

而被原子核核系集散射后的波函数

$$\Psi = \mathrm{e}^{\mathrm{i}\kappa z} - \sum_{\rho} (b_\rho / r)\mathrm{e}^{\mathrm{i}\boldsymbol{\kappa} \boldsymbol{r}} - \mathrm{e}^{\mathrm{i}\boldsymbol{\rho}(\boldsymbol{\kappa}-\boldsymbol{\kappa}')}$$

其中, $\boldsymbol{\rho}$ 是从坐标原点指向该核的矢量; $\boldsymbol{\kappa}$, $\boldsymbol{\kappa}'$ 是中子散射前和散射后的波矢量. 表达式 $\exp\mathrm{i}\boldsymbol{\rho}(\boldsymbol{\kappa}-\boldsymbol{\kappa}')$ 是考虑各个核的相位差, 它可以表达为

$$\exp\left[2\pi\mathrm{i}\left(\frac{hx}{a_0}+\frac{ky}{b_0}+\frac{lz}{c_0}\right)\right] \tag{3.16}$$

这里 x、y、z 是核的笛卡儿坐标; a_0、b_0、c_0 是晶胞三个轴的单位长度; h、k、l 表示 $(\boldsymbol{\kappa}-\boldsymbol{\kappa}')$ 方向的米勒指数. 在晶体学上常把衍射面设想为 "反射平面", $(\boldsymbol{\kappa}-\boldsymbol{\kappa}')$ 和 "反射平面" 垂直. 所以在离核的单位距离上散射中子波的振幅

$$A_N = -\sum_{\rho} b_\rho \exp\left[2\pi\mathrm{i}\left(\frac{hx}{a_0}+\frac{ky}{b_0}+\frac{lz}{c_0}\right)\right] \tag{3.17}$$

对应于这一特定方向, 每单位立体角一个核的散射截面, 也就是微分截面 G_{hkl}

$$G_{hkl} = \frac{1}{N_0}\left\{\sum_{\rho} b_\rho \exp\left[2\pi\mathrm{i}\left(\frac{hx}{a_0}+\frac{ky}{b_0}+\frac{lz}{c_0}\right)\right]\right\}^2 \tag{3.18}$$

N_0 是所研究晶体中核的总数, 并假定这一晶体充分小, 完全可以不考虑消光和吸收效应.

2. 同位素效应

许多元素在正常的状态下不是由单一形式的核组成, 而是由各种不同丰度的同位素核组成. 这些同位素每一种都有它自己散射长度的特征值, 或者对更一般的情形, 每一种同位素都有不同自旋矩, 存在 b_+、b_- 以及 "相干散射截面"($\sigma_{相干}$)、"无序散射截面"($\sigma_{无序}$). 在某些情况下, 对于同一元素的不同同位素这些参数差异很大. 例如, 铁的两种同位素 ^{54}Fe 和 ^{56}Fe 二者自旋矩为零, 散射长度值分别等于 0.42×10^{-12}cm、1.01×10^{-12}cm.

不同的同位素原子在晶体中相对数目是完全确定的, 它取决于元素同位素的丰度, 但在原子位置上则是随机分布的. 当应用式 (3.17) 及式 (3.18) 求和时, 对应于某一特定的核的 b_ρ 必须是晶体中这一点上某同位素核的散射长度. 测量的微分散射截面值将是 G_{hkl} 对处于晶体中原子位置同位素的各种可能分布的平均值.

在任一原子位置上从某一特定同位素的散射长度可以分为两个部分的散射长度来考虑. 散射长度表达为

$$b_\rho = \bar{b}_r + (b_\rho - \bar{b}_r) \tag{3.19}$$

$\bar{b}_r$ 是散射长度的平均值, 等于 $\sum \omega_r b_r$, 这里 ω_r 是同位素的丰度, 这一表达式的第一项对所有原子位置是一样的, 所以在振幅上相干叠加

$$\bar{b}_r = \sum_\rho \exp\left\{2\pi \mathrm{i}\left[\frac{hx}{a_0} + \frac{ky}{b_0} + \frac{lz}{c_0}\right]\right\} \tag{3.20}$$

这是对微晶中所有位置求和. 第二项对原子个位置是随机变化的, 不存在相位上的相关性. 这是一个附加强度, 所以在任何方向上总的微分散射截面为

$$(\bar{b}_r)^2 = \left\{\sum_\rho \exp\left[2\pi \mathrm{i}\left(\frac{hx}{a_0} + \frac{ky}{b_0} + \frac{lz}{c_0}\right)\right]\right\}^2 + \sum_\rho (b_\rho - \bar{b}_r)^2 \tag{3.21}$$

而

$$\sum_\rho (b_\rho - \bar{b}_r)^2 = \sum_\rho (b_\rho^2 - 2b_\rho \bar{b}_r + \bar{b}_r^2) = \sum_\rho (b_\rho^2 - \bar{b}_r^2) \tag{3.22}$$

因为

$$\sum_\rho b_\rho = \sum_\rho (\bar{b}_r) \tag{3.23}$$

所以每个原子的微分散射截面 G_{hkl} 为

$$G_{hkl} = [\bar{b}_r^2 - (\bar{b}_r)^2] + \frac{1}{N_0}\left[\sum_\rho \exp\left(2\pi \mathrm{i}\left\{\frac{hx}{a_0} + \frac{ky}{b_0} + \frac{lz}{c_0}\right\}\right)\right]^2 \tag{3.24}$$

如果同位素有自旋, 则每一种同位素就有两个丰度因子, 分别为 $\omega_\rho \cdot \dfrac{I+1}{2I+1}$ 和 $\omega_r \cdot \dfrac{I}{2I+1}$, 其对应着不同的散射长度 b_+ 和 b_-.

方程 (3.24) 对应着无序和有序散射. 第一项 $[\bar{b}_r^2 - (\bar{b}_r)^2]$ 意味着所有角度的无序微分散射截面, 所以总的无序散射截面

$$E(\varsigma) = 4\pi\left[\bar{b}_r^2 - (\bar{b}_r)^2\right] \tag{3.25}$$

量 $4\pi\left\{\bar{b}_r^2 - (\bar{b}_r)^2\right\}$ 定义为无序散射截面 $\sigma_{无序}$. 以后考虑更一般的情形, 非弹性散射也是可能的, 这时 $E(\varsigma)$ 项将分为两个量 $E_{\mathrm{el}}(\varsigma)$ 和 $E_{\mathrm{inel}}(\varsigma)$.

式 (3.24) 中第二项意味着存在一个相干散射振幅 $\bar{b}_r$, 它是元素散射长度对各种同位素及正负自旋组合的平均值, 它将决定晶体对中子的 Bragg 反射强度. 正的

$\bar{b}_r$ 对应于 X 射线的原子散射因子 f_x. 类似对单核的处理, 定义自由原子的相干散射振幅 $\bar{a}_r$, 它和 $\bar{b}_r$ 存在如下关系

$$\frac{\bar{a}_r}{\bar{b}_r} = \frac{A}{A+1} \tag{3.26}$$

其中, A 为有效质量数. 在以后的讨论中, 几乎仅涉及 $\bar{b}_r$, 即元素在束缚态的相干散射振幅, 因此把 $\bar{b}_r$ 简写为 b. $4\pi(\bar{b}_r)^2$ 称为元素的 “相干散射截面”.

表 3.2 给出了元素和同位素的中子散射长度和 X 射线散射因子, 它们随原子序数的变化已示如图 0.2, 可见中子散射长度与原子序数的关系是无规的.

表 3.2　元素和同位素的中子散射长度和 X 射线散射因子

元素	原子序数	原子量	特定核	核自旋	中子			X 射线	
					$\frac{\bar{a}_r}{\bar{b}_r}=\frac{A}{A+1}$b ($10^{-12}$cm)	$4\pi b^2$/靶	σ/靶	$F_X/10^{-14}$cm	
								$\sin\theta/\lambda=0$	$\sin\theta/\lambda=0.5$Å
1	H	1.0079	^{1}H	1/2	−0.374	1.67	81.5	0.28	0.02
			^{2}H	1	0.667	5.59	7.6	0.28	0.02
			^{3}H	1/2	0.47	2.77		0.28	0.02
			^{4}H	0	0.30	1.13	1.1	0.56	0.15
2	He		^{4}H	0	0.30	0.13	1.1	0.56	0.15
3	Li	6.939			−0.214	0.57	1.2	0.84	0.28
			^{6}Li	1	0.18+0.025i	0.41		0.84	0.28
			^{7}Li	3/2	−0.233	0.68	1.4	0.84	0.28
4	Be	9.0122	^{9}Be	3/2	0.774	7.53	7.54	1.13	0.39
5	B	10.811			0.54+0.021i	3.66	4.4	1.41	0.42
			^{11}B	3/2	0.60	4.52		1.41	0.42
6	C	12.0111	^{12}C	0	0.665	5.56	5.51	1.69	0.48
			^{13}C	1/2	0.60	4.52	5.5	1.69	0.48
7	N	14.0067	^{14}N	1	0.94	11.1	11.4	1.97	0.53
			^{15}N	1/2	0.65	5.31		1.97	0.53
8	O	15.9994	^{16}O	0	0.580	4.23	4.24	2.25	0.62
			^{17}O	5/2	0.578	4.20		2.25	0.62
			^{18}O	0	0.600	4.52		2.25	0.62
9	F	18.9984	^{19}F	1/2	0.56	3.94	4.0	2.53	0.75
10	Ne	20.183			0.46	2.66	2.9	2.82	0.96
11	Na	22.9898	^{23}Na	3/2	0.36	1.63	3.4	3.09	1.14
12	Mg	24.312			0.52	3.40	3.7	3.38	1.35
13	Al	26.9815	^{27}Al	5/2	0.35	1.54	1.5	3.65	1.55
14	Si	28.086			0.42	2.22	2.2	3.95	1.72
15	P	30.9738	^{31}P	1/2	0.51	3.27	3.6	4.23	1.83
16	S	32.064	^{32}S	0	0.28	0.99	1.2	4.5	1.9

续表

元素	原子序数	原子量	特定核	核自旋	中子 $\frac{\bar{a}_r}{\bar{b}_r}=\frac{A}{A+1}\text{b}$ (10^{-12}cm)	中子 $4\pi b^2$/靶	中子 σ/靶	X 射线 $F_X/10^{-14}\text{cm}$ $\sin\theta/\lambda=0$	X 射线 $F_X/10^{-14}\text{cm}$ $\sin\theta/\lambda=0.5\text{Å}$
17	Cl	35.453			0.96	11.58	15	4.8	2.0
			^{35}Cl	3/2	1.18	17.50		4.8	2.0
			^{37}Cl	3/2	0.26	0.85		4.8	2.0
18	Ar	39.948			0.20	0.50	0.9	5.07	2.2
			^{36}Ar	0	2.43	74.1		5.07	2.2
19	K	39.102			0.37	1.72	2.2	5.3	2.2
			^{39}K	3/2	0.37	1.72		5.3	2.2
20	Ca	40.08			0.47	2.78	3.2	5.6	2.4
			^{40}Ca	0	0.49	3.02	3.1	5.6	2.4
			^{44}Ca	0	0.18	0.41		5.6	2.4
21	Sc	44.956	^{45}Sc	7/2	1.18	17.50	2.4	5.9	2.5
22	Ti	47.90			−0.34	1.54	4.4	6.2	2.7
			^{46}Ti	0	0.48	2.90		6.2	2.7
			^{47}Ti	5/2	0.33	1.37		6.2	2.7
			^{48}Ti	0	−0.58	4.23		6.2	2.7
			^{49}Ti	7/2	0.08	0.08		6.2	2.7
			^{50}Ti	0	0.55	3.80		6.2	2.7
23	V	50.942	^{51}V	7/2	−0.05	0.03	5.1	6.5	2.8
24	Cr	51.996			0.352	1.56	4.1	6.5	3.0
			^{52}Cr	0	0.490	3.02		6.5	3.0
25	Mn	54.9381	^{55}Mn	5/2	−0.39	1.91	2.0	7.0	3.1
26	Fe	55.847			0.95	11.34	11.8	7.3	3.3
			^{54}Fe	0	0.42	2.22	2.5	7.3	3.3
			^{56}Fe	0	1.01	12.82	12.8	7.3	3.3
			^{57}Fe		0.23	0.66	2	7.3	3.3
27	Co	58.9332	^{59}Co	7/2	0.25	0.79	6	7.6	3.4
28	Ni	58.71			1.03	13.33	18.0	7.9	3.6
			^{58}Ni	0	1.44	26.06		7.9	3.6
			^{60}Ni	0	0.28	0.99		7.9	3.6
			^{61}Ni		0.76	7.26		7.9	3.6
			^{62}Ni	0	−0.87	9.51		7.9	3.6
			^{64}Ni		−0.037	0.02		7.9	3.6
29	Cu	63.54			0.76	7.26	8.5	8.2	3.8
			^{63}Cu	3/2	0.67	5.64		8.2	3.8
			^{65}Cu	3/2	1.11	15.48		8.2	3.8
30	Zn	65.37			0.57	4.08	4.2	8.5	3.9
			^{64}Zn	0	0.55	3.80		8.5	3.9
			^{66}Zn	0	0.63	4.99		8.5	3.9
			^{68}Zn	0	0.67	5.64		8.5	3.9

续表

元素	原子序数	原子量	特定核	核自旋	中子			X 射线	
					$\frac{\bar{a}_r}{\bar{b}_r}=\frac{A}{A+1}b$ $(10^{-12}cm)$	$4\pi b^2$/靶	σ/靶	$F_X/10^{-14}cm$	
								$\sin\theta/\lambda=0$	$\sin\theta/\lambda=0.5Å$
31	Ga	69.72			0.72	6.51	7.5	8.8	4.1
32	Ge	72.59			0.82	8.45	9.0	9.0	4.2
33	As	74.9216	^{75}As	3/2	0.64	5.15	8	9.3	4.4
34	Se	78.96			0.80	8.04		9.6	4.5
35	Br	79.909			0.68	5.80	6.1	9.8	4.7
36	Kr	83.80			0.74	6.88		10.2	4.9
37	Rb	85.47			0.71	6.33	5.5	10.4	5.0
			^{85}Rb	5/2	0.83	8.66		10.4	5.0
38	Sr	87.62			0.69	5.98	10	10.7	5.2
39	Y	88.905	^{89}Y	1/2	0.79	7.84		11.0	5.4
40	Zr	91.22			0.71	6.33	6.3	11.3	5.5
41	Nb	92.906	^{93}Nb	9/2	0.71	6.33	6.6	11.5	5.7
42	Mo	95.94			0.69	5.98	6.1	11.8	5.9
43	Tc				0.68	5.81		12.0	6.1
44	Ru	101.07			0.73	6.70	6.81	12.5	6.2
45	Rh	102.905	^{103}Rh	1/2	0.58	4.23	5.6	12.8	6.4
46	Pd	106.4			0.60	4.52	4.8	12.9	6.5
47	Ag	107.870			0.60	4.52	5.5	13.3	6.7
			^{107}Ag	1/2	0.83	8.66	10	13.3	6.7
			^{109}Ag	1/2	0.43	2.32	6	13.3	6.7
48	Cd	112.40			0.37+0.16i	2.04		13.6	6.9
			^{113}Cd	1/2	−1.5+1.2i	46.36		13.6	6.9
49	In	114.82			0.39	1.91		13.9	7.1
50	Sn	118.69			0.61	4.67	4.9	13.9	7.1
			^{116}Sn	0	0.58	4.23		13.9	7.1
			^{117}Sn	1/2	0.64	5.15		13.9	7.1
			^{118}Sn	0	0.58	4.23		13.9	7.1
			^{119}Sn	1/2	0.60	4.52		13.9	7.1
			^{120}Sn	0	0.64	5.15		13.9	7.1
			^{122}Sn	0	0.55	3.80		13.9	7.1
			^{124}Sn	0	0.59	4.37		13.9	7.1
51	Sb	121.75			0.56	3.94	4.2	14.2	7.3
52	Te	127.60			0.58	4.23		14.7	7.6
			^{120}Te	0	0.52	3.40	4.5	14.7	7.6
			^{123}Te	1/2	0.57	4.08		14.7	7.6
			^{124}Te	0	0.55	3.80		14.7	7.6
			^{125}Te	1/2	0.56	3.94		14.7	7.6

续表

元素	原子序数	原子量	特定核	核自旋	中子			X 射线	
					$\frac{\bar{a}_r}{\bar{b}_r}=\frac{A}{A+1}\text{b}$ (10^{-12}cm)	$4\pi b^2$/靶	σ/靶	$F_X/10^{-14}\text{cm}$ $\sin\theta/\lambda=0$	$F_X/10^{-14}\text{cm}$ $\sin\theta/\lambda=0.5\text{Å}$
53	I	126.904	^{127}I	5/2	0.53	3.53	3.8	15.0	7.7
54	Xe	131.30			0.48	2.89		15.3	8.0
55	Cs	132.905	^{133}Cs	7/2	0.55	3.80	7	15.3	8.1
56	Ba	137.34			0.52	3.40	6	15.8	8.3
57	La	138.91	^{139}La	7/2	0.83	8.66	9.3	16.1	8.4
58	Ce	140.12			0.48	2.89	2.7	16.3	8.6
			^{140}Ce	0	0.47	2.78	2.6	16.3	8.6
			^{142}Ce	0	0.45	2.54	2.6	16.3	8.6
59	Pr	140.907	^{141}Pr	5/2	0.44	2.43	4.0	16.6	8.8
60	Nd	144.24			0.75	7.07	16	16.9	9.0
			^{142}Nd		0.77	7.45	7.5	16.9	9.0
			^{144}Nd		0.28	0.99	1.0	16.9	9.0
			^{145}Nd		0.87	0.51	9.5	16.9	9.0
61	Pm							17.3	9.2
62	Sm	150.35						17.5	9.3
			^{152}Sm	0	−0.5	3.14		17.5	9.3
			^{154}Sm	0	0.96	11.58		17.5	9.3
63	Eu	151.96			0.55	3.80		17.8	9.5
64	Gd	157.25			1.5	28.3		18.2	9.7
			^{160}Gd	0	0.91	10.4		18.2	9.7
65	Tb	158.924	^{159}Tb	3/2	0.76	7.26		18.1	9.8
66	Dy	162.50			1.69	35.89		18.6	10.0
			^{160}Dy	0	0.67	5.64		18.6	10.0
			^{161}Dy	5/2	0.03	13.3		18.6	10.0
			^{162}Dy	0	−0.14	0.25		18.6	10.0
			^{163}Dy	5/2	0.50	3.14		18.6	10.0
			^{164}Dy	0	4.94	30.6		18.6	10.0
67	Ho	164.930	^{165}Ho	7/2	0.85	9.03	13	18.9	10.2
68	Er	167.26			0.79	7.84	15	19.2	10.3
69	Tm	168.934	^{169}Tm	1/2	0.72	6.51		49.5	10.5
70	Yb	173.04			1.26	19.95		19.8	10.7
71	Lu	174.97			0.73	6.70		20.0	10.9
72	Hf	178.49			0.78	7.64		20.3	11.1
73	Ta	180.948	^{181}Ta	7/2	0.70	6.16	6	20.5	11.3
74	W	183.85			0.48	2.89	5.7	20.8	11.4
			^{182}W	0	0.83	8.66		20.8	11.4
			^{183}W	1/2	0.43	2.32		20.8	11.4
			^{184}W	0	0.76	7.26		20.8	11.4
			^{185}W	0	−0.12	0.18		20.8	11.4

续表

元素	原子序数	原子量	特定核	核自旋	中子			X 射线	
					$\frac{\bar{a}_r}{\bar{b}_r}=\frac{A}{A+1}\mathrm{b}$ $(10^{-12}\mathrm{cm})$	$4\pi b^2$/靶	σ/靶	$F_{\mathrm{X}}/10^{-14}\mathrm{cm}$	
								$\sin\theta/\lambda=0$	$\sin\theta/\lambda=0.5\text{Å}$
75	Re	186.2			0.92	10.6		21.1	11.6
76	Os	190.2			1.07	14.39	14.9	21.4	11.8
			188Os	0	0.78	7.65		21.4	11.8
			^{189}Os	3/2	1.10	15.20		21.4	11.8
			^{190}Os	0	1.14	16.33		21.4	11.8
			^{192}Os	0	1.19	17.79		21.4	11.8
77	Ir	192.2			1.06	14.12		21.7	12.0
78	Pt	195.09			0.95	11.34	12	22.0	12.1
79	Au	196.967	^{197}Au	3/2	0.76	7.26	9	22.2	12.3
80	Hg	200.59			1.27	20.26	26.5	22.5	12.5
81	Tl	204.37			0.89	9.95	10.1	22.8	12.7
82	Pb	207.19			0.94	11.10	11.4	23.1	12.9
83	Bi	208.980	^{209}Bi	9/2	0.86	9.29	9.37	23.3	13.1
84	Po							23.7	13.3
85	At							24.0	13.5
86	Rn							24.3	13.7
87	Fr							24.5	13.9
88	Ra							24.8	14.1
89	Ac							25.1	14.2
90	Th	232.038	^{232}Th	0	1.03	13.33	12.6	25.3	14.4
91	Pa				1.30	21.23		25.7	14.6
92	U	238.03			0.85	9.08		25.9	14.8
			^{235}U	7/2	0.98	12.0725			14.8
			^{238}U	0	0.85	9.0825			14.8
93	Np	237			1.055	13.99		26.0	15.5
94	Pu	242			0.75	7.07		26.0	15.5
			^{240}Pu		0.35	1.54		26.3	15.7
			^{242}Pu		0.81	8.24		26.3	15.7
95	Am	243	^{243}Am	5/2	0.76	7.26		26.6	15.9
96	Cm	247	^{244}Cm	0	0.7	6.16		26.9	16.1

表 3.2 中列出的 b 大多数是正的, 仅有少数例外, 如 H、Ti、Mn 的 b 值为负值. 从式 (3.9) 可以看出, 正值 b 表示入射中子波和散射中子波的相位差为 180°; 式 (3.9) 所以取负号是为了让大多数核的 b 值为正.

3.3.3　多晶物质的积分散射

前面讨论元素核的散射, 已引入了元素的平均散射长度 b, 现介绍一下 “相干散射振辐”$\bar{b}_r$ 的概念, $\bar{b}_r$ 是散射长度 b 对于各种同位素以及它们自旋不为零的平行和反平行自旋态的平均值. 定义 “相干散射截面”$\xi = 4\pi\bar{b}_r$ 和无序散射截面 $\zeta = 4\pi\left[\bar{b}_r^2 - (\bar{b}_r)^2\right]$, 定义非相干散射的总和为 $E(\zeta)$. 现考虑元素多晶体样品在各方向上的中子相干散射的叠加, 每个晶胞总的相干散射截面 $E(\xi)$ 为

$$E(\xi) = \frac{\pi N_{\mathrm{C}}}{4\kappa^2}\sum_{hkl} 4\pi F_{hkl}^2 d_{hkl} \tag{3.27}$$

此处求和是对所有的中子波长能给出的 Bragg 反射的晶面 (hkl) 求和, 也就是所有晶面间距 $d \geqslant \lambda/2$ 的晶面求和; N_{C} 是单位体积内的晶胞数目; F_{hkl}^2 单位晶胞中 (hkl) 反射的结构因数的平方, 即

$$F_{hkl}^2 = \left\{\sum b\exp\left[2\pi\mathrm{i}(hx/a_0 + ky/b_0 + lz/c_0)\right]\right\}^2 \tag{3.28}$$

此处是对晶胞中所有原子求和. 对于化合物, 每个原子位置的 b 值对应于这一位置的特定原子.

波数用 $2\pi/\lambda$ 代替, 把式 (3.27) 改写为一般形式

$$E(\xi) = \frac{N_{\mathrm{C}}\lambda^2}{2}\sum_{hkl,d\geqslant\lambda/2} F_{hkl}^2 d_{hkl} \tag{3.29}$$

式 (3.27) 和式 (3.29) 一样给出单位体积内所有晶胞总的相干散射截面. 给出总的全散射则为

$$E(\xi) + E(\zeta) = \frac{\pi N_{\mathrm{C}}}{4\kappa^2}\sum_{hkl} 4\pi F_{hkl}^2 d_{hkl} + \sum E(\zeta) \tag{3.30}$$

第二项为非相干散射也是对晶胞中所有原子求和, 但因是非相干的, 可仅对个别原子进行简单叠加.

3.4 中子的磁散射强度

对于磁性原子, 除原子核的散射外, 由于中子磁矩与原子磁矩的交互作用而产生附加磁散射. 可以毫不夸张地说, 只有借助于中子的磁相干散射 (磁衍射) 才能测定出材料的磁结构. 只有高通量的同步辐射 X 射线衍射才能观测微弱的 X 射线磁散射, 因此, 中子衍射仍然是测定磁结构的最主要的实验方法, 同时也建立了固体原子结构中磁性构造的整个概念, 是中子衍射对固体物理学的最大贡献, 也是其他方法无可比拟的.

表 3.3 列出了原子序数从 19 ~ 30 的自由态原子的电子结构. 可以看出, 第一过渡族元素 Fe、Co、Ni 具有不完全的 3d 电子壳层. 表 3.4 给出了某些自由原子和

离子的 3d、4s 壳层磁自旋方向和有关数据. 这些不成对的电子产生合成磁矩, 这个磁矩与中子磁矩交互作用产生附加的磁散射, 并叠加在核散射上面. 中子的自旋量子数是 1/2, 磁矩为 1.9 磁子.

表 3.3　某些自由态原子的电子结构

原子序	元素	K 壳层	L 壳层		M 壳层			N 壳层
		1s	2s	2p	3s	3p	3d	4s
19	K	2	2	6	2	6	—	1
20	Ca	2	2	6	2	6	—	2
21	Sc	2	2	6	2	6	1	2
22	Ti	2	2	6	2	6	2	2
23	V	2	2	6	2	6	3	2
24	Cr	2	2	6	2	6	5	1
25	Mn	2	2	6	2	6	5	2
26	Fe	2	2	6	2	6	6	2
27	Co	2	2	6	2	6	7	2
28	Ni	2	2	6	2	6	8	2
29	Cu	2	2	6	2	6	10	1
30	Zn	2	2	6	2	6	10	2

表 3.4　某些自由态原子和离子的 3d 和 4s 壳层的结构

			3d			4s	不配对电子数	光谱基态	S	L	J
V	↓	↓	↓	—	—	↓↑	3	—	—	—	—
V^{+2}	↓	↓	↓	—	—	—	3	$^4F_{3/2}$	3/2	3	3/2
Cr	↓	↓	↓	↓	↓	↓	6	—	—	—	—
Cr^{2+}	↓	↓	↓	—	—	—	4	$^5D_0$	2	2	0
Cr^{3+}	↓	↓	↓	↓	—	—	3	$^4F_{3/2}$	3/2	3	3/2
Mn	↓	↓	↓	↓	↓	↓↑	5	—	—	—	—
Mn^{2+}	↓	↓	↓	↓	↓	—	5	$^6S_{5/2}$	5/2	0	5/2
Mn^{3+}	↓	↓	↓	↓	—	—	4	$^5D_0$	2	2	0
Mn^{4+}	↓	↓	↓	—	—	—	3	$^4F_{3/2}$	3/2	3	3/2
Fe	↓↑	↓	↓	↓	↓	↓↑	4	—	—	—	—
Fe^{2+}	↓↑	↓	↓	↓	↓	—	4	$^5D_4$	2	2	4
Fe^{3+}	↓	↓	↓	↓	↓	—	5	$^6S_{5/2}$	5/2	0	5/2
Co	↓↑	↓↑	↓	↓	↓	↓↑	3	—	—	—	—
Co^{2+}	↓↑	↓↑	↓	↓	↓	—	3	$^4F_{3/2}$	3/2	3	5/2
Ni	↓↑	↓↑	↓↑	↓	↓	↓	2	—	—	—	—
Ni^{2+}	↓↑	↓↑	↓↑	↓	↓	—	2	$^3F_4$	1	3	4
Cu	↓↑	↓↑	↓↑	↓↑	↓↑	↓	1	—	—	—	—
Cu^{2+}	↓↑	↓↑	↓↑	↓↑	↓	—	1	$^2D_{5/2}$	1/2	2	5/2
Zn	↓↑	↓↑	↓↑	↓↑	↓↑	↓↑	0	—	—	—	—
Zn^{2+}	↓↑	↓↑	↓↑	↓↑	↓↑	—	0	$^1S_0$	—	—	—

稀土元素原子和离子具有不完全的 4f 电子, 也有原子磁矩, 与中子磁矩交互作用, 也产生附加磁散射. 但与不完全的 3d 电子的铁族原子有明显差别.

3.4.1 顺磁材料的磁散射

顺磁材料中的原子磁矩分布是完全无序的, 但在外磁场的作用下, 趋向磁场方向排列. 对于磁矩完全无序取向排列的顺磁材料的离子, 其微分磁散射截面, 即每单位立体角的散射截面是

$$\mathrm{d}\sigma_{pm} = \frac{2}{3}S(S+1)\left(\frac{e^2\gamma}{mc^2}\right)^2 f^2 \tag{3.31}$$

式中, m 是电子质量; e 是电子电荷; c 为光速; S 是散射原子的自旋量子数; γ 是核磁子的中子磁矩; f 是振幅的形状因子. 形状因子出现在磁散射截面中, 而不出现在核散射中, 这是因为磁矩的电子分布在线性尺度上是可与中子波长相比拟的. 所以与 X 射线散射的形状因数有相似之处, 不同之处是中子磁散射形状因子比 X 射线散射形状因数随散射角增加下降得更快. 从微分磁散射截面可导出顺磁材料散射总截面的公式. 它可表达为

$$\sigma_{pm} = \frac{8\pi}{3}S(S+1)\left(\frac{e^2\gamma}{mc^2}\right)^2 \bar{f}^2 \tag{3.32}$$

$\bar{f}$ 是强度的激发形状因数, 它是 f^2 对空间所有方向的积分的平均值.

上述两个方程的定量计算表明, 某些元素的磁散射截面超过核散射截面. 例如, Mn^{+2} 离子, 它出现在 MnF_2 中, 其 $S = 5/2$(见表 3.4). 在这种情况下, 对应于每单位立体角向前散射 $f = 1$ 时, $\mathrm{d}\sigma_{pm} = 1.69$ 靶, 而 Mn 的 $\bar{b}^2$, 即核散射的微分散射截面为 0.14 靶, 可见磁散射比核散射大得多. 但这不是普遍情况. 比如 Ni^{2+}, 核散射和磁散射分别为 1.06 靶和 0.39 靶.

当一个原子或离子同时具有自旋和轨道角动量时, 通常两者组合在一起. 几个电子的 $\boldsymbol{l}$ 矢量组合成矢量 $\boldsymbol{L}$, $\boldsymbol{s}$ 矢量组成另一矢量 $\boldsymbol{S}$, $\boldsymbol{L}$ 和 $\boldsymbol{S}$ 组合成一个合矢量 $\boldsymbol{J}$, 以表示整个原子的总角动量, 对合成自旋量子数为 S 的原子, 自旋磁矩等于

$$\mu_S = 2\sqrt{[S(S+1)]}\mu_{\mathrm{B}} \tag{3.33}$$

如果合成量子数是 L. 于是轨道磁矩为

$$\mu_L = \sqrt{[L(L+1)]}\mu_S \tag{3.34}$$

合成自旋和轨道角动量耦合构成一个总合成角动量, 其特征量子数 J 可取 $(L+S), (L+S-1), (L+S-2), \cdots, (L-S+2), (L-S+1), (L-S)$ 这些值中任一个, 合成顺磁矩是

$$\mu_J = g\sqrt{[J(J+1)]}\mu_{\mathrm{B}} \tag{3.35}$$

g 为朗德 (Lande) 劈裂因子, 由下式确定

$$g = 1 + \frac{J(J+1) + S(S+1) - L(L+1)}{2J(J+1)} \tag{3.36}$$

表 3.5 给出了一些过渡元素实验测得的顺磁矩, 它和 $g\sqrt{[J(J+1)]}$ 的计算结果并不符合. 但只有电子自旋磁矩是有效的, 实验和理论值才能较好符合. 比较表 3.5 的实验值和按式 (3.35) 及式 (3.33) 计算值表明, 两式分别对应于合成角动量和仅自旋角动量是有效的.

对于稀土元素盐类的实验测定值的顺磁矩和由光谱数据得到 L、S、J 值根据式 (3.35) 和式 (3.36) 计算值非常一致. 表 3.6 的数据证实了这点.

表 3.5　过渡元素盐中离子的顺磁矩

离子	3d 电子结构	不成对电子数	S	L	J	μ_L	$\mu_{实验}$	仅有 μ_S
Cr^{3+}	d^3	3	3/2	3	3/2	0.78	$CrCl_3$: 3.81	3.88
							Cr_2O_3 : 3.85	
Mn^{3+}	d^4	4	2	2	0	0	$Mn_2(SO_4)_3$: 5.19	4.90
							$MnCl_3$: 5.19	
Mn^{2+}	d^5	5	5/2	0	5/2	5.91	$MnSO_4$: 5.90	5.91
Fe^{3+}	d^4	5	5/2	0	5/2	5.91	$Fe_2(SO_4)_3$: 5.85	6.91
Fe^{2+}	d^6	4	2	2	4	6.76	$FeCl_2$: 5.23	4.90
							$FeSO_4$: 5.26	
Co^{2+}	d^7	3	3/2	3	5/2	6.68	$CoCl_2$: 5.04	3.88
							$CoSO_4$: 5.04~5.25	
Ni^{2+}	d^8	2	1	3	4	5.61	$NiCl_2$: 3.24~3.42	2.83
							$NiSO_4$: 3.42	
Cu^{2+}	d^9	1	1/2	2	5/2	3.56	$CuCl_2$: 2.02	1.73
							$CuSO_4$: 2.01	

表 3.6　从硫酸盐测得的稀土元素的顺磁矩

离子	4f 壳层电子	S	L	J	顺磁矩	
					计算值	实验值
Ce^{3+}	f^1	1/2	3	5/2	2.54	2.50
Pr^{3+}	f^2	1	5	4	3.58	3.55
Nd^{3+}	f^3	3/2	6	9/2	3.62	3.59
Gd^{3+}	f^4	7/2	0	7/2	7.94	8.03
Tb^{3+}	f^5	3	3	6	9.7	9.3
Dy^{3+}	f^6	5/2	5	15/2	10.6	10.55
Er^{3+}	f^7	3/2	6	15/2		

3.4.2 铁磁和反铁磁材料的散射

顺磁材料中的磁矩分布是完全无序的, 而在铁磁和反铁磁材料的散射材料中磁矩的分布是有序的, 即取一定的取向排列. 铁磁材料的磁矩呈平行排列, 而反铁磁磁矩呈反平行排列. 量子力学认为维持这两种排列的静电场是由"交换力"构成, 它类似于近邻原子自旋之间的一种耦合, 相当于一个势能 V_{ij}, 其表达式为

$$V_{ij} = -2J_{ij}S_iS_j \tag{3.37}$$

其中, S_i, S_j 分别是两个原子的自旋量子数; J_{ij} 是"交换积分". 对铁磁材料这积分为正; 对反铁磁材料交换积分为负, 故表现为分别在两个亚点阵中磁矩成反平行排列.

但考虑磁矩有序排列的原子散射时, 单位立体角微分散射截面式 (3.31) 应改为

$$\mathrm{d}\sigma_m = q^2S^2\left(\frac{e^2S}{mc^2}\right)^2 f^2 \tag{3.38}$$

$\boldsymbol{q}$ 是磁交互主要矢量, 由下式确定

$$\boldsymbol{q} = \boldsymbol{\varepsilon}(\boldsymbol{\varepsilon}\cdot\boldsymbol{K}) - \boldsymbol{K} \tag{3.39}$$

式中, $\boldsymbol{K}$ 是原子磁自旋方向的单位矢量; $\boldsymbol{\varepsilon}$ 是有效反射面法向单位矢量称为"散射矢量". 原子的散射振幅 p 为

$$p = (e^2\gamma/mc^2)Sf_{磁} \tag{3.40}$$

对于一般情况可写为

$$p = (e^2\gamma/2mc^2)gJf_{磁} \tag{3.41}$$

g 为朗德劈裂因子; $f_{磁}$ 为磁形状因子.

3.4.3 稀土原子的散射

稀土族原子的自旋和轨道矩都对磁矩有贡献, 都能影响磁散射. 图 3.5 是一张矢量图, 它表示轨道和自旋作用如何构成角磁矩的情况. 图 3.5 右侧三角形 OAD 表示轨道矢量 $\boldsymbol{L}$ 和自旋矢量 $\boldsymbol{S}$ 产生合成动量矢量 $\boldsymbol{J}$. 它们的动量值分别为: $\dfrac{h}{2\pi}\sqrt{L(L+1)}$、$\dfrac{h}{2\pi}\sqrt{S(S+1)}$ 和 $\dfrac{h}{2\pi}\sqrt{J(J+1)}$. L、S、J 是量子数, 它们分别是三角形的三个边. 这些动量给出的磁矩用图 3.5 左边的三角形 OEB 来表示, 它们分别为

$$\mu_L = \frac{h}{2\pi}\sqrt{L(L+1)}\frac{e}{2mc} \tag{3.42}$$

$$\mu_S = \frac{h}{2\pi}\sqrt{S(S+1)}\frac{e}{mc} \tag{3.43}$$

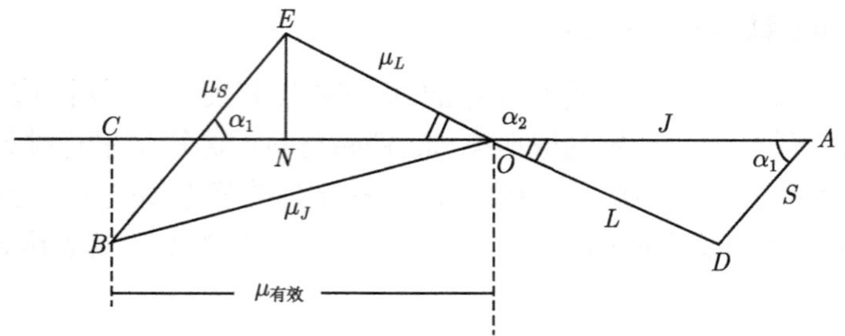

图 3.5　轨道和自旋运动对角动量和磁矩作用的关系

合成磁矩 μ_J 沿 AC 进动产生有效磁矩 $\mu_{有效}$

以及它们的合成磁矩 μ_J. 注意自旋磁矩 μ_S 是轨道磁矩 μ_L 的 2 倍. 沿 OB 的合成磁矩 μ_J 和沿 OA 的合成角动量不在一条直线上, 结果 μ_J 沿 OA 方向进动. 实验上可测定的只是磁矩的有效值, 即 μ_J 在 OA 方向的投影, 图上 OC 表示 $\mu_{有效}$. 可把 $\mu_{有效}$ 的数值看成两个投影 NO, CN 的和来计算, 即

$$\mu_{有效} = OE\cos\alpha_1 + BE\cos\alpha_2 \tag{3.44}$$

从三角形 ODA 的边长的值计算出 $\cos\alpha_2$ 和 $\cos\alpha_2$

$$\cos\alpha_2 = \frac{-S(S+1)+J(J+1)+L(L+1)}{2\sqrt{S(S+1)}\sqrt{J(J+1)}} \tag{3.45}$$

$$\cos\alpha_2 = \frac{-L(L+1)+J(J+1)+S(S+1)}{2\sqrt{S(S+1)}\sqrt{J(J+1)}} \tag{3.46}$$

联立求解得

$$\mu_{有效} = \frac{eh}{4\pi mc}\sqrt{J(J+1)}\left[\frac{S(S+1)+3J(J+1)-L(L+1)}{2J(J+1)}\right] \tag{3.47}$$

式中, $eh/4\pi mc$ 是玻尔磁子 μ_B; 大括号内的因子是朗德劈裂因子 g, 故有

$$\mu_{轨道有效} = g\sqrt{J(J+1)}\mu_B \tag{3.48}$$

这就是轨道有效磁矩, 与其相对应是自旋有效磁矩

$$\mu_{自旋有效} = 2\sqrt{S(S+1)}\mu_B \tag{3.49}$$

对应于 “仅有自旋” 的微分散射截面 $d\sigma_{pm}$ 为

$$d\sigma_{pm} = \frac{2}{3}g^2\frac{J(J+1)}{4}\left(\frac{e^2\gamma}{mc^2}\right)^2 f^2 \tag{3.50}$$

对应的轨道相干散射长度和自旋相干散射长度分别为

$$p_{自旋}=S\left(\frac{e^2\gamma}{mc^2}\right)f_{自旋}=\left(\frac{e^2\gamma}{mc^2}\right)2Sf_{自旋} \tag{3.51}$$

$$p_{轨道}=\frac{gJ}{2}\left(\frac{e^2\gamma}{mc^2}\right)f_{轨道}=\left(\frac{e^2\gamma}{mc^2}\right)gJf_{轨道} \tag{3.52}$$

有效形状因子 $f_{有效}$ 将是自旋形状因子 $f_{自旋}$ 和轨道形状因子 $f_{轨道}$ 的组合:

$$f_{有效}=\frac{[J(J+1)+L(L+1)-S(S+1)]f_{轨道}+2[J(J+1)+S(S+1)-(L+1)]f_{自旋}}{3J(J+1)+S(S+1)-L(L+1)} \tag{3.53}$$

3.5 中子衍射强度公式及其比较

3.5.1 中子衍射强度公式

核散射强度 $I_{核}$

$$I_{核}=CM_{\mathrm{T}}[(\gamma e^2)/(2mc^2)]^2|F_{核}|^2 \tag{3.54}$$

磁散射强度 $I_{磁}$

$$I_{磁}=CM_{\mathrm{T}}A(\theta_{\mathrm{B}})[(\gamma e^2)/(2mc^2)]^2\left\langle 1-(t\cdot M)^2\right\rangle|F_{磁}|^2 \tag{3.55}$$

其中, C—— 仪器常数;

M_{T}—— 多重性因子 (对于多晶);

$A(\theta_{\mathrm{B}})$—— 角因子, $1/(\sin\theta\sin 2\theta)$;

$(\gamma e^2)/(2mc^2)=0.27$ 中子–电子耦合;

$\left\langle 1-(t\cdot M)^2\right\rangle$—— 取向因子;

$F_{磁}$—— 磁结构因子;

m—— 磁矩;

$f_{磁}$—— 磁形状因子.

X 射线衍射强度公式为

$$\begin{aligned}I_{\mathrm{X}}&=I_0\frac{\lambda^3}{32\pi R}\left(\frac{e^2}{4\pi\varepsilon_0 mc^2}\right)^2\frac{V}{V_{\mathrm{c}}^2}M_{\mathrm{T}}\left|F_{\mathrm{X}}\right|^2L_{\mathrm{P}}\\&=C_{\mathrm{X}}\frac{V}{V_{\mathrm{c}}^2}M_{\mathrm{T}}\left|F_{\mathrm{X}}\right|^2L_{\mathrm{P}}\end{aligned} \tag{3.56}$$

其中, L_{P} 为角因子; $I_0\frac{\lambda^3}{32\pi R}\left(\frac{e^2}{4\pi\varepsilon_0 mc^2}\right)^2$ 为常数等于 C_{X}.

3.5.2　三种结构因子的比较和其中原子位置参数

有关的结构因子如下：

(1) X 射线散射的结构因子

$$F_{\mathrm{X}hkl} = \sum f_x \exp[2\pi\mathrm{i}(hx+ky+lz)] \tag{3.57}$$

(2) 中子核散射结构因子

$$F_{\text{中子核}hkl} = \sum b \exp[2\pi\mathrm{i}(hx+ky+lz)] \tag{3.58}$$

(3) 中子磁散射结构因子

$$F_{\text{中子核}hkl} = \sum \mu f_{\text{磁}} \exp(2\pi\mathrm{i}(hx+ky+lz)) \tag{3.59}$$

其中, f_{X}、b、μ、$f_{\text{磁}}$ 分别称为 X 射线散射因子、中子原子散射长度、磁化率和中子磁散射形状因子.

因此, 磁性材料的中子衍射强度为核衍射和磁衍射之和, 即

$$I_{\text{中子}}=I_{\text{核}}+I_{\text{磁}}=CM_{\mathrm{T}}\left(\frac{\gamma e^2}{2mc^2}\right)^2|F_{\text{核}}|^2+CM_{\mathrm{T}}A(\theta_{\mathrm{B}})\left(\frac{\gamma e^2}{2mc^2}\right)^2\left\langle 1-(t\cdot M)^2\right\rangle|F_{\text{磁}}|^2 \tag{3.60}$$

把位置参数的指数形式改写为三角函数形式, 即

$$\exp[2\pi\mathrm{i}(hx+ky+lz)] = \cos 2\pi(hx+ky+lz) + \mathrm{i}\sin 2\pi(hx+ky+lz) \tag{3.61}$$

1) 简单点阵

简单点阵, 晶胞中原子数 $n=1$, 坐标为 $(0,0,0)$, 无论 hkl 为任何值时, 其位置参数都等于 1, 说明这种简单点阵的结构因子中的位置参数与 hkl 无关, 不存在消光现象.

2) 体心点阵

晶胞中原子数 $n=2$, 坐标为 $(0,0,0)$ 及 $(1/2,1/2,1/2)$. 当 $h+k+l$ 为偶数时, 两个位置参数之和等于 2; $|F|^2=4f_a^2$; 当 $h+k+l$ 为奇数时, 位置参数 $=1-1=0$. 这说明在体心点阵中, 只有晶面指数之和为偶数时才会出现衍射, 仅发生 (110)、(200)、(211)、(220)、(310)、$\cdots$ 的晶面衍射. 晶面指数之和为奇数时则消光.

3) 面心点阵

晶胞中原子数 $n=4$, 坐标为 (0,0,0)、(1/2,1/2,0)、(0,1/2,1/2) 及 (1/2,0,1/2). 当 hkl 全为奇数或全为偶数时, 位置参数 $=1+1+1+1=4$, $|F|^2=16f_a$; 当 hkl 为奇偶混合时, 位置参数 $=(1-1+1-1)=0$. 这说明面心点阵只有晶面指数为全

奇数或全偶数时才会出现衍射现象, 仅发生 (111)、(200)、(220)、(311)、(222)、$\cdots$ 的晶面衍射; 晶面指数为奇偶混合时则消光.

综上所述, 简单点阵没有点阵消光现象; 而带心点阵, 由于每个晶胞中原子数 $n>1$, 使得某些晶面, 如 (100) 面的相邻原子面之间插入了一个排列有结点的平面, 它引起散射波的相消干涉而造成消光. 上述消光为点阵系统消光.

除点阵系统消光外, 还存在结构系统消光现象. 由于晶体结构中存在旋转和平移等微观对称元素, 可引起消光; 或者由于一个基元内包含多个不同类原子, 其对称性也可造成消光. 为便于理解这两类结构消光现象, 下面再举两个例子.

4) 金刚石结构

金刚石是碳的一种结晶形态. 它具有面心立方点阵, 但其结构复杂, 是由 A、B 两套相距 1/4 个立方体对角线的面心立方点阵构成. 其结构因子表达式可在面心立方点阵的基础上得出 $F=F_{\rm f}+F_{\rm f}{\rm e}^{2\pi{\rm i}(h/4+k/4+l/4)}$, 式中 $F_{\rm f}$ 表示面心点阵的结构因子.

金刚石结构的消光规律可作如下讨论:

当 hkl 为奇偶混合时, 位置参数 $=0$; 当 hkl 为全偶数且 $h+k+l=2(2n+1)$ 时, 位置参数也等于零; 当 hkl 为全偶数且 $h+k+l=4n$ 时, 位置参数 $=4+4=8$, $|F|^2=64f^2$; 当 hkl 为全奇数时, 即 $h+k+l=2n+1$, 则不难证明 $|F|^2=32f^2$. 故金刚石结构的消光规律是: ① hkl 为奇偶混合; ② hkl 为全偶数且 $h+k+l$ 不为 4 的倍数时, 所出现的线条是: 111、220、311、400、$\cdots$.

5) CsCl 结构 (有序化结构)

上述只讨论晶胞只有一种原子, 下面讨论晶胞中有两种原子的情况.

CsCl 晶体结构即单位晶胞中 $n=2$, Cl 原子坐标为 (0,0,0), Cs 原子坐标为 (1/2,1/2,1/2), 其结构因子为 $F=f_{\rm Cl}+f_{\rm Cs}{\rm e}^{2\pi{\rm i}(h/2+k/2+l/2)}=f_{\rm Cl}+f_{\rm Cs}{\rm e}^{\pi{\rm i}(h+k+l)}$, 可见

当 $h+k+l=$ 偶数, $F=f_{\rm Cl}+f_{\rm Cs}$, $|F|^2=(f_{\rm Cl}+f_{\rm Cs})^2$

当 $h+k+l=$ 奇数, $F=f_{\rm Cl}-f_{\rm Cs}$, $|F|^2=(f_{\rm Cl}-f_{\rm Cs})^2$

根据上述讨论, 结构因子 $|F_{hkl}|^2$ 是决定衍射强度的重要因素. 倒易点阵中每个阵点都代表正点阵的一组干涉面 (hkl), 若将其对应的结构因子赋予各倒易阵点, 则 $|F_{hkl}|^2=0$ 的倒易点将消失, 如面心点阵倒易点阵中 (100)、(110)、(210) 及 (211) 等阵点消失, 倒易点阵演变为 $|F_{hkl}|^2$ 空间. 只有 $|F_{hkl}|^2$ 空间中的点与反射球相遇, 才能发生衍射.

我们得出了晶体发生衍射的两个充要条件: 首先是射线波长、入射角以及晶面间距三者之间关系符合布拉格方程, 其次是参与衍射晶面的结构因子必须不为零. 在这一点上, X 射线衍射和中子核衍射是完全一致的. 然而磁衍射要特别注意, 如果就磁晶胞而言, 应该大致相同. 但通常不用磁晶胞, 而用晶体结构晶胞, 因此有较

大差别. 对于铁磁体测量, 磁衍射峰与核衍射峰重叠, 见图 3.6(a); 而反铁磁材料, 会出现新的磁衍射峰, 见图 3.6(b), 其指数可能是核衍射峰的一个分数. 如果是螺旋式稀土磁性材料, 磁衍射峰可能是核衍射峰的伴峰或卫星峰.

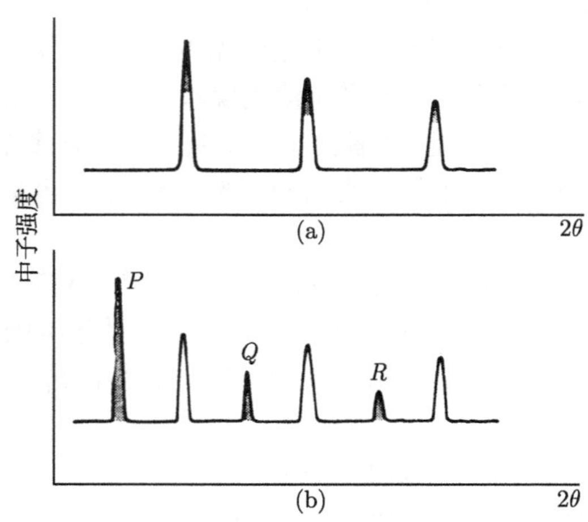

图 3.6　磁矩附加散射对衍射峰的贡献

(a) 铁磁材料, 使衍射峰强度增加; (b) 反铁磁材料, 出现新的衍射峰 (P、Q、R)

3.5.3　f_X、b、μ 的比较

从表 3.2 和图 0.2 已得知 f_X 和 b 的差别, b 随原子序数的变化是无规的, 并与 2θ 无关; f_X 则随原子序数的增加而近乎线性增加; f_X 是 $\sin\theta/\lambda$ 的函数, 并随 $\sin\theta/\lambda$ 增加而迅速下降. 在同一实验中, 波长不变, f_X 随 2θ 的增加也迅速下降. 不过两者的单位都是 cm, 数量级为 10^{-12}cm.

μ 则大不一样, 它与磁磁性材料及其磁自旋结构和轨道结构有关, 正如 3.4 节所讨论那样, 一般都需要实验测定.

3.5.4　磁衍射形状因子

3.4 节和 (3.59) 式都提到磁散射因子, 研究磁性散射的形状因子具有两个重要意义: ① 要从强度测量推断磁性结构必须知道形状因子随角度的变化; ② 如果能用实验测定形状因子, 就可以得到电子在空间的分布.

图 3.7 示出了 Mn^{+2} 磁形状因子随 $\sin\theta/\lambda$ 的变化, 其与 X 射线散射因子相比较, 可见, 磁形状因子随 $\sin\theta/\lambda$ 增加的降低要快得很多.

1. 过渡金属 Mn Fe Co Ni 的形状因子

Shull Wollan 收集到不同离子价态 Mn 化合物的数据示于图 3.8 中, 其表明在测量的精度范围内可以应用同一条形状因子曲线.

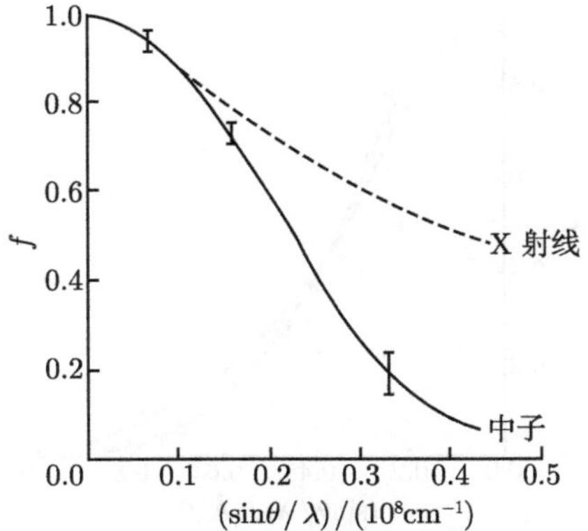

图 3.7 Mn^{+2} 离子磁形状因子随 $\sin\theta/\lambda$ 的变化与 X 射线散射因子的比较

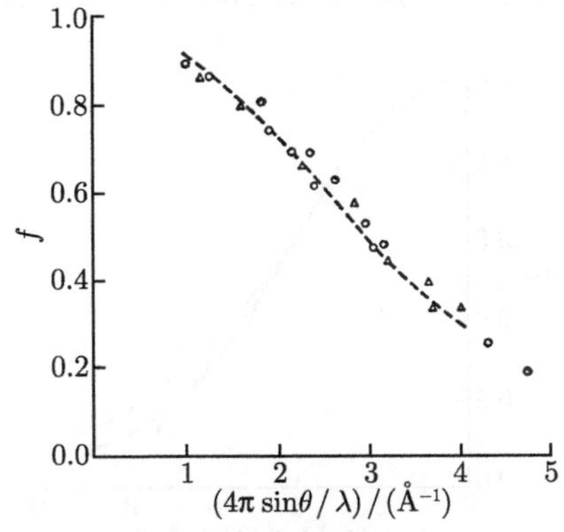

图 3.8 Mn 的磁形状因子

▲: MnO; ○: MnF_2; ●: Mn_2Sb; △: $Mn(La_{0.65}Ca_{0.35})O_3$; 虚线是计算结果

图 3.9~图 3.11 分别为 Fe、Co、Ni 的磁衍射形状因子曲线, 同样可见在测量的精度范围内可以应用同一条形状因子曲线.

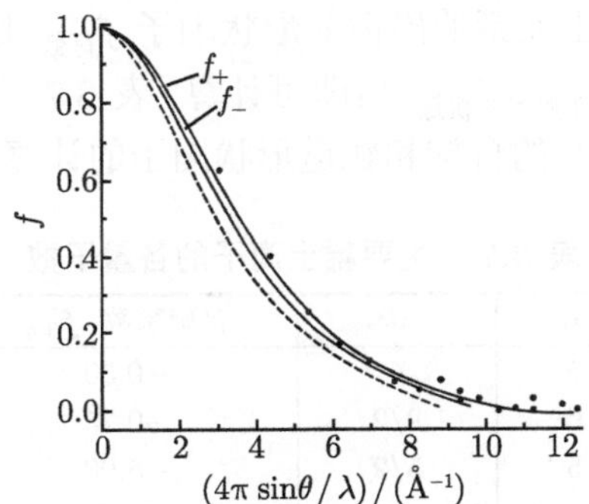

图 3.9 Fe 的磁衍射形状因子曲线

f_+ 和 f_- 分别为正自旋和负自旋的计算结果; 点表示金属铁的实验结果; 虚线表示 Fe_3O_4 的实验结果

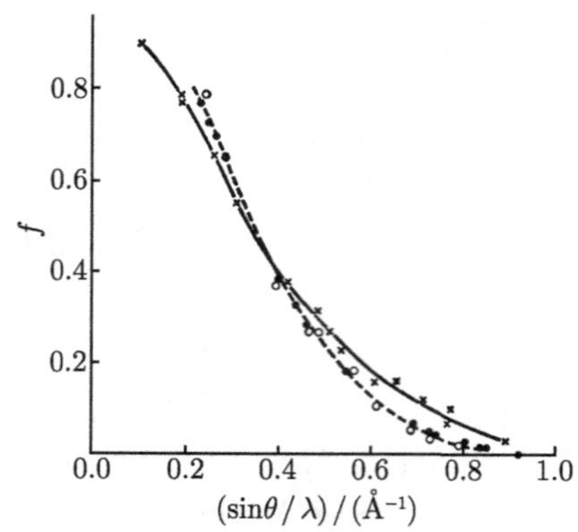

图 3.10　Co 的磁衍射形状因子曲线

●: 六方金属 Co; ○: 面心立方金属 Co; ×: CoO 中的 Co^{2+}; 虚线是金属的平均曲线

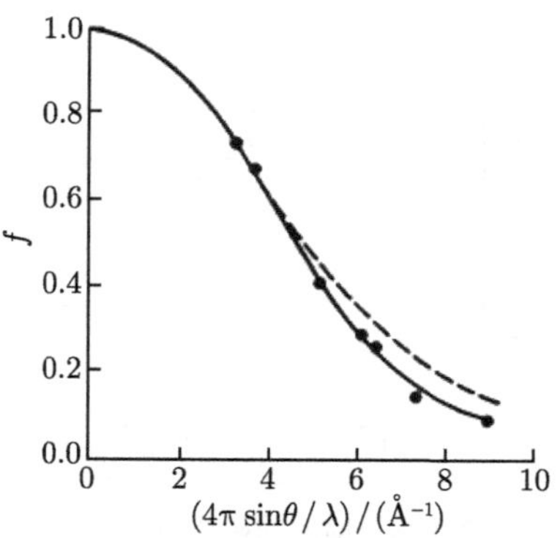

图 3.11　Ni 的磁衍射形状因子曲线

点和实线是实验数据; 虚线是从 NiO 得到 Ni^{2+} 的数据

2. 稀土元素的磁衍射形状因子

从 (3.53) 式可知, 稀土元素的磁衍射形状因子 $f_{有效}$ 是由自旋和轨道两部分组成, 当知道各量子数和 $f_{自旋}$、$f_{轨道}$ 后即可计算. 表 3.7 为主要稀土离子的有关参数. 图 3.12 为 Nd^{3+}、Er^{3+} 的自旋和轨道形状因子的计算结果.

表 3.7　主要稀土离子的各量子数

离子	S	L	J	自旋系数, $f_{自旋}$	轨道系数, $f_{轨道}$
Pr^{3+}	1	5	4	−0.50	1.50
Nd^{3+}	3/2	6	9/2	−0.75	1.75
Sm^{3+}	5/2	5	5/2	−5.00	6.00
Tb^{3+}	3	3	6	0.67	0.33
Ho^{3+}	2	6	8	0.40	0.60
Er^{3+}	3/2	6	15/2	0.33	0.67

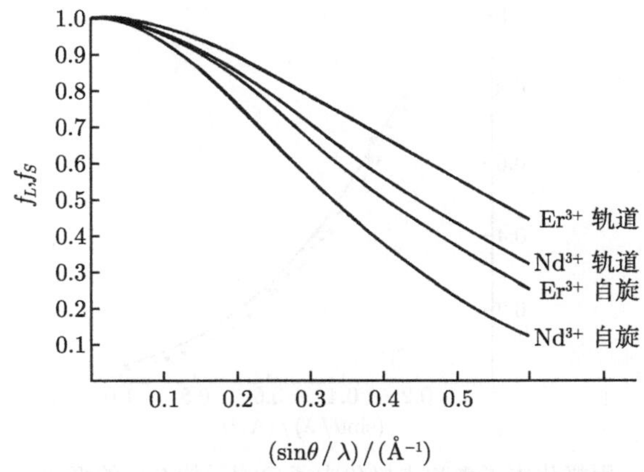

图 3.12 Nd^{3+}、Er^{3+} 的自旋和轨道形状因子的计算结果

Steinsvoll 等人从理论和实验两方面考虑金属 Tb 的形状因子. 并在 4.2K(Tb 为铁磁体) 下进行测量, 他认为极化和未极化测量的形状因子可写为

$$f_{极化} = f_{球形} - \Delta p \tag{3.62a}$$

$$f_{未极化} = f_{球形} - \Delta u \tag{3.62b}$$

非球形的作用 Δp 和 Δu 都很小, 它和 $f_{球形}$, 即形状因子的注意注意一起裂入表 3.8 中. Δp 值仅与 $\sin\theta/\lambda$ 有关, 而在不加外场的正常情况下, Δu 还和衍射矢量及晶轴取向有关. 图 3.13 给出了理论与实验结果的符合程度, 在 $\sin\theta/\lambda$ 值小于 0.5 之前, 极化测量结果与计算符合相当好, 对于较大的 $\sin\theta/\lambda$, 只有极化中子才能获得数据, 实验点显然低于计算值.

表 3.8 Tb 形状因子的理论计算值

hkl	$f_{球形}$	Δp	Δu	*hkl*	$f_{球形}$	Δp	Δu
100	0.890		−0.002	300	0.428	0.018	−0.010
002	0.873	0.003	0.003	302	0.387	0.021	−0.006
100	0.865		0.009	006	0.368	0.021	0.021
102	0.785	0.006	0.002	110	0.722	0.008	−0.004
103	0.673	0.009	0.005	112	0.643	0.009	−0.001
200	0.660	0.010	−0.006	114	0.470	0.016	0.007
200	0.640	0.011	−0.004	220	0.340	0.022	−0.011
004	0.612	0.012	0.012	222	0.310	0.022	−0.008
203	0.517	0.015	0.003	116	0.293	0.023	0.016
105	0.443	0.018	0.015	224	0.243	0.025	−0.001

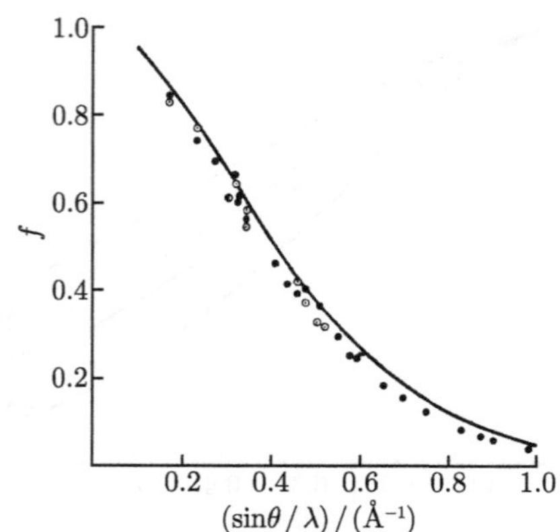

图 3.13　用极化中子●和未极化中子○测量的 Tb 的形状因子曲线

实线表示对极化情况的计算结果

主要参考文献

1 张建中, 杨传铮. 晶体的射线衍射基础. 南京：南京大学出版社, 1992.
2 黄胜涛. 固体 X 射线学. 北京：高等教育出版社, 1985.
3 克鲁格 H P, 亚历山大 L E. X 射线衍射技术. 北京：冶金工业出版社, 1986.
4 姜传海, 杨传铮. 材料射线衍射和散射分析. 北京：高等教育出版社, 2010.
5 程国峰, 黄月鸿, 杨传铮. 纳米材料 X 射线分析. 北京：化学工业出版社, 2010.
6 Bacon G D. 中子衍射. 谭洪, 乐英, 译. 北京：科学出版社, 1980.

第 4 章　中子衍射散射实验方法

4.1　中子衍射实验方法的基本类型

热中子与物质的交互作用有两种类型：① 从波长看, 中子的波长从一到几十Å, 可根据布拉格定律, 由波长和衍射角定出衍射晶面的面间距和其他有关参数, 这就是用中子衍射作静态结构研究, 即中子相干弹性散射 (衍射) 的出发点; ② 从能量看, 热中子恰与研究对象具有同量级的动能, 因而可用中子和物质粒子元激发 “碰撞” 引起能量和动能的变化

$$E_0 - E' = \Delta E = h\omega$$

$$K_0 - K' = \Delta K = Q \tag{4.1}$$

来测定物质内部分子的微观能量状态, 这就是动力学结构 (中子非弹性散射) 研究的基本出发点.

进行静态和动态结构研究的实验方法较多, 也较复杂. 现将杨桢的总结概括示意于图 4.1 中. 基本原理如图 4.1(a) 所示：一束能量为 E_0、动量 (波矢量) 为 K_0 的中子投射到试样 S 上, 经过一次色散, 变为能量和动量各为 E'、K' 的色散束向各个方向色散. 对于有方向性的试样 (单晶、磁性样品等) 还有一个试样取向与入射中子束的夹角 ψ 参量. 从原则上讲, 测量者只要测定中子的 E_0、E' 、K_0、K' 和 ψ 几个量, 时间就基本完整了. 实际上还可以简化, 因为从数值上讲, 中子的 $|K|$ 和 E 之间有如下关系：

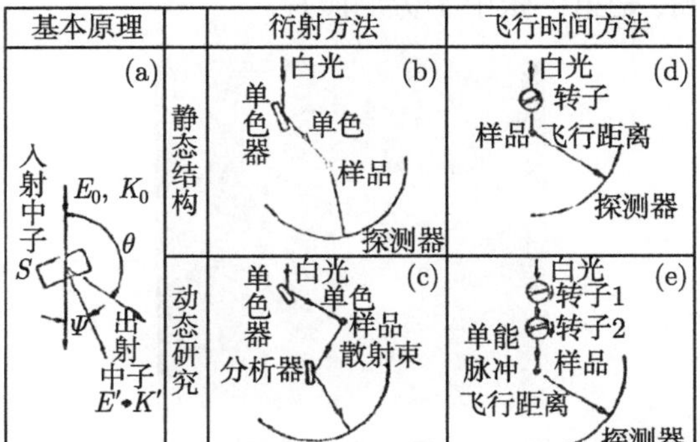

图 4.1　中子实验测量装置原理示意图

$$|K| = \sqrt{2mE} \tag{4.2}$$

式中, m 为中子的质量, 是已知数. 因而, 只要测出中子的强度 E_0 、E' 及几个角度关系就行了. 对于中子衍射, 因 $E' = E_0$, 情况就更简单了. 在测量角度的技术上, 只要有限制中子束方向的准直器和放在一定方向的中子探测器就满足基本条件.

测量中子的能量, 按仪器原理不同可分为两大类.

一类是利用不同能量的中子具有不同波长的特点, 沿用与X射线相似的衍射方法. 例如, 可用适当的单晶从反应堆的连续中子谱 (白光) 里选出单色中子投射到样品上, 构成最简单的中子衍射仪 [图 4.1(b)]; 与此类似, 作为动态研究的非弹性散射设备, 就可用在图 4.1(b) 的试样后面再用一个单晶分析样品某一方向散射的中子能量 E', 如图 4.1(c) 所示. 因为这种仪器通常有三个旋转轴, 故称为三轴谱仪, 图 4.1(b) 称为二轴中子衍射仪.

另一类测定能量的方法是中子实验特有的, 即飞行时间(time of fly, TOF) 方法. 它是根据中子粒子特性 (中子速度 v 和能量之间有简单关系：$E = \dfrac{1}{2}mv^2$) 用测量中子速度办法定出它的能量. 其原理是：通过一定的实验装置使中子一束一束地以脉冲形式打到样品上, 让散射的中子都从试样上 "起跑", 然后根据到达一定距离的探测器上所需要的时间来确定它们的能量 (速度). 这种方法可用在衍射仪上, 图 4.1(d) 是通常的飞行时间法粉末中子衍射仪原理. 它也可应用在非弹性散射上, 图 4.1(e) 则为一台可以多角度同时记录非弹性散射的中子谱仪的示意图.

4.2 中子照相法

中子衍射照相早期是用覆盖铟膜的X射线底片进行的, 铟俘获中子发出 β 射线使 X 射线底片感光, 拍照方法与劳厄照相法相似：多色的中子束经准直后照射单晶样品可得到劳厄衍射花样, 厚度为几厘米的晶片拍照时间约 10h. 图 4.2 由美国橡树岭实验室获得, 是第一张中子劳厄照片.

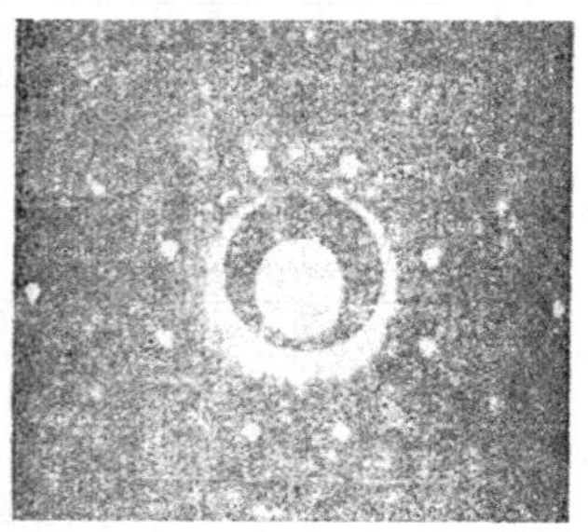

图 4.2 第一张中子劳厄照片

NaCl 单晶, 覆盖铟膜的 X 射线底片, 曝光 16 小时

20 世纪 60 年代以后, 照相技术有很大发展, 利用 ^{6}LiF 和 ZnS 制成的增感膜, 同时使用快速底片, 可使曝光时间缩短到几分钟. 由于灵敏度很高, 甚至能用单色中子束拍摄粉末样品的平板照相, 获得粉末衍射的德拜环.

4.3 高分辨粉末衍射仪

中子粉末衍射仪的原理示于图 4.3 中, 入射中子束经第一准直器打到晶体单色器上, 经第一晶体的衍射后获得单色中子束, 并被第二准直器准直后再打到样品上, 样品的衍射束经准直后用 BF_3 探测器接收, 同样样品与探测器作 $\theta/2\theta$ 联动扫描. 从反应堆出射的中子束经准直和单色化后射到粉末样品上, 中子通量一般是 $10^{12}/\text{cm}^2\cdot\text{s}$ 量级, 新近高通量的中子源可达 $(10^{13}\sim10^{15})/\text{cm}^2\cdot\text{s}$.

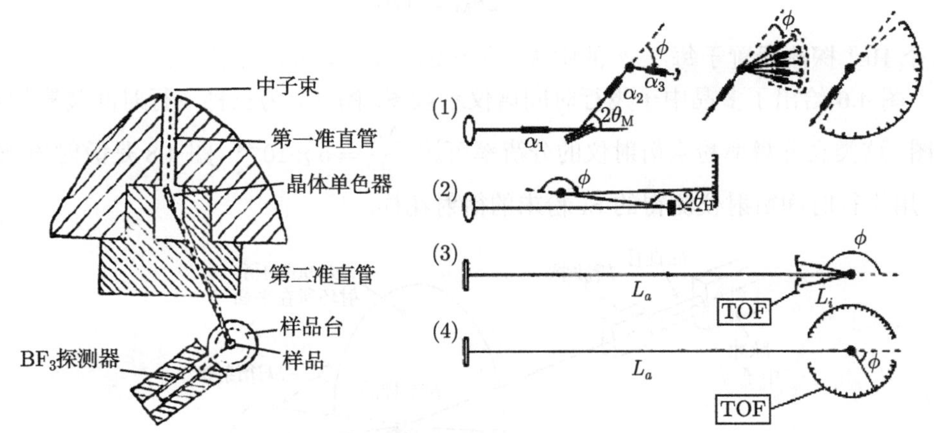

图 4.3 中子粉末衍射原理的水平示意图 图 4.4 高分辨率粉末衍射仪的四种设计方案

一般的中子粉末衍射仪具有中等的分辨率, $\dfrac{\Delta d}{d}=2.5\times10^{-3}$, 这比 X 射线衍射差得多, 因此, 追求高分辨率的中子衍射仪是努力的方向. 获得高分辨率粉末衍射有四种设计, 见图 4.4. 在反应堆中子源上, 图 (1) 能用高单色器角度 $2\theta_{\text{M}}$ 和尽可能好的准直获得, 探测器可为单个扫描的计数管, 但多用固定安装的多重探测器; 图 (2) 双背反射衍射仪可获得很高分辨率的单个反射; 在脉冲中子源上, 图 (3) 用近乎背反射遍及全波长范围扫描; 图 (4) 包括低角度探测器与背散射计数管相结合的衍射仪. 世界上已有多台这种衍射仪运行. 比如, ① 英国 Rutherford-Appleton 实验室的飞行时间装置 ISIS; ②法国 Laue-Langevin 研究所的固定波长装置 D2B; ③美国 Brookhaven 国家实验室 (BNL) 在 HFBR 的 H-1A 线束上的高分辨率粉末衍射仪, 见图 4.5, 其性能指标如下:

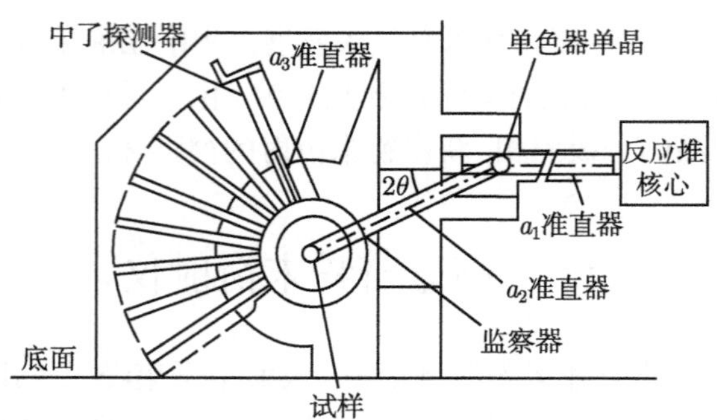

图 4.5　反应堆中子源上带有多重 (仅示出 8 个) 探测器的垂直配置的中子粉末衍射系统

$$\mathrm{Ge(511)} \quad \lambda = 1.5 \sim 2.0\text{Å}$$
$$2\theta_{\mathrm{M}} = 120^\circ$$

64 个 He^3 探测器置于每 2.5° 的中央, 覆盖 $2\theta = 0^\circ \sim 160^\circ$ 角范围.

图 4.6 给出了多晶中子飞行时间谱仪示意图. 图 4.7 为三种飞行时间装置的示意图. 这类高分辨率粉末衍射仪的分辨率可达 $\dfrac{\Delta d}{d} = 5 \times 10^{-4}$. 图 4.8 是散射角 90° 处, 用飞行时间衍射仪测得的 Si 粉末的衍射花样.

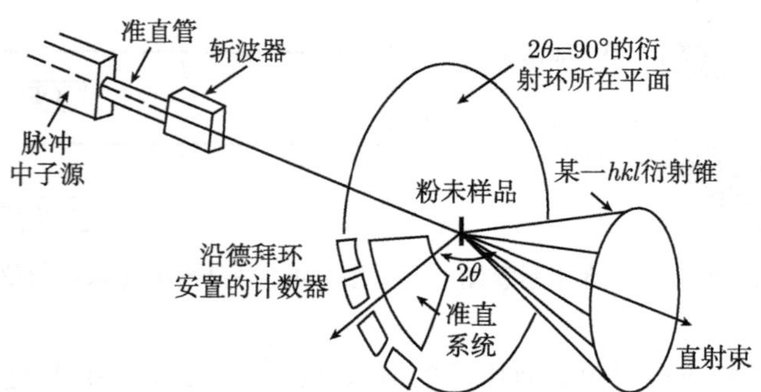

图 4.6　多晶中子飞行时间谱仪示意图

中国先进研究堆 (CARR)2007 年投入使用的高分辨率粉末衍射仪：Ge(115) 单色器, 1.886(Å) 波长, 探测器由 64 个 $^5\mathrm{He}$ 正比计数器组成, 分辨率 2×10^{-3}, 5~170° 的 2θ 角范围.

目前世界上最高分辨率的中子粉末仪还是日本高强质子加速器 (J-PARC) 上超高分辨率中子粉末衍射装置, 分辨率达 0.037% (即 3.7×10^{-4}).

图 4.9 为新型中子探测器系统的示意图. 其中 (a)、(b) 和 (c) 分别给出阵列组成的线性位敏探测器、由许多阳极和被分离的第二阴极组成的二维位敏探测器和微条探测器.

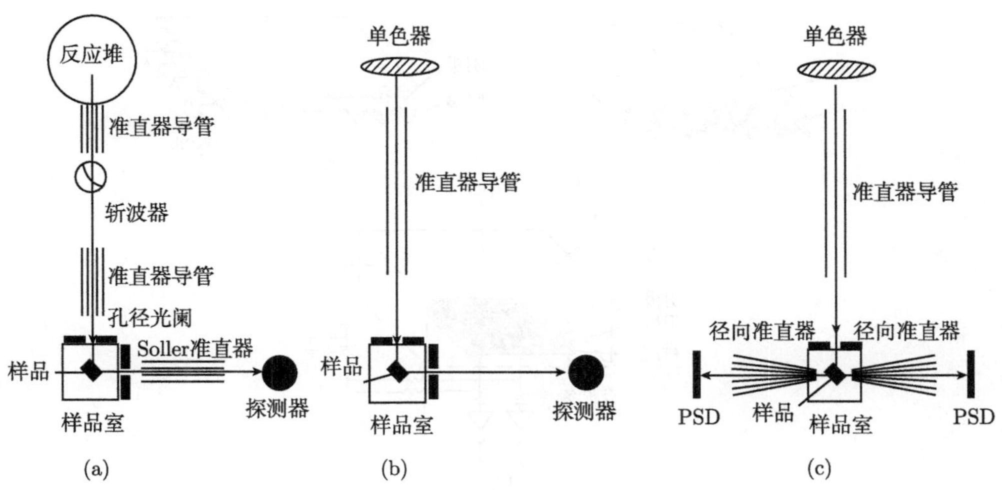

图 4.7 三种飞行时间装置的示意图
(a) 在反应堆上用单个探测器; (b) 在脉冲源上用单个探测器;
(c) 带有聚焦准直器的两个位敏探测器

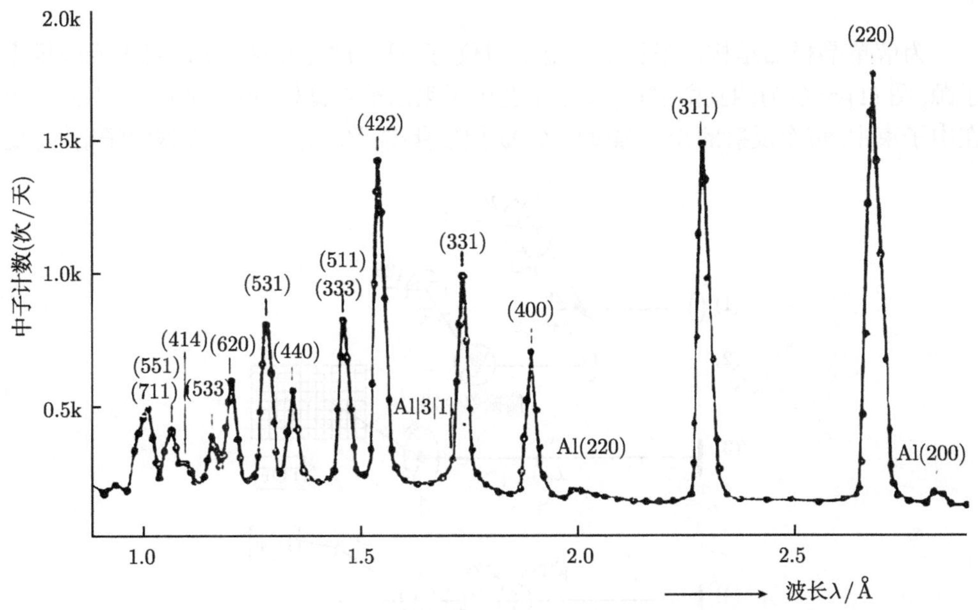

图 4.8 在散射角 90° 处, 用飞行时间衍射仪测得的 Si 粉末的衍射花样

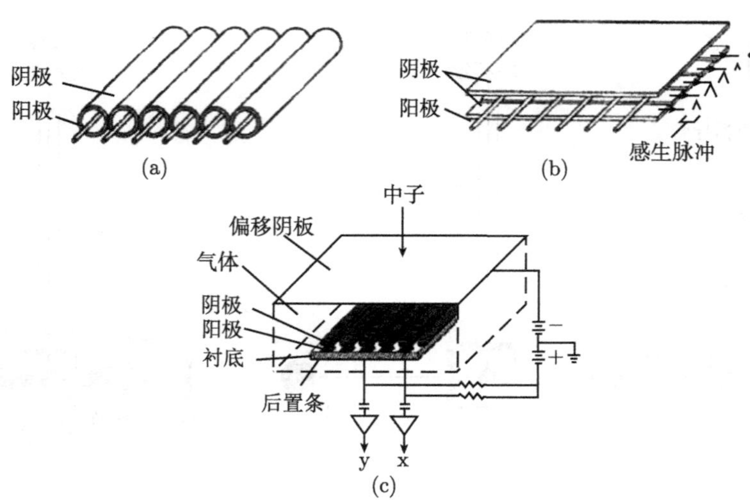

图 4.9　新型中子探测器系统的示意图

(a) 由单个探测器阵列组成的线性位敏探测器; (b) 由许多阳极和被分离的第二阴极组成的二维位敏探测器; (c) 微条探测器

4.4　中子单晶衍射仪

为解单晶样品结构而设计的单晶衍射仪有四种方案, 见图 4.10. 对于反应堆中子源, 图 (1) 一般为四圆衍射仪, 要求单色中子束的准直良好, 单晶足够大, 但必须也在中子束中, 每个反射的积分强度由 $\theta/2\theta$ 扫描获得; 图 (2) 一般的偏振中子衍射, 要

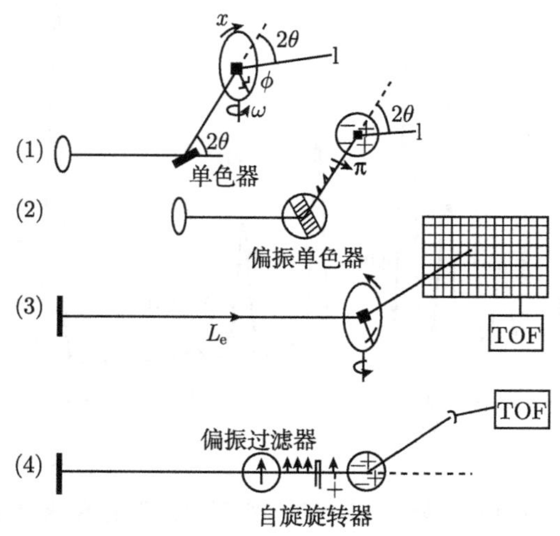

图 4.10　单晶衍射仪设计的四种形式的示意图

求偏振入射中子束和处在磁场的试样, 因此使用偏振晶体单色器; 图 (3) 对于脉冲中子源, 安装在四圆测角仪上的晶体不需摆动, 而用一维获二维的位置灵敏探测器, 因此许多反射同时记录; 图 (4) 在入射中子束中使用偏振滤片和自旋旋转器, 以获得不断改变偏振方向的入射中子束.

图 4.11 是单晶中子飞行时间衍射装置原理图. 经准直的多色准直束射到固定的单晶上, 产生劳厄衍射花样. 如果中子谱的有效波长的上下限分别为 $\lambda_{\max}$ 和 $\lambda_{\min}$, 中子衍射的角范围为 $2\theta_{\min} \sim 2\theta_{\max}$, 在倒易点阵中只有位于图 4.12 阴隐区内的倒易阵点的反射可被激发. 接收系统在 $2\theta_{\min} \sim 2\theta_{\max}$ 范围内收集反射中子束强度. 由于中子谱的有效波长范围的限制, 同一反射的衍射级不会很多, 劳厄衍射的累积强度和 λ^4 成正比, 所以一级反射的贡献是主要的, 可用飞行时间技术测出波长. 为了利用所记录的强度数据, 还需精确测量 θ.

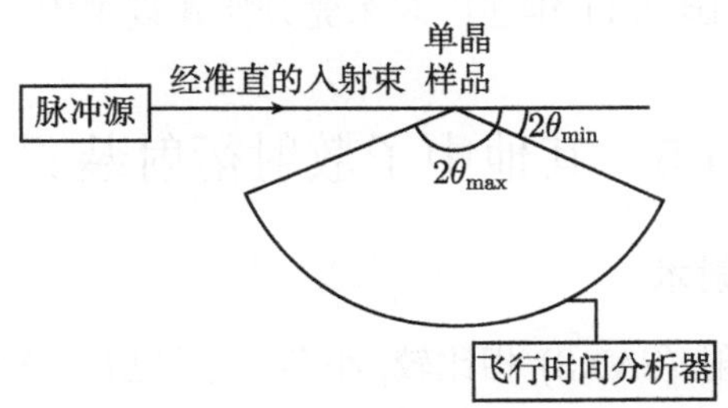

图 4.11 单晶中子飞行时间衍射装置原理图

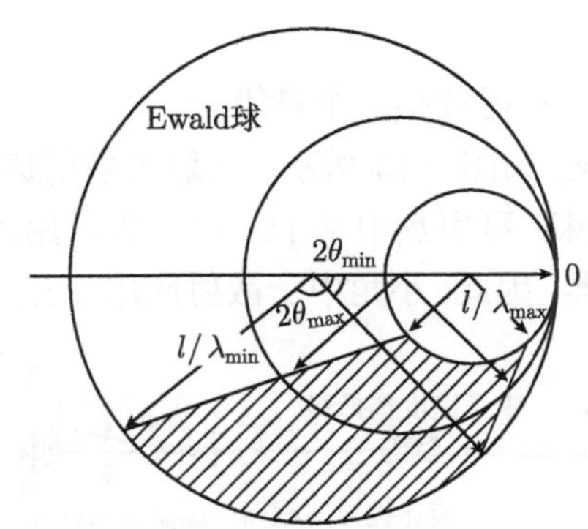

图 4.12 落在阴影区域中的倒易点的反射可被激发

现在正发展一些位敏探测器系统, 如多室的 BF_3 或 He 计数装置, 它将许多探测器排列在围绕样品的圆周上, 以增加角分辨率. 目前记录散射装置的分辨率可达 0.2°; 另外一种系统很像 X 射线多丝正比计数器, 用含 Li 的玻璃闪烁屏, 把入射中子转换成光信号, 再经光电倍增管转换成电子, 然后由水平和垂直的金属丝组成的网络收集电子, 同时确定它们的 x、y 坐标. 这种平面记录系统起着劳厄照相的功能, 不仅可记录反射的确定位置, 还可分析波长的组成, 对收集单晶衍射数据和精修结构测定参数有诱人的前景.

由于飞行时间技术采用脉冲反应堆源, 技术上要求很高, 但也能带来好处, 如使这种脉冲和引起测量相变的电场或磁场同步, 就能研究材料的弛豫现象. 另外, 飞行时间谱仪的 2θ 是固定的, 样品台和容器窗口的设计可大大简化, 这对研究高温、低温或高压下的材料性能和相变十分方便.

利用劳厄衍射的多色光研究消光效应和波长的关系一直是晶体衍射理论所关注的内容, 目前在这种衍射领域已有人用飞行时间技术来研究这一现象.

飞行时间技术的成功应用反过来又激起人们对脉冲这种源的兴趣和开发. 除了重新利用直线加速器产生脉冲中子射线外, 未来利用质子束和重元素的散裂反应产生中子的研究已开展, 可行性实验研究已作了深入研究, 近些年, 国际上正进行散裂中子源的建设. 中国 2011 年在广东东莞开始建设中国散裂中子源 (CSIS).

4.5　其他中子散射衍射装置

4.5.1　中子小角度散射术

与小角 X 射线散射 (SAXS) 相比较, 小角中子散射 (SANS) 有如下优点:

(1) 波长的选择性, 即使 λ_N=5~15Å, 吸收问题也不突出;

(2) 较长的波长可避免 Bragg 反射和多重 Bragg 反射的影响, 因此属于全真实的小角散射;

(3) 可做到的 $\boldsymbol{Q}$ 值比 X 射线小一个量级.

典型的四类 SANS 仪, 如图 4.13 所示. 入射束多用速度选择器或斩波器作单色化, 给出粗糙单色中子束. 可用热中子 (1~5Å), 也可用冷中子 (6~10Å), 但几乎都使用区域 (平面) 探测器. 因此, 小角中子散射应用十分广泛. 小角热中子散射和

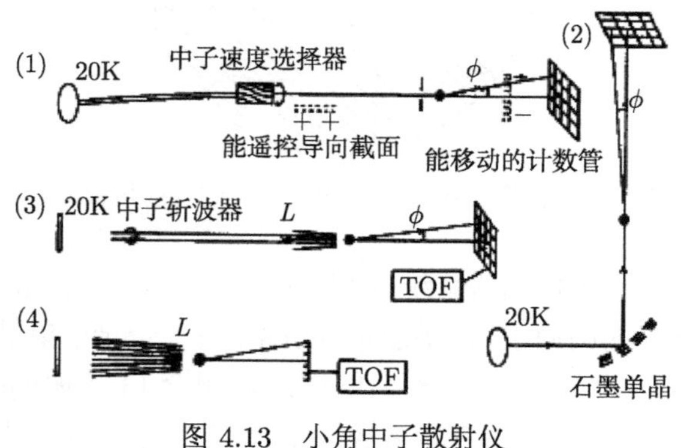

图 4.13　小角中子散射仪

飞行时间小角散射已广泛用于生物、聚合物材料、网络化学、冶金、胶体、故态网络等领域. 近些年来, 小角中子散射以及粒度分布测定方面都有很大进展.

4.5.2 中子材料织构测定仪

测定材料织构的中子衍射仪示意于图 4.14 中. 图中三种类型中试样都安装在四圆测角仪上. 在反应堆中子源的光束线上, 图 (1) 通常把单个计数管固定在某特殊反射的衍射角位置, 而试样作取向扫描; 图 (2) 使用覆盖整个衍射圆锥的多重探测器, 能给出最佳的计数率; 图 (3) 在脉冲中子源上, 一系列极图能用一个探测器同时测量, 也可用覆盖整个衍射圆锥的多重探测器.

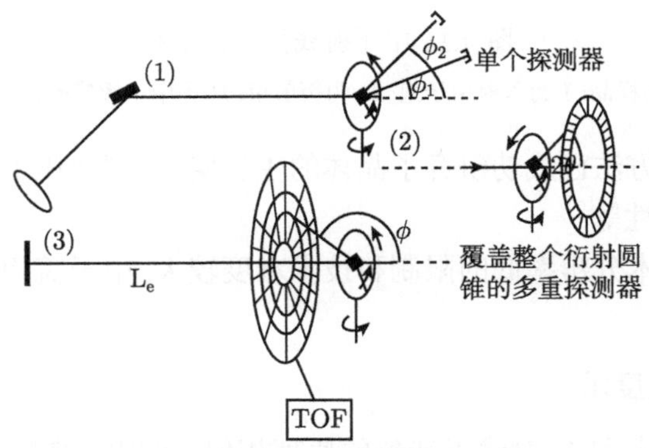

图 4.14 中子衍射材料织构测定仪

4.5.3 中子貌相实验设备

在 X 射线衍射貌相术发展的影响下, 1971 年出现了中子貌相技术. 原理和方法上有以下特点.

(1) 中子束宽, 需严格限制其发散度, 通常用中子波导管来准直中子束.

(2) 中子直接摄照比较困难, 需将中子转换为光或 α 粒子, 因此强度和分辨率受一定影响.

(3) 中子的回摆曲线比 X 射线的窄, 而位错线的直接像的宽度与回摆曲线宽度成反比, 因此, 中子貌相图中的位错线的相宽度比 X 射线的宽, 通常在 30μm 以上. 尽管如此, 仍能观察单个位错.

(4) 中子谱线不存在类似特征 X 射线那样的 $K\alpha_1, K\alpha_2$ 双峰分离问题; 同时, 经波导管准直出射的中子束截面积已很大, 无需展宽或扫描便能照射样品较大区域. 目前, 中子貌相多用静态拍照, 而不用动态扫描 Lang 技术.

(5) 中子貌相可采用白色中子束和单色中子束. 前者的貌相图与同步辐射 X 射线的劳厄照相貌相相似, 在大的劳厄斑点中有衬度细节变化; 后者用中子单色器获得单色中子束, 加上适当的狭缝, 可拍摄中子的投影貌相或截面貌相, 如图 4.15 所示.

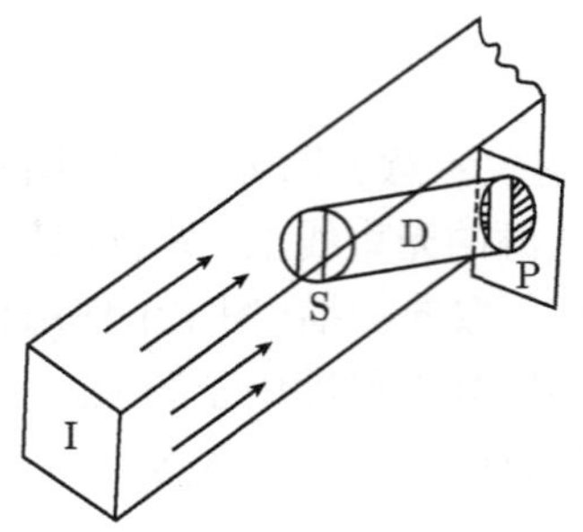

图 4.15 中子射线投影貌相术

S 为样品; I 为入射中子束; D 为衍射束; P 为中子敏感照相底片

利用中子貌相方法已成功研究了晶体的生长层, 剧烈热压下的应变场和各种磁性材料中的磁畴特性等.

由于中子貌相术分辨率低的限制和技术难度较大, 中子貌相不能相 X 射线貌相应用那样普及.

4.5.4 中子干涉量度术

中子干涉量度术和 X 射线干涉仪的原理相似, 可用完整晶体制成中子干涉仪. 已用这种装置来精确测量中子的相干散射长度 b

$$b = 2\pi(N \cdot \lambda \cdot t_\lambda)^{-1}$$

在实验上是用干涉仪测量与相位移有关 λ 的厚度 t_λ. 其中, λ 为入射中子束的波长; N 为单位体积中的原子数; 研究中子在磁场中的自旋转动, 研究重力对相干中子的作用.

值得一提的是 Colella 等利用中子干涉谱仪进行的有关万有引力引起中子相位移的实验. 这一实验把量子力学常数 h 与万有引力常数 g 联系起来. 这是迄今唯一能做到这一点的实验, 它对基本自然规律的研究具有重要意义.

4.6 中子非弹性散射谱术

在中子束与物质交互作用中, 散射体是原子核与原子磁矩. 因此, 在考虑核的振动的动态结构研究中, 中子非弹性散射自然成为最直接的工具. 在中子散射实验中, 用来测量非弹性散射谱的仪器是中子散射谱仪. 中子非弹性散射谱仪有两种类型：一种是在原子反应堆中子源上使用三轴谱仪, 见图 4.16 所示. 单色器、试样和

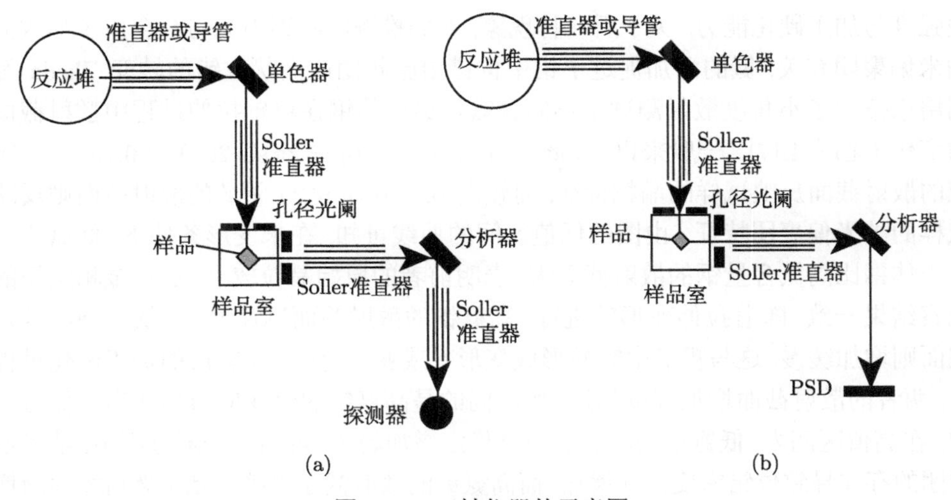

图 4.16　三轴仪器的示意图

(a) 单个探测器; (b) 位敏探测器

晶体分析器三根轴中每一根轴都能独立自动控制, 单色器选择入射中子束的的能量 E_0, 分析器晶体对试样散射中子束展谱, 其有两种扫描方式：① 恒 Q 值扫描, 这是把 HKL 的扫描阶宽置于零, 而能量 E_0 的初始值和阶宽置于适当值; ② 恒 E 扫描, 这时置入射能量阶宽为零, 而置 HKL 的阶宽为适当值; 另一种是用于质子加速器驱动的脉冲中子源的飞行时间 (TOF) 技术, 测量从不同能量的散射束到达探测器的时间, 获得不同中子的速度, 进而经 $E=\dfrac{1}{2}mv^2$ 计算获得散射中子能量 E.

图 4.16 中所示的设备分辨率较低, 一般 $\Delta d/d$=2.5 $\times10^{-3}\sim5\times10^{-4}$, Alefeld 等和 Heidemann 用背散射技术进一步发展了中子非弹性散射谱仪.

另外, 在三轴谱仪的试样位置安装第一晶体, 在分析器晶体处安装欲检查的晶体, 并去除探测器前的准直器, 这样便把三轴谱仪改造成双晶衍射仪, 用这种仪器测定欲检查晶体摆动曲线的高宽, 这种半高宽是晶体质量的量度.

4.7　原位中子衍射装置

正如前言中所提到那样, 由于中子具有实验装置相当庞大, 试样周围的空间也比较大, 进行原位的实验观察特别有利, 再加之中子束对材料的极大穿透力, 因此中子衍射技术是材料, 特别是金属材料原位表征的最好方法. 徐平光和友田阳在《原位中子衍射材料表征技术的进展》一文有较多的介绍.

近来研究表明, 无 Nb 或添加少量 Nb 可抑制奥氏体不锈钢存在的点蚀现象, 而加氮可增加变形过程中位错运动受到的热应力与非热应力, 进而提高材料的屈服强度与加工硬化能力. 关于后一种现象, 人们推测应和钢中氮与合金原子形成的纳米偏聚团有关, 氮的添加促进了钢中位错由胞状团向面状位错的转变. Ikeda 等利用原位中子小角度散射测试了不同含氮量奥氏体钢在单轴拉伸过程中散射截面的变化 (见图 4.17). 一般来说, 较低散射矢量区间 ($q = 2\pi \sin 2\theta/\lambda < 0.1\text{nm}^{-1}$) 对应的散射截面反映试样的晶粒特征, 而较高 ($q = 0.1\text{nm}^{-1}$) 领域的散射截面则反映试样的纳米偏聚团特征. 由图的低值区间的曲线可知, 在未变形条件下, 低氮含量奥氏体钢比高氮含量钢的散射截面大, 表明前者的原始晶粒较小, 这与金相组织的观察结果一致. 随着拉伸变形的进行, 高氮钢的散射截面迅速增加, 低氮钢的散射截面则增加缓慢, 这与粗晶中容易形成变形带或亚晶有关. 在随后的加工硬化过程中, 两者的散射截面增加程度相近, 所不同的是高氮钢的流变应力显著高于低氮钢的. 在高值区间内, 低氮钢的散射截面呈稳定增加趋势, 表明在变形过程中, 纳米偏聚团的存在导致位错密度持续增加, 而高氮钢的散射截面先稍有减小然后才逐渐增加, 分析表明这与纳米偏聚团的破坏及面状位错的复合有关, 在 10%~15%处达到谷底后进一步变形位错密度又逐渐增加.

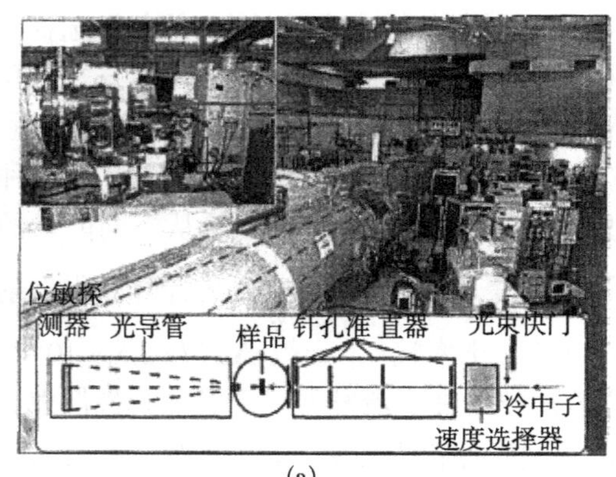

(a)

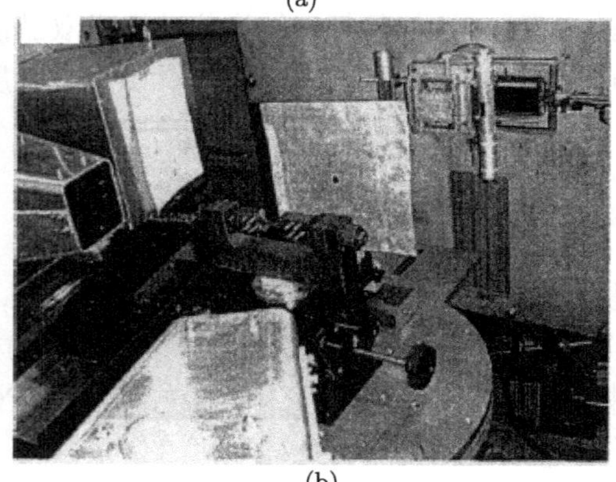

(b)

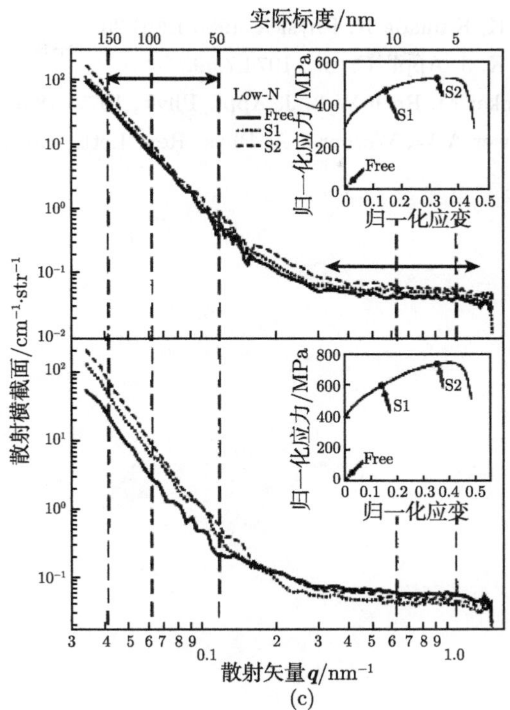

图 4.17 含氮奥氏体钢拉伸形变中的原位小角度中子散射、原位拉伸形变装置及散射截面与散射矢量 q 的关系

主要参考文献

1 杨桢. 热中子散射原理及应用//许顺生. X 射线衍射学进展. 北京：科学出版社, 1986:339.

2 张建中, 杨传铮. 晶体射线衍射基础. 南京：南京大学出版社, 1992.

3 杨传铮, 谢达材, Newsam J M, et al. 用中子散射法研究凝聚态物质的新进展. 物理学进展, 1994, 14(3):231-280.

4 徐平光, 友田阳. 原位中子衍射材料表征技术的进展. 金属学报, 2006,42(7):681-688.

5 Zhang J Z. Chinese Science Bulletin, 1990, 35：1246.

6 Haywood B C G, Leahe J W. AERE Report, 1972, R:7216.

7 Nimura N. J. Appl. Cryst., 1975 , 8:560.

8 Berk N F, Hardman-Rhyne K A. J. Appl. Cryst., 1985,18:467-473.

9 Hjelm R P. J. Appl. Cryst., 1987, 20:273.

10 Windsor C G. J. Appl. Cryst.,1988, 21(6):582.

11 Potton J A, Daniell G G, Rainford B D. J. Appl. Cryst. 1988, 21:663-891.

12 Englander M, Malgrange C, Petroff, et al., 1976, 33(5):743.

13 Tomimitsu H, Doi K, Kamada K. Physica, 1983,120B:96.
14 Tomimitsu H, Doi K. J. Appl. Cryst., 1974,7:59.
15 Barruchel J, Schlenker M, Roth W L. J. Appl. Phys., 1977, 48:5.
16 Colella R, Overhauser A W, Werner S A. Phys. Rev. Lett., 1975, 34:1472.

第 5 章　晶体结构的测定

如果所研究的材料的结构完全未知, 就存在测定未知结构的问题. 就被测样品而言, 可以是多晶体, 或是单晶体. 无论是多晶试样还是单晶试样, 测定晶体结构的任务是通过衍射数据的收集和处理、衍射花样的指标化、精确测定晶胞参数、测定晶胞中原子或分子的数目, 求解各原子在晶胞的位置等, 经精修最后获得该物质的晶体结构和结构参数.

中子具有电中性, 它不受原子核周围电子的影响, 只被原子核散射, 且相干散射截面 (或称相干散射长度) 的大小与原子序数无关 (见表 3.2, 图 0.2).

由于原子的 X 射线散射因子与原子序数成正比, 所以用 X 射线衍射研究含轻元素的物质或重元素的氧化物、碳化物、氮化物等; 由于轻元素散射因子比重元素小得很多, 只有在非常高的强度测量精度下才能检测出轻元素的微弱作用, 所以实际上是不大可能的. 此外, 测定原子序数相邻的原子位置也是如此. 相反, 中子衍射则能解决这个问题. 例如, 氧和氢的散射长度分别是 0.58×10^{-12}cm 和 -0.37×10^{-12}cm, 钨、金、铅的中子散射长度分别为 0.48×10^{-12}cm、0.76×10^{-12}cm、0.94×10^{-12}cm, 所以不难测定钨、金、铅的氧化物、氢化物中的氧或氢原子的位置.

图 5.1 给出了分别用 X 射线衍射和中子衍射获得 $LiMnO_2$ 晶体 (110) 面的电子密度分布图和中子散射振幅分布图, 两者都明确给出了 Mn 和 O 原子的位置, 但电子密度分布图未显示 Li 原子的位置, 而中子散射振幅分布图明确的给出了 Li 原子的位置.

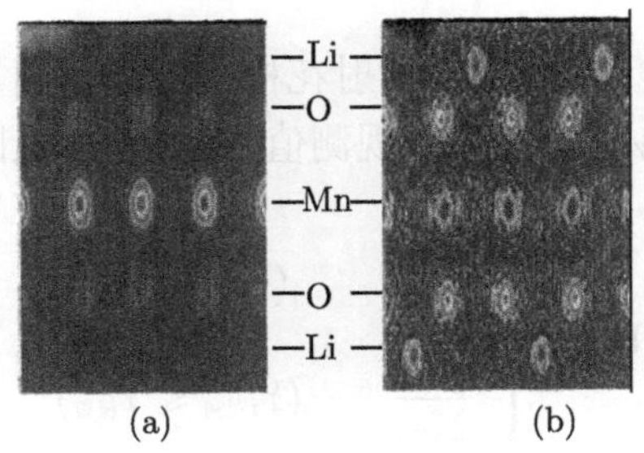

图 5.1　X 射线衍射获得 $LiMnO_2$ 晶体 (110) 面的电子密度分布图 (a) 和中子衍射获得的中子散射振幅分布图 (b)

在晶体结构测定方面, 中子衍射方法有如下特征.

(1) 利用中子衍射可在原子等级上精确分析蛋白质与水、氢原子相互作用, 剖析蛋白质、核酸 (DNA) 等生物体内的作用机理, 这对疗效优异的疑难病症治疗、新药的设计、制造、开发等都具有重要意义.

(2) 序数相邻原子位置的测定. 相邻的 Ni 和 Co, 它们的 X 射线散射因子 $\sin\theta/\lambda=0$ 和 0.5 时分别为 7.6, 7.9 和 3.4, 3.6, 相差很小, 而中子散射长度则相差较大 (0.25, 1.03), 故原则上能区分它们的晶体学位置, 特别是当它们成有序排列时能观测到超点阵线条;

(3) 同位素效应, 中子对同一元素的不同同位素有不同的散射长度, 故能区分不同同位素的晶体学位置, 而 X 射线元素完全不可能;

(4) 中子的磁性与磁性原子的磁散射, 可用来测定自旋角动量、晶体的磁结构、磁矩大小和磁形状因子. 因此, 中子衍射和散射是测定晶体结构和磁结构最有效的方法, 特别是磁结构, 这是中子衍射对固体物理、材料科学的最大贡献.

5.1　多晶样品衍射花样的 Rietveld 结构精修

对于已知初始结构模型：空间群、点阵参数、单胞中原子数目及坐标位置, 可采用 Rietveld 方法对整个结构 (包括点阵参数、原子坐标及占位概率等) 进行精修. 这种方法起源于中子粉末衍射数据分析, 后来才逐渐推广到 X 射线衍射领域.

5.1.1　Rietveld 结构精修的原理

Rietveld 方法是在已知晶体结构主要情节的基础上, 计算多参数在重叠作用下数千个测量点的强度, 使之与测量值最佳符合. 采用的是最小二乘方法精修, 即使观测值与计算值之差平方达到最小, 它是对函数

$$\Delta=\sum_i W_i\left[Y_{i观测}-\frac{1}{k}Y_{i计算}\right]^2 \tag{5.1}$$

求极小值来实现的. 式中, 求和是对衍射花样上的所有测量点进行; k 为总体标度因子; $Y_{i观测}$ 需扣除背景; W_i 为对每个观测值 $Y_{i观测}$ 的加权因子. Rietveld 的加权方式为

$$W_i=\begin{cases}\dfrac{1}{Y_{i观测}} & (Y_{i观测}>Y_{极限})\\[2mm] \dfrac{1}{Y_{极限}} & (Y_{i观测}\leqslant Y_{极限})\end{cases} \tag{5.2}$$

$Y_{极限}$ 为最低强度值的 4 倍.

1. 峰型函数和强度公式

就数据收集方式而言, 有固定波长的中子和中子飞行时间 (TOF) 两种方法, 它们的基本强度公式和具体精修计算方法不同. 这里仅介绍固定波长的情况.

Albinati 用卷积方法推导得到单个布拉格反射 K(表示 hkl 反射) 对 $2\theta_i$ 位置上测量强度的贡献为

$$Y_{i计算} = \frac{cP_kL_kF_k^2}{H_k}\exp\left\{-4\ln 2\left[(2\theta_i - 2\theta_k)/H_k\right]^2\right\} \tag{5.3}$$

式中, c 为常数; P_k、L_k、F_k 分别为 k 晶面的多重性因子、Lorentz 因子和结构因子; H_k 为峰半高宽 (FWHM). 高斯型峰扩展到 $\pm1.5H_k$ 处的强度仅为峰值的 0.2%. 但就一般而言, 可能会有几个不同的布拉格峰对 i 点的 Y_i 有贡献, 故强度的一般表达式为

$$Y_{i计算} = \sum_k I_k A(2\theta_i, 2\theta_k) f(2\theta_i, 2\theta_k) \tag{5.4}$$

式中, $A(2\theta_i, 2\theta_k)$ 为引入的非对称修正项因子

$$A(2\theta_i, 2\theta_k) = 1 - sp(2\theta_i - 2\theta_k)^2/\mathrm{tg}\theta_k \tag{5.5}$$

p 为非对称性参数; $s = 1$、0 或 -1, 与 $(2\theta - 2\theta_k)$ 为正、零或负对应; I_k 为 k 反射的积分强度, 即

$$I_k = \frac{cP_kL_k}{H_k} \times F_k^2 \tag{5.6}$$

$f(2\theta_i, 2\theta_k)$ 称为峰型特征函数, 一般采用下列几种:

高斯型峰形函数 (G 函数)

$$f(2\theta_i, 2\theta_k) = \exp\left[-\frac{4\ln 2}{H_k^2}(2\theta_i - 2\theta_k)^2\right] \tag{5.7}$$

Lorentz 型 (L 函数)

$$f(2\theta_i, 2\theta_k) = \frac{1}{1 + \dfrac{4}{H_k^2(2\theta_i - 2\theta_k)}} \tag{5.8}$$

改进 Lorentz(ML 函数)

$$f(2\theta_i, 2\theta_k) = \frac{1}{\left[1 + \dfrac{4\left(\sqrt{2}-1\right)}{H_k^2}(2\theta_i - 2\theta_k)^2\right]^2} \tag{5.9}$$

中间 Lorentz(IL 函数)

$$f(2\theta_i, 2\theta_k) = \frac{1}{\left[1 + \dfrac{4\left(2^{2/3}-1\right)}{H_k^2}(2\theta_i - 2\theta_k)^2\right]^{1.5}} \tag{5.10}$$

实验研究表明, 固定波长的中子衍射线型与高斯型符合较好, Lorentz 峰尾部扩展太长, 同步辐射 X 射线衍射线型与赝 Voigt 函数符合良好, 它是 G 和 L(见图 5.2) 函数的简单组合, 即 75%G+25%L.

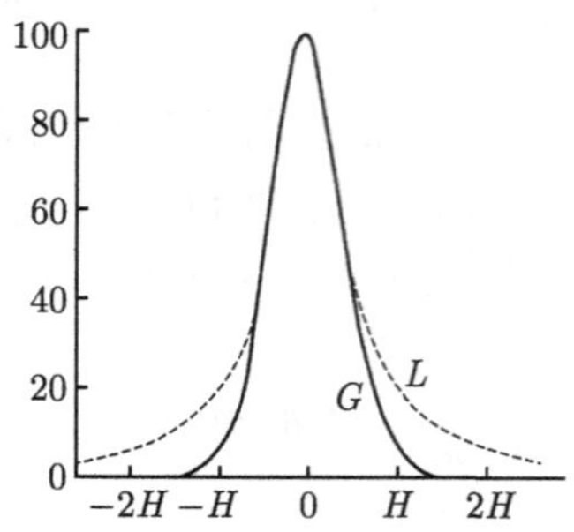

图 5.2　具有等半高宽的 Lorentz 峰和高斯峰形

2. 峰宽函数

表征 H_k 与衍射角之间关系的函数称峰宽函数. 在中子衍射的情况下

$$H_k^2 = U\text{tg}^2\theta_k + V\text{tg}\theta_k + W \tag{5.11}$$

式中, U、V 和 W 为半高宽参数, 通常由测量到的若干个单反射峰的 H_k 值, 利用最小二乘方法拟合求得.

对于 X 射线衍射采用高斯宽化

$$H_{k\text{G}}^2 = U\tan^2\theta_k + V\tan\theta_k + W + P/\cos^2\theta_k \tag{5.12}$$

和 Lorentz 成分

$$H_{k\text{L}} = (X + X_\text{e}\cos\phi)/\cos\theta_k + (Y + Y_\text{e}\cos\phi)/\tan\theta_k + Z \tag{5.13}$$

的组合. (5.12) 式中的 P 为高斯宽化的 Scherrer 系数. (5.13) 式第一项为 Lorentz-Scherrer 宽化, 第二项描述应变宽化, 两项都分别包括各向异性系数 X_e 和 Y_e.

3. 剩余指数和标准偏离

Rietveld 方法中剩余指数 (也称可靠性指数) 定义为

$$R_\text{P} = \frac{\sum\left|Y_{i\text{观测}} - \frac{1}{k}Y_{i\text{计算}}\right|}{\sum Y_{i\text{观测}}} \tag{5.14}$$

$$R_\text{WP} = \left\{\frac{\sum W_i\left[Y_{\text{观测}} - \frac{1}{k}Y_{\text{计算}}\right]^2}{\sum W_i\left[Y_{i\text{观测}}\right]^2}\right\}^{\frac{1}{2}} \tag{5.15}$$

R_P 的优点是基于实际的观测值, 不过 R_{WP} 更为重要些, 因为它的分子是最小二乘方法修正过程中的极小量, 能较客观地反映结构精修的优劣.

参数 j 的标准差 σ_j 按下式计算

$$\sigma_j = \left\{A_{jj}^{-1}\sum W_i\left[Y_{i\text{观测}} - Y_{i\text{计算}}\right]^2 \Big/ (N-\alpha+\beta)\right\}^{\frac{1}{2}} \tag{5.16}$$

5.1.2 Rietveld 结构精修的步骤

Rietveld 精修都是由计算机处理完成, 常用的程序很多：

(1) GSAS-General Structure Analysis System, Larson A.J , Robert B, Dreele Von, Los Alamos National Laboratory, NM87545, USA;

(2) DBWS-9006, Wiles D.B., Young R.A., School of Physis, Georgia Institute of Technology, Atlanta, GA30332, USA;

(3) RIETAN, Izumi, Natinal Institute for Research in Inorganic Materials, 1-1 Namiki, Tsukulashi, Ibariki305, Japan;

(4) XRS-82, The X-ray Rietveld System, Baerlocher Ch., Institute fuer Kristallographie and Petrographie, ETH, Zurich, Switzerland.

其中, GSAS 集多种程序之优点, 它适用于中子、X 射线的单晶、多晶数据的精修, 还能解磁结构问题. 用 GSAS 程序包作衍射花样拟合和结构精修的流程见图 5.3.

需输入的数据和参数包括;

(1) 程序能接受的原始衍射花样数据和仪器参数;

(2) 原子参数：晶胞中各原子的坐标、占位概率和温度因子 (各向同性或各向异性的);

(3) 点阵参数、波长、探测器零位、偏振因子、标度因子;

(4) 线形宽化参数; 包括 GU、GV、GW、GP、LX、LY、LZ、Xe、Ye、Z (见式 5.11~ 式 5.13) 和非对称参数 A 及试样漂移参数 S;

(5) 特别目的参数：吸收系数、背景系数、消光系数、择尤取向参数等.

参与计算的参数由少到多, 逐渐增加, 计算结果逐渐和实验花样逼近, 直至基本符合为止. 经精修后的原子参数合理, 画出原始花样、拟合花样及二者之差, 随后, 调用所需程序计算该结构中链长、链角; 计算和绘出 Fourier 图; 最后可调用 ORTEP 程序绘出结构的空间模型.

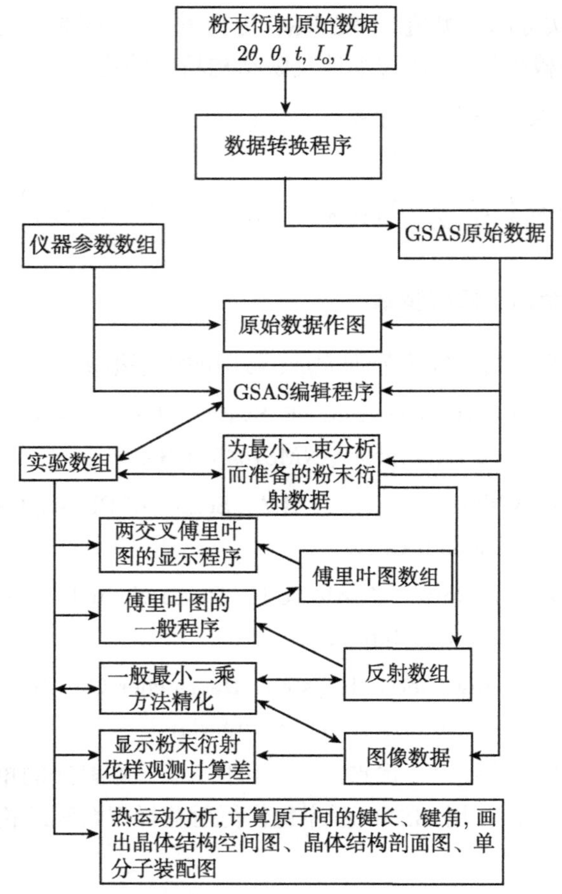

图 5.3 粉末衍射的花样拟合结构精化 (GSAS) 程序框图

5.2 $YFe_{10}Si_2$ 的晶体结构和磁结构的测定

纯度大于 99.5%的 Y、Fe、Si 按化学配比称量后, 在充氩气的电弧炉熔炼成合金锭, 然后在真空石英管炉 880° ~1100° 退火获得名义成分的 $YFe_{10}Si_2$, 经研究磨成细粉作为待测样品. 数据收集在中国原子能科学研究院重水反应堆中子源的二轴谱仪进行, λ=1.159Å, 2θ=12.9° ~89.9°, 阶宽 0.1°, 所得中子衍射花样给于图 5.3 中.

$YFe_{10}Si_2$ 的居里温度为 597K, Fe 原子的磁矩平行于 c 轴, 在室温下样品是磁有序的. 因此, 实验收集的数据的衍射强度为核散射和磁散射两部分的贡献. 精修的初始模型是四方结构的 $ThMn_{12}$, $I4/mmm$ (No.139) 空间群,原子位置为：

Y	$2a$	0	0	0
Fe	$8f$	1/4	1/4	1/4
Fe	$8i$	x	0	0
Fe	$8j$	x	1/4	0

三种元素的中子散射长度为：

Y	0.7750×10^{-14}cm
Fe	0.9450×10^{-14}cm
Si	0.419×10^{-14}cm

Si 究竟占什么位置需要尝试才能决定. 精修结果也给于图 5.4 中. 有关精修结果的参数列入表 5.1 中. $YFe_{10.2}Si_{1.8}$ 的晶体结构模型及键合情况示于图 5.5 中.

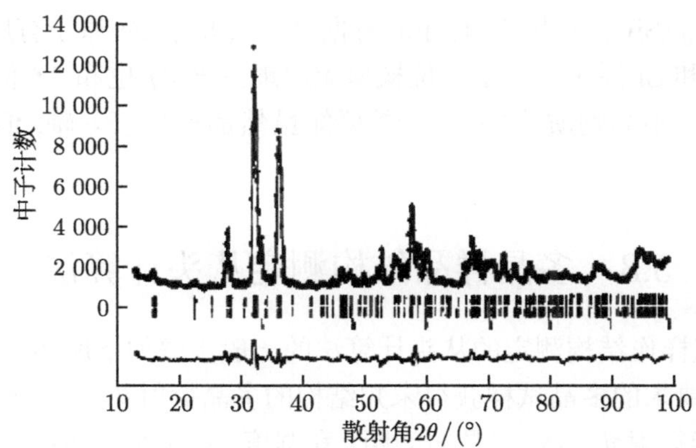

图 5.4 室温下 $YFe_{10}Si_2$ 的中子元素花样 λ=1.159Å

○— 实验测得值; — 为计算曲线; | 为峰位; 最下面的曲线为实验和计算之差的曲线

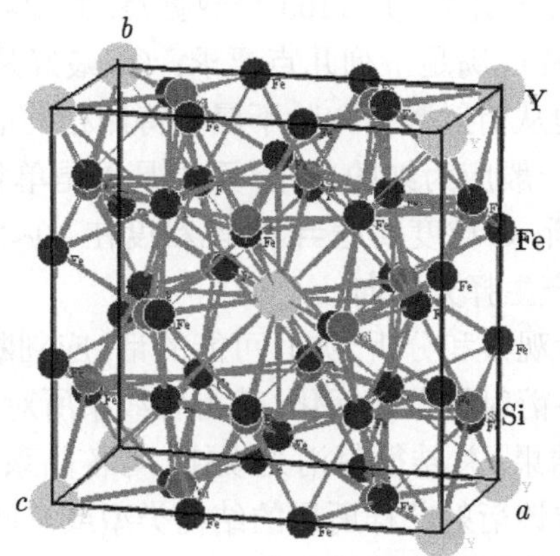

图 5.5 $YFe_{10.2}Si_{1.8}$ 的晶体结构模型和键合情况

从表 5.1 可知

(1) 名义成分为 $YFe_{12}Si_2$ 的物质由 $YFe_{10.2}Si_{1.8}$ 和含 Si 的 α-Fe 固溶体两相组成. 纯的 α-Fe 为体心立方 (ICC) 结构, a=2.8664Å, 而含 Si 的 α-Fe 固溶体的实测 a=2.8575 Å, 表明原子半径较 Fe 小的 Si 固溶到 Fe 中.

表 5.1　$YFe_{10}Si_2$ 的 Rietveld 精修结构参数

物相	质量分数/%	晶胞参数/Å	原子位置	x	y	z	占位概率	原子磁矩 (μ_B)
$YFe_{10.2}Si_{1.8}$	95.3(1)	a=8.3397	Y(2a)	0	0	0	1	0
		c=4.7476	Fe(8i)	0.3562	0	0	1	1.53(19)
			Fe/Si(8j)	0.2767	0.5	0	0.85/0.15	1.41(33)
			Fe(Si)(8f)	0.25	0.25	0.25	0.70/0.30	1.39(23)
α-Fe(Si)	4.7(1)	a=2.8575	Fe/Si(2a)	0	0	0	0.40/0.60	

(2) 在 $YFe_{10.2}Si_{1.8}$ 相中, Y 有序的占据 $2a$ 位, 8 个 Fe 原子有序地占据 $8i$ 位, 剩下的 Fe 原子和 Si 原子以一定占位概率无序地占据 $8j$ 位和 $8f$ 位.

(3) 占据三个不同物质的 Fe 原子的磁矩虽然都平行于 c 轴, 但其原子磁矩的大小是不同的.

5.3　多晶样品结构测定从头计算法

利用多晶试样作结构测定的从头计算法的一般步骤如下所述.

(1) 用符合要求的多晶试样获得未知结构的多晶衍射花样, 并测量衍射花样中各衍射线条的半衍射角 (或/和晶面间距) 和强度, 对于强度数据尚需以最强线为 100 进行归一化处理, 求得各衍射线条的相对强度 I/I_1. 多晶中子衍射仪的实验条件：阶宽 0.1° ~0.05°, 每步计数时间示入射光的强度而定, 一般应 15~25s, 如果 2θ 从 10° ~120°, 按阶宽 0.02° 计算, 共 1100 个数据点, 则要花 5~7.6h 或 10~15h.

所谓符合要求的试样应满足下列几点要求：① 最好是单相试样, 如果含有其他少量杂相, 要能明确地从衍射数据扣除不属于待测相的衍射线条, 包括重叠的线条. 应该强调的是试样一般应为纯的单相, 至于是否是单相, 可用其他方法, 如金相、岩相观察等加以判断; ②粒度要适当, 即晶粒度在 10~3μm, 或为通过 320~400 目的粉末; ③ 制样时不产生择尤取向.

(2) 对衍射花样进行观察和分析, 如有可能的话, 应判断未知新相所属的晶系;

(3) 将衍射花样中各衍射线条指标化, 获得各线条所对应的晶面指数 hkl;

(4) 根据指标化的结果, 总结衍射消光规律, 与各晶系中不同结构类型的系统消光规律表相对照, 决定该衍射花样所属的结构类型或空间群;

(5) 精确测定点阵参数和该物相的密度;

(6) 进行化学分析, 得到未知相中各元素含量;

(7) 测定晶胞中原子 (或分子) 的数目 Z, 并结合未知相中各元素含量判定新相中各化学元素的原子比, 进而确定新相的化学式.

$$Z = \frac{N_0 \rho V}{M} = \frac{\rho V}{M}$$

式中, V 为单胞体积 (Å^3);M 为新相的分子量; N_0 为阿伏加德罗常数, N_0=6.022045 ×10^{23}/mol; ρ 为新相的密度 (g/cm^3).

(8) 重叠峰的分离. 重叠峰的正确分离是从头计算法的关键, 这对中子衍射更应注意;

(9) 测定晶胞中各原子的位置, 建立初始结构模型;

(10) Rietveld 结构精修, 获得最后的结构模型和结构参数. 其计算流程图见图 5.6.

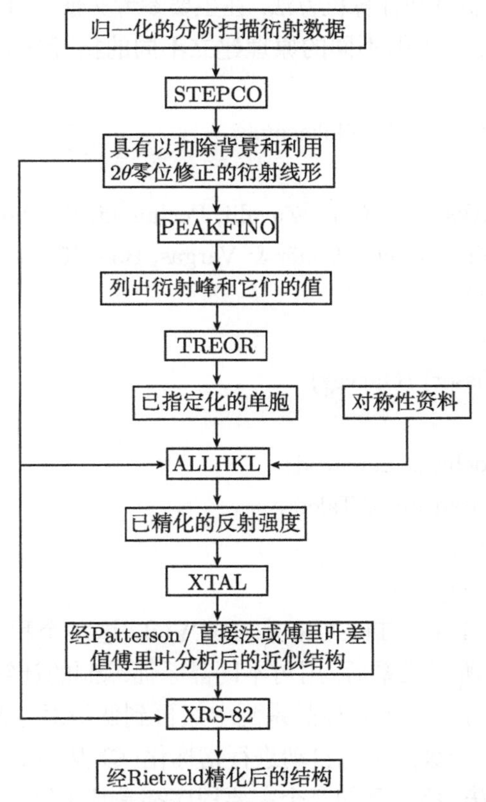

图 5.6 从头计算法测定未知多晶样品晶体结构的流程框图

完成 1~4 步的测定工作, 常称为不计其衍射强度的相结构测定, 这仅获得未知相的多晶衍射谱, 包括一张 d、hkl 和实验观测的相对强度 I/I_1 的表, 以及结构类型和较粗略的点阵参数. 这在物相定性分析时作为对照的标准数据一般可以满足, 也就是说, 用这些数据可制成一张 PDF 卡片. 完成 1~10 步的测定工作称为计其衍射强度的相结构测定. 这时, 除了已获得上述数据外, 还知道精确的点阵参数、晶胞中原子数目及坐标位置, 因而衍射强度可按相对强度公式计算.

其最主要是三步: ① 给出晶胞参数和空间群的衍射花样分析, 核心是用计算机对粉末衍射花样进行指标化; ② 用花样中已指标化的衍射峰之积分强度作 Patterson/直接法和 Fourier/差值 Fourier 的结构分析, 以获得初始结构模型, 重叠峰的正确分离是从头计算法的关键; ③ 整个衍射花样的 Reitveld 花样拟合和结构精修.

5.4 粉末衍射花样指标化的计算机程序

粉末衍射花样指标化的方法很多：人工经验法, 对于立方晶系和四方晶系是完全有可能的, 图解法、解析法和计算机方法. 在主要参考文献 2, 3 中有较详细的介绍.

就计算机指标化, 可根据不同的原理建立不同的指标化方法. 程序也很多, 主要有：

AUTOX (=MRIAAU) , V. Zlokasov,

BH　By Hand

CSD　Package (Akselrud, Grin, Zavalii, Pecharski, Fundamentski)

DICVOL　(Louër & Louër, Louër & Vargas, Boultif & Louër).

FZON　(Visser)

ITO　(Visser)

LATTPARM　(Visser) (Garvey)

POWDER

PROSZKI　(Lasocha & Lewinski)

TAK　indexing program of Takaki.

TREOR　(Werner)

UNITCELL　(Visser)(Garvey)

但最主要的还是 ITO、TREOR 和 DICVOL 这三个程序. 从策略上讲有三种：① 在判断未知相所属晶系后, 用对不同晶系而编制的计算机程序进行指标化; ② 如果未知晶系, 则可从高级对称晶系到中级再到低级对称晶系逐个应用这些方法, 即可实现从高级到低级晶系地自动进行指标化; ③ 从最低级晶系开始到高级晶系的全自动指标化方法. 所提到的三个主要程序都是基于第三种策略, 现简介如下.

5.4.1 Ito(伊藤) 指标化程序

粉末衍射花样中的每一条衍射线对应于倒易空间中的一个倒易矢量, 三个非共面矢量可组成基本单胞的棱边, 附加三矢量确定它们轴间夹角, Ito 法试图用合适的六条衍射线确定相应的单胞, 然后对整个衍射花样进行指标化.

在倒易空间中, 倒易矢量 $\boldsymbol{Q}_{hkl}$ 与倒易晶胞参数 $a^*, b^*, c^*, \alpha^*, \beta^*, \gamma^*$ 有如下关系：

$$\boldsymbol{Q}_{hkl} = \frac{1}{d_{hkl}^2} = \frac{4\sin^2\theta_{hkl}}{\lambda^2} \tag{5.17}$$

对于三斜晶系

$$\boldsymbol{Q}_{hkl} = h^2a^{*2}+k^2b^{*2}+l^2c^{*2}+2hka^*b^*\cos\gamma^*+2klb^*c^*\cos\alpha^*+2hl\,a^*c^*\cos\beta^* \quad (5.18)$$

由任意三个不共面的矢量所确定的单胞必须是初基的, 因此矢量越短, 所确定的单胞属初基的可能性越大, 通常选定 3 个最小的 Q 值, 假定它们晶面指数分别为 (100)、(010) 和 (001), 即求得

$$Q_{100} = a^{*2};\quad Q_{010} = b^{*2};\quad Q_{001} = c^{*2} \quad (5.19)$$

倒易晶胞的轴间夹角可以从成对测的 $(0kl)$ 和 $(0k\bar{l})$、$(h0l)$ 和 $(h0\bar{l})$、$(hk0)$ 和 $(\bar{h}k0)$ 分别求得 $\alpha^*,\beta^*,\gamma^*$.

以 $(h0l)$ 和 $(h0\bar{l})$ 为例有

$$\begin{aligned}
&Q_{h0l} = h^2a^{*2}+l^2c^{*2}+2hla^*c^*\cos\beta^*\\
&Q_{h0\bar{l}} = h^2a^{*2}+l^2c^{*2}-2hla^*c^*\cos\beta^*\\
&\cos\beta^* = \frac{Q_{h0l}-Q_{h0\bar{l}}}{4hla^*c^*}\\
&\frac{Q_{h0l}+Q_{h0\bar{l}}}{2} = h^2a^{*2}+l^2c^{*2}
\end{aligned} \quad (5.20)$$

同理, 其他的轴间夹角也可分别求得 α^*,γ^*

$$\begin{aligned}
&\cos\alpha^* = \frac{Q_{0kl}-Q_{0k\bar{l}}}{4klb^*c^*};\quad \frac{Q_{0kl}+Q_{0k\bar{l}}}{2} = k^2b^{*2}+l^2c^{*2}\\
&\cos\gamma^* = \frac{Q_{hk0}-Q_{\bar{h}k0}}{4hka^*b^*};\quad \frac{Q_{hk0}+Q_{\bar{h}k0}}{2} = h^2a^{*2}+k^2b^{*2}
\end{aligned} \quad (5.21)$$

5.4.2 TREOR 指标化程序

现以单斜晶系为例说明, $\boldsymbol{a}^*$、$\boldsymbol{b}^*$ 和 $\boldsymbol{c}^*$ 为倒易单胞的矢量, β^* 为 $\boldsymbol{a}^*$ 与 $\boldsymbol{c}^*$ 基矢的夹角, n 为实际测得的衍射线的数目, 则有

$$Q_i = \frac{1}{d_i^2} = h_i^2a^{*2}+k_i^2b^{*2}+l_i^2c^{*2}-2h_il_ia^*c^*\cos\beta^* \quad (5.22)$$

对于单斜晶系有四个参数待测, 必须取四条低角度的衍射线作为基线进行尝试. 为了求得四个参数, 四条线中不能有两条线的倒易矢量方向相同; 不能有三条线的倒易矢量在同一直角点阵平面; 不能有四条线的倒易矢量在同一点阵平面上.

在给予 h, k, l 值时, 应赋予一定限制 $h_{\max}$, $k_{\max}$, $l_{\max}$(一般为 3) 后, 赋予每一条衍射线以 hkl, 求解方程组, 得晶胞参数的试值, 然后用所得的晶胞参数计算第五条衍射线的晶面指数, 如果在误差范围内符合时, 则以最小二乘方法修正晶胞参数, 再对第六条衍射线进行指标化, …, 如此周而复始, 每次增加一条, 直至全部衍射线被指标化. 图 5.7 为根据 Verner 上述思路编制的 TREOR 90 尝试法指标化程序框图.

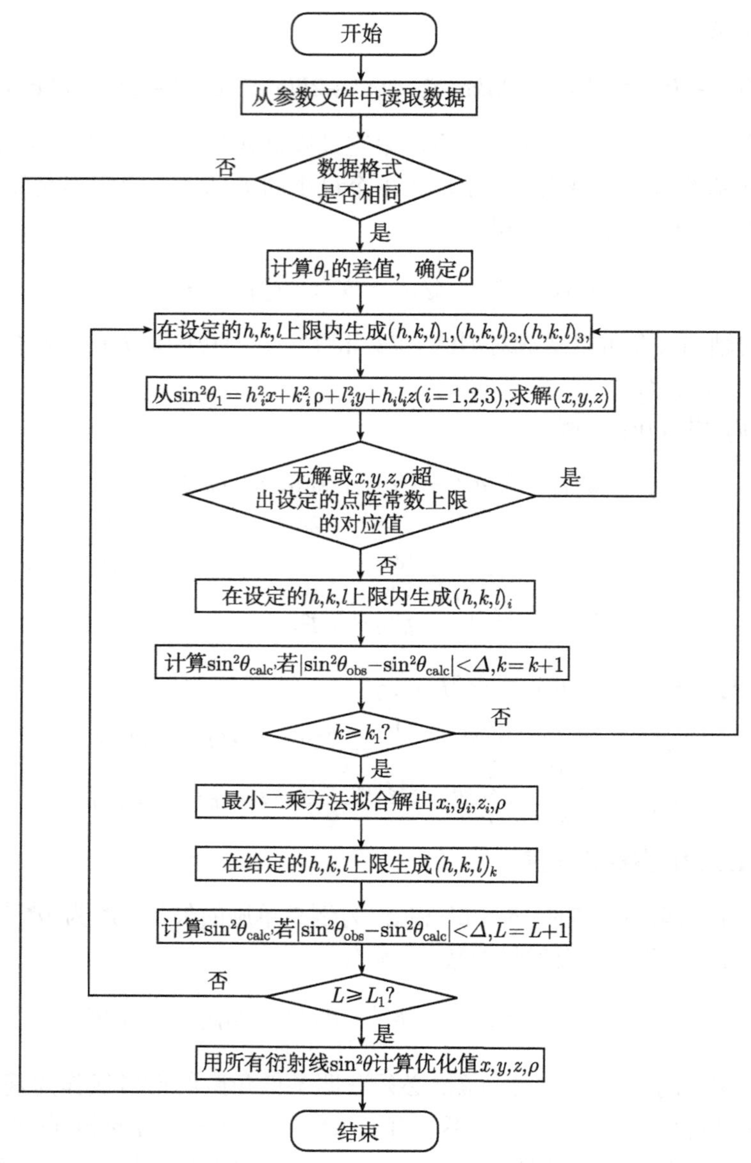

图 5.7　TREOR 90 指标化程序流程图

k 为被指标化的 θ_1 数目; k_1 为设定被指标化的衍射线的数目; L 为点阵常数精修后可指标化的 θ_1 的数目; L_1 为设定的指标化的衍射线的数目, $L_1 > k_1; \rho = 1/b^2, b$ 为单斜点阵常数 (惟一轴), $x = 1/a^2 \sin^2 \beta; y = 1/c^2 \sin^2 \beta; z = -2\cos\beta/ac\sin^2\beta$; Δ 为许可误差

5.4.3　DICVOL 指标化程序

DICVOL 指标化程序是根据二分法发展而来. 现仍以单斜晶系说明. 把式

(5.22) 改写为

$$\frac{4\sin^2\theta}{\lambda^2}=\frac{1}{d}=Q_{(hkl)}=f(A,C,\beta)+g(B) \tag{5.23}$$

其中,

$$\begin{aligned}&f(A,C,\beta)=\frac{h^2}{A^2}+\frac{l^2}{C^2}-\frac{2hl\cos\beta}{AC}\\&g(B)=\frac{k^2}{B^2};\quad A=a\sin\beta;\quad B=b;\quad C=c\sin\beta\end{aligned} \tag{5.24}$$

四个待测参数 A、B、C 和 β 的大小范围限制在 $[A_{\min}, A_{\max}]$、$[B_{\min},B_{\max}]$、$[C_{\min},C_{\max}]$ 和 $[\beta_{\min}, \beta_{\max}]$ 之间, 其中,

$$\begin{aligned}&A_-=A_0+np;\quad A_+=A_-+p\\&B_-=B_0+mp;\quad B_+=B_-+p\\&C_-=C_0+tp;\quad C_+=C_-+p\\&\beta_-=\beta_0+v\Theta;\quad \beta_+=\beta_-+\Theta\\&\beta_0=90^\circ\end{aligned} \tag{5.25}$$

全部待测参数用整数 n、m、t 和 v 的增量覆盖. p 和 Θ 的计算机扫描步长分别为 0.04Å和 5°. A_0、B_0、C_0 分别为 A、B、C 参数的最小值, 2θ 的测量误差取 $\Delta(2\theta)=0.03^\circ\sim0.04^\circ$. 为了避免重复多余的计算, 可应用一些约束条件. 假设 d_1 是观测到的最大晶面间距值, $A\geqslant C$, 当 $A>B$ 时, A_0 的最小限值 $A_0=d_1-\Delta d_1$; 如果 $A<B$, 则 $B_0=d_1-\Delta d_1$.

对于 $h,l\geqslant0$ 的情况, $Q_-(hkl)$ 和 $Q_+(hkl)$ 分别为

$$\begin{aligned}&Q_-(hkl)=f(A_+,C_+,\beta_-)+g(B_+)\\&Q_+(hkl)=f(A_-,C_-,\beta_+)+g(B_-)\end{aligned} \tag{5.26}$$

对于 $h,l<0$ 的情况, 则根据式 (5.23) 的不同组合寻找 $Q_-(hkl)$ 和 $Q_+(hkl)$, 由参数 A、B、C 和 β 的间隔确定 $Q_-(hkl)$ 和 $Q_+(hkl)$ 区域内, 所计算的 Q_i 值, 如果在实验误差 ΔQ_i 范围内与观测值相符合, 则保留 $[Q_-(hkl),Q_+(hkl)]$ 区域, 真正的解将包括在这一区域内, 并作进一步仔细分析, 去掉其他与实验结果不符合的组合区域.

将观测值与 $[Q_-(hkl),Q_+(hkl)]$ 区域计算值符合的 $[A_-,A_+],[B_-,B_+],[C_-,C_+],[\beta_-,\beta_+]$ 间隔二等分组成 $2^4=16$ 个子域. 其中, $[A_-,A_+]$ 分为 $[A_-,A_-+p/2]$ 和 $[B_-+p/2,A_+]$ 两组, $[B_-,B_+]$ 分为 $[B_-,B_-+p/2]$ 和 $[B_-+p/2,B_+]$ 两组, $[C_-,C_+]$ 分为 $[C_-,C_-+p/2]$ 和 $[C_-+p/2,C_+]$ 两组, $[\beta_-,\beta_+]$ 分为 $[\beta_-,\beta_-+\Theta/2]$ 和 $[\beta_-+\Theta/2,\beta_+]$ 两组. 从 16 个子域中, 用上述方法从中挑选出与实验结果相符合的新子域. 对新子域再进行二等分, 重复以上计算, 不断缩小范围. 经过七轮二分

法处理, A、B、C 的间隔范围将缩小至 0.0003°, β 的间隔范围将缩小至 0.04°, 并与实验误差相一致. 至此用二分法进行指标化一般能很好完成. 其程序流程框图示于图 5.8 中.

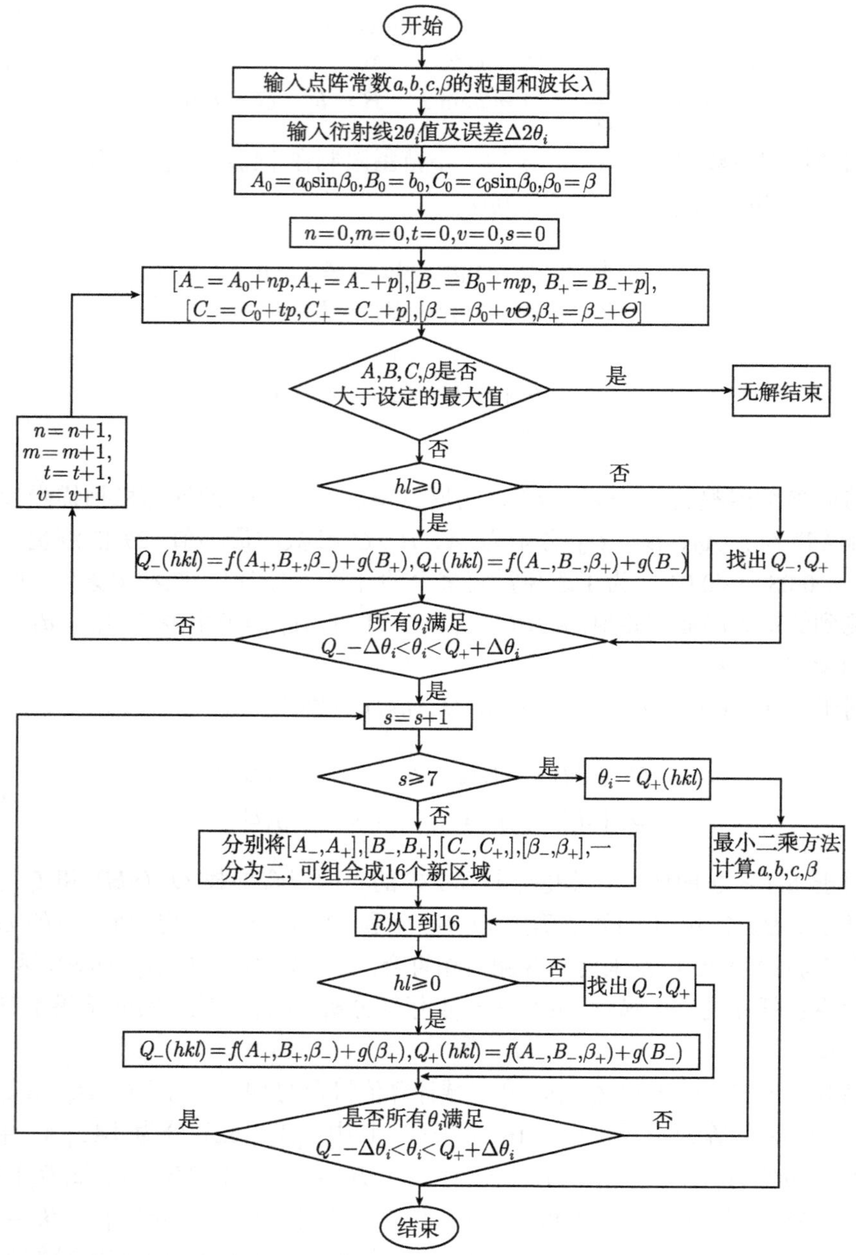

图 5.8　DICVOL 91 指标化程序框图

5.4.4 Jade 程序包中的衍射花样指标化

在 Jade 程序包中, 在 Option 下面有 Calculate $d(hkl)$、Calculate Lattice、Calculate Stress Cell Refinement、Graph cell Data、Pattern Indexing、Easy Quantitative、Calculate Pattern、Structure Database 和 WPS Refinement 多种功能. 现介绍花样指标化程序的应用.

图 5.9 示出了一种纳米材料的衍射花样, 经用谢乐公式初步计算得其晶粒尺度在 20nm 左右. 用 Pattern Indexing 步骤如下所示.

(1) 用抛物线法自动寻峰获各衍射峰的有关数据列入表 5.2 的左边, 并退出.

(2) 左击 Option 、 Pattern Indexing 出现图 5.10 所示的对话框, 然后可分别按立方、六方、四方、正交、单斜和三斜的顺序逐个晶系指标化. 选择六方, 即在 Hexagonal 前打勾, 左击 go , 则在对话框下面显示出若干个空间群可供选择, 即向下移动光标, 改变所选的空间群, 可在衍射图上看到以竖直短线所指出的衍射线位置与实际花样衍射峰的匹配情况. 最前面是 No.149 号 $P312$ 空间群, 左击 Reflections , 便可得指标化得结果, 数据给于表 5.2 的中间一列, 其可能比较大, 但也不一定.

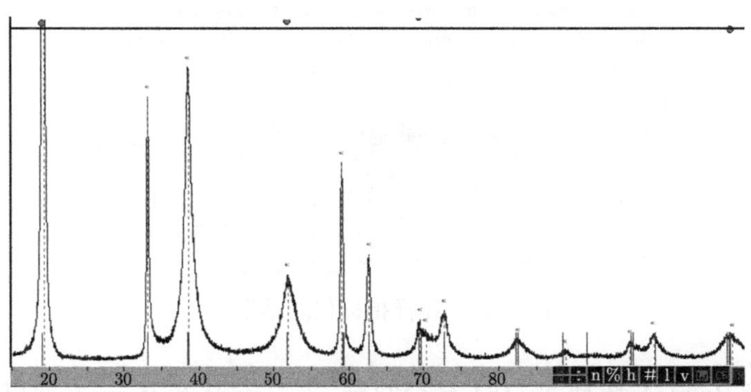

图 5.9 一种纳米材料 β-$Ni(OH)_2$ 衍射花样的指标化

虚线是测定的峰位; 实线示出指标化后所得峰位

表 5.2 一纳米材料 β-$Ni(OH)_2$ 衍射花样

实验观测值				No.149 $P312$ 六方晶系 a=3.12163Å c=4.66838Å				No.164 P-3m1 六方晶系 a=3.12353Å c=4.67144Å			
No.	2θ	d	I/I_1	hkl	2θ	d	I/I_1	hkl	2θ	d	I/I_1
1	19.180	4.6237	100	001	19.160	4.6284	100	001	19.180	4.6237	100
2	33.159	2.6995	53	100	33.160	2.6994	51	100	33.159	2.6995	53
3	38.500	2.3364	45	101	38.520	2.3352	43	101	38.500	2.3364	44
4	51.821	1.7628	8	102	51.880	1.7609	8	012	51.821	1.7628	8
5	59.060	1.5628	38	110	59.120	1.5614	34	110	59.104	1.5628	38
6	62.679	1.4810	19	111	62.680	1.4810	18	111	62.679	1.4810	19

续表

实验观测值				No.149 $P312$ 六方晶系 a=3.12163Å c=4.66838Å				No.164 P-3m1 六方晶系 a=3.12353Å c=4.67144Å			
No.	2θ	d	I/I_1	hkl	2θ	d	I/I_1	hkl	2θ	d	I/I_1
7	69.518	1.3611	5	200	69.520	1.3510	4	200	69.518	1.3511	5
8	70.331	1.3374	1	103	69.660	1.3487	*	103	69.609	1.3495	*
9	72.799	1.2980	6	201	72.800	1.2980	6	112	72.799	1.2980	6
10	82.556	1.1676	2	004	82.558	1.1676	2	004	82.556	1.290	2
11	88.929	1.0997	1	113	88.691	1.1020	*	113	88.620	1.1027	*
12	97.577	1.0239	2	210	97.840	1.0219	2	210	97.577	1.0239	2
13	100.743	1.0001	3	211	100.841	0.9994	3	121	100.743	1.0001	3
14	111.359	0.9327	1	005	111.237	0.9333	1	005	111.359	0.9327	1
15	117.142	0.9027	2	300	117.472	0.9011	*	300	117.142	0.9027	2

* 表示未经修正的数据

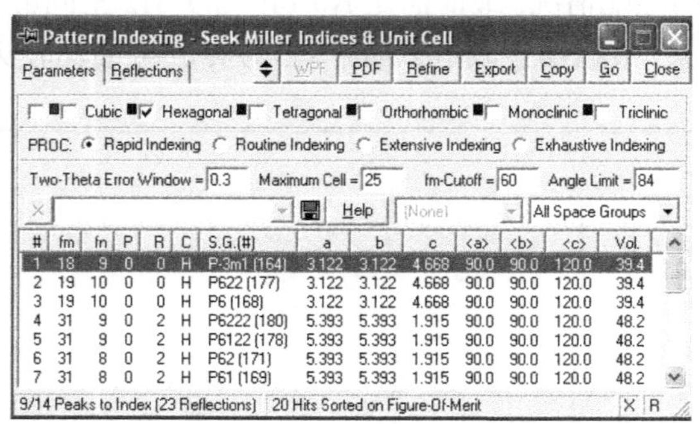

图 5.10　花样指标化对话框图

(3) 左击 Refine, 选择 No.164 号空间群, 再左击 Reflections, 便可得到经精修后的指标化的结果, 数据给于表 5.2 的右边一列.

(4) 综合比较表中的数据可知, 表右侧的数据与实验数据符合的更好些. 故最后判断其花样属 No.164 号 P-3m1 空间群. 这与 14-0117 号 PDF 卡给出的 β-Ni(OH)$_2$ 相符.

5.5　重叠峰的分离

在粉末样品的衍射花样中, 由某些晶面间距相近或相等, 则会产生衍射峰的重叠, 特别是那些对称性较低、点阵参数较大的多晶样品. 为了测定样品中原子的晶体位置, 许多情况需要对重叠峰进行分离, 特别是那些衍射角度较低的衍射线.

5.5.1 晶面间距相近的重叠峰的分离

遇到晶面间距相近这种情况必须采用尽可能高分辨率的实验参数. 主要的分离方法有：峰形拟合法, 直接法的统计关系分峰法和导数图解法等. 这里仅介绍峰形拟合法.

重叠峰的分离是当晶体结构未知时, 在衍射位置约束 (由指标化后的点阵参数确定的位置) 或无位置约束的情况下, 根据晶体的空间群, 在全谱范围内逐点 θ_i 拟合衍射强度, 使各个可能出现重叠的衍射峰的强度与实验观测强度相符合, 以达到重叠峰分离的目的. 其实就是 Rietveld 精修的结果. 图 5.11 给出了 α-SiO_2 和 Si 的三个 (105、333、401) 重叠峰的分离结果. α−$SiO_2$105 的 α2 与 Si-333 的 α1 位置完全重叠表 5.3 列出分离后的数据. 从 R_P 和 R_{WP} 因子可知, 不同半高宽的分离方案优于等半高宽的方案, 两方案的积分强度也有明显差别, 其主要原因是 Si 的衍射峰半高宽大于 α-SiO_2 的半高宽.

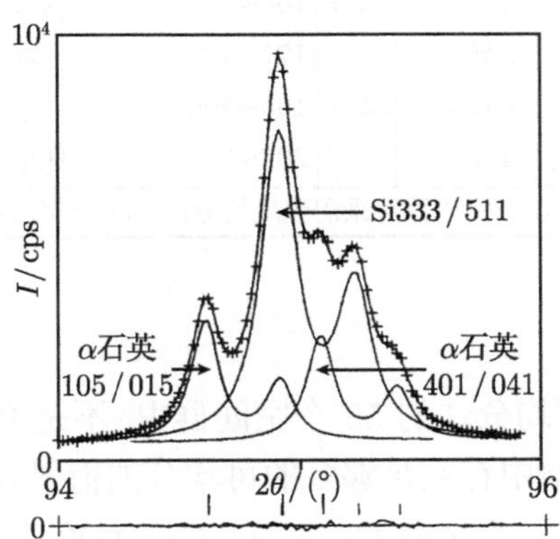

图 5.11 α-SiO_2 和 Si 的三个 (105、333、401) 重叠峰的分离结果

"+" 为实验观测值; 实线为计算值; 下部为两者之差, 短竖线指出 CuKα1 和 CuKα2 辐射的衍射角位置.

表 5.3 α-SiO_2 和 Si 的三个 (105、333、401) 重叠峰分离结果的数据

拟合方案	相同半高宽 (方案 1)			分别不同半高宽 (方案 2)		
	α-SiO_2	Si	α-SiO_2	α-SiO_2	Si	α-SiO_2
hkl	105/015	333/511	401/041	105/015	333/511	401/041
$2\theta/(°)$	94.619	94.923	96.088	94.613	94.923	96.091
$\Delta 2\theta/(°)$	0.304		0.165	0.310		0.168
I_H	44	113	43	40	130	35
半高宽 $\Delta 2\theta/(°)$	0.157	0.157	0.157	0.136	0.171	0.136
$R_P/\%$		1.8			1.3	
$R_{WP}/\%$		2.4			1.8	

5.5.2　晶面间距相同的重叠峰的分离

从前述已能看到, α-SiO_2 的 105 和 015、401 和 041, 以及 Si 的 333 和 511 是晶面间距完全相等而完全重叠的, 要分离这类完全重叠的衍射峰, 一般只能根据多晶衍射花样的多重性因子, 简单地使用均分的方法把强度分配给相应每条衍射线的相对强度. 实验研究的经验告诉人们, 有许多空间群不能沿用强度均分的方法, 230 个空间群对采用强度均分的合理性列入表 5.4 中. 对于那些不适合强度均分方法的空间群可用下述两种方法来克服.

表 5.4　230 个空间群对 (hkl) 衍射线采用强度均分法的合理性

晶系	空间群序号 (No.)	点群符号	(hkl) 强度均分是否合理	晶系	空间群序号 (No.)	点群符号	(hkl) 强度均分是否合理
三斜	1~2	C_1, C_i	合理	三角	143~167	C_3,C_{3i},D_3,C_{3v},$D3_d$	不合理
单斜	3~15	C_2, C_5, C_{2h}	合理	六方	168~176	C_6, C_{6v}, C_{6h}	不合理
正交	16~74	C_{2v}, D_2, D_{2h}	合理		177~194	D_6, C_{6v}, D_{3h}, D_{6h}	合理
四方	75~88	C_4, S_4, C_{4h}	不合理	立方	195~206	T, T_h	不合理
	89~142	D_4,C_{4v},D_{2d},D_{3d}	合理		207~230	O, T_d, O_h	合理
230 个空间群中有 175 个空间群可采用强度均分法; 55 个空间群不能用强度均分法							

1. 部分线条均分法

在不能合理应用强度均分法的 55 个空间群中, 不是所有的衍射线重叠强度都不能均分, 只要粉末衍射谱中存在足够多的可均分的衍射线, 例如, 立方晶系 T_h、T 点群的 h=k 和 (或)h=l; 六角晶系 C_6、C_{6h}、C_{3h} 点群的 k=h 或 l =0; 三角晶系 D_3、C_{3v}、D_{3d} 点群的 h = k 或 l=0; 四方晶 C_4、S_4、C_{4h} 点群的 h = k 的衍射线, 可利用这些可均分的衍射线求解晶体的初始结构, 特别是在晶体结构中含有对衍射强度起重要贡献的重原子位置, 应用 LAZY 程序计算 (hkl) 各晶面的衍射强度, 分解不能均分的重叠各晶面的强度, 把这部分衍射线新分解的强度也输入求解晶体结构的分析程序, 重新求解原子位置, 重复对强度不能均分的重叠峰进行强度的重新分配, 反复进行这些步骤直至得到满意的结果.

2. 应用织构法分解不能均分的重叠的衍射线

衍射强度为 I_0, 由于受织构的影响后的强度为 I_0'

$$I_0' = I_0 f(G, \alpha) \tag{5.27}$$

对于 n 条衍射线的重叠, 式 (5.27) 可写成

$$I'_0 = \sum_{i=1}^{n} I_{0,i} f(G, \alpha_i) \tag{5.28}$$

这个方法的基本依据如下假定：① n 条衍射线重叠峰的衍射强度 I'_0 可被精确测定; ② 择尤取向因子 α_i 可被推导出来, 并能计算 $f(G, \alpha_i)$ 函数的系数; ③ 不同织构样品的测试数目 m 必须大于或等于 n, 从而可建立 n 个线性方程

$$I'_{0,m} = \sum_{i=1}^{n} I_{0,i} f(G_m, \alpha_i) \tag{5.29}$$

相同晶面间距 d 不同衍射晶面的衍射线只有两条, 只需两种不同织构的样品的测试结果, 就可解式 (5.27), 即可分别求初始两条衍射线的强度.

5.6　多晶样品结构测定实例

5.6.1　不计衍射强度的多晶样品结构测定实例

图 5.12 给出了 $LiBH_4{\cdot}NH_3$ 的衍射花样. 用其中无重叠的 2θ=20.299°、23.302°、27.399° 三条衍射线计算得其晶粒度分别为 21.9nm、20.1nm 和 21.2nm, 可见样品为纳米晶粒样品.

用 5.4.4 节介绍的 Jade 方法分别对立方、六方、四方、正交、单斜和三斜晶系进行指标化, 对立方、六方、四方和三斜晶系均未能给出结果, 用正交晶系能给出四个较好的结果：*Pccn*(No.56)、*Pbca*(No.61)、*Pbcm*(No.57) 和 *Pnma*(No.62) 四种可能, 即

可能	群符合	群序号	a/Å	b/Å	c/Å	V/Å^3	Z
(1)	*Pccn*	56	9.413	8.742	16.125	1244.6	13
(2)	*Pbcm*	57	11.439	9.413	4.481	482.5	5
(3)	*Pbca*	61	9.413	16.125	8.742	1244.6	13
(4)	*Pnma*	62	9.413	4.481	11.439	482.5	5
(5)	*Pnma*	62	6.969	4.464	14.342	382.2	4

其中按 *Pbca*(3)和按 *Pnma*(4) 进行指标化的数据列入表 5.5 中. 比较可知, 在未测定单胞中原子数目和位置之前, (1) 和 (3)、(2) 和 (4)是难以分辨的. 故给出按 $Z = \rho V/1.66M$ 计算的单胞中的分子数,其中 ρ=0.673g/cm^3. 参考这四种空间群中原子可能位置 (见表 5.6) 可知, 单胞中的原子 (分子) 数只可能是 4 的倍数, 因此第 (1)~(4) 这四种可能都不可信, 从表 5.5 能看到, 第 (3) 种可能, 不能指标化第 10 条

线; 第 (4) 种可能, 不能指标化第 13 和第 14 两条线, 就说明了这点.

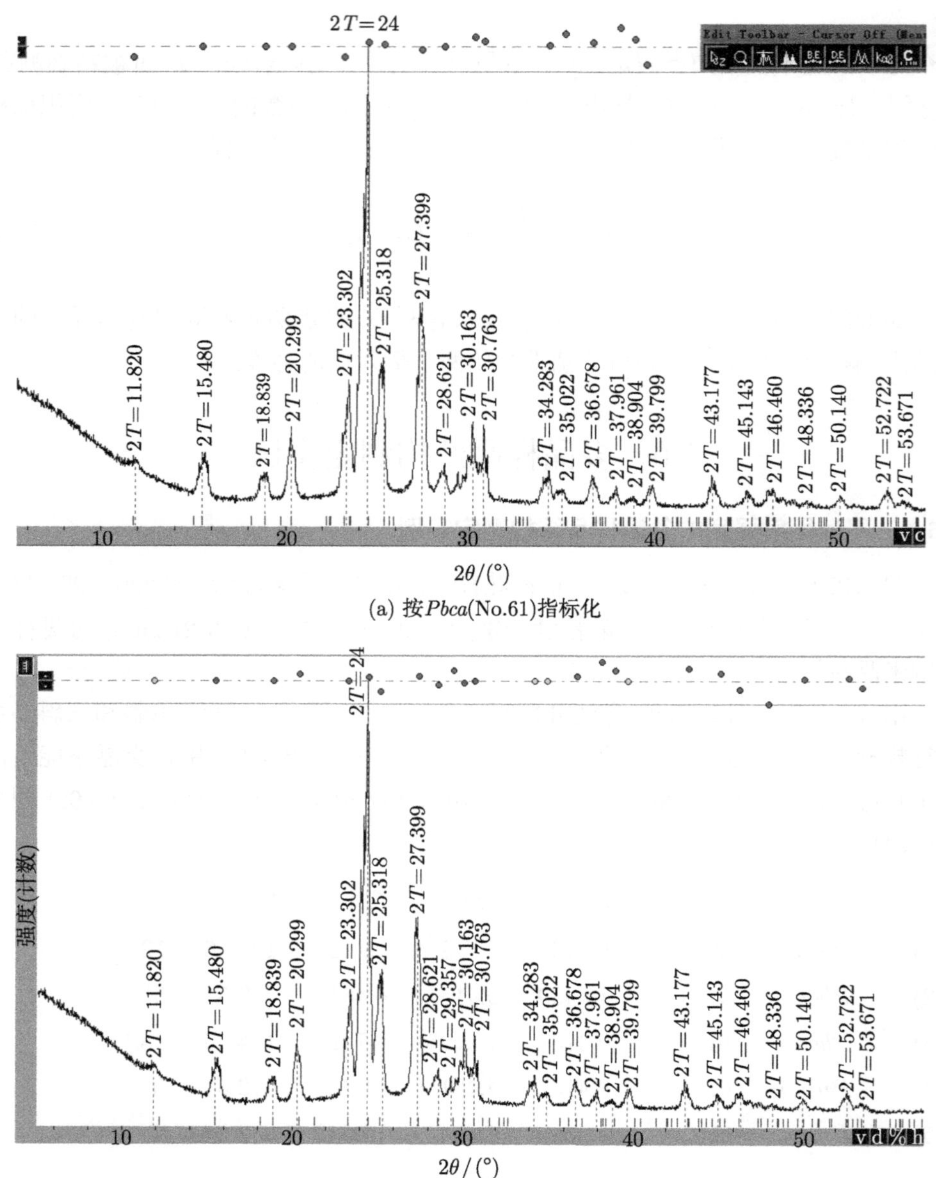

(a) 按 $Pbca$(No.61)指标化

(b) 按 $Pnma$(No.62)指标化

图 5.12　$LiBH_4 \cdot NH_3$ 的衍射花样和指标化的结果, $CuK\alpha$ 辐射

虚线为实验峰位; 短线为指标化后所得的峰位

表 5.5 $LiBH_4 \cdot NH_3$ 的衍射花样的数据和指标化结果

	实验观测值			第 (4) 可能, 按 *Pnma* 指标化		第 (3) 可能, 按 *Pbca* 指标化		第 (5) 可能, 按 *Pnma* 指标化	
	$2\theta/(°)$	d/Å	I/I_1	*hkl*	d/Å	*hkl*	d/Å	*hkl*	d/Å
1	11.820	7.481	3.1	101	7.268	020	7.561	002	7.171
2	16.480	6.719	12.8	002	6.719	021	6.719	101	6.511
3	18.839	4.706	8	200	4.706	200	4.729	102	4.588
4	20.299	4.371	21.8	201	4.352	002	4.372	011	4.262
5	23.302	3.814	21.5	111	3.814	112	3.838	103	3.731
6	24.404	3.644	100	202	3.634	221	3.644	004	3.586
7	26.318	3.515	40	103	3.534	122	3.514	111	3.468
8	27.399	3.252	56.9	210	3.245	141	3.257	013	3.262
9	28.621	3.116	8.5	211	3.122	132	3.116	112	3.199
10	29.357	3.040	1.7	301	3.026			104	3.073
11	30.163	2.960	21.8	203	2.963	222	2.955	200	2.984
12	30.776	2.903	17.7	013	2.904	311	2.910	113	2.863
13	34.283	2.613	9.1			123	2.613	105	2.585
14	36.022	2.560	3.3			302	2.557	203	2.532
15	36.678	2.448	8.6	204	2.444	213	2.448	211	2.445
16	37.961	2.368	6.2	400	2.353	400	2.365	006	2.390
17	38.904	2.313	2.4	401	2.305	043	2.308	212	2.344
18	39.961	2.254	6.0	020	2.240	420	2.256	115	2.537
19	43.177	2.094	8.8	022	2.086	024	2.099	121	2.068
20	46.043	2.011	4.7	403	2.003	422	2.005	122	2.007
21	46.460	1.953	4.8	412	1.957	352	1.953	107	1.938
22	48.555	1.874	1.7	215	1.870	163	1.869	215	1.876
23	50.140	1.818	3.4	404	1.817	451	1.822	124	1.806
24	52.722	1.735	6.9	124	1.734	082	1.735	216	1.721
25	53.555	1.709	1.9	315	1.709	115	1.708	313	1.699
参数	a=6.969 b=4.463 c=14.342 V=382.12 Z=4			a=9.413 b=4.481 c=11.439 V=482.5 Z=5		a=9.413 b=16.125 c=8.742 V=1244.6 Z=13		a=6.969 b=4.463 c=14.342 V=382.12 Z=4	

表 5.6 四种空间群的晶体学位置

Pccn (No.56)	*Pbcm* (No.57)	*Pbca* (No.61)	*Pnma* (No.62)
4a $0\ 0\ 0;\ \frac{1}{2}\frac{1}{2}\ 0;\ 0\ \frac{1}{2}\frac{1}{2};\ \frac{1}{2}\ 0\ \frac{1}{2}$	4a $0\ 0\ 0;\ 0\ 0\ \frac{1}{2};\ 0\ \frac{1}{2}\ \frac{1}{2};\ 0\ \frac{1}{2}\ 0$	4a $0\ 0\ 0;\frac{1}{2}0\frac{1}{2}0\ \frac{1}{2}\ \frac{1}{2};\frac{1}{2}\ \frac{1}{2}0$	4a $0\ \frac{1}{2}\ \frac{1}{2};\frac{1}{2}\ \frac{1}{2}\ 0;\ 0\ \frac{1}{2}\ \frac{1}{2};\frac{1}{2}\ \frac{1}{2}\frac{1}{2}$
4b $0\ 0\ \frac{1}{2};\frac{1}{2}\ \frac{1}{2}\ \frac{1}{2};\ 0\ \frac{1}{2}\ 0;\frac{1}{2}0\ 0$	4b $0\ \frac{1}{2}\ 0;\frac{1}{2}\ 0\ 0;\ \frac{1}{2}\ \frac{1}{2}\ \frac{1}{2};\ \frac{1}{2}\ \frac{1}{2}\ 0$	4b $0\ 0\frac{1}{2};\ \frac{1}{2}00;0\ \frac{1}{2}\ 0;\ \frac{1}{2}\ \frac{1}{2}\ \frac{1}{2}$	4b $0\ 0\ \frac{1}{2};\ \frac{1}{2}\ 0\ 0;\ 0\ \frac{1}{2}\ \frac{1}{2};\ \frac{1}{2}\ \frac{1}{2}\ 0$

续表

$Pccn$ (No.56)	$Pbcm$ (No.57)	$Pbca$ (No.61)	$Pnma$ (No.62)
$4c\ \ \frac{1}{4}\frac{1}{4}z4c$	$4c\ \ \frac{1}{4}\ \frac{1}{4}z$ $4d\ \ x\ y\ \frac{1}{4}$		$4c\ \ x\frac{1}{4}z$
$8d\ \ x\ y\ z$	$8e\ \ x\ y\ z$	$8c\ \ x\ y\ z$	$8d\ \ x\ y\ z$

我们参考主要参考文献 10 给出的点阵参数重新进行指标化, 记为第 (5) 种可能. 其结果也列入表 5.5 中, 全部线条都能指标化, Z=4, 因此结果可信.

5.6.2　计衍射强度的多晶样品结构测定实例

中国科学院物理研究所的 He 和 Chen 等用转靶 Rigaku D/Max-2400X 射线仪和从头计算法测定了 $LiAlB_2O_5$ 的晶体结构. 用步长 0.02°, 1s/步, 2θ 扫描范围 10°~135° 的实验参数收集数据. 经指标化后, 其属单斜晶系, a=9.902 Å, b=6.053Å, c=9.348Å, β=120.052°, V=807.39Å^3. 总结其消光规律是：hkl $h+k=2n+1$; $h0l$ $l=2n+1$, 故可能属 Cc (No.9) 或 $C2/c$(No.15). 密度测定结果为 D_m=2.39g/cm^3, 按照这个结果和对称性信息, 测得单胞中有 8 个 $LiAlB_2O_5$ 分子, 即 8Li+8Al+16 B+40O. 根据这些数据计算得 X 射线密度 D_x=2.229g/cm^3. 用 FULLPROF 程序分离重叠峰, 提取了 733 个结果振幅 $|F_{obs}|$, 用 $C2/c$ 空间群获得成功. 将 $|F_{obs}|$ 输入 SHELXS-86 直接法程序, 在 E 图上出现 12 个峰, 其中 5 个峰的原子间距相当于正确的原子位置, 最强 1 个被指定为 Al 原子, 根据原子间距最弱的 1 个是 B, 其余 3 个是 O, 其他原子的位置是应用重叠峰分离后的 $|F_{obs}|$ 和 F-93 程序, 重复差值 Fourier 合成确定的. 最后的精修结果给于图 5.13, 原子占位情况列入表 5.7.

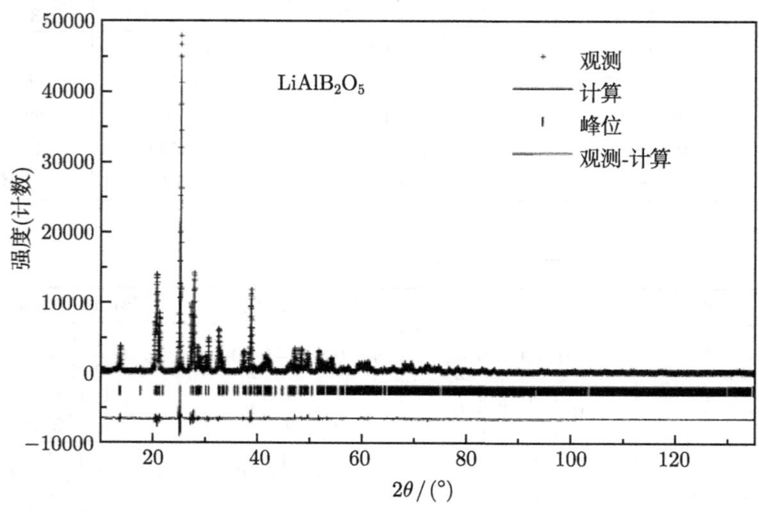

图 5.13　用 Rietveld 方法精修后 $LiAlB_2O_5$ 的最后 XRD 花样

利用 Reitveld 的精修程序, 可调用作图程序绘制其晶体结构模型图及其投影, 也可以用其他程序 (如 Powder cell) 画出晶体结构图. 图 5.14 和图 5.15 分别为 $LiAlB_2O_5$ 晶体结构的单胞和沿 [101] 方向的投影. 还可调用键长键角的计算程序求得相关数据列入表 5.8.

表 5.7 $LiAlB_2O_5$ 中原子占位情况

原子	位置符号	x	y	z	占位概率	B/Å^2
Li1	4c	0.0000	0.378	0.2500	1.000	2.6(3)
Li2	4c	0.0000	0.159	−0.2500	1.000	3.2(3)
Al	8f	0.1948(2)	0.1523(2)	0.1510(2)	1.000	1.18(4)
B1	8f	−0.0662(7)	0.3266(7)	−0.0308(8)	1.000	1.5(1)
B2	8f	0.2341(4)	0.2754(3)	0.4071(8)	1.000	1.4(1)
O1	8f	0.0582(4)	0.2754(3)	0.1104(4)	1.00	1.03(8)
O2	8f	−0.1232(3)	0.2944(3)	−0.1897(3)	1.00	0.98(8)
O3	8f	−0.1386(4)	0.4271(3)	0.0238(4)	1.00	1.76(8)
O4	8f	0.1581(4)	0.0184(3)	0.2428(4)	1.00	1.64(8)
O5	8f	0.1846(3)	0.1071(3)	−0.0311(4)	1.00	1.19(8)

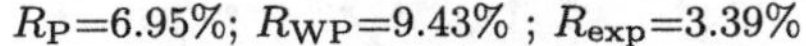

R_P=6.95%; R_{WP}=9.43% ; R_{exp}=3.39%

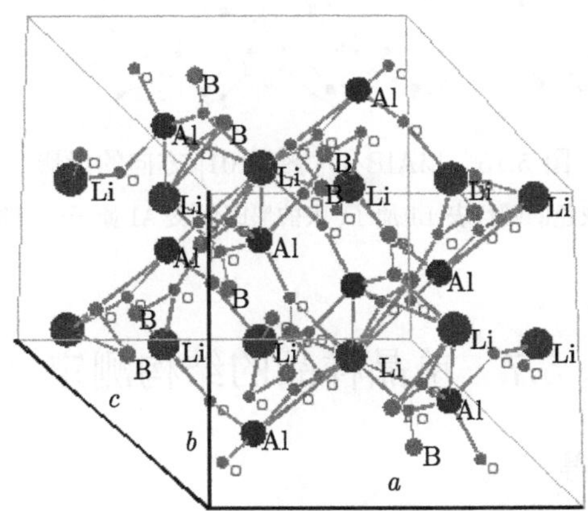

图 5.14 $LiAlB_2O_5$ 单胞晶体结构模型

表 5.8 $LiAlB_2O_5$ 晶体结构中主要键长和键角

键	键长/Å	键	键角/(°)
Li1—O1	1.963(8)	O1—Al—O2	109.0(4)
Li1—O3	1.923(5)	O1—Al—O4	109.3(4)
Li2—O2	2.09(1)	O1—Al—O5	108.7(4)
Li2—O4	2.40(1)	O2—Al—O4	101.5(3)

续表

键	键长/Å	键	键角/(°)
Li2—O5	2.014(6)	O2—Al—O5	116.7(4)
Al—O1	1.731(4)	O4—Al—O5	111.3(4)
Al—O2	1.752(3)	O1—B1—O2	131(1)
Al—O3	1.732(4)	O1—B1—O3	106.4(7)
Al—O4	1.717 (4)	O1—B1—O3	122.9(9)
B1—O1	1.378(8)	O3—B2—O4	123.5(9)
B1—O2	1.339(7)	O2—B2—O5	116.9(8)
B1—O3	1.472(8)	O4—B2—O5	119.5(9)
B2—O3	1.421(8)		
B2—O4	1.351(7)		
B2—O5	1.384(8)		

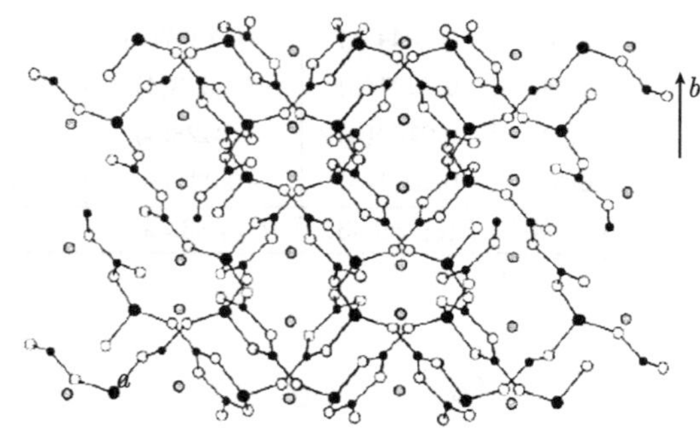

图 5.15　$LiAlB_2O_5$ 沿 [101] 方向的投影

白圆代表氧原子; 灰色的圆代表 Li 原子; 大的黑圆代表 Al 原子; 小的黑圆代表 B 原子

5.7　单晶样品的结构测定

5.7.1　实验数据的获得

目前主要用四圆衍射仪和面探测器的劳厄法收集衍射数据.

四圆衍射仪收集数据

用四圆衍射仪收集衍射数据有两个问题必须注意：第一, 每个衍射斑点扫描范围, 一般取衍射斑点中心 ±0.5°, 它是通过 w 扫描完成的, 即得到该衍射斑的线形; 第二, 收集多大衍射空间中的衍射斑, 一般由最大衍射 θ_{max} 限制. 若使用 MoKα 辐射, θ_{max}=25°, 不小于 22°, 对应分辨率为 0.84Å和 0.95Å; 若用 CuKα 辐射, θ_{max} 分别为 66° 和 54°, 高 θ 角数据收集有利于提高轻原子参数的精度; 由于晶体的对称

性, 一般都不需要收集整个球空间, 一般是:

三斜晶体	单斜	正交晶体	三方	四方、立方
>1/2 球	1/4 球	1/8 球	1/3 球	<1/8 球

利用中子射线作单晶结构测定的特点有以下几方面.

(1) 高分辨率和波长的选择性 —— 不像普通 X 射线源常用 Mo 靶. 可根据不同晶体结构的复杂性和斑点的密度, 方便地选择不同波长, 这点与同步辐射 X 射线一样.

(2) 高度灵敏性, 对单晶样品的要求较低, 可大可小.

(3) 由于高通量的反应堆中子源和散裂中子源的投入使用, 可用少量样品或 100μm 量级的单晶样品获得可供解结构的衍射数据.

5.7.2 单晶结构测定的相角问题

现在较详细地讨论一下结构分析中的 "相角问题". 中子散射振幅分布图与 X 射线的电子密度图是确定原子位置的方法. 电子密度方程

$$\rho(X,Y,Z)=\frac{1}{V}\sum_{\substack{hkl\\-\infty}}^{\infty}F_{hkl}\mathrm{e}^{-\mathrm{i}2\pi(hX+kY+lZ)} \tag{5.30}$$

为了求得晶胞中原子的分布, 即找到电子密度分布的极大值, 需要知道结构因子 F_{hkl}. 但实验上只给出 $|F_{hkl}|^2$, 即只知道结构振幅,

$$F_{hkl}=|F_{hkl}|\,\mathrm{e}^{\mathrm{i}\alpha_{hkl}} \tag{5.31}$$

因相角 α_{hkl} 并不知道, 所以不能从实验室上确定 F_{hkl}, 因而无法求得电子密度分布.

现进一步考察结构振幅和相角. 有如下关系

$$\begin{cases}|F_{\overline{hkl}}|=|F_{hkl}|\\ \alpha_{\overline{hkl}}=-\alpha_{hkl}\end{cases} \tag{5.32}$$

利用式 (5.32) 的关系, 对式 (5.30) 中的求和项进行成对处理, 如 hkl 和 $\overline{hkl}$ 项的贡献为

$$\begin{aligned}&F_{hkl}\mathrm{e}^{-\mathrm{i}2\pi(hX+kY+lZ)}+F_{\overline{hkl}}\mathrm{e}^{-\mathrm{i}2\pi\left(\bar{h}X+\bar{k}Y+\bar{l}Z\right)}\\&=|F_{hkl}|\cos\left[2\pi\left(hX+kY+lZ\right)-\alpha_{hkl}\right]+\left|F_{\overline{hkl}}\right|\cos\left[2\pi\left(\bar{h}X+\bar{k}Y+\bar{l}Z\right)-\alpha_{\overline{hkl}}\right]\end{aligned} \tag{5.33}$$

由上面的结果可把电子密度方程重写为：

$$\rho(X,Y,Z)=\frac{1}{V}\sum_{\substack{hkl\\-\infty}}^{+\infty}|F_{hkl}|\cdot\cos[2\pi(hX+kY+lZ)-\alpha_{hkl}] \tag{5.34}$$

可见, 有了结构振幅 $|F_{hkl}|$ 和相角 α_{hkl} 才能计算电子密度函数. 原子的中心就位于电子密度峰上. 但正如前面一再指出的那样, 相角的数值是不知道的. 主要的原因是通常的射线束是非相干的, 射线的相干长度很短; 缺少极精密的手段探知电场在极短时间内的变化以及测量极微小的距离. 为了获得衍射全息, 需要有相干的参考光束和物光干涉. 这在单光束条件下的运动学范围是不可能实现的, 甚至在动力学双光束近似下也无法办到. 近年来通过三光束动力学效应, 利用布拉格反射的方法, 才获得相干的参考光束来实现全息干涉, 由此得到了相角的信息.

5.7.3　解相角的各种方法

1. 解相角的尝试法

既然在通常条件下只能通过间接手段测相角, 一个很自然的方法就是尝试法. 它是根据对晶体的空间群、对称性、晶体性质的了解以及普遍的结构化学规则, 参考类似的结构, 为待测晶体假设一个合理的模型. 在此基础上给出试用的相角 α_c, 然后和实测的结构振幅 $|F_0|$ 一起代入到电子密度方程 (5.30) 中计算电子密度函数, 由此得到原子的初步分布. 这一结果因含有实测 $|F_0|$ 的信息, 故可能比模型更接近实际情况. 以这一结果为基础, 再进行类似的迭代, 通过几次循环来逐步逼近, 最后得到修正的最佳结果.

通常定义一个参数 R 来表示结构振幅的观测值和计算的接近程度

$$R=\frac{\sum||F_0|-|F_\mathrm{C}||}{\sum|F_0|} \tag{5.35}$$

式中, $|F_\mathrm{C}|$ 为按模型计算的结构振幅; R 称为可靠性因子或剩余指数. 显然 R 愈小, 模型愈接近真实情况.

《国际晶体学表》中虽给出了空间群和等效点位置的坐标, 但要知道原子在晶胞中的实际位置, 还必须了解结构基元中原子的分布. 为了得到合理的晶体模型 (这对尝试法能否成功至关重要), 事先掌握晶体的性质和结构的关系以及结构化学规律是十分有益的. 表 5.9 是晶体性质和结构的关系举例. 例如, 一待测晶体没有压电、热电等效应, 折射率各向同性, 它很可能是立方晶体, 而且具有对称中心, 衍射相角可简化为 0 或 π.

晶体结构遵循的普遍化学规则对原子、离子或分子在晶体中的分布常常能提供很多有用的知识. 例如, 晶体中正、负离子总是趋向于均匀分布, 使正离子周围有

表 5.9 晶体性质和结构的关系举例

晶体性质和结构的关系		
晶体形态	晶体形态中发育最好的晶面	一般和点阵平面中点密度最大的面对应
	针状晶体最长方向	一般是结构周期最短的方向
解理性	晶体的解理性 解理面	反映晶体中结合力的各向异性 结合力弱或键数目较少的面
晶体的旋光性		反映晶体的对称性, 在 21 个非中心对称类型中, 下列 15 个具有旋光性 $1,2,m,222,mm2,4,\bar{4},422,\bar{4}2m,3$, 32, 6, 622, 33, 432
热电性和压电性		有热电和压电效应的晶体没有对称中心
折射率	折射率和对称性	各向同性：立方晶系 一轴晶：中级晶系 二轴晶：低级晶系
	折射率高	堆积较密
	各方向折射率不同	反映分子的形状和取向

等量的负电荷, 而负离子周围有等量的正电荷; 为了降低体系的能量, 分子结合成晶体时, 总是尽可能形成较多的氢键; 晶体中原子、离子和分子一般按对称要求呈现密堆积, 金属和简单离子化合物具备密堆积的条件, 而出现许多密堆积结构; 在不同晶体中, 类型相同的化学键的键长和键角数值是守恒的. 根据这些原则, 常常可检查测定的结果是否有误或者发生键型变异等情况.

尝试法在结构测定的早期曾起过很大作用, 现在依然是结构测定的重要辅助方法, 也是用来检验解出的结构是否合理、正确的重要手段. 这一方法又称为电子密度函数法.

2. 解相角的 Patterson 函数法

既然 F_{hkl} 不能由实测的强度数据给出, 能否承认现实, 直接用得到的强度数据来代替电子密度方程 (5.30) 式中的展开项系数 F_{hkl} 进行级数运算呢?

Patterson 在 1943 年指出, 用这样的代换得到的新级数可用作结构测定的辅助手段. 这里引入这个级数并定义为 Patterson 函数

$$P(U,V,W) \equiv \frac{1}{V}\sum_{\substack{hkl\\-\infty}}^{\infty} |F_{hkl}|^2 \mathrm{e}^{-\mathrm{i}2\pi(hU+kV+lW)} \tag{5.36}$$

Patterson 函数在晶体结构测定中起了重大作用, 它的物理意义是指晶胞中的 X、Y、Z 处的电子密度 $\rho(X、Y、Z)$ 和 $X+U$、$Y+V$, $Z+W$ 处的电子密度 $\rho(X+U, Y+V, Z+W)$ 的乘积求和值, 即

$$P(U,V,W) = \int_0^1\int_0^1\int_0^1 \rho(X,Y,Z)\cdot\rho(X+U,Y+V,Z+W)\cdot V\mathrm{d}X\mathrm{d}Y\mathrm{d}Z \tag{5.37}$$

P 函数图中峰很多, 这是由于 P 峰位和原子间矢量对应, 因此 n 个原子共有 $(n^2-n)+1$ 个峰, 例如, 三个原子, 按原子对组合可有以下的原子间矢量关系:

$$\begin{array}{ccc} 1-1 & 1-2 & 1-3 \\ 2-1 & 2-2 & 2-3 \\ 3-1 & 3-2 & 3-3 \end{array}$$

由于 $1-1$、$2-2$、$3-3$ 的矢量峰对应点阵平移矢量, 它们在原点重叠成一个大峰, 对结构分析不起作用, 故一个晶胞中有

$$(3^2-3)+1=7(\text{个峰})$$

P 峰来自两个原子的贡献, 它的峰宽是两个原子本身的电子密度峰宽叠加; 它的峰高正比于两个原子各自所含的电子数的乘积.

这样看来矢量空间中的 Patterson 函数峰不仅多而且因峰宽还重叠严重, 难以分辨. 如果一个晶胞含有 40 个原子, 则非原点峰有 1500 多个, 如此大量的峰密集在一起, 如何去分辨识别它们呢?

在实际工作中常常利用所谓 "重原子法", 即注意晶胞中的少数重原子. 这些重原子的电子密度大, 因而 P 峰特别突出; 并且数目少, 容易辨认. 如晶胞中 40 个原子里有 4 个重原子, 它们的非原点峰有 12 个. 考虑到 Patterson 函数的中心对称性, 最多只有 6 个是独立的. 配合空间群和等效点位置的数据就不难定出重原子坐标的参数, 这样可得到一些衍射相角. 再配合电子密度函数法或其他方法, 便能定出其余轻原子的位置.

3. 解相角的化学改变法

除上述两种方法以外, 解决相角的其他方法可分为两类: 第一类是对晶体内的分子进行化学变更, 称化学改变法; 第二类是对结构振幅 $|F_{hkl}|$ 数据进行统计和处理, 称为直接法. 化学改变法有: 重金属法、同晶型加成法、同晶置换法.

4. 解相角的直接法

直接法只涉及从衍射实验测得的待解晶体各个结构振幅 $|F_{hkl}|$ 的分析和比较, 不参考相似结构或同晶体的已有知识, 因此是一种数学测定相角技术.

5.7.4　单晶结构的精修

1. 精修的必要性

通过前面几节介绍的步骤方法, 可得到待测试样的晶体结构. 由于下面将要讨论的误差不可避免, 所建立的结构还是实验性的, 只是对真实结构的一个相当粗糙

的表述, 因此有必要对实验性的结构进行精修处理, 以得到最佳的晶体结构测定结果.

衍射实验和推求试验性结构过程中的误差分述如下.

(1) 原始衍射数据中有直接的实验误差, 包括角度和强度数据的随机误差; 很弱衍射峰的漏记, 这会把有限的结构因子误认为零.

(2) 实验观测的强度是积分反射功率, 必须经过吸收、初级消光、次级消光、热效应、角因子和入射线束的偏振等校正后才能获得相对强度. 这些校正的不准确性使得从相对强度推出的结构振幅本身就有误差.

(3) 解得的相角中误差更是不可避免, 无论是化学改变法还是直接法都是如此, 特别是大量应用概率关系时更是这样.

(4) 计算电子密度函数的公式是对无限范围内所有 hkl 进行求和, 然而实验测定的衍射数目总是有限的, 有限的求和必然有误差, 称为级数终止误差.

2. 循环傅里叶 (Fourier) 精修

到目前为止, 有了由实验相对强度推得的结构振幅 $|F_0|$, 由解相角得到 α_0 和试验性结构模型. 根据这个试验性结构模型, 需对已知坐标位置的原子散射因子加以温度 (热振动) 修正, 即得到温度修正的一级近似的原子散射因子

$$f_j \mathrm{e}^{-B_j \sin^2\theta/\lambda^2} = (f_j)\, r \tag{5.38}$$

f_j 是一般书籍中查得到原子散射因子, 它仅适用于绝对零度; B_j 为温度因子. 这时计算结构因子为

$$F_{\mathrm{C1}} = \sum_j = (f_j)_T\, \mathrm{e}^{\mathrm{i}2\pi(hX_j+kY_j+lZ_j)} \tag{5.39}$$

从计算的结构因子得到一新的相角 α_{C1}, 现在用实验得到的结构振幅 $|F_0|$ 和计算得到的相角 α_{C1} 进行第二次傅里叶合成

$$\rho_{\mathrm{C1}}(X,Y,Z) = \frac{1}{V}\sum_h\sum_k\sum_l |F_0|\, \mathrm{e}^{-[2\pi(hX+kY+lZ)-\alpha_{\mathrm{C1}}]} \tag{5.40}$$

由于计算得到的相角 α_{C1} 和解相角得到的 α_0 不同, 电子密度函数 $\rho(X,Y,Z)$ 与用 $|F_0|$ 和 α_0 计算出来的试验性结构的电子密度函数 $\rho(X,Y,Z)$ 也不同. 由新的电子密度函数图建立新的结构模型, 再用新模型计算一组新的结构因子

$$F_{\mathrm{C2}} = \sum_j (f_j)_T\, \mathrm{e}^{\mathrm{i}2\pi(hX_j+kY_j+lZ_j)} \tag{5.41}$$

同时也可计算一组新的相角 α_{C2}. 用 $|F_{\mathrm{C1}}|$ 和 α_{C2} 进行第三次傅里叶合成

$$\rho_{\mathrm{C2}}(X,Y,Z) = \frac{1}{V}\sum_h\sum_k\sum_l |F_{\mathrm{C1}}|\, \mathrm{e}^{-\mathrm{i}[2\pi(hX+kY+lZ)-\alpha_{\mathrm{C2}}]} \tag{5.42}$$

如此用新的相角与原来的结构振幅反复进行的傅里叶合成称为循环傅里叶精化. 经若干次循环之后, 给定的模型恰好再现它自己, 循环傅里叶精化不再有用.

此外, 每次循环后都可按式 (5.35) 计算不符合指数 (又称残差)R, 残差值随循环次数增多而减少, 并逐渐趋向不变.

3. 差值傅里叶 (Fourier) 合成和最小二乘方法精化

循环傅里叶精化的总效果是消除原始实验数据的误差, 使原子参数发生局部移动, 电子密度图的峰变得更加尖锐; 但峰顶一般比较平坦, 所以由峰最大处决定原子核的位置还不够精确. 再循环傅里叶精化的最终阶段, 获得最新电子密度图, 进行计算最后一组结构振幅 $|F_{Cn}|$ 和相角 α_{Cn} . 利用从衍射强度求得的结构振幅 $|F_0|$、循环傅里叶精化最后阶段求得的 $|F_{Cn}|$ 和 α_{Cn} 计算两个傅里叶合成

$$\rho_0\left(X,Y,Z\right)=\frac{1}{V}\sum_{h}\sum_{k}\sum_{l}\left|F_0\right|\mathrm{e}^{-\mathrm{i}[2\pi(hX+kY+lZ)-\alpha_{Cn}]} \tag{5.43}$$

$$\rho_C\left(X,Y,Z\right)=\frac{1}{V}\sum_{h}\sum_{k}\sum_{l}\left|F_{Cn}\right|\mathrm{e}^{-\mathrm{i}[2\pi(hX+kY+lZ)-\alpha_{Cn}]} \tag{5.44}$$

将以上两式相减, 即

$$\rho_0\left(X,Y,Z\right)-\rho_C\left(X,Y,Z\right)=\frac{1}{V}\sum_{h}\sum_{k}\sum_{l}(|F_0|-|F_{Cn}|)\mathrm{e}^{-\mathrm{i}[2\pi(hX+kY+lZ)-\alpha_{Cn}]} \tag{5.45}$$

由于式 (5.43) 和式 (5.44) 都是有限项求和, 故式 (5.45) 也是有限项求和, 但前两式中未包括的项是相似的, 任何级数终止误差都趋向于相互抵消, 故由式 (5.45) 进行的差值傅里叶合成消除了级数终止误差.

差值傅里叶合成的效果体现在三个方面：首先是精化了原子的坐标位置; 其次是判定了失落的原子并给它定位 (特别是轻原子), 同时将它们组合到结构模型中去; 最后, 精化原子的热参数, 还可研究各向异性振动.

在实际的数据处理中, 循环傅里叶精化和傅里叶合成交替进行：即一旦循环傅里叶精化不再提供新的信息时, 就计算一下差值傅里叶合成, 以了解模型是否需要修改 (如某些原子位置的小量变化, 失落原子的补充等), 若需修改, 才需要又一次循环傅里叶精化. 如此交替进行, 直至最后一张差值傅里叶合成图提示无需修改结构模型为止.

最小二乘方法精化是对数据进行统计处理, 以消除衍射实验及上面介绍的处理中的随机误差, 使 $\left|\left(|F_0|^2-|F_C|^2\right)\right|$ 减到最少. 在具体工作中, 是用晶胞中每个原子的三个坐标参数和一个 (各向同性时) 热参数去拟合. 最后可得到非常精确的电子密度图. 用这张最后的电子密度图计算残差 R, 在顺利的情况下, 可以得到比 0.1 小得多的值, 这表示最后的模型和真实结构高度相关.

5.7.5 单晶结构测定小结

单晶试样晶体结构测定的步骤小结于图 5.15 中. 由于近代实验技术和计算机应用的开发, 收集衍射数据的实验方法有很大发展, 魏森堡法及旋进照相已少用, 多应用半自动或全自动的四圆衍射仪, 劳厄法也获得应用, 并用 IP(成像板) 和 CCD(电荷耦合探测器) 来代替照相底片组件. 由于高强度散裂中子源的应用, 小至几十微米大小的单晶体的结构已成功地被测定. 由图 5.16 可以看出, 晶体结构测定

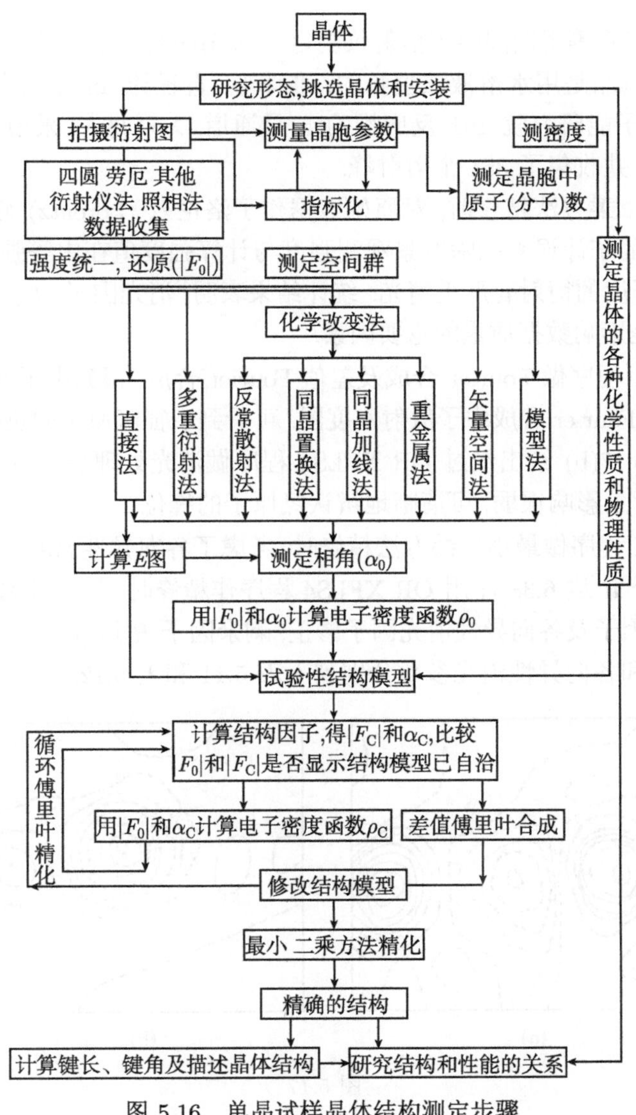

图 5.16 单晶试样晶体结构测定步骤

的全过程是很复杂的, 为了解决相角问题, 往往要用几种手段相配合, 逐步修正逼近. 目前国际上常用的半自动或全自动解单晶结构的计算机程序多基于直接法–计算 E 图–试验模型结构精化这个过程. 例如, SDP(结构测定程序包) 和改进后的 LEX 就是基于直接法. GSAS 也能用于解单晶结构.

5.8　单晶样品晶体结构中子衍射测定实例

陈扬、张泮霖等用四圆中子衍射仪测定了 $K_2H(IO_3)_2Cl$ 单晶样品的晶体结构. $K_2H(IO_3)_2Cl$ 单晶是用水溶液法生长的, 准球形, 直径约 4mm. 四圆中子衍射仪安装在中国原子能研究院 101 反应堆的 5 号通道, λ=1.69Å, 采用 $\omega \sim 2\theta$ 扫描, $0° < 2\theta < 100°$, 共收集了 351 个衍射峰.

进行最小二乘方法精修前, 对原始数据作了洛伦兹 (Lorentz) 修正, 按一般的高斯分布函数的统计误差扣除背景观测强度与计算强度值在中等强度的衍射中符合较好, 但高强度的衍射有严重消光. 统计结果表明, 消光因子 ($F_{\mathrm{obs}}^2/F_{\mathrm{C}}^2$) 小于 0.4 者约占 30%, 是影响数据质量的重要因素.

用 SHELX 程序做 Fourier 合成及差值 Fourier 合成, 得到中子散射密度图. 图 5.17(a) 给出了 Fourier 合成中子散射密度图. 可看到表征氢原子的负峰 (虚线所示), 作为比较, 图 5.17(b) 给出经过 OR XFLS4 程序做消光处理后所得的差值 Fourier 合成图, 其中背景影响很弱, 可清晰地辨认氢原子的峰位.

用 SHELX 程序做最小二乘方法精修时, 考虑了各向异性温度因子及各向异性消光, 剩余因子 R 达 6.38%; 用 OR XFLS4 程序作精修时, 分别考虑了各向同性和各向异性温度因子及各向异性消光因子修正, 剩余因子 R 达 3.3%, 见表 5.10. 各向异性温度因子和各向异性消光参数分别列入表 5.11 和表 5.12.

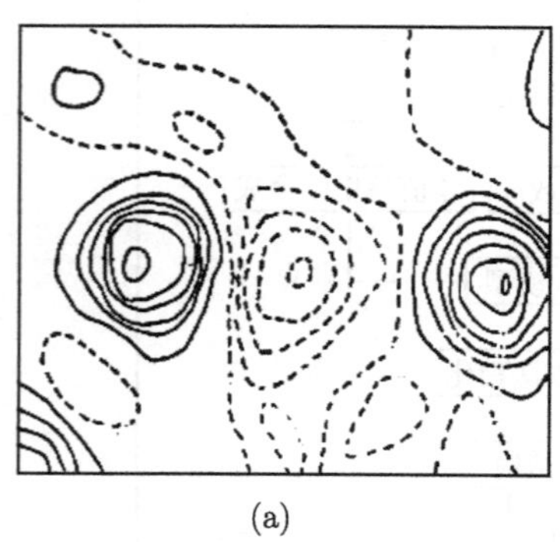
(a)

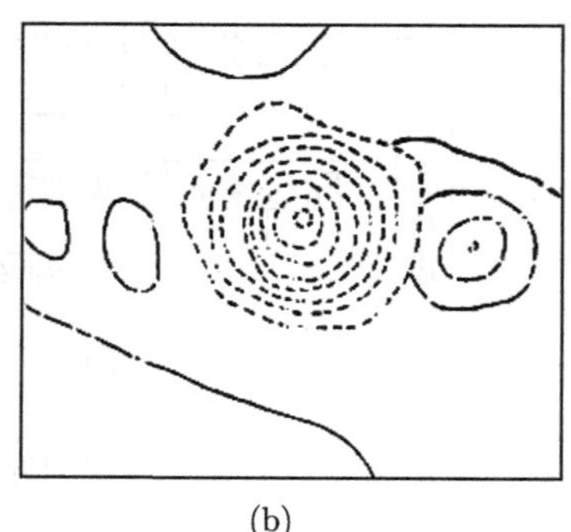
(b)

图 5.17

(a) Fourier 合成中子散射密度图; (b) 经过 OR XFLS4 程序做消光修正后的差值 Fourier 合成图

表 5.10 $K_2H(IO_3)_2Cl$ 单晶晶体结构各原子在晶胞中的位置 (10^{-4})

所用方法和程序			O1	O2	O3	O4	O5	O6	Cl	K1	K2	I1	I2	H	R
X 射线分析结果		x	7134	8858	8057	5417	3730	4400	3764	5157	2653	7824	4656	—	
		y	7111	8136	9535	7370	6660	4525	7748	9811	5620	9355	5073	—	
		z	9893	0669	8050	9621	0398	7979	4636	2367	7449	0087	−0008	—	
中子分析结果	OR XFLS4	x	7134	8850	8051	5416	3730	4447	3760	5150	2627	7825	4659	6079	
		y	7110	8107	9831	7350	6672	4510	7759	9816	5580	9362	5073	7129	3.3
		z	9923	0663	8089	9634	0413	8019	4648	2391	7444	−0060	−0018	9756	
	SHELX	x	7125	8861	8064	5470	3739	4443	3760	5155	2613	7806	4664	6007	
		y	7098	8104	9840	7312	6645	4537	7785	9783	5557	9337	5016	7137	6.4
		z	9818	0510	7932	9453	0251	7850	4487	2243	7323	−0034	−0167	9576	

表 5.11 $K_2H(IO_3)_2Cl$ 单晶晶体结构精修时的各向异性温度因子

	B_{11}	B_{22}	B_{33}	B_{12}	B_{13}	B_{23}
O1	670	763	4529	−1280	−220	1125
O2	932	3257	1726	2176	−1608	−2160
O3	659	10420	−430	−625	727	837
O4	803	452	5008	−437	−603	3051
O5	364	3209	−195	1043	1167	894
O6	665	6596	−897	317	−354	102
Cl	593	4586	2064	−241	571	−1458
K1	680	3006	0	903	−686	−2060
K2	284	11070	−998	−85	−192	−2036
I1	−28	−3341	−4349	−382	524	211
I2	−5	−2072	−3110	587	115	1881
H	1027	3742	7352	−26	526	1946

表 5.12 $K_2H(IO_3)_2Cl$ 单晶晶体结构精修时各向异性消光参数 (10^6)

不分区		Z11	Z22	Z33	Z12	Z13	X23
		2	1	3	0	1	0
按角度区分	1	1	1	2	0	0	−1
	2	1	1	7	0	1	0
	3	2	1	11	−1	−1	1
	4	2	1	7	0	2	0
	5	2	1	18	0	0	0
	6	3	1	−33	1	8	−4
	7	4	0	−306	2	21	−25
	8	3	3	1778	1	3	44
	9	5	4	728	0	9	−47

根据表 5.10 给出的各因子坐标则可绘出 $K_2H(IO_3)_2Cl$ 晶体结构模型及键合情况,

见图 5.18. 图 5.19 给出其在 (001) 面上的投影, 可见氢键基本沿 a 轴, 测得氢键的主要数据为：O–H· · · O 距离为 2.6026Å, O–H 键长 0.9987 Å, O–H· · · O 键角为 172.47°, 此结果与 Hamilton 总结的一些规律符合很好. 由氢键连着两个 IO3 基团, 造成两者的不对称. 表 5.13 列出了 IO3 基团的成键情况. 从表 5.14 可看出, 与氢原子共价结合的 IO3 基团比由氢键 (O· · · H 部分) 连接的 IO3 基团的畸变程度大. 与氢共价结合的氧原子与 I 之间距离 (O4–I2) 为 1.9Å, 明显大于该 IO3 基团中其余两个 I–O 间距离 (1.78Å).

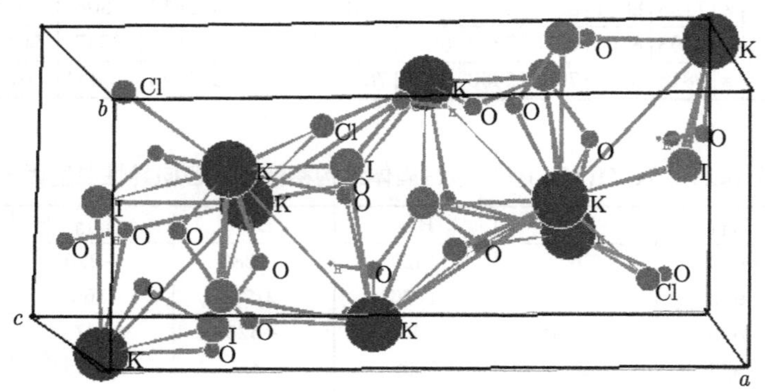

图 5.18　$K_2H(IO_3)_2Cl$ 晶体结构模型和键合情况

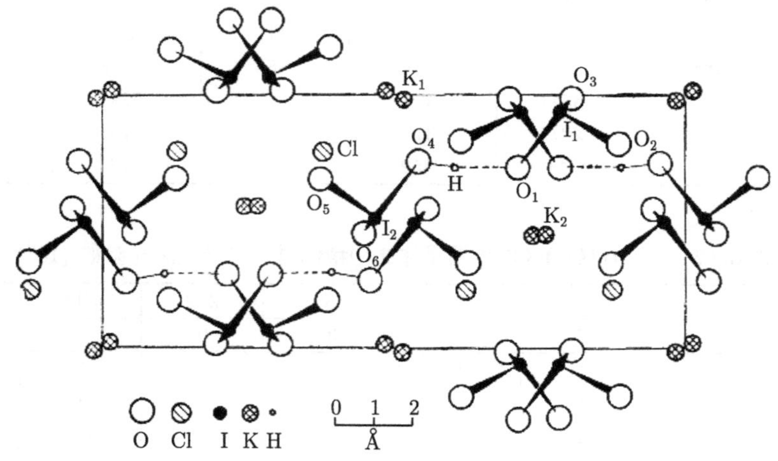

图 5.19　$K_2H(IO_3)_2Cl$ 晶体结构在 (001) 面上的投影

表 5.13　I 和 O 原子间的键长和键角

键长/Å		键角/(°)	
O1—I1	1.7963	∠O1—I1—O2	98.79
O2—I1	1.8138	∠O1—I1—O3	101.00
O3—I1	1.7669	∠O2—I1—O3	100.95
O1—O2	2.7408	∠O4—I2—O5	92.82

续表

键长/Å		键角/(°)	
O1—O3	2.7494	∠O4— I2—O6	96.47
O2—O3	2.7621	∠O5—I2—O6	99.73
O4—I2	1.9013	∠O1—O2—O3	59.95
O5—I2	1.7806	∠O2—O3—O1	59.64
O6—I2	1.7871	∠O3—O1—O2	60.41
O4—O5	2.6680	∠O4—O5—O4	61.33
O4—O6	2.7521	∠O5—O6—O4	58.27
O5—O6	2.7275	∠O6—O4—O5	60.40

主要参考文献

1 姜传海, 杨传铮. 材料射线衍射散射分析. 北京: 高等教育出版社, 2010; 张建中, 杨传铮. 晶体射线衍射基础. 南京: 南京大学出版社, 1992.

2 杨传铮, 谢达材, 陈葵尊, 等. 物相衍射分析. 北京：冶金工业出版社, 1989.

3 梁敬魁. 粉末衍射法测定晶体结构 (下册). 北京：科学出版社, 2003.

4 杨传铮, 谢达材, John M Newsam. 同步辐射 X 射线和中子粉末衍射及 Rietveld 精化. 物理, 1992, 21(11):659-665; 21(12):372-740.

5 Newsam J M, Yang C Z, et al. Experience in studing zeolites and related microporous mateerials by synchrotron X-ray diffraction. J. Phys. Chem. Solid, 1991, 52(10):1281-1288.

6 Pawley G S. J. Appl. Cryst.,1980,13:630; 1981, 14:357.

7 Toraya H. Position-constrained and unconstrained powder-pattern-decomposition methods//Young R A. The Rietveld method, Oxford:IUr, Oxford University Press, Chap.14.

8 Jansen J, et al. J. Appl. Cryst., 1992, 25:237.

9 Naidu S V N, Houska C R. J. Appl. Cryst., 1982,15:190.

10 Johnson R J, David W I, Royse D M, et al. The monoammoniate of lithium borohydrde $Li(NH_3)BH_4$:an effective ammonia storage compound. Chemistry an Asian Journal 4(6):849-854.

11 薛艳杰, 李峻宏, 成之绪, 等. $YFe_{10}Si_2$ 晶体结构和磁结构中子衍射研究. 原子能科学技术, 2004, 38: 100-103.

12 He M, Chen X L. LanY C, et al. Ab initio structure determination of new compound $LiAlB_2O_5$. J. Solid state chem., 2001,156: 181-184.

13 陈扬, 张泮霖, 严启伟, 等. $K_2H(IO_3)_2Cl$ 单晶中子衍射结构分析. 物理学报, 1986, 35(8): 1102-1107.

14 Bacon G D. 中子衍射. 谭洪, 乐英, 译, 北京: 科学出版社, 1980.

15 Price D L, Shold K. Neutron Scattering: Part A, B, C. USA: Academic Press, 1986.

第 6 章　自旋结构和磁结构的测定

中子衍射对固体科学的最大贡献是对磁性材料的研究. 可以毫不夸张地说, 只有借助中子衍射实验, 才能建立晶体的磁构造的整个概念. 从用低通量中子首次研究粉末样品的磁性结构以来, 已用中子衍射测定了许多元素和化合物的磁结构. 1971 年以前的大部分工作可查波兰核技术学会发行的磁结构测定表, 共五卷和两个补遗; 近十年的工作可查国际结晶学会中子衍射委员会发行的磁结构数据卡汇集

作者	B.Lamber-Andron,G.Berodias 和D.Babot		提交出版物 J.Phys.Chen.Solid.33,87(1972)
标题	Fe:MSe_4(M=Ti,V,Cr,Fe,Co,Ni)化合物的磁性结构		
材料	$FeMNiSe_4$		形状, 粉末
晶体结构	空间群	型式	磁性原子位置
	$B2/m(C^3_{2h})$	Cr_3S_4	Fe:在 2(c)　0　0　1/2 Fe: Ni 在 4(i): x,　o,　z
磁性结构	化学单位晶胞: a=6.18Å b=3.56Å c=10.94Å β=91. 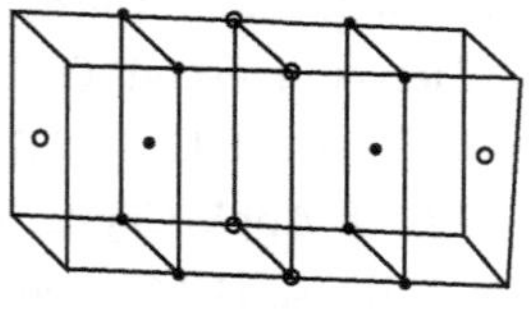 原子位置参数:　　在4(i):x,o,z的Fe,Ni　● x=0.047　z=0.231　　在2(c)的Fe:,　○ 磁性晶胞尺寸不变 线性铁磁体　Te=67k (0 0 1)铁磁层,反平行耦合		
矩的大小和方向	在4.2K的矩 2(c)座Fe1.9 μB　4(i)座平均磁矩 0.94μB		
附加信息	298K晶体结构精华修,4.2K和300K之间进行磁化测量 Mossbaruer 测量　4.2K和300K之间进行电阻率测量		
参考文献	(1) A.F.Andresen, Acta Chem,Scand,22,827(1986) (2) B.Lambest-Andron and G.Berodias, Solid State Commum 7,(1986)623		

图 6.1　一张典型的磁结构数据卡

(美国 Brookhaven 国家实验室 ——BNL 制作). 图 6.1 是一张典型的磁结构数据卡片, 它除必要的晶体学数据外还详细列出了磁性原子的位置、磁晶胞构造和磁矩情况等.

6.1 磁散射效应和晶体的衍射强度

中子有自旋磁矩, 当它通过磁性物质时, 除核散射外, 还与磁性原子的磁矩产生交互作用, 引起附加磁散射. 这种效应能在中子衍射图中表现出来. 研究衍射强度和花样的变化, 就能了解磁性材料的磁结构情况.

顺磁材料中原子的不配对电子产生磁矩混乱分布、随机取向, 中子磁散射是非相干的, 只能对粉末衍射的背景有贡献. 要研究这种效应需要从背景中扣除许多因素, 如热漫散射、非自旋相干、多重散射等的影响. 一般来说, 原子的顺磁漫散射强度随 θ 的变化关系与 X 射线原子散射因子 f_X 随 θ 的变化相似, 都随 $\sin\theta/\lambda$ 增加而减少, 只是 X 射线是内层电子效应, 而顺磁漫散射来自于原子外壳层不配对电子的磁矩贡献, 因此, 中子的下降情况比 X 射线要快, 见图 6.2. 利用顺磁漫散射可研究磁短程序问题.

铁磁和反铁磁材料的磁性和晶体结构密切有关; 在这个领域中, 中子衍射作出了重大贡献. 例如, 它揭示出稀土金属中存在各种类型的螺旋磁结构, 其他的衍射方法几乎无能为力.

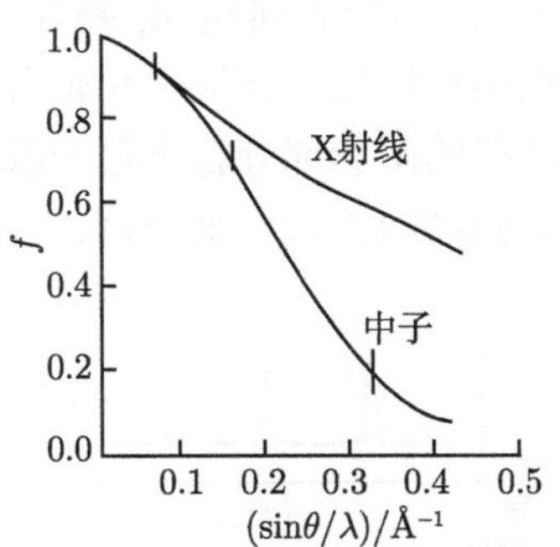

图 6.2 中子顺磁漫散射得到 Mn^{++} 离子磁散因子和 X 射线原子散射因子随 $\sin\theta/\lambda$ 变化的比较

晶体存在磁对称性或磁性晶胞情况下, 中子衍射的结构因子包括结晶学晶胞的贡献和磁性晶胞的贡献, 前者来自于各原子核的散射振幅迭加, 记为 $\boldsymbol{F}_{核}$, 磁晶胞中各原子磁矩引起的附加磁散射贡献, 称为磁性结构因子, 记为 $\boldsymbol{F}_{磁}$, 由于原子磁矩的方向性, 它一般是矢量, 表达式为

$$\boldsymbol{F}_{磁} = \sum_j \boldsymbol{q}_j P_j \mathrm{e}^{\mathrm{i}2\pi(H\cdot\gamma_j)} \tag{6.1}$$

式中, P_j 是晶胞中第 j 个原子的磁散射振幅, 与原子磁矩和中子磁矩等因素有关. q_j 与磁相互作用的矢量方向有关, 它与原子磁矩方向和散射矢量方向有关, 所以晶体的衍射强度为

$$|\boldsymbol{F}_{核}|^2 + |\boldsymbol{F}_{磁}|^2 + |F_{核\times磁}|^2 \tag{6.2}$$

如果入射的中子束是极化的 (自旋方向固定), 核–磁干涉引起的贡献 $|\boldsymbol{F}_{核\times磁}|^2 \neq 0$; 除了研究某些问题, 如鉴别各种形式的散射 (区分核和磁的布拉格散射、磁漫散射和其他漫散射等) 需用中子极化分析技术外, 一般是用非极化的中子束, 它的中子自旋方向任意, 因而核–磁干涉贡献的总效果为零. 晶体衍射强度简化为

$$|\boldsymbol{F}_{原子}|^2 = |\boldsymbol{F}_{核}|^2 + |\boldsymbol{F}_{磁}|^2 \tag{6.3}$$

磁结构测定就是在晶体结构测定的基础上, 由衍射图确定磁散射强度 $|\boldsymbol{F}_{磁}|^2$ 及其角位置, 以此定出磁结构的细节, 如磁性原子的位置、磁矩方向等.

6.2　衍射花样中磁散射的特征和磁散射效应分离

6.2.1　衍射花样中磁散射的特征

在 1.7 节中曾介绍了各种磁性结构类型, 其中最简单的是铁磁性结构, 如图 6.3(a) 所示. 晶胞中各原子的磁矩方向相同, 磁性原子组成的晶胞就是结晶学晶胞, 因此附加磁散射峰和核散射峰出现在同一角位置上, 或者说磁散射仅增加核散射峰的强度. 图 6.3(a) 中曲线的阴影部分就来自磁散射的贡献. 由于原子磁矩和轨道电子有关, 磁附加散射的强度随 θ 增加而下降.

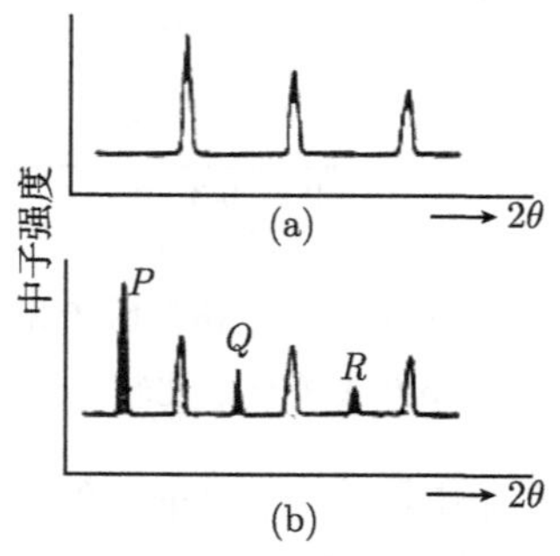

图 6.3　磁矩附加散射对衍射峰的贡献

(a) 铁磁材料, 使衍射峰强度增加; (b) 反铁磁材料, 出现新的衍射峰 (P、Q、R)

反铁磁材料对衍射花样的影响却是另一种情况 —— 出现新的衍射峰或卫星反射, 见图 6.3(b). 最简单的反铁磁结构, 以图 6.3(b) 为例, 磁性原子的磁矩交替向上

或向下. 按磁矩方向来分类的两部分原子分别组成两个相互贯穿的点阵, 这两个点阵称为亚点阵. 这两个点阵除了原子磁矩方向平行外, 晶胞大小相同, 其构成和结晶学晶胞没有不同, 只是平移周期是结晶晶胞的倍数. 这种磁亚点阵的晶胞通常称为磁晶胞.

图 1.23(b) 中磁晶胞沿 Y 方向的长度是结晶学晶胞的 2 倍, 或 "磁晶面" 间距 d_{010}^{m} 是结晶学晶面间距 d_{010}^{c} 的 2 倍, 中子在这两种晶面族上的布拉格反射分别满足

$$\begin{aligned} 2d_{010}^{c}\sin\theta_{010}^{c} &= \lambda \\ 2d_{010}^{m}\sin\theta_{010}^{m} &= \lambda \end{aligned} \tag{6.4}$$

于是 $\sin\theta_{010}^{m} = \dfrac{1}{2}\sin\theta_{010}^{c}$, 即磁反射的 010 角位置和普通反射 010 不同, 因而粉末衍射图上出现附加线条 (如图 6.3(b) 中的 P、Q、R 等), 在指标化时一般采用结晶学晶胞的长度来标度, 不再区分磁晶面间距和结晶学晶面间距, 在统一的标准下

$$d_{010}^{m} = d_{0\frac{1}{2}0}^{c} = d_{0\frac{1}{2}0} \tag{6.5}$$

所以, 这个附加的磁反射峰指数为 $0\dfrac{1}{2}0$. 一般磁晶胞可在二维或三维方向加倍, 在衍射指数中会出现更一般的半整数的组合. 中子衍射给出了磁晶胞加倍的直接证明.

反铁磁体中螺旋磁结构的发现证明了中子衍射的威力. 螺旋磁结构的特征是在普通结晶学晶胞上迭加了一个大的超结构, 其磁矩变化的轨道是螺旋线. 迄今已发现稀土金属及合金中的螺旋磁结构类型极为复杂. 不仅磁矩方向可沿某一轴向螺旋旋转, 磁矩大小也被周期性的调制. 更不寻常的是磁矩大小和方向的调制周期和结晶学周期往往不可通约. 这种特殊类型的磁对称性甚至不能被 1651 个磁空间群所包括.

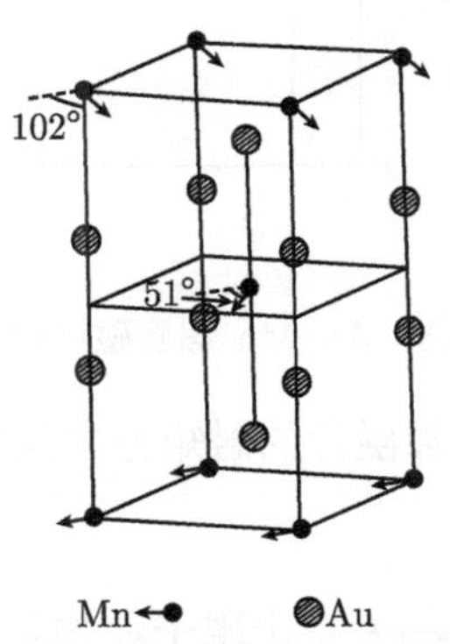

图 6.4　Au_2Mn 的结构图

图 6.4 是 Au_2Mn 的结构图, 沿 c 方向的排列顺序是一层 Mn 原子、两层 Au 原子, 同一层 Mn 原子的磁矩方向相向, 它们和 c 轴垂直. 这种 Mn 原子平面不妨称为磁晶面或磁片、各层磁片中的原子磁矩方向绕 c 轴旋转, 相邻磁盘的磁矩转角为 51°. 所以磁矩方向每隔 7.058 片左右重复一次, 它相当于沿 c 沿方向经过 3.529 个晶胞距离, 在这里可看到磁超结构平移周期和结晶学晶胞长度是不可通约的.

图 6.5 是 Au_2Mn 的中子衍射图, 从图中可以看到核散射基线 hkl 两侧出现了卫星反射或伴线. 由非完整晶体衍射讨论知：出现卫星反射意味着晶体中有某种调制结构存在. 这里的调制来自磁矩方向周期性变化.

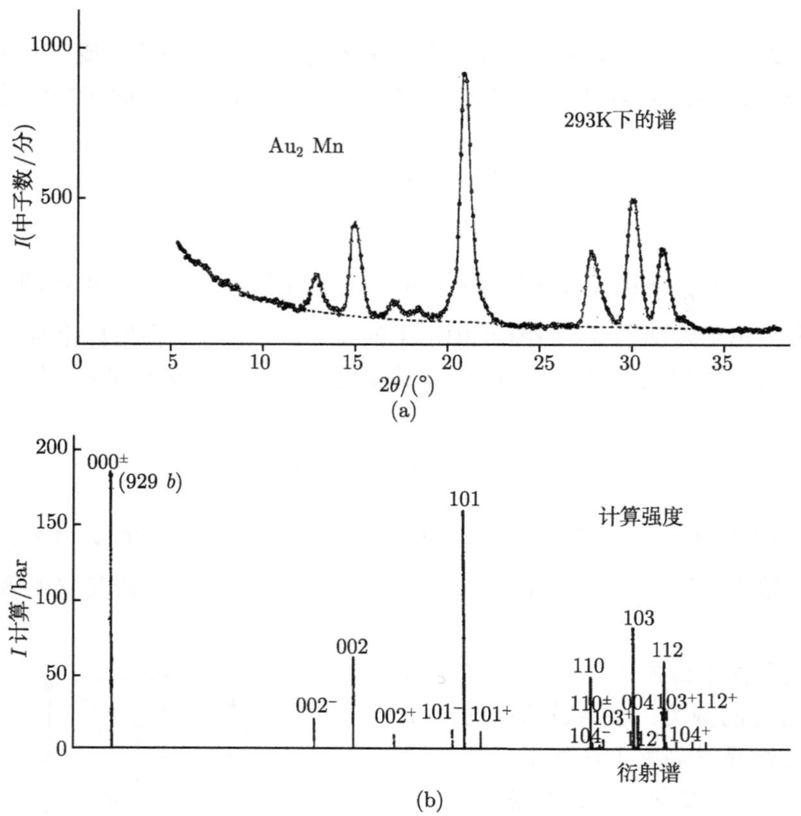

图 6.5　Au_2Mn 螺旋磁结构引起的卫星反射 (伴线),(hkl) 的伴线用 $(hkl)^{\pm}$ 表示

设相邻磁片的磁矩方向偏角为 ξ, 因此磁结构因子的相角部分将出现因子

$$\xi \pm 2\pi \mathrm{H} \cdot \boldsymbol{r} \tag{6.6}$$

当 $2\pi\mathrm{H}\cdot\boldsymbol{r}=\pm\xi$ 会出现干涉加强的卫星反射. 图 6.4 所示的晶胞中的磁片垂直 c 轴, 原子磁矩方向和 c 垂直并绕 c 轴旋转. 相邻磁晶面间距为 $c/2$, 该面任一 Mn 原子的分数坐标位矢为

$$\boldsymbol{r} = X\boldsymbol{a} + Y\boldsymbol{b} + \boldsymbol{c}/2 \tag{6.7}$$

对倒易原点附近的卫星反射 0,0, Δl 有

$$\varsigma = 2\pi \cdot \Delta l \cdot \frac{1}{2} \tag{6.8}$$

其中, Δl 可以从衍射点阵作图的卫星斑点量出, 实验发现, $\Delta l \approx \dfrac{2}{7}$, 求得 $\zeta \approx 51°$.

对于其他反射的卫星反射指数则为 0, 0, $l \pm \Delta l$ 型, 因此, 002 核反射的磁卫星反射指数为

$$
\begin{aligned}
(0\,0\,2)^{\pm} = & 0 \quad 0 \quad \frac{16}{7} \\
& 0 \quad 0 \quad \frac{12}{7}
\end{aligned}
$$

101 核反射的卫星反射指数为

$$
\begin{aligned}
(1\ \ 0\ \ 1\,)^{\pm} = & 1 \quad 0 \quad \frac{9}{7} \\
& 1 \quad 0 \quad \frac{5}{7}
\end{aligned}
$$

等. 用这些方法不但测出了磁矩的偏转角, 还完成了衍射指标化.

6.2.2 磁散射效应分离

磁结构的测定方法与晶体结构测定方法相似, 主要是对各种磁结构模型的计算强度与实验测定强度相对比, 并尝试使它们相符.

然而在实验测量衍射强度时, 如果用非极化中子束作射线源, 磁衍射强度与核衍射强度混合在一起, 如何把它们分离是研究磁结构的一个关键. 下面分几种情况说明.

(1) 对于铁磁材料, 磁晶胞和化学晶胞一致, 只需把试样加热, 使温度高于和低于居里点, 分别测定衍射花样, 高于居里点测得的各衍射峰的强度即为核衍射强度. 低于居里点测得的各种衍射峰强度减去核衍射强度即为磁衍射强度.

(2) 对于顺磁材料, 则可用加磁场方法加以分离, 即使磁场方向沿衍射面法线方向加到试样上, 于是 q^2=sinα^2=0 (因原子磁矩方向沿外磁场方向, 和衍射面法线间的夹角 α=0) 这时衍射峰中磁衍射强度为零. 只有核衍射强度. 这样加磁场时测得一条衍射曲线, 不加磁场时测得另一条曲线, 这两条曲线上各衍射峰的积分强度之差即为磁衍射强度.

(3) 对于反铁磁材料, 一般来说来, 磁衍射峰与核衍射峰不重叠, 磁衍射表现为超结构峰, 很容易识别.

6.3 MnO 的晶体结构和磁结构的测定

室温时 MnO 的 X 射线衍射花样显示典型面心立方氯化钠型结构特征, 其 a=4.426Å, 它的晶体结构和磁结构模型分别示意于图 6.6(a)、(b) 中. 图 6.7(a)、(b) 和 (c) 分别给出 MnO 在 80K、293K 和 4.2K 时的中子衍射花样. 磁性转变温度 T_C =120K, 因此图 6.7(a) 和 (c) 包括磁衍射和核衍射. 其中图 6.7(c) 是高角分辨率

的精细实验图, 使重要的磁衍射线 (3 1 1) 和邻近的核衍射线 (2 2 2)[即图 6.7(a) 中的 (1 1 1) 线] 完全分离.

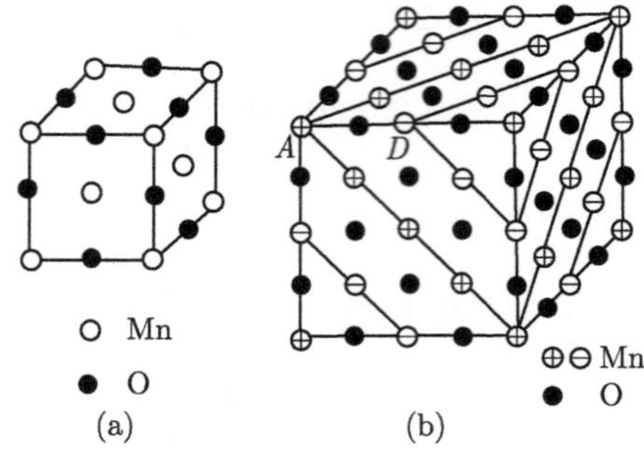

图 6.6　MnO 的晶体结构 (a) 和磁结构 (b) 模型

锰原子磁矩处 (1 1 1) 片内, 被氧隔开

表 6.1　MnO 在 4.2K 的中子衍射强度和各种磁矩取向计算结果的比较

[2 2 $\bar{3}$] 方向	[3 2 $\bar{1}$] 方向	[2 $\bar{1}$ 1] 方向	[1 1 1] 方向	(1 1 1) 面	[0 0 1] 方向	观测值
889	913	785	897	1009	673	864(1002*)
401	227	306	280	256	331	258
665	665	665	665	665	665	665
17	17	17	17	17	17	20
112	110	107	110	113	105	110
44	67	61	66	71	56	88
18	18	18	18	18	18	22
36	26	32	26	36	36	44

* 包括漫散射的实验观测值

按上面的介绍计算出各衍射的总强度, 结果列入表 6.1 中. 与实验观测值相对照, 发现磁矩方向在 (1 1 1) 面内的计算结果 (见表 6.1 左数第 5 列) 与实验观测值符合较好. 综合对图 6.7 的指标化的结果和强度分析, 获得 MnO 的磁结构, 其原子排布模型示于图 6.6(b) 中, 磁晶胞体积为化学晶胞的 8 倍, 磁晶胞点阵常数为化学晶胞的 2 倍, 有关参数分列如下:

	晶体结构	磁结构
晶系	立方	立方
点阵常数/Å	a=4.426	a=8.852
点群	$m3m$	$2/m$
空间群	$Fm3m$	$C_{2c}2/m$

近年来, 由于高亮度同步辐射 X 射线的发展, 已能用 1mm^3 体积的试样和多重扭转磁体 (wiggler) 发出的同步辐射进行 X 射线磁散射实验, 已经对磁结构和磁

相变问题进行了研究.

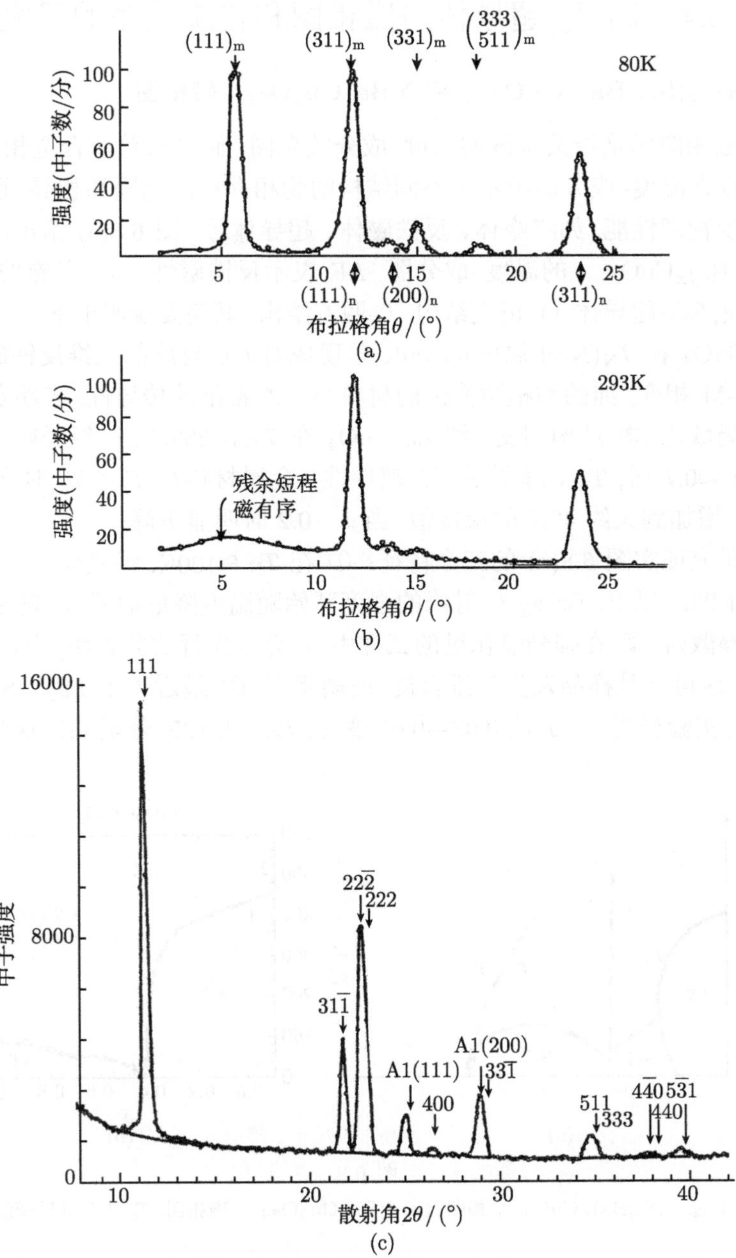

图 6.7 MnO 粉末的中子衍射花样

(a)、(b) 分别为 80K 和 293K 的 $I \sim \theta$ 曲线, $(hkl)_n$ 为核反射, $(hkl)_m$ 为了磁反射 (按加倍的磁晶胞指标化);(c) 为 4.2K 的 $I \sim 2\theta$ 曲线; 核反射和磁反射均按加倍的磁晶胞指标化, hkl 全偶的为核反射,hkl 全奇的为磁反射. 还包含装 MnO 粉的 Al 膜的衍射峰

6.4　高 T_c 超导体的磁相图和自旋关系的研究

6.4.1　$La_{2-x}(Sr, Ba)_xCuO_{4-y}$ 和 $YBa_2Cu_3O_{6+x}$ 磁相图

所谓磁相图仍是指某系统的温度–成分关系图, 似乎与普通合金相图相似, 但磁相图不仅在温度–成分图中示出不同结构的物相存在的范围和相界, 而且示出这些相的宏观物理性能, 如绝缘体、反铁磁体、超导体等. 图 6.8(a) 给出四元化合物 $La_{2-x}(Sr, Ba)_xCuO_{4-y}$ 的温度–成分图, AF 表示反铁磁性, SG–自旋玻璃, I–绝缘体, M–金属, SC–超导体, O–正交结构, T–四方结构. 其简要说明于下：① 反铁磁化：纯的 La_2CuO_4 在 T_N(Neel 温度)≈300K 呈现成对 Cu 自旋的三维反铁磁 (3D-AF) 有序; ② I-M 相变, 纯的和稍微掺杂的材料显示所希望的传导性, 表明费米能量上电子状态局域化; ③ 结构相变：纯 La_2CuO_4 在 T_{TO}=533K 时, 经受四方到正交的相变, 当 x ≈0.7 时, T_{TO} 降至零; ④ 超导性：金属材料在 $T \leqslant T_c$ 时变成超导体, $T_c(x)$ 随 x 增加到大约 40K 的稳定值, 当 x >0.2 时明显下降.

实验研究证实图 6.8(a) 的三个特征：① 在 $T_N \cong$100K, 经氧化的 La_2CuO_4 晶体中, 在约 25K 以下, Bragg 衍射峰的强度开始随温度降低而降低, 随后显示二维的准弹性漫散射; ② 在强烈氧化过的试样中, μ 介子先行实验表明, 自旋在 15K 时渐渐冻结, 这可能是样品发生三维自旋–玻璃相变; ③ 最近关于 $La_{2-x}Sr_xCuO_4$ 的 μ 介子先行实验表明, 当 x 从 0.02→0.05 变化, T_{SG} 从 12K 降至 6K, 这时已冻结的磁矩消失.

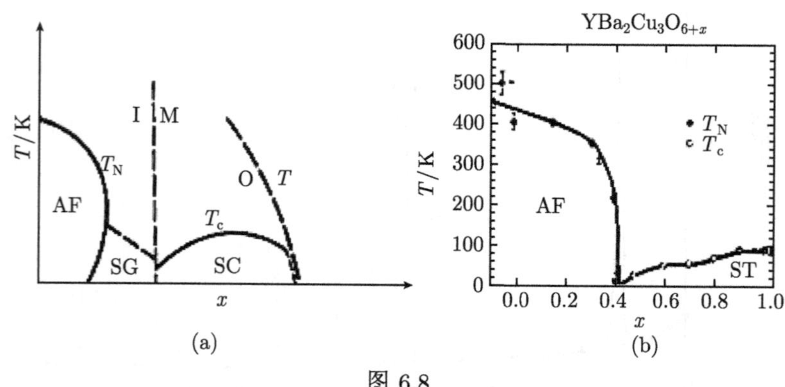

图 6.8

(a) $La_{2-x}(Sr,Ba)_xCuO_{4-y}$ 相图; (b) $YBa_2Cu_3O_{6+x}$ 磁相图, T_c 为超导转变温度

Jurgen 等和 Tranguada 等用中子两轴衍射仪、三轴谱仪和四圆谱仪测定和分析 $YBa_2Cu_3O_{6+x}$ 弹性散射和非弹性散射, 研究了它的磁相图 [示于图 6.8(b)], 发现随氧浓度 x 增加至 0.2, $YBa_2Cu_3O_{6+x}$ 的反铁磁有序化不变, 当 x >0.2, T_N 和 Cu2 位置的 Cu^+ 离子的有序磁矩两者都随 x 增加而减少, 在 x ≈0.4, 有序磁矩突然消

失, 而在 Cu1 位的 Cu^+ 离子, 无氧的含量都不成有序. 对于 $x=0.3$, 观测到重建行为. 以上这些现象必然与 $YBa_2Cu_3O_{6+x}$ 的本性相联系. 比如, 低温磁矩的降低能用自旋波谱的二维特征来解释; 重建行为可能是由于在反铁磁平面内嵌入空穴周围的某种铁磁极子引起受阻效应的结果, 等等.

6.4.2 La_2CuO_4 和 $YBa_2Cu_3O_6$ 自旋关系的研究

反铁磁材料给出附加的磁反射, 也称磁超点阵峰, 研究这些磁 Bragg 峰, 有时也测量准弹性散射强度, 然后假设对模型进行拟合, 并与实验观测进行比较获得反铁磁结构, 有时可用偏振中子束进行测量. 高 T_c 材料的这方面研究很多. 这里仅选择 La_2CuO_4 和 $YBa_2Cu_3O_{7-x}$ 加以介绍. 这两种材料都有四方 → 正交的相变, 两者正交相的空间群分别为 $Cmca$(No.64) 和 $Pmmm$(No.47). Endon 等详细地研究了纯的和掺杂的 La_2CuO_4 的静态和动态的自旋关系, 主要测量 $h00$ 磁散射 Bragg 峰和 $h0.590$ 二维杆的强度. 图 6.9(a) 示出 La_2CuO_4 的晶体结构和自旋结构模型. 对于 La_2CuO_4, 在 $T > T_N$ 由准弹性散射测量观测到奇异的二维反铁磁自旋关系, 且与氧化程度无关; 当 $T < T_N$, 观测到三维反铁磁长程有序 (3D-AF-LRO), 主要由于正交畸变引起的各向异性导致, 故与氧化程度相关, 且随氧化晶体中 T_N 的降低变得不稳定. 估计 Cu^+ 的饱和磁矩约为 $0.35\mu_B$.

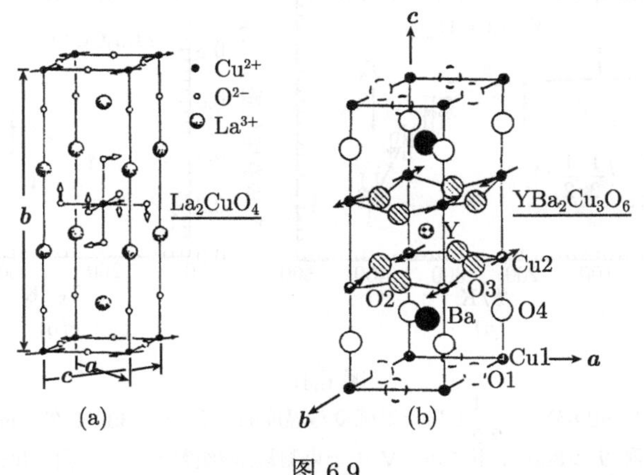

图 6.9

(a) La_2CuO_4 的晶体结构和自旋结构, 与中心氧原子有关的箭头指示在正交相中的旋转方向;

(b) $YBa_2Cu_3O_6$ 的反铁磁体自旋结构, O1 位置是空的, 基面上的自旋方向是任意的

$YBa_2Cu_3O_{7-x}$ 的几个磁反射的积分强度的实验测量和计算结果列入表 6.2 中. 因此主要测量磁反射 $\frac{1}{2}\frac{1}{2}1$、$\frac{1}{2}\frac{1}{2}2$、$\frac{1}{2}\frac{1}{2}3$, 要求较高的分辨率, 使 $\frac{1}{2}\frac{1}{2}2$ 和 003、$\frac{1}{2}\frac{1}{2}3$、102 能分开. 并把它们的积分强度作为失氧量 x 或温度的函数来测量. $\frac{1}{2}\frac{1}{2}1$ 的磁反

表 6.2　$YBa_2Cu_3O_{7-x}$ 的几个磁反射的积分强度

h	k	l	$Q/Å^{-1}$	$I_{观测}$	$I_{计算}(M⊥C)$	$I_{计算}(M//C)$
1/2	1/2	0	1.152	0±100	0	0
1/2	1/2	1	1.268	1300±70	1329	1811
1/2	1/2	2	1.566	1760±110	1724	1241
1/2	1/2	3	1.964	210±80	250	97
1/2	1/2	4	2.414	90±110	79	21

射强度与温度的关系示于图 6.10(a) 中, 经分析建立的非超导四方相 $YBa_2Cu_3O_6$ 的反铁磁自旋结构示于图 6.9(b) 中, Cu 原子的平均有序化磁矩与温度的关系给于图 6.10(b) 中. 比较图 6.9(a) 和 (b) 可以看到, $YBa_2Cu_3O_6$ 中铜原子自旋的贡献是位于 (0, 0, 0.355) 的 Cu2 原子, 而非位于基面上 (000) 的 Cu1 原子. 而在 La_2CuO_4 中, 对自旋贡献的是相当于 $YBa_2Cu_3O_6$ 基面上的而在 La_2CuO_4 中 ac 平面内的 Cu 原子, 且平均磁矩较小. Gillon 等测量 $YBa_2Cu_3O_{6.5}$15 个 (hkl) 反射获得磁密度分布, 并用多极模型作定量解释, 发现磁化密度仅 Cu1(0,0,0) 位置存在, 而 Cu2(0,0,0.355) 无磁化密度. Cu1$\left(0\frac{1}{2}0\right)$ 和 O2 $\left(0\frac{1}{2}0\right)$ 及 O3(0,0,0.158) 磁矩分别为 0.0134(7)、0.0020 和 0.0005(5)μ_B.

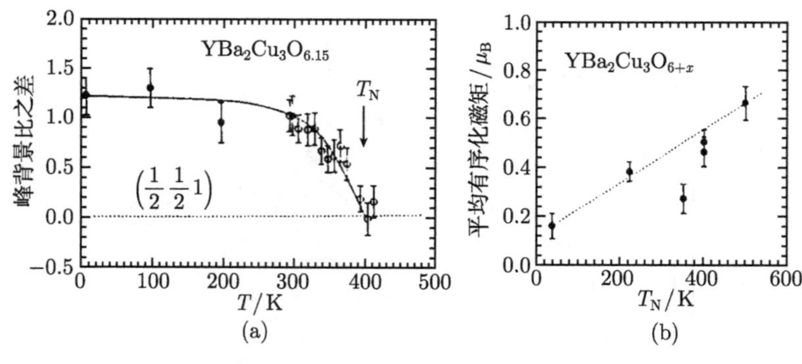

图 6.10

(a) $YBa_2Cu_3O_{7-x}$(x=0.85) 之 $\frac{1}{2}\frac{1}{2}1$ 磁反射强度与温度的关系, T <300K 在 Displex 冷冻系统使用 14.7meV 中子束测量, T >300K, 用 5.0meV 中子束测量, 两组数据已作了归一化; (b) 用中子散射测得的各个磁有序 Cu 原子的平均磁矩与 T_N 的关系

6.5　磁结构中子衍射的测定举例

对于多晶样品, 常用 Rietveld 结构精修的方法来作磁结构的测定, 下面给出两个例子.

6.5.1 $Er_2Fe_{13-x}Mn_xB$ 的磁结构的测定

$Er_2Fe_{13-x}Mn_xB$ 具有与 $ErFe_{13}B$ 相同的静态晶体结构，属四方晶系, $P42/mnm$ (No.136) 空间群, a=8.728Å, c=11.95Å· $ErFe_{13}B$ 的磁结构模型是：呈平行线状的 Fe 磁矩躺在四方点阵的基面上, 处在 f 和 g 两个位置的 Er 原子磁矩反平行于过渡金属原子的磁矩, Er 原子的附加磁矩延正交轴, 见图 6.11(a) 所示. 用这个模型去拟合结果给于图 6.12(a), 下部为观测花样与计算花样之差, 两者符合甚差.

改进的磁结构模型见图 6.11(b), Mn 原子在 $j2$ 位置, 即 z=1/4 和 z=3/4 的立体对角线上, Er f 和 Er g 在基面两相反的对角线 (即 $xx0$, $y\bar{y}0$) 上, 用这样的模型计算花样与测量花样之间的差分别示于图 6.12(b)、(c)、(d) 中, 其中图 6.12(d) 符合最好, 仅留下 2θ=36° 的峰未能很好解释, 可能是杂质峰. 部分样品中的原子位置和磁矩列入表 6.3. x=5 时, χ^2=4.9, x=8 时, χ^2=242. 图 6.13 为 $ErFe_{13-x}Mn_xB$ 的全结构模型, Er 原子和 Mnj_2 原子呈反铁磁性, $k1$ 到 Er f 和 Er g 位置的呈铁磁性有序.

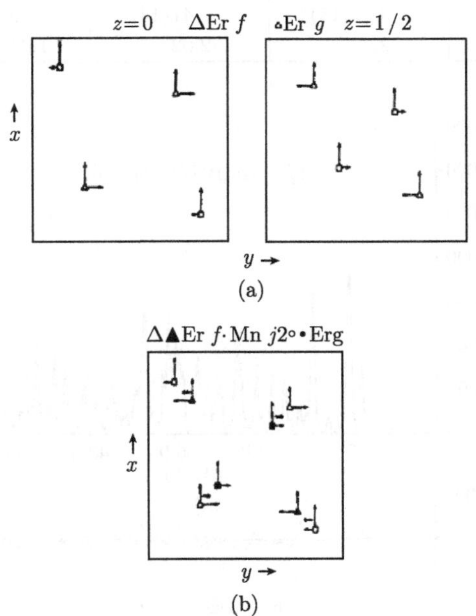

图 6.11 $Er_2Fe_{13-x}Mn_xB$ 中的原子磁矩

(a) Er 原子在 $z = 0$ 和 $z = 1/2$ 平面上的 x 和 y 磁矩分量的排列; (b) Er 和 Mn 原子在 $z = 0$ 和 $z = 1/2$ 之间 x 和 y 分量磁矩的排列; □, △ 为 $z = 1/2$; •, ▲ 为 z=0, Er 与 $j2$ 位置形成的反铁磁分量

表 6.3 $Er_2Fe_{13-x}Mn_xB$ 4.2K 时的磁矩(M 每位置静磁矩,Ms 为体磁矩, 单位：Bohr)

x		0	3	5	8
Er f	k_x	7.74(12)	6.58(10)	5.38(11)	2.27(20)

续表

x			0	3	5	8
		k_y	2.71(20)	4.79(13)	5.12(13)	4.83(12)
		k_z	−2.07(30)	−1.34(31)	−1.06(35)	−0.93(29)
		M	8.46(14)	8.25(10)	7.50(11)	6.51(22)
Er g		k_x	7.78(14)	7.05(10)	6.06(11)	5.03(15)
		k_y	−1.39(20)	−3.45(13)	−3.31(12)	−2.71(13)
		kz	−1.63(30)	−0.83(32)	−1.31(27)	−2.43(19)
		M	8.07(13)	7.89(11)	7.03(12)	6.21(17)
Fe	k_3	$k_x = M$	−2.95(10)	−2.14(9)	−1.66(11)	−1.40(20)
Fe	k_2	$k_x = M$	−2.40(11)	−0.96(10)	−0.91(10)	−0.36(17)
Fe	i_3	$k_x = M$	−2.44(12)	−0.64(14)	−0.34(17)	0.46(31)
Fe	i_2	$k_x = M$	−3.27(11)	−1.04(14)	−0.36(20)	0.40(60)
Mn	j_2	k_x		−1.65(30)	−1.81(20)	−2.34(16)
		k_y		1.91(57)	0.89(38)	0.74(19)
		M		2.54(43)	2.02(23)	2.45(14)
Fe	i	k_x	−2.24(10)	−1.51(17)	−1.26(21)	−002(32)
Fe	i	k_x	−3.02(15)	−2.41(14)	−2.60(18)	−2.17(42)
Ms			−22.7	−2.02	1.64	5.71

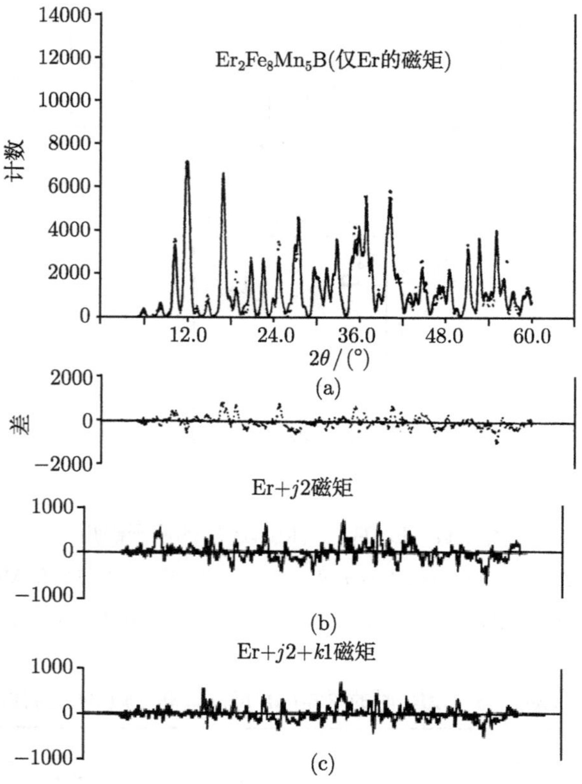

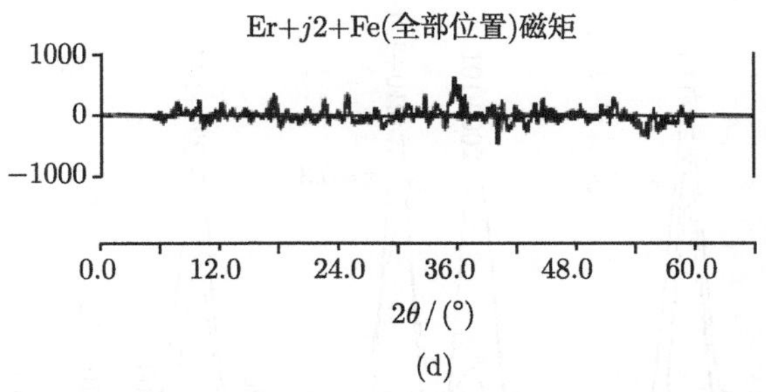

(d)

图 6.12 四种磁矩模型的计算花样与观测花样之差

(a) $Er_2Fe_{13-x}Mn_xB$ 的中子衍射花样和用图 6.11(a) 所示的 $ErFe_{13}B$ 的磁结构拟合的结果, 下部为观测花样与计算花样之差, 两者符合甚差; (b) 为图 6.11(b) 的模型模拟结果之差;(c) 同 (b), 加上 Fe$k1$ 位置的磁性排列;(d) 同 (b), 加上 kx 铁磁性排列

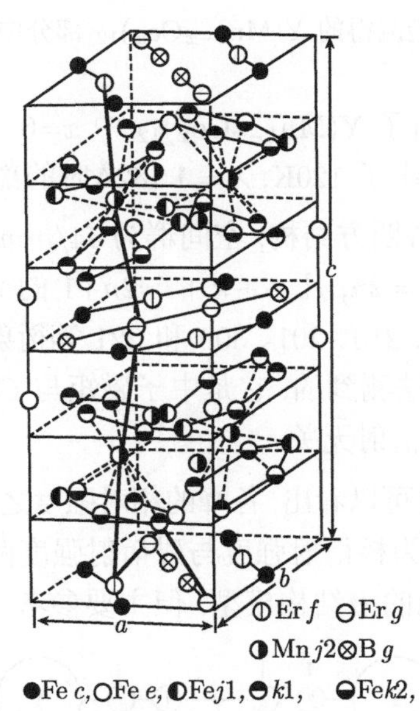

图 6.13 $ErFe_{13-x}Mn_xB$ 的全结构模型

粗实线表示呈反铁磁性的 Er 和 Mn$j2$ 原子间的键. 从 $k1$ 位置到 Erf 和 Erg 位置呈铁磁性有序

6.5.2 $Y(Mn_{1-x}Co_x)_{12}$ 磁结构的测定

锰与非磁元素镱所形成的合金 YMn_{12} 仍为反铁磁物质, Neel 温度为 120K. 室温下呈顺磁性. 有人曾设法用强铁磁性原子去代换 YMn_{12} 中的 Mn, 试图把其反铁磁性转变成铁磁性, 以便得到新型的磁性材料. 至于用钴代换锰后, 合金的磁性是否会改变, 合金的磁结构有待用低温中子衍射去进一步探讨.

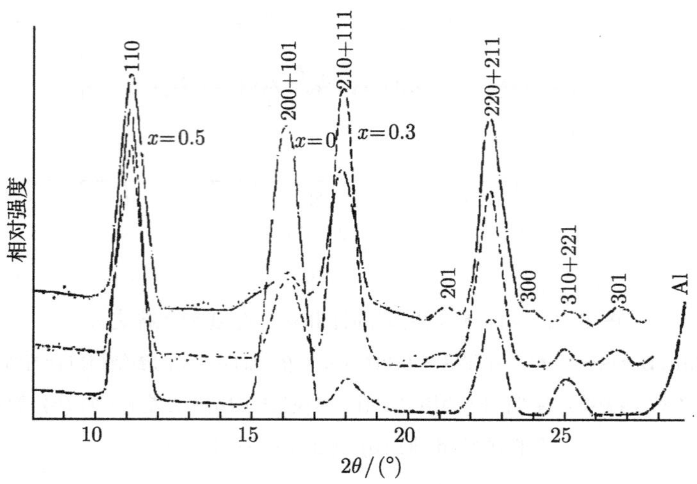

图 6.14　实验测得的 $Y(Mn_{1-x}Co_x)_{12}$ 部分中子衍射花样

通过室温中子衍射分析了 $Y(Mn_{1-x}Co_x)_{12}$ 中 x=0、0.3、0.4、0.5、0.6、0.67 和 0.8 时的磁结构. 图 6.14 给出了 120K, $\lambda = 1.182$Å时的部分实验曲线.

$Y(Mn_{1-x}Co_x)_{12}$ 为体心四方结构, 空间群为 I4/mmm, 对于核散射来说, 衍射线出现的条件是: $h + k + l = 2n$, 凡 $h + k + l$=2n+1 的衍射线都系统消光. 因此可以肯定, 实验上获得的 111、210、201、300 和 221 等衍射线为磁有序超结构线. 这些衍射线是 X 射线衍射无法测到的, 它是中子磁矩与 Co、Mn 原子磁矩相互作用而产生磁衍射的结果, 与核衍射无关.

从不同成分的衍射曲线可以看出, 各峰的相对强度之比随 x 的变化是很明显的. 除超结构峰外, 各峰强度均为核衍射强度与磁衍射强度两部分的叠加. 在分析数据的过程中, 曾使用各种可能的磁结构模型, 但主要参考 Deportes 模型, 见图 6.15,

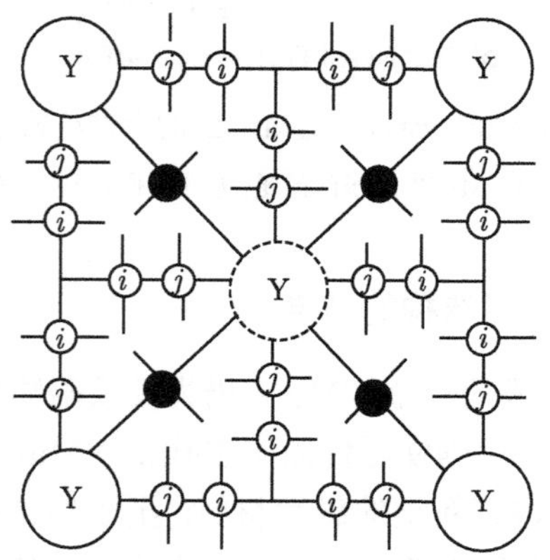

图 6.15　$Y(Mn_{1-x}Co_x)_{12}$ 磁结构的 Deportes 模型

其中大圆圈代表 Y 原子, 小圆圈代表锰、钴原子. 实线圆、虚线圆和实心圆分别表示原子处在 z=0、1/2、1/4、3/4 的平面上, 用尝试法拟合使理论强度逐步逼近实验强度.

在计算磁衍射强度时, 采用了金属 Co, Mn^{+2} 的形状因子. 表 6.4 列出了他们这一工作的主要结果. 其中, μ_i、μ_j 和 μ_f 分别为 $8i$、$8j$ 和 $8f$ 晶位上的原子磁矩值. D_F 为铁磁成分所占的比例.

表 6.4 $Y(Mn_{1-x}Co_x)_{12}$ 理论强度 $I_{计算}$ 与实验强度 $I_{观测}$ 的比较

hkl	x=0		x=0.2		x=0.3		x=0.4		x=0.5	
	$I_{观测}$	$I_{计算}$	$I_{观测}$	$I_{计算}$	$I_{观测}$	$I_{计算}$	$I_{观测}$	$I_{计算}$	$I_{观测}$	$I_{计算}$
110	42.8	42.75	31.7	31.76	33.7	33.78	23.0	22.56	25.5	25.77
101+200	58.8	59.78	15.9	14.74	10.2	10.18	7.1	5.83	3.9	2.88
111+210	6.8	6.84	44.5	45.47	34.5	34.60	18.1	18.37	9.4	9.76
201	0.3	0.21	1.1	1.22	0.9	0.99	1.2	0.45	0.6	0.41
220+211	17.5	16.28	28.2	27.99	33.4	31.05	22.0	21.79	24.0	22.72
300	0.1	0.23	0.4	1.52	0.6	0.12	0.7	0.37	0.3	0.20
310+221	6.2	5.57	8.9	3.97	2.2	3.26	2.0	1.62	2.8	1.37
$\mu_i(\mu_j)$	0.66		2.0		1.80		1.4		1.2	
μ_f	0.66		2.1		1.84		1.5		1.2	
D_F(%)	0.22		2.1		1.84		1.5		1.2	
R(5)	0.0		0.0		0.0		0.2		0.4	
110	2.3		3.6		3.5		4.9		7.3	

通过对 $Y(Mn_{1-x}Co_x)_{12}$ 的低温中子衍射分析, 根据计算强度与实验强度的最佳拟合, 可以得出如下结论.

(1) 当 x=0、0.3 和 0.4 时, $Y(Mn_{1-x}Co_x)_{12}$ 为非共线反铁磁结构, 其原子磁矩的排列情况如图 6.15 所示; 当 x=0.5、0.6 和 0.67 时, $8f$ 和 $8j$ 晶位上的部分原子磁矩首先出现了平行耦合的现象, 而 $8i$ 晶位上的原子磁矩仍然维持其原来的反平行耦合状态. 这种铁磁与反铁磁并存、铁磁成分的比例随着 x 的增加而增加的结构, 决定了材料的变磁性. 同时, 在室温下也会出现自发磁化现象. 当 x=0.8 时, $8i$、$8j$ 和 $8f$ 晶位上的所有原子磁矩彼此平行排列, 并且都垂直于晶体的 c 轴. 样品呈现铁磁性.

(2) 就磁矩大小而论, 凡置换样品 ($x > 0$), $8i$、$8j$ 和 $8f$ 晶位上的原子磁矩都比 YMn_{12} 中相应晶位上的原子磁矩大得多, 而且, 从 (111)+(210) 反射看, 磁矩值的大小与超结构峰的强弱有明显的对应关系.

因此可认为, 钴替代锰引起磁结构的改变, 是由于钴的替代改变了近邻铁族原子 3d 壳层的接近距离, 从而改变了交换积分的符号和大小所造成的.

主要参考文献

1 杨传铮, 谢达材, Newsam J M. 同步辐射 X 射线和中子粉末衍射及 Rietveld 精化. 物理, 1992, 21(11):659-665; 21(12):372-740.

2 杨传铮, 谢达材, Newsam J M, 等. 用中子散射研究凝聚态物质的新进展. 物理学进展, 1994.

3 薛艳杰, 李峻宏, 成之绪, 等. $YFe_{10}Si_2$ 晶体结构和磁结构中子衍射研究. 原子能科学技术, 2004, 38：100-103.

4 Andrew S Wills, Juan Rodriguez. Magnetic structure determination from neutron powder diffraction data. Radaelli: The Cosener's House, Dec. 12-14. 2002.

5 Wills A S. Symmetry and magnetic structure determination: developments on refinement techniques and examples. Appl. Phys. A, 2002, A74:S856-S858.

6 Cui J, Huang Q, Toby B H. Magnetic structure refinement with neutron powder diffraction data using GSAS:A tutorial. Powder Diffraction, 2006, 21(1):71-79.

7 Miceli P F, Tarascon J M, Greene L N, et al. Antiferromagnetic order in $YBa_2Cu_{3-x}Co_xO_{6+y}$. Phys. Rev., 1988, 38(13):9209-9212.

8 Moon R M, Koehler W C, Child H R, et al. Magnetic structure of Er_2O_3 and Yb_2O_3. Phys. Rev., 1968,176(2):722-731.

9 曾详欣, 周慧明, 张百生, 等. $Y(Mn_{1-x}Co_x)_{12}$ 磁结构的中子衍射研究. 物理学报, 1984, 33(6)：850-853.

第 7 章　物相衍射分析

物相, 简称相, 它是具有某种晶体结构并能用某化学式表征其化学成分 (或有一定的成分范围) 的固体物质. 比如, 同样是铁, 它能以体心立方结构的 α-Fe、面心立方结构的 γ-Fe 和体心立方结构的高温 δ-Fe 三种物相形式存在. 碳在 α-Fe 中的固溶体称为铁素体, 碳在 γ-Fe 中的固溶体称为奥氏体. 铁和碳还能形成化合物 Fe_3C, 称为渗碳体, 其晶体结构相当复杂. 而碳钢中的莱氏体则是奥氏体和渗碳体的共晶混合物, 珠光体是铁素体和渗碳体的共析混合物, 显然, 这两种混合物都分别包括两种物相. 又如, 矿物中同样是 SiO_2, 它能以菱形结构的 α-石英、两种不同四方结构的方英石和超石英, 以及两种不同单斜结构的鳞石英和柯石英等形式存在. Al_2O_3 的同分异构体就更多了.

另外, 两种物质虽然晶体结构不变, 但由于原子磁矩的排列由无序变为有序, 产生了磁结构的变化, 前者称为非磁性相, 后者称为磁性相.

同样一种物相, 可以单独存在, 也可以存在于含有其他一种或多种物相的混合体中. 当它单独存在时, 能以不同的形式和大小出现, 当它存在于某种材料中时, 能呈不同的形态和不同的分布, 且随材料的状态而变化, 同时保持晶体结构和化学成分不变.

就广义而言, 物相衍射分析包括物相鉴定 (定性分析)、定量分析、相结构的测定和相变等内容.

7.1 物相鉴定

7.1.1 物相鉴定 (定性相分析) 的原理

物相鉴定 (定性相分析) 的原理和方法与 X 射线衍射完全相同, 就是把实验测得的物质 (材料) 的多晶衍射数据与数据库中的标准数据比对的方法.

1. PDF 数据库和检索程序

由于 PDF 卡片越来越多, 通过人工检索和对卡来识别物相也就更加困难, 为了克服这两方面的困难, 各专业系统根据所接触的对象编制专门的数据手册, 可以提供某些方便; 另一方面是借助计算机, 自从 1965 年以来, 计算机在物相鉴定方面的应用有很大发展.

利用计算机进行物相鉴定的工作包括两个方面.

(1) 建立数据库. 就是把已知物相衍射花样的数据, 用各种可能的方式存入计算机的硬盘中.

(2) 检索/匹配 (S/M) 程序. 即把未知样品 (单相或多相混和物) 的实验衍射数据在考虑一定误差窗口之后输入计算机, 然后计算机按给定程序自动与数据库的已知花样的数据进行检索、核对和匹配.

2. J-V 法自动检索

J-V 法自动检索分两步进行.

(1) 开始阶段. 通过人机对话, 输入自动检索程序要求的有关参数, 如文件名称、误差窗口值 (也可输入 d 代码单位的数目, 1 个 d 代码单位约等于 $2\theta = 0.05°$, 当 d 用 $1000/d$ 作代码时)、能否存在的化学元素符号. 所检物相类别 (如有机物、无机物、矿物等), 检索哪几个数据库 (如大、中、小库) 及检索顺序, 排除或强制匹配哪些 PDF 卡片? 检索匹配的某些判断数据值 (品质因数、可靠性因数等), 报告要求 (一般报告、中间结果、全部详细结果), 详细列出几个匹配好的物相的 d、I 值细节. 如果试样衍射数据未在外存储器中, 则需先用键盘输入 d-I 数据 (最多输入 200 条衍射线), 以建立相应文件.

(2) 检索匹配阶段. 自动检索程序根据所提供的文件名从磁盘中调出所测得并经确认的 d-I 数据, 并自动把 d 转换成 d_{ps} 值, 按给定的误差窗口, 检索出具有强线 d_{ps} 值的所有 PDF 卡片号 (对被测试样 $I/I_1 > 37$ 的衍射线进行此种检索), 并统计每张 PDF 卡片入选次数 n, 给定初选门限 N, 那些 $n > N$ 的 PDF 卡片即为初选入选卡片 (如果在一个数据库, 如 MICRO 库中经过几个检索循环而无结果, 则程序会进入下一个数据库, 如 MINI 库继而 MAXI 库循环检索). 而后, 从正文件中调出各卡片上的 d、I 值与试样的 d、I 值进行匹配, 计算出 A、B、C 值及查出元素含量的 SF 值, 求出它们的乘积 FM 值, 并按 FM 值大小列出 50 个可能物相 (卡片号), 并将剩余线条、强度列入一文件中, 以备必要时进行新一轮检索. 如果一个相也未检索出来, 程序会提示应重新检查所测数据和输入参数是否正确. 人们可重新检查或重新测量数据, 重新检索. 自动检索到此结束.

由于 J-V 法给出的只是 “可能” 的物相, 并有较多的多检, 有时还有漏检等情况, 最后必须有人工判断及检索, 将前面若干个可能性大的 PDF 数据从存储器中调出, 在图像显示终端上与所测衍射谱进行比较, 结合操作者的经验、知识做出最终判断, 或利用自编程序将可能性大的 PDF 数据叠合成合成图谱与所测衍射谱比较以做出最终判断. 或者对剩余线条重新输入一组新参数, 进行新一轮检索及人工判断和检索, 直至所有物相均被检出.

3. 最后判断

经验告诉我们, 单纯从数据分析作最后判断, 有时是完全错误的. 比如, TiC、TiN 和 TiO 都属面心立方结构, 点阵参数相近, 元素分析阳离子都是 Ti, 即使了解试样的来源, 仍难以区别 TiN 和 TiO, 这时需要借助精确测定点阵参数才能最后判断.

7.1.2 PCPDFWIW 在定性相分析系统中的应用

双击 PCPDFWIN, 打开 PCPDFWIN 程序, 出现下图

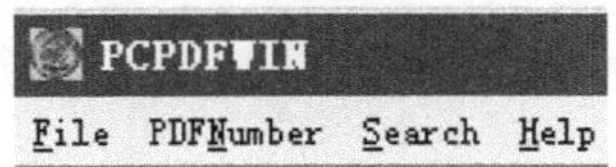

1. 根据卡片号检索

左键击 PDFNumber,

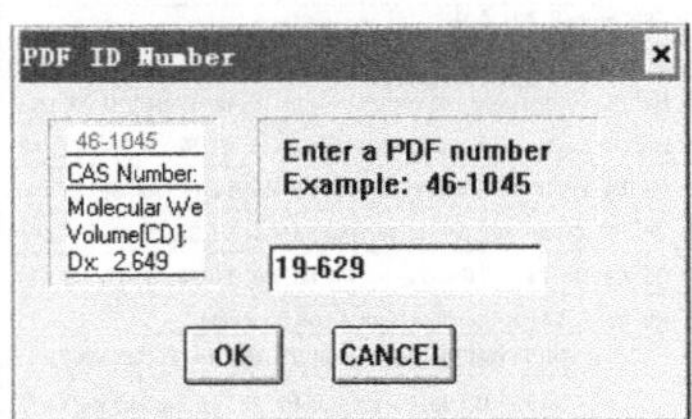

并输入 PDF 卡号, 比如 19-629, 左键击 OK, 得到如下卡片

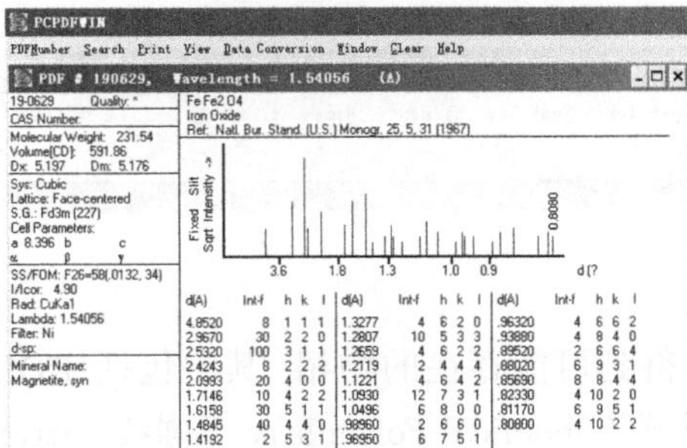

PCPDFWIN
PDFNumber Search Print View Data Conversion Window Clear Help
PDF # 190629, Wavelength = 1.54056 (A)

19-0629 Quality: *
CAS Number:
Molecular Weight: 231.54
Volume[CD]: 591.86
Dx: 5.197 Dm: 5.176
Sys: Cubic
Lattice: Face-centered
S.G.: Fd3m (227)
Cell Parameters:
a 8.396 b c
α β γ
SS/FOM: F26=58(.0132, 34)
I/Icor: 4.90
Rad: CuKa1
Lambda: 1.54056
Filter: Ni
d-sp:
Mineral Name:
Magnetite, syn

Fe Fe2 O4
Iron Oxide
Ref: Natl. Bur. Stand. (U.S.) Monogr. 25, 5, 31 (1967)

d(A)	Int-f	h	k	l	d(A)	Int-f	h	k	l	d(A)	Int-f	h	k	l
4.8520	8	1	1	1	1.3277	4	6	2	0	.96320	4	6	6	2
2.9670	30	2	2	0	1.2807	10	5	3	3	.93880	4	8	4	0
2.5320	100	3	1	1	1.2659	4	6	2	2	.89520	2	6	6	4
2.4243	8	2	2	2	1.2119	2	4	4	4	.88020	6	9	3	1
2.0993	20	4	0	0	1.1221	4	6	4	2	.85690	8	8	4	4
1.7146	10	4	2	2	1.0930	12	7	3	1	.82330	4	10	2	0
1.6158	30	5	1	1	1.0496	6	8	0	0	.81170	6	9	5	1
1.4845	40	4	4	0	.98960	2	6	6	0	.80800	4	10	2	2
1.4192	2	5	3	1	.96950	6	7	5	1					

如果需要打印这张卡片, 则单击 Print, 再击确定, 则可获得这张卡片.

2. 根据已知元素检索

左键击 SEARCH, 菜单中有许多选项, 其中 Element 最为常用

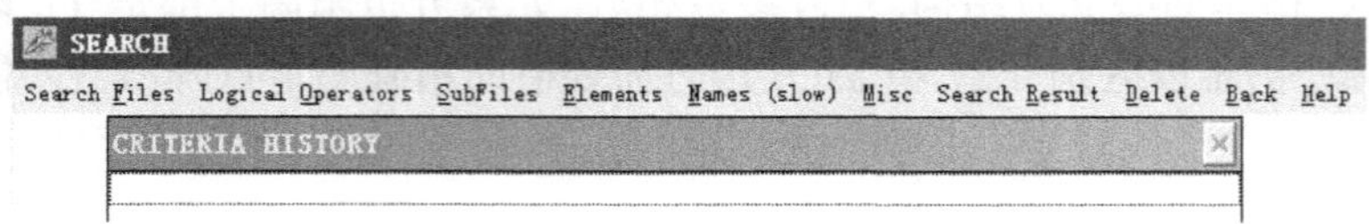

点击 SEARCH 后选择 Select Elements, 如果全部元素已知则点击 Only 或 Just, 若部分元素已知, 则点击 Inclusive

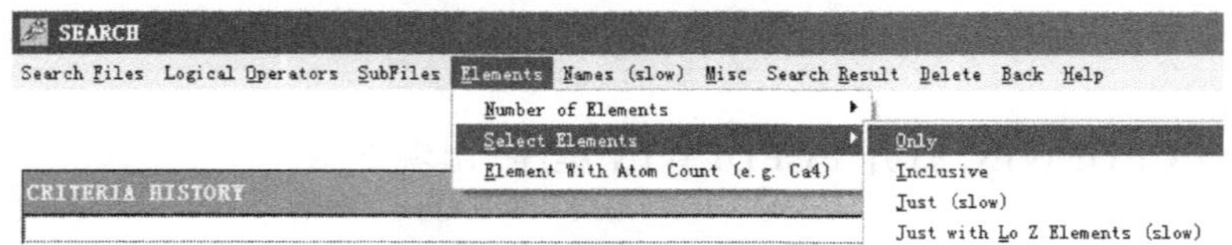

上图中标 Only 为已知元素仅组成一种物相的情况; Just 为已知元素组成一种或多种物相; Inclusive 表示物相中不仅包括已知元素, 还包括其他元素. 无论采用哪一种元素限制, Only Just Inclusive, 均出现下元素周期表

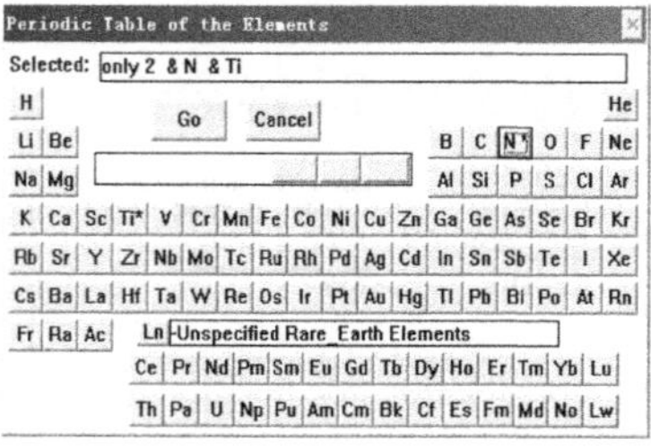

分别点击元素周期表中的元素, 如 Ti 和 N, 点击 Go 得到

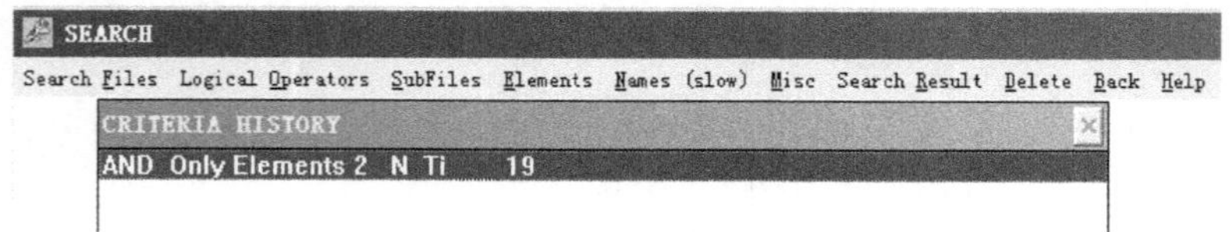

点击 Search Results, 得到可能存在的物相, 其中包括 PDF 卡号 ID、物质名称 (Chemical Name)、化学式 (Chemical Formula)、三强线 (Strangest Lines) 的 d 值以及晶系等, 如下图

SEARCH RESULT

Display Matched Item Number: 1 to 19 | Print Search Result | OK | Cancel

ID	Chemical Name	Chemical Formula	3 Strongest Lines	Sys
84-1123	Titanium Nitride	Ti3 N1.29	2.33 2.22 2.41	R
77-1893	Titanium Nitride	Ti2 N	2.44 2.07 2.20	T
76-0198	Titanium Nitride	Ti2 N	2.29 2.47 2.21	T
74-1214	Titanium Nitride	Ti N	2.20 2.54 1.56	C
73-0959	Titanium Nitride	Ti2 N	2.44 2.07 2.20	T
71-0299	Titanium Nitride	Ti N0.90	2.12 2.45 1.50	C
44-1095	Titanium Nitride	Ti N0.26	1.26 2.56 2.26	H
41-1352	Titanium Nitride	Ti N0.30	2.27 2.40 1.75	H
40-1276	Titanium Nitride	Ti N0.30	2.40 1.75 1.49	H
40-0958	Titanium Nitride	Ti3 N2-x	2.21 2.33 2.40	R
39-1015	Titanium Nitride	Ti4 N3-x	2.19 2.36 2.41	R
38-1420	Osbornite, syn, Titanium Nitride	Ti N	2.12 2.45 1.50	C
31-1403	Osbornite, syn, Titanium Nitride	Ti N0.90	2.12 2.46 1.50	C
23-1455	Titanium Nitride	Ti2 N	2.44 2.07 1.51	T
17-0386	Titanium Nitride	Ti2 N	2.29 2.47 1.45	T
08-0418	Titanium Nitride	Ti N	2.28 2.46 2.21	T
06-0642	Osbornite, syn, Titanium Nitride	Ti N	2.12 2.44 1.50	C

选中上图中的某物相 (如 38-1420) 后, 点击 OK 得到其 PDF 卡片:

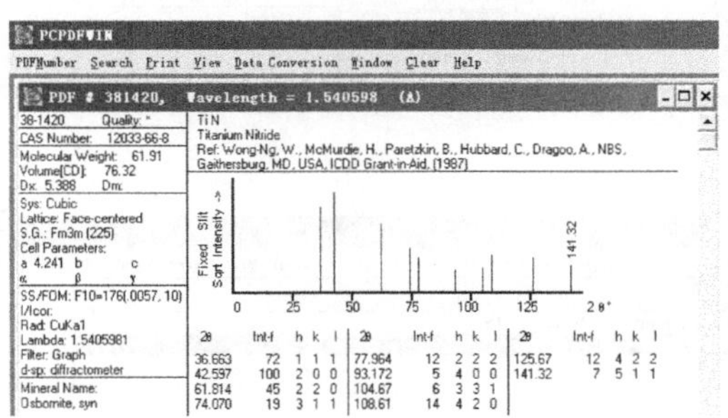

当用 2Theta 进行匹配时, 要注意实验用的波长是不是与卡片的波长一致, 如果不一致, 卡片中的 2Theta 是不可用的. 这一点对于中子衍射要特别注意, 必须击 Data Conversion 和 Spacing, 则完成数据转换:

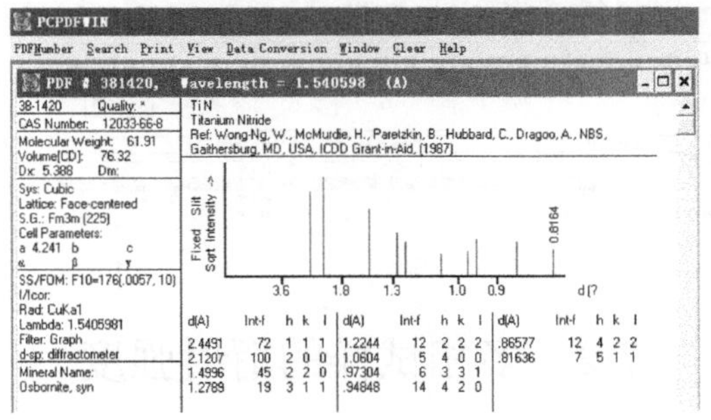

卡片中给出了 d(Å) int-f hkl, 才能进行数据的比对.

在标定时, 为了缩小检索范围, 通常还要利用衍射谱的强线的信息. 即选择最强线和次强线, 经上述 Only Just Inclusive 的元素限制后, 点击 Misc, 再选择 Strong Lines, 出现以下对话框, 将最强线的 d 值减 0.02 后填入 Lower Limit, 将 d 加 0.02 后填入 Upper Limit, 有时可加减更大的值.

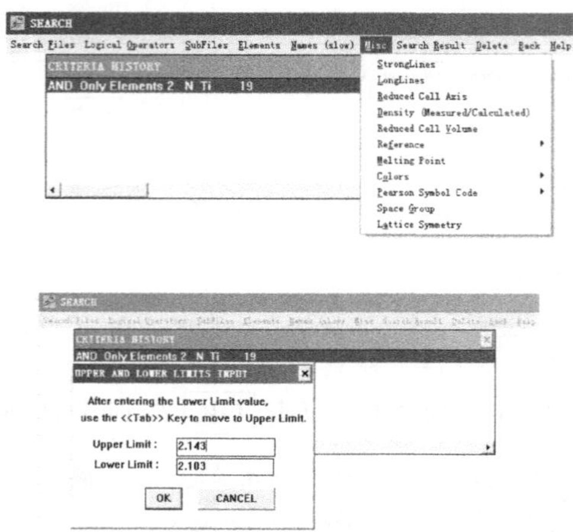

点击 OK 得到

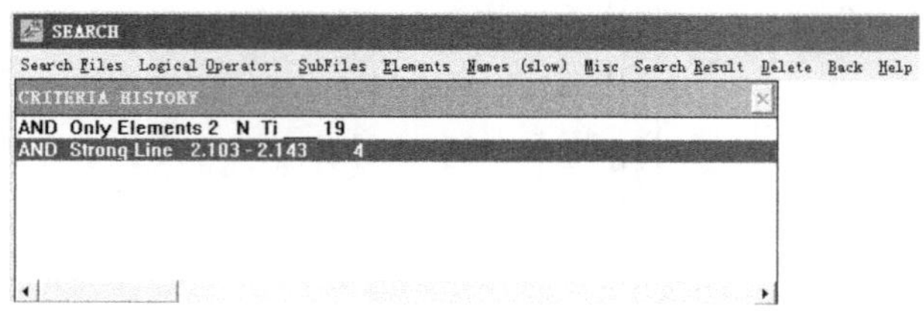

可见从表面上看 19 个相减至 4 个相, 即 19 个相中选中 4 个相. 点击 Search Result 从上可知, 其仅仅是检索方便, 但对卡和匹配还需人工进行.

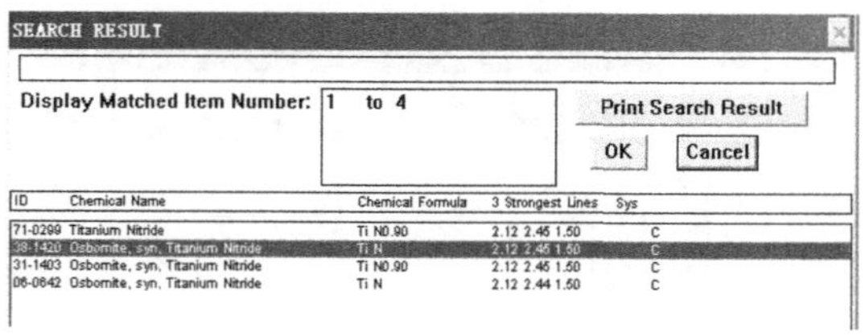

7.2　多相试样的衍射强度

物相的定量分析方法都是基于 X 射线衍射提出来的. 原则上都可用于中子衍射. 单相物质的衍射相对强度公式:

$$I_{hkl\text{相对}} = P_{hkl}F_{hkl}^2 \frac{1+\cos^2 2\theta_{hkl}}{\sin^2\theta_{hkl}\cdot\cos\theta_{hkl}}\cdot \mathrm{e}^{-2M}\cdot A \tag{7.1}$$

如果试样为多相物质的混合物, 那么其中第 i 相的衍射强度受整个混合物吸收的影响, 该相的衍射体积 V_i 是总的衍射体积 $\bar{V}$ 的一部分. 设混合物试样的线吸收

系数为 $\bar{\mu}_l$, 第 i 相的体积分数为 f_i, 则第 i 相某 hkl 的衍射强度 (略去下标 hkl) 则为

$$I_i = \frac{RK_i\bar{V}}{2\bar{\mu}_l} \cdot f_i = \frac{RK_i\bar{V}}{2\bar{\mu}_m\bar{\rho}} \cdot f_i \tag{7.2}$$

如果第 i 相的密度和重量分数分别为 ρ_i、x_i, 则 $x_i = \dfrac{W_i}{W} = \dfrac{\bar{V}f_i\rho_i}{\bar{V}\bar{\rho}} = \dfrac{f_i\rho_i}{\bar{\rho}}$, 代入式 (7.2) 得

$$I_i = \frac{RK_i\bar{V}\bar{\rho}}{2\bar{\mu}_l\rho_i}x_i = \frac{RK_i\bar{V}}{2\bar{\mu}_m\rho_i}x_i \tag{7.3}$$

$\bar{\rho}$ 为混合试样的密度, 式 (7.2) 和式 (7.3) 就是与 i 相含量 (体积分数 f_i、质量分数 x_i) 直接相关的衍射强度公式, 它们是定量相分析工作的出发点.

值得注意的是, 乍看起来, 式 (7.2) 和式 (7.3) 表明衍射强度与物相的含量 (f_i 或 x_i) 成线性关系, 但实际上常常不一定如此 (见图 7.1). 这是因为衍射强度还与总的衍射体积和试样的吸收系数有关, 而衍射体积和吸收系数 ($\bar{\mu}_l$ 或 $\bar{\mu}_m$) 又与相的含量有关. 由图 7.1 可见, 石英–方石英的那条为直线, 这是因为两者都是 SiO_2 的同分异构体, 混合试样的衍射体积和质量吸收系数不随二者相对含量变化, $\bar{\rho}$ 的变化甚小. 而另外两条则因衍射体积和吸收系数随两相的相对含量而变化, 故呈非线性关系.

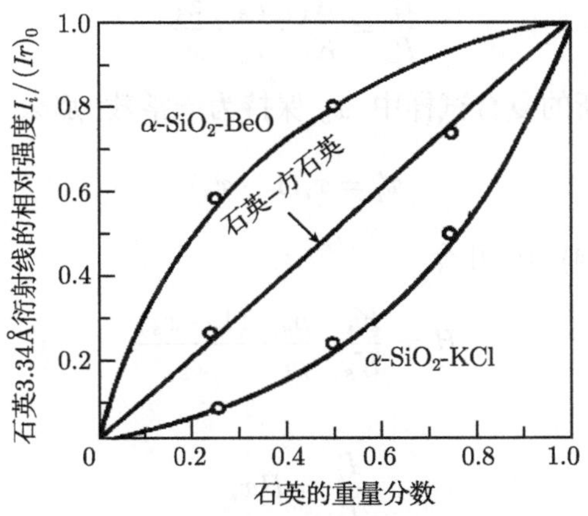

图 7.1 石英的定量分析曲线

7.3 采用标样的定量相分析方法

X 射线定量相分析自 1948 年 Alexander 提出内标法的正确理论, 奠定了定量相分析基础以来, 已有近 60 年的历史. 近 30 年来, 随着射线衍射仪的综合稳定度的大大提高, 以及在衍射仪中阶梯扫描装置和由电子计算机控制的衍射峰积分强度测量的应用, 使定量相分析方法和实验技术迅速发展, 应用也更为广泛.

在实际工作中, K_i、$\bar{\mu}_l$、$\bar{\mu}_m$、$\bar{V}$ 在许多情况下都难以理论计算, 因此许多 X 射线分析者采用不同的实验技术和数据处理方法, 或是避免繁杂的计算, 或是使计算简单化, 这样就出现了各种各样的定量相分析方法.

7.3.1 内标法

所谓内标法就是把一定量的待测试样中不存在的某种纯物相加入未知的混合物样品中, 构成新的复合试样的方法.

设未知混合物样品中有 $1, 2, \cdots, i, \cdots, n$ 个物相组元, 现要用内标法测定组元 i 的百分含量 x_i.

选内标物相 s 与未知的混合物样品均匀混合构成新的复合试样, 物相 s 在复合试样中的重量分数为 x_s. 所需求的物相组元 i 在原样品中的重量分数为 x_i, 而在新的复合样品中的重量分数为 x_i', 根据公式 (7.3) 得新的复合试样中 i 相和内标相 s 的衍射强度

$$I_i' = \frac{RK_i\bar{V}'\bar{\rho}'}{2\bar{\mu}_l'\rho_i} \cdot x_i'$$

$$I_s' = \frac{RK_s\bar{V}'\bar{\rho}'}{2\bar{\mu}'\rho_s} \cdot x_s$$

两式相除得

$$\frac{I_i'}{I_s'} = \frac{K_i}{K_s} \cdot \frac{\rho_s}{\rho_i} \cdot \frac{x_i'}{x_s} \tag{7.4}$$

ρ_i、ρ_s 均为已知. 在新的复合试样中, x_s 保持为一常数, 那么 $(1-x_s)$ 也为常数, 则

$$x_i' = x_i(1-x_s) \tag{7.5}$$

将式 (7.5) 代入式 (7.4) 中, 并令

$$H = \frac{K_i}{K_s} \cdot \frac{\rho_s}{\rho_i} \cdot \frac{(1-x_s)}{x_s} \tag{7.6}$$

经整理后得

$$\frac{I_i'}{I_s'} = Hx_i \tag{7.7}$$

式 (7.7) 就是常用的内标法定量相分析的公式. 由式 (7.6) 可见, H 还是难于计算的, 为此需借助式 (7.7) 作工作曲线或求出 H, 然后求出待测试样中所要测定相的含量, 其步骤如下所述.

(1) 需要一组 x_i 不同的参考样品, 以恒定的重量分数 x_s 的内标纯相 s 加入这一组参考样品, 分别充分混合, 获得一组参考试样;

(2) 测定这组参考试样中的 I_i' 和 I_s'; 绘制 I_i'/I_s'-x_i 的关系图, 这就是工作曲线, 一般为直线, 其斜率为 H;

(3) 最后, 以含量为 x_s 的内标相加入待测未知混合物样品, 以与工作曲线同样的实验条件测量 I_i'/I_s', 利用工作曲线或求出的 H 即可求解 x_i.

由前述可知, 用这种内标法求解多相系几乎是不可能的. 钟福民和杨传铮提出了另一种内标法. 如果有 n 个待测样品, 每个样品中有 n 相, 要求测定每个样品中各相的重量分数 x_{iJ}, 其中下标小写字母 i 表示相的序号, 大写字母 J 表示样品序号.

把样品中不存在的一种纯相 s 加入各个样品中, 其重量分数为 x_s', 原样中 x_{iJ} 变为 x_{iJ}', 则有

$$
\begin{aligned}
I_{i1} &= \frac{RK_i\bar{V}_1}{2\bar{\mu}_{m1}\rho_i}x_{i1}', \qquad I_{s1} = \frac{RK_s\bar{V}_1}{2\bar{\mu}_{m1}\rho_s}x_s \\
&\vdots \qquad\qquad\qquad\qquad \vdots \\
I_{iJ} &= \frac{RK_i\bar{V}_J}{2\bar{\mu}_{mJ}\rho_i}x_{iJ}', \qquad I_{sJ} = \frac{RK_s\bar{V}_J}{2\bar{\mu}_{mJ}\rho_s}x_s \\
&\vdots \qquad\qquad\qquad\qquad \vdots \\
I_{iN} &= \frac{RK_i\bar{V}_N}{2\bar{\mu}_{mN}\rho_i}X_{iN}', \quad I_{sN} = \frac{RK_s\bar{V}_N}{2\bar{\mu}_{mN}\rho_s}x_s
\end{aligned}
\tag{7.8}
$$

将式 (7.8) 中相应于各样品的强度表达式相除, 则消除 $\overline{\mu}_{mJ}$

$$
\begin{aligned}
\frac{I_{i1}}{I_{s1}} &= \frac{K_i\rho_i^{-1}}{K_s\rho_s^{-1}} \cdot \frac{x_{i1}'}{x_s} \\
&\vdots \\
\frac{I_{iJ}}{I_{sJ}} &= \frac{K_i\rho_s^{-1}}{K_s\rho_s^{-1}} \cdot \frac{x_{iJ}'}{x_s} \\
&\vdots \\
\frac{I_{iN}}{I_{sN}} &= \frac{K_i\rho_i^{-1}}{K_s\rho_s^{-1}} \cdot \frac{x_{iN}'}{x_s}
\end{aligned}
\tag{7.9}
$$

将式 (7.9) 中第一式与其他相除, 即可消除 $\dfrac{K_i\rho_i^{-1}}{K_s\rho_s^{-1}}$, 经整理后得

$$
\begin{aligned}
x_{i2}' &= \frac{I_{i2}}{I_{s2}} \cdot \frac{I_{s1}}{I_{i1}} \cdot x_{i1}' \\
x_{i3}' &= \frac{I_{i3}}{I_{s3}} \cdot \frac{I_{s1}}{I_{i1}} \cdot x_{i1}' \\
&\vdots \\
x_{iN}' &= \frac{I_{iN}}{I_{sN}} \cdot \frac{I_{s1}}{I_{i1}} \cdot x_{i1}'
\end{aligned}
\tag{7.10}
$$

分别对式 (7.10) 中各式求和, 并注意 $\sum_{i=1}^{n} x'_{iJ} = 1 - x_s$, 得

$$\sum_{i=1}^{n}\left(x'_{i1}\cdot\frac{I_{s1}}{I_{i1}}\cdot\frac{I_{i2}}{I_{s2}}\right) = 1 - x_s$$

$$\sum_{i=1}^{n}\left(x'_{i1}\cdot\frac{I_{s1}}{I_{i1}}\cdot\frac{I_{i3}}{I_{s3}}\right) = 1 - s_s$$

$$\vdots$$

$$\sum_{i=1}^{n}\left(X'_{i1}\cdot\frac{I_{s1}}{I_{i1}}\cdot\frac{I_{iN}}{I_{sN}}\right) = 1 - s_s \tag{7.11}$$

又因为第 J 个已加入内标的样品与第 J 个待求原样间各相重量分数的关系为

$$x'_{iJ} = x_{iJ}(1 - x_s) \tag{7.12}$$

将式 (7.12) 代入式 (7.11) 得

$$\sum_{i=1}^{n}\left(x_{i1}\cdot\frac{I_{s1}}{I_{i1}}\cdot\frac{I_{i2}}{I_{s2}}\right) = 1$$

$$\sum_{i=1}^{n}\left(x_{i1}\cdot\frac{I_{s1}}{I_{i1}}\cdot\frac{I_{i3}}{I_{s3}}\right) = 1$$

$$\vdots$$

$$\sum_{i=1}^{n}\left(x_{i1}\cdot\frac{I_{s1}}{I_{i1}}\cdot\frac{I_{iN}}{I_{sN}}\right) = 1 \tag{7.13}$$

式 (7.13) 包括 $(n-1)$ 个方程, 每个方程有 n 项, 加上 $\sum_{i=1}^{n} x_{iJ} = 1$, 即可求解 1 号样品中各相的重量分数. 类似处理可求解其他样品中各相的重量分数. 最后写出求解第 K 号试样的一般形式的方程组

$$\left\{\begin{array}{l}\sum_{i=1}^{n}\left(\frac{I_{sK}}{I_{iK}}\cdot\frac{I_{iJ}}{I_{sK}}x_{iK}\right) = 1 \quad (J = 1, 2, 3, \cdots, K, \cdots, N) \\ \sum_{i=1}^{n} x_{iK} = 1\end{array}\right. \tag{7.14}$$

7.3.2 增量法

Alexander 的内标法要求具有不同含量而又已知待测相 x_i 的一组参考试样制作工作曲线, 一般来讲这是难以实现的. 为了克服这个缺点, 1958 年 Copeland 和 Bragg 提出了增量法.

增量法就是在 1 克 (也可为另一重量) 的样品中增加任一待测相 i 的纯相 x_{is} 克, 则新的混合试样中 i 相的重量分数 x'_i

$$x'_i = \frac{x_i + x_{is}}{1 + x_{is}} \tag{7.15a}$$

同时其他任何物相组元 $j(j = 1, 2, \cdots, n, \neq i)$ 在新的混合样品中的质量分数 x'_j 为

$$x'_j = \frac{x_j}{1 + x_{is}} \tag{7.15b}$$

根据式 (7.3) 有

$$I'_i = \frac{RK_i\overline{V}}{2\overline{\mu}'_1} \cdot \frac{\overline{\rho}}{\rho_i}\left(\frac{x_i + x_{is}}{1 + x_{is}}\right)$$

$$I'_j = \frac{RK_j\overline{V}}{2\overline{\mu}'_1} \cdot \frac{\overline{\rho}}{\rho_j}\left(\frac{x_j}{1 + x_{is}}\right)$$

两式相除

$$\frac{I'_i}{I'_j} = \frac{K_i}{K_j} \cdot \frac{\rho_i}{\rho_j} \cdot \frac{x_i + x_{is}}{x_j} \tag{7.16a}$$

如果增加的 x_{is} 为一系列数值, 则可把 $\dfrac{I'_i}{I'_j} \sim x_{is}$ 作图, 为直线关系. 根据它与 x_{is} 轴的截距和斜率联合求解 x_i. 为了提高测量的准确度, 可用多根衍射线条求解. 此法还可解决衍射线重叠情况的测量.

Bezjak 和 Jelenic 发展了增量法. 与 (7.16a) 式类似, 对未增量的原样也有

$$\frac{I_i}{I_j} = \frac{K_i}{K_j} \cdot \frac{\rho_i}{\rho_j} \cdot \frac{x_i}{x_j} \tag{7.16b}$$

将式 (7.16a) 和式 (7.16b) 两式相除并经整理后得

$$x_i = \frac{x_{is}}{\left(\dfrac{I'_i}{I'_j}\bigg/\dfrac{I_i}{I_j}\right) - 1} \tag{7.17}$$

对于多元物相系的任何一个相也可以通过该相两个增量试样、两个衍射花样求解. 类似式 (7.16) 有

$$\frac{I_i''}{I_j''} = \frac{K_i}{K_j} \cdot \frac{\rho_i}{\rho_j} \cdot \frac{x_i + x'_{is}}{x_j} \tag{7.18}$$

将式 (7.16a) 除以式 (7.18), 并整理得

$$x_i = \frac{x'_{is} - \left(\dfrac{I_i''}{I_j''}\Big/\dfrac{I'_i}{I'_j}\right)x_i}{\left(\dfrac{I_i''}{I_j''}\Big/\dfrac{I'_i}{I'_j}\right) - 1} \tag{7.19}$$

Popovic 等为了使包含 n 个物相的混合样品, 通过一次掺样和仅从两个衍射花样同时测量 n 个物相的重量分数而发展了增量法. 现以三元物相系为例介绍如下.

在三元物相 A、B、C 系统中, 要求测定各重量分数 x_A、x_B 和 x_C. 在原试样中有

$$\begin{aligned} x_A + x_B + x_C &= 1 \\ \frac{x_A}{x_B} &= K_{A/B}^{-1} \cdot \frac{I_A}{I_B} \\ \frac{x_A}{x_C} &= K_{A/C}^{-1} \cdot \frac{I_A}{I_C} \end{aligned} \tag{7.20}$$

其中, $K_{A/B} = \dfrac{K_A\rho_A^{-1}}{K_B\rho_B^{-1}}$; $K_{A/C} = \dfrac{K_A\rho_A^{-1}}{K_C\rho_C^{-1}}$. 用已知质量分数 x_{Bs}、x_{Cs} 的两纯相中加入原样品中, 均匀混成一个新的复合试样, 其中 A 相的重量分数变为 x'_A, 如此等等. 则有

$$\begin{aligned} x'_A + x'_B + x'_C + x_{Bs} + x_{Cs} &= 1 \\ \frac{x'_A}{x'_B + x_{Bs}} &= K_{A/B}^{-1} \cdot \frac{I'_A}{I'_B} \\ \frac{x'_A}{x'_C + x_{Cs}} &= K_{A/C}^{-1} \cdot \frac{I'_A}{I'_C} \\ \frac{x'_A}{x'_B} &= \frac{x_A}{x_B} \\ \frac{x'_A}{x'_C} &= \frac{x_A}{x_C} \end{aligned} \tag{7.21}$$

其中, I_A、I_B、I_C 为原样中 A、B、C 三个相所选定衍射线的强度; I'_A、I'_B、I'_C 为增 x_B、x_C 后新的复合试样中 A、B、C 三个相所选定衍射线的强度; x'_A、x'_B、x'_C 为原样中三个相在新复合试样中重量分数. 在式 (7.20) 和式 (7.21) 方程组中有 8 个未知数 x_A、x_B、x_C; x'_A、x'_B、x'_C 和 $K_{A/B}$、$K_{A/C}$, 有 8 个独立的方程, 联立求解得

$$\begin{cases} x_B = \dfrac{x_{Bs}R_{AB}}{P(1 - R_{AB})} \\ x_C = \dfrac{x_{Cs}R_{AC}}{P(1 - R_{AC})} \\ x_A = 1 - (x_B + x_C) \end{cases} \tag{7.22}$$

其中,

$$\begin{cases} P = 1 - (x_{Bs} + x_{Cs}) \\ R_{AB} = \dfrac{I'_A}{I'_B} \cdot \dfrac{I_B}{I_A} \\ R_{AC} = \dfrac{I'_A}{I'_C} \cdot \dfrac{I_C}{I_A} \end{cases} \tag{7.23}$$

对于含 n 个物相的系统, 其方法和步骤要点总结如下:

(1) 测量 n 相系原样中各相非重叠线的积分强度 $I_1, I_2, \cdots, I_n$;

(2) 将重量分数为 x_{is} $[i=1,2,\cdots,(n-1)]$ 的 $(n-1)$ 原样中含有的纯相与原样品混合制成一新的复合试样;

(3) 与步骤 (1) 相同的实验条件下, 在相应于 $I_1, I_2, \cdots, I_n$ 的衍射线位置测量 $I'_1, I'_2, \cdots, I'_n$;

(4) 任何物相在原样中的重量分数, 由下式求得

$$\begin{cases} x_i = \dfrac{x_{is} R_{ji}}{P(1-R_{ji})} \\ P = 1 - \sum x_{is} \\ R_{ji} = \dfrac{I'_j}{I'_i} \cdot \dfrac{I_i}{I_j} \end{cases} \tag{7.24}$$

上述的增量法要求满足两个条件: ① 增量相必须是纯相; ② 样品中必须存在一个参考相, 增量时不增这个相, 有时是难以满足的. 姚公达和郭常霖提出用非纯相进行增量而能直接测定未知样品中各相含量的方法, 这里不作介绍.

7.3.3　外标法

1953 年, Leroux 等提出二元物相系的外标法, 也可推广到多元物相系, 根据式 7.3 可写出第 i 相的衍射强度:

$$I_i = \frac{RK_i\overline{V}}{2\mu_l} \cdot \frac{\overline{\rho}}{\rho_i} x_i$$

对于纯相类似有

$$(I_i)_0 = \frac{RK_i}{2\mu_{li}} (V_i)_0 \tag{7.25}$$

两式相除得

$$\frac{(I_i)_0}{I_i} = \frac{\bar{\mu}_l}{\mu_{li}} \frac{(V_i)_0}{\bar{V}} \cdot \frac{\rho_i}{\bar{\rho}} \frac{1}{x_i} \tag{7.26}$$

把式 (7.3) 代入并整理得

$$x_i = \frac{I_i}{(I_i)_0} \cdot \left(\frac{\overline{\mu_l}}{\mu_{li}}\right)^2 \cdot \frac{\rho_i}{\overline{\rho}} \tag{7.27}$$

如果 $\mu_{li} = \overline{\mu_l}$, 即混合试样由同素异构的相组成. 这时 $\dfrac{\overline{\mu_l}}{\mu_{li}} = 1$, $\rho_i \approx \overline{\rho}$, 则得

$$x_i = \frac{I_i}{(I_i)_0} \tag{7.28}$$

定量工作变得十分简单. 对于一般情况, $\overline{\mu_l}/\mu_{li} \neq 1$ 需要一组含不同的 x_i 与纯相用实验方法来校正曲线. 对于二元物相系, $\overline{\mu_l}$ 可用如下公式计算

$$\overline{\mu_l} = \bar{\rho}\bar{\mu}_m = \overline{\rho}[x_1\mu_{m1} + (1 - x_1)\mu_{m2}] = \overline{\rho}[x_1(\mu_{m1} - \mu_{m2}) + \mu_{m2}] \tag{7.29}$$

典型的校正曲线如图 7.2 所示, 显然为非直线关系. 实际测量时利用这种曲线求解.

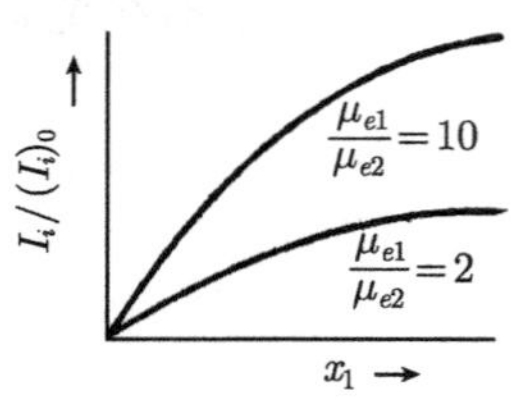

图 7.2　二元物相系外标法典型的校正曲线

利用上述外标法解多元物相系是很麻烦的, 它要求原样和 $n-1$ 个纯相进行试验测量, 要求 $n-1$ 组 $\overline{\mu_l}$ 相同而 x_i 不同的试样作 $n-1$ 根校正曲线, 事实上几乎是不可能的.

Karlak 和 Burnet 于 1966 年提出一种解决有重叠线的多元物相系外标方法, 现简介如下.

设混合物样中有 n 个物相, 设 I_j 表示其衍射花样中第 j 根衍射线强度, I_{ji} 表示第 i 相对 I_j 的贡献, 则混合物样品中 n 个相对第 j 根衍射线强度的贡献为

$$I_i = \sum_{i=1}^{n} I_j \tag{7.30}$$

如果第 i 相产生的最强衍射线强度记为 I_{0i}, 则有

$$I_{0i} = \frac{RK_{0i}\overline{V}}{2\overline{\mu_l}} \cdot \frac{\overline{\rho}}{\rho_i}x_i$$

令

$$H_{0i} = \frac{RK_{0i}\overline{V}}{2\overline{\mu_l}} \cdot \frac{\overline{\rho}}{\rho_i}; \quad a_{ji} = I_{ji}/I_{0i} \tag{7.31}$$

代入式 (7.30) 得

$$I_i = \sum_{i=1}^{n} a_{ij}H_{0i}x_i \tag{7.32a}$$

为便于今后使用, 再将式 (7.32a) 做一些变化, 令

$$H_{in} = \frac{H_{0i}}{H_{0n}}; \quad x_{in} = \frac{x_{0i}}{x_{0n}} \tag{7.32b}$$

将式 (7.32b) 代入式 (7.32a), 整理得

$$I_j = H_{0n}x_n \sum_{i=1}^{n} a_{ji}H_{in}x_{in} \tag{7.33a}$$

对于第 k 条衍射线强度也类似有

$$I_k = H_{0n}x_n \sum_{i=1}^{n} a_{ki}H_{in}x_{in} \tag{7.33b}$$

两式相除并移项整理, 令 $I_{jk} = I_j/I_k$, 则有

$$\sum_{i=1}^{n}[H_{in}(a_{ji} - a_{ki}I_{jk})x_{in}] = 0 \tag{7.34}$$

其中, j=1, 2, $\cdots$, $k-1$, k, $k+1$, $\cdots$. 由前面的假设得知, 当 $i = n$ 时, $H_{in} = H_{nn} = \dfrac{H_{0n}}{H_{0n}} = 1, x_{in} = x_{nn} = \dfrac{x_n}{x_n} = 1$. 注意到这种情况, 式 (7.34) 可以展开.

当 $j = 1$ 时

$$\sum_{i=1}^{n}\left[H_{in}\left(a_{1i} - a_{ki}I_{1k}\right)x_{in}\right] = 0$$

$$\begin{aligned} a_{kn}I_{1k} - a_{1n} =& H_{1n}(a_{11} - a_{k1}I_{1k})x_{1n} + H_{2n}(a_{12} - a_{k2}I_{1k})x_{2n} + \cdots \\ &+ H_{(n-1)n}(a_{1(n-1)} - a_{k(n-1)}I_{1k})x_{(n-1)n} \end{aligned} \tag{7.35a}$$

当 $j = k$ 时

$$\begin{aligned} a_{kn}I_{kk} - a_{kn} =& H_{1n}(a_{k1} - a_{k1}I_{kk})x_{1n} + H_{nn}(a_{kk} - a_{kk}I_{kk})x_{kn} + \cdots \\ &+ H_{(n-1)n}(a_{k(n-1)} - a_{k(n-1)}I_{kk})x_{(n-1)n} \end{aligned} \tag{7.35b}$$

当 $j = n$ 时

$$\begin{aligned} a_{kn}I_{nk} - a_{nn} =& H_{1n}(a_{n1} - a_{k1}I_{nk})x_{1n} + H_{2n}(a_{n2} - a_{k2}I_{nk})x_{2n} + \cdots \\ &+ H_{(n-1)n}(a_{n(n-1)} - a_{n(n-1)}I_{nk})x_{(n-1)n} \end{aligned} \tag{7.35c}$$

可见在式 (7.35) 中有 n^2 个 a_{ji} 和 $(n-1)$ 个 x_{in}, 共有 n^2+n-1 个系数. 由前假设可知, $H_{il} = H_{li}^{-1}$, 并注意 $\sum\limits_{i=1}^{n} x_i = 1$, 则有

$$\sum_{i=1}^{n-1} x_{in} + 1 = \sum_{i=1}^{n-1}\frac{x_i}{x_n} + \frac{x_n}{x_n} = \frac{\sum\limits_{i=1}^{n} x_i}{x_n} = \frac{1}{x_n} \tag{7.36}$$

由方程 (7.34) 可求得

$$x_{in}=\frac{D_i}{D}\quad(i=1,2,\cdots,(n-1))\tag{7.37}$$

其中, D 是式 7.34 的系数行列式; D_i 是用式 (7.35) 左边代替式 (7.34) 中 x_{in} 项系数后所得的系数行列式. 将式 (7.36) 和式 (7.37) 代入 $x_i=x_n\cdot x_{in}$ 得到

$$x_i=\frac{D_i/D}{\sum\limits_{i=1}^{n-1}\left(\frac{D_i}{D}+1\right)}=\frac{D_i}{D+\sum\limits_{i=1}^{n-1}D_i}\tag{7.38}$$

前面所说的 n^2+n-1 个系数需用 n 个纯相和由 n 个纯相按 1：1：1：⋯：1 混合成的参考试样求得.

杨传铮、钟福民发展了一种简化外标法.

在 n 元物相系中, 选取第 m 相作参考相, 其重量分数为 x_m, 按照式 (7.2) 有

$$I_i=\frac{RK_i\bar{V}}{2\bar{\mu}_m\rho_i}x_i$$

$$I_m=\frac{RK_m\bar{V}}{2\bar{\mu}_m\rho_i}x_m$$

这里的 $\bar{\mu}_m$ 是试样的质量吸收系数, 而非 m 相的吸收系数, 两式相除

$$\frac{I_i}{I_m}=\frac{K_i\rho_i^{-1}}{K_m\rho_m^{-1}}\cdot\frac{x_i}{x_m}\tag{7.39}$$

我们将待测样品中各种纯相按已知分数配制成一新的复相外标样品, 若使 $x_1:x_2:\cdots:x_n=1:1:\cdots:1$ 则最为方便, 于是求得

$$\frac{K_i\rho_i^{-1}}{K_m\rho_m^{-1}}=\left(\frac{I_i}{I_m}\right)_{1:1}\quad(i=1,2,\cdots,n)\tag{7.40}$$

代入得

$$\left\{\begin{array}{l}\dfrac{I_i}{I_m}=\left(\dfrac{I_i}{I_m}\right)_{1:1}\dfrac{x_i}{x_m}\\ \sum\limits_{i=1}^{n}x_i=1\end{array}\right.\quad(i=1,2,\cdots,n,\ 但\ i\neq m)\tag{7.41}$$

式 (7.41) 包括了 n 个非齐次线性方程, 有 n 个未知数, 故可对 n 个物相求解.

简化外标法的分析实例与 Karlak 外标法的对比形式列入表 7.1. 比较表中的数据可知, 两种方法的测量结果几乎完全一致. 对于 n 元物相系, Karlak 的外标法需用 $n+2$ 个试样, 且计算十分麻烦, 而简化外标法只用两个试样, 计算简单. 但对有重叠线的复相系仍需用 Karlak 的外标法求解.

表 7.1 元物相系的 Karlark 外标法与简化外标法的测量结果的比较

样品号	相　分		Karlark 外标法		简化外标法	
	物相	配比/%	测定结果/%	相对误差/%	测定结果/%	相对误差/%
1	Cu	30	29.65	−1.17	29.65	−1.17
	Ni	20	20.36	+1.80	20.37	+1.85
	Si	50	50.00	0	50.00	0
2	Cu	20	18.87	−5.65	18.89	−5.56
	Ni	50	51.78	+5.56	51.76	+5.52
	Si	30	29.35	−5.17	29.37	−5.10
3	Cu	50	51.47	+5.94	51.47	+5.94
	Ni	30	30.94	+5.13	30.93	+5.10
	Si	20	17.60	−15.0	17.60	−15.0

前述的简化外标法是在计算式中消除了 $\bar{\mu}$ 值比, 用外标样求 K 值比. 钟福民、杨传铮发展了用外标样求 $\bar{\mu}$ 值比的方法. 对于原复相样品和已知各相重量分数配比的复相外标样有

$$I_i = \frac{RK_i\bar{V}\bar{\rho}}{2\bar{\mu}_l\rho_i}\cdot x_i$$

$$I_{is} = \frac{RK_i\bar{V}_s\bar{\rho}_s}{2\bar{\mu}_{ls}\rho_i}\cdot x_{is} \tag{7.42}$$

下标 s 表示外标样, 两式相除得

$$\frac{I_i}{I_{is}} = \frac{\bar{V}\bar{\rho}}{\bar{V}_s\bar{\rho}_s}\cdot\frac{\bar{\mu}_{ls}}{\bar{\mu}_l}\cdot\frac{x_i}{x_{is}}$$

$$x_i = \frac{I_i}{I_{is}}\cdot\frac{\bar{V}_s}{\bar{V}}\cdot\frac{\bar{\rho}_s}{\bar{\rho}}\cdot\frac{\bar{\mu}_l}{\bar{\mu}_{ls}}\cdot x_{is}$$

$$\sum_{i=1}^{n} x_i = \sum_{i=1}^{n}\left(\frac{I_i}{I_{is}}\cdot\frac{\bar{V}_s}{\bar{V}}\cdot\frac{\bar{\rho}_s}{\bar{\rho}}\cdot\frac{\bar{\mu}_l}{\bar{\mu}_{ls}}\cdot x_{is}\right) = 1 \tag{7.43}$$

将式 (7.2) 代入, 经整理得

$$\left(\frac{\bar{\mu}_l}{\bar{\mu}_{ls}}\right)^2\cdot\frac{\bar{\rho}_s}{\bar{\rho}} = \frac{1}{\displaystyle\sum_{i=1}^{n}\left(\frac{I_i}{I_{is}}\cdot x_{is}\right)} \tag{7.44}$$

代回式 (7.43) 得

$$x_i = \frac{\dfrac{I_i}{I_{is}}\cdot x_{is}}{\displaystyle\sum_{i=1}^{n}\left(\frac{I_i}{I_{is}}\cdot x_{is}\right)} \tag{7.45}$$

式中, x_{is} 为已知; $\dfrac{I_i}{I_{is}}$ 由原样和外标样实验测得, 故可求解. 若 $x_{1s}:x_{2s}:\cdots:x_n=1:1:1:\cdots:1$, 则式 (7.45) 简化为

$$x_i=\frac{\dfrac{I_i}{I_{is}}}{\displaystyle\sum_{i=1}^{n}\left(\frac{I_i}{I_{is}}\right)} \tag{7.46}$$

7.3.4　基体效应消除法 (*K* 值法)

待测的混合物样品由 n 个物相组成, 如果我们把已知重量分数 x_f 的、样品中不存在的某种纯相标准物质 f 加入, 则制成包含 $n+1$ 个物相的新复合样品, 根据式 (7.3), 对于 i 相和 f 相我们有

$$I_i=\frac{RK_i\bar{V}\bar{\rho}}{2\bar{\mu}_l\rho}\cdot x_i'$$

$$I_f=\frac{RK_f\bar{V}\bar{\rho}}{2\bar{\mu}_l\rho_f}\cdot x_f$$

两式相除得

$$\frac{I_i}{I_f}=\frac{K_i}{K_f}\cdot\frac{\rho_i^{-1}}{\bar{\rho}_f}\cdot\frac{x_i'}{x_f} \tag{7.47}$$

若将 f 相与 i 相按 1:1 配制参考试样, 则

$$\frac{K_i}{K_f}\cdot\frac{\rho_i^{-1}}{\rho_f^{-1}}=\left(\frac{I_i}{I_f}\right)_{1:1} \tag{7.48}$$

又因 $x_i=x_i'/(1-x_f)$ 故

$$x_i=\left(\frac{I_f}{I_i}\right)_{1:1}\left(\frac{I_i}{I_f}\right)\frac{x_f}{1-x_f} \tag{7.49}$$

这里 I_i,I_f 是组元 i 和消除剂 f 的选择晶面的 X 射线衍射积分强度; $(I_f/I_i)_{1:1}$ 是二元参考试样中对应晶面的衍射积分强度比. 在 PDF 卡片的索引中给出了某些以刚玉 (α-Al_2O_3) 作为消除剂二元参考试样的最强线的参考强度比 K, 因此又常称为 K 值法.

根据式 (7.49) 进行定量相分析的步骤如下:

(1) 用已知含量 x_f 的基体吸收效应消除剂加入未知样品制成新的复合试样;

(2) 测量待测相 i $(i=1,2,\cdots,n)$ 和消除剂 f 某衍射线 (一般为最强线) 的衍射强度 I_i,I_f;

(3) 用纯的待测相 i 与消除剂 f 制成重量分数为 1:1 的二元物相系的参考试样;

(4) 在与 (2) 相同的实验条件下测量参考试样的与 (2) 相对应的衍射强度, 计算强度比 $(I_f/I_i)_{1:1}$;

(5) 最后代入式 (7.49) 求得 x_i.

K 值法的主要优点是能测量混合试样中的非晶相总含量 $x_{非晶}$:

$$x_{非晶} = 1 - \sum_{i=1}^{n} x_i \tag{7.50}$$

在已加入试样中

$$x_i + \sum_{i=1}^{n} x_i' = 1 \tag{7.51}$$

将式 (7.50) 代入得

$$\sum_{i=1}^{n} \frac{I_i}{K_i} = (1 - x_i)\frac{I_f}{x_f} \tag{7.52}$$

在式 (7.51) 和式 (7.52) 时检验基体消除理论的实验修正方法, 是估价强度数据可靠性和预测、检测式样中非晶相存在的方法.

关于消除剂, 钟福民 (Chung) 认为刚玉 α-Al_2O_3 粉末是最好的, 因为它的纯度高、稳定性好, 能得到近球形的粉末, 在制样时不易产生择尤取向, 因此适用性较广. 也可用其他纯相作消除剂.

就基体效应消除法的工作方程来看, 测量值与消除剂的种类、重量分数及粒度无关, 因此, 被认为是既无假定又无近似的方法. 但实际工作经验表明, 消除剂的物理特性对测量结果有重要影响. 我们在试验的基础上, 就消除剂的吸收系数、密度以及加入量进行了分析讨论, 得到如下结果.

(1) 消除剂的吸收系数对测量结果有明显影响, 特别对二元参考样品, 由于微吸收将影响 K 值的可靠性. 因此一般应取吸收系数与样品的吸收系数相近的消除剂, 样品与吸收剂的粒度大小也应基本一致.

(2) 考虑重力因素所造成的制样困难和线吸收系数的作用, 一般应取密度 ρ 或 $\mu_m\rho$ 与待测相接近的消除剂. 在混样和制样过程中消除剂不应产生择尤取向.

(3) 待测样品中消除剂的加入量的多少, 也是要考虑的问题. 一般说需考虑待测相的数目、各相的衍射能力, 以及最少相的重量分数, 使得所加消除剂的衍射强度和衍射能力低或含量较少的相的衍射强度基本一致为宜.

由此可见, 在运用基体效应消除法进行定量相分析时, 消除剂的选择必须考虑其质量吸收系数 μ_m, 密度 ρ 或 $\mu_m\rho$ 与待测样中各相大致相同, 这在以复相分析中是难以实现的. 钟福民、杨传铮、李润身提出了用增量相作消除剂的办法, 其原理如下.

选择待测样品中某一相 f 为增量相, 并以 x_f^a 量与原样为 1 均匀混合, Bejak-Jelenic 求得原样中第 f 相的重量分数 x_f

$$x_f = \frac{x_f^a}{\left(\frac{I_f^a}{I_i^a}/\frac{I_f}{I_i}\right) - 1} \tag{7.53}$$

式中, I_f 和 I_i 为原样中物相组元 f 和 i 的衍射强度; I_f^a 和 I_i^a 是新样中 f 和 i 相的衍射强度. 由于 $i = 1, 2, \cdots, n, i \neq f$, 故可求得 $(n-1)$ 个 x_f 的值, 然后统计平均求得较好的结果 x_f . 其他各相可按用基体效应消除法写出各相重量分数的表达式. 对于新样, 并注意起消除剂作用的质量分数为 $(1 + x_f^a)/x_f^a$, 经过推导得

$$\begin{aligned} x_1 &= \frac{K_f}{K_1} \frac{I_1^a}{I_f^a - I_f^0} x_f^a \\ &\vdots \\ x_i &= \frac{K_f}{K_i} \frac{I_i^a}{I_f^a - I_f^0} x_f^a \\ &\vdots \\ x_n &= \frac{K_f}{K_n} \frac{I_n^a}{I_f^a - I_f^0} x_f^a \end{aligned} \tag{7.54}$$

其中, I_f^a 和 I_f^0 为新样中重量分数分别为 $\dfrac{x_f^a + x_f}{1 + x_f^a}$ 和 $\dfrac{x_f}{1 + x_f^a}$ 的第 f 相所贡献的强度.

式 (7.54) 包含了 n 个方程和 n 个未知数 (即 $n-1$ 个 x_i 和 I_f^0), 现将 x_i、x_j 两式两边分别相除

$$\begin{cases} x_j = \dfrac{K_i}{K_j} \dfrac{I_j^a}{I_i^a} x_i \\ \displaystyle\sum_{i=1}^{n} x_i = 1 \end{cases} \tag{7.55}$$

联立求解得

$$x_i = \frac{1 - x_f}{\displaystyle\sum_{\substack{i=1 \\ j \neq f}}^{n} \left(\frac{K_i}{K_j} \frac{I_j^a}{I_i^a}\right)} \tag{7.56}$$

第 i 相在新样中的重量分数 $x_i' = \dfrac{x_i}{x_f^a + 1}$, 故有

$$x_i = \frac{K_f}{K_i} \frac{I_i^a}{I_f^a} (x_f^a + x_j) \tag{7.57}$$

类似地对于未增量的原样我们也有

$$x_i = \frac{1 - x_f}{\sum\limits_{\substack{i=1 \\ j\neq f}}^{n} \left(\frac{K_i}{K_j}\frac{I_j}{I_i}\right)} \tag{7.58}$$

$$x_i = \frac{K_f}{K_i} \cdot \frac{I_i}{I_f} \cdot x_f \tag{7.59}$$

当用增量法式 (7.53) 求出 x_f 后, 只需用简化外标中 K 值的方法求出各个 $\dfrac{K_f}{K_i}$ 的值, 便可分别用式 (7.56)～ 式 (7.59) 求解其他各相, 还可求出原样中非晶相的总量.

7.3.5 标样方法的实验比较

表 7.2 给出了一组试样利用不同标样法的测定结果, 比较这些标样法的各项内容和数据可得如下结论.

表 7.2 一组试样利用不同标样法的测定结果 (单位: %)

测定方法	待测试号	1			2			3		
	待测样中的相	Cu	Ni	Si	Cu	Ni	Si	Cu	Ni	Si
	配比/%	30	20	50	20	50	30	50	30	20
Popovic 增量法	增量相及重量分数	15	10		10		15		15	10
	测量结果	31.6	20.9	47.5	18.9	50.8	30.3	55.9	27.9	18.2
Kalak 的外标法		29.65	20.36	50.00	18.87	51.78	29.35	51.47	30.94	17.6
简化外标法		29.65	20.37	50.00	18.89	51.76	29.37	51.47	30.93	17.6
基体效应消除法	$x_f = 25\%SiO_2$	25.9	17.1	45.5	20.0	50.4	35.9	47.2	25.4	17.6
	$x_f = 25\%W$	15.3	15.8	50.9	8.4	39.9	27.9	25.0	25.9	15.6

(1) 当求复相待测样中一个相的重量分数时, 以 Bezjek 的增量法最为简单, 基体消除法次之. 前者只需测量原样和增量后新样的两个试样; 而后者虽也测量两个试样, 但两个试样都需制作, 且需用原样中不存在的相作消除剂.

(2) 当求解复相系中各相的重量分数, 且所选各衍射线无重叠时, 以简化外标法最为简单, Popovic 次之, 基体消除法工作量最大. 前两者只需测量两个试样, 而最后一种方法需要测量 $n+1$ 个试样, 但样品中可包含非晶相, 且能测量非晶相的总量.

(3) 当复相中有衍射线重叠时, 一般采用 Karlak 的外标法, 其实验工作量和计算工作量都较大.

(4) 由表 7.2 两种消除剂测量结果可知, 如果消除剂选择不当, 其结果是不可信的. 我们认为消除剂的吸收系数 μ_m、密度 ρ、粒度以及 x_f 对测量结果都有重要的影响, 故发展了以增量相为消除剂的方法, 它特别适用于微量相的测定, 当然还应注意做消除剂的增量相的选择.

7.4 无标样的定量相分析方法

所谓无标样法就是在物相的定量分析的实验和数据处理中不涉及待测试样之外的标样的定量分析方法.

7.4.1 直接比较法

n 元物相系中, 根据式 (7.2) 和式 (7.3) 我们有

$$I_i = \frac{RK_i}{2\bar{\mu}_l}\cdot\bar{V}f_i \quad I_i = \frac{RK_i}{2\bar{\mu}_m}\cdot\frac{\bar{V}}{\rho_i}\cdot x_i \quad (i=1,2,\cdots,m,\cdots,n)$$

将第 m 和第 i 相之表达式相比得

$$\left\{\begin{array}{ll} \dfrac{I_m}{I_i}=\dfrac{K_m}{K_i}\cdot\dfrac{f_m}{f_i} & \dfrac{I_m}{I_i}=\dfrac{K_m}{I_i}\cdot\dfrac{\rho_i}{\rho_m}\cdot\dfrac{x_m}{x_i} \\ \qquad\vdots & \qquad\vdots \\ \displaystyle\sum_{i=1}^{n} f_i=1, & \displaystyle\sum_{i=1}^{n} x_i=1 \end{array}\right. \tag{7.60}$$

如果 $K_1, K_2, \cdots, K_n$ 可以计算求得, 则利用式 (7.60) 求得体积分数 f_i 或重量分数 x_i. 按理论计算 K 值的测定结果误差是很大的. 近年来发展了一些对理论计算 K 值或测量值进行修正使测量误差大大减小的方法.

7.4.2 绝热法

所谓 “绝热” 就是在定量分析中不与系统以外发生关系, 因此, 绝热法也是一种直接比较法, 它是建立在 K 值已知的基础上的. 类似于式 (7.60) 有

$$\left\{\begin{array}{l} \dfrac{I_2}{I_1}=\dfrac{K_2\rho_2^{-1}}{K_1\rho_1^{-1}}\cdot\dfrac{x_2}{x_1} \\ \qquad\vdots \\ \dfrac{I_i}{I_1}=\dfrac{K_i\rho_i^{-1}}{K_1\rho_1^{-1}}\cdot\dfrac{x_i}{x_1} \\ \qquad\vdots \\ \dfrac{I_n}{I_1}=\dfrac{K_n\rho_n^{-1}}{K_1\rho_1^{-1}}\cdot\dfrac{x_n}{x_1} \\ \displaystyle\sum_{i=1}^{n} x_i=1 \end{array}\right. \tag{7.61}$$

并可得到

$$x_i = \left(\frac{I_i}{I_1} \cdot \frac{K_1 \rho_1^{-1}}{K_i \rho_i^{-1}}\right) x_1 \tag{7.62}$$

代入方程组 (7.61) 的最后一式得

$$\frac{K_1 \rho_1^{-1} x_1}{I_1} \sum_{i=1}^{n} \frac{I_i}{K_i \rho_i^{-1}} = 1 \tag{7.63}$$

$$x_1 = \left(\frac{K_1 \rho_1^{-1}}{I_1} \sum_{i=1}^{n} \frac{I_i}{K_i \rho_i^{-1}}\right)^{-1} \tag{7.64}$$

最后写成一般式为

$$x_i = \left(\frac{K_i \rho_i^{-1}}{I_i} \sum_{i=1}^{n} \frac{I_i}{K_i \rho_i^{-1}}\right)^{-1} \tag{7.65}$$

这就是绝热法的基本公式. 若各相分的 $K_i(i = 1, 2, \cdots, n)$ 均能求得, 则可按式 (7.65) 求解 $x_i(i = 1, 2, \cdots, n)$.

在实际工作中可以用两种方法求 K.

(1) 计算法：即按上节介绍计算 K 值及其修正, 其关键是计算结构因数 F 和温度因数 e^{-2M}. 根据 $K = \left(N^2 P F^2 \dfrac{1+\cos^2 2\theta}{\sin^2\theta\cos\theta}\mathrm{e}^{-2M}\right)$, 需知物相晶胞中的原子数目和坐标, 以及该相的特征温度, 这在很多情况下是难以办到的.

(2) 实验法：钟福民已导出

$$K_i = \frac{I_i}{I_f}\frac{x_f}{x_i} K_f \tag{7.66}$$

在二元物相 i、f 系中, x_i、x_f 和 K_f 已知时即可求得 K_i, 并指出 K_i 与混合样品中是否存在其他相及其含量无关.

也可用刘沃恒的联立方程法求 K_i. 如果待测混合样品中有 n 个物相, 同时又有 n 个不同重量比的试样, 则绝热法中的 K_i 值可用联立方程法求得.

设在各试样中加入内标物质 s, 其重量分数分别为 x_{s1}、x_{s2}、$\cdots$、x_{sn}, 根据基体消除法可写出各试样中第 i 相的重量分数

$$\begin{cases} x_{i1} = \dfrac{I_{i1}}{I_{s1}} \cdot \dfrac{K_s}{K_i} \cdot \dfrac{x_{s1}}{1-x_{s1}} \\ x_{i2} = \dfrac{I_{i2}}{I_{s2}} \cdot \dfrac{K_s}{K_i} \cdot \dfrac{x_{s2}}{1-x_{s2}} \\ \vdots \\ x_{in} = \dfrac{I_{in}}{I_{sn}} \cdot \dfrac{K_s}{K_n} \cdot \dfrac{x_{sn}}{1-x_{sn}} \end{cases} \tag{7.67}$$

其中, K_s 为已知; I_{ij}/I_{sj} 由实验求得; x_{sj} 为已知, 又知道在第 j 个试样中各物相的重量分数之和为

$$\sum_{i=1}^{n} x = 1 - x_{sj}$$

于是对各个试样可以得到

$$\begin{cases} \sum_{i=1}^{n}\left[\frac{I_{i1}}{I_{s1}}\cdot\frac{x_{s1}}{1-x_{s1}}\cdot\frac{K_s}{K_i}\right] = 1 - x_{s1} \\ \sum_{i=1}^{n}\left[\frac{I_{i2}}{I_{s2}}\cdot\frac{x_{s2}}{1-x_{s2}}\cdot\frac{K_s}{K_i}\right] = 1 - x_{s2} \\ \vdots \\ \sum_{i=1}^{n}\left[\frac{I_{ij}}{I_{sj}}\cdot\frac{x_{sj}}{1-x_{s2}}\cdot\frac{K_s}{K_i}\right] = 1 - x_{sj} \\ \vdots \\ \sum_{i=1}^{n}\left[\frac{I_{in}}{I_{sn}}\cdot\frac{x_{sn}}{1-x_{sn}}\cdot\frac{K_s}{K}\right] = 1 - x_{sn} \end{cases} \tag{7.68}$$

式 (7.68) 有 n 个独立方程, 每个方程有 n 项 n 个未知数 $K_1, K_2, \cdots, K_n$, 解此线性方程组即可求 K_i 值, 于是可用式 (7.67) 求出各试样中各个物相的重量分数 x_{ij}.

7.4.3 Zevin 的无标样法及其改进

在混合物多相样品中, 式 (7.3) 可写成如下形式

$$I_i = \frac{RK_i\bar{V}\bar{\rho}}{2\bar{\mu}_l\rho_i}\cdot x_i = \frac{RK_i\bar{V}\bar{\rho}}{2\bar{\mu}_m\bar{\rho}\rho_i}\cdot x_i = \frac{RK_i\bar{V}}{2\bar{\mu}_m\rho_i}\cdot x_i$$

令

$$Q_i = \frac{RK_i\bar{V}}{2\rho_i}$$

而 $\bar{\mu}_m = \sum_{i=1}^{n} x_i\mu_{mi}$, 则有

$$I_i = Q_i x_i \Big/ \sum_{i=1}^{n} x_i\mu_{mi}$$

如果有 n 个待测样品, 每个样品都包含 n 个物相, 而且每个物相至少在两个以上样品中的重量分数不同. 我们用大写字母的下标表示样品号, 用小写字母的下标

表示物相号, 于是有

$$\begin{cases} I_{iJ} = Q_i X_{iJ} / \sum_{i=1}^{n} X_{iJ} \mu_{im} \\ I_{iK} = Q_i X_{iK} / \sum_{i=1}^{n} X_{iK} \mu_{im} \end{cases} \tag{7.69a}$$

$$\begin{cases} I_{jJ} = Q_j X_{jJ} / \sum_{i=1}^{n} X_{jJ} \mu_{jm} \\ I_{jK} = Q_j X_{jK} / \sum_{i=1}^{n} X_{jK} \mu_{jm} \end{cases} \tag{7.69b}$$

把式 (7.69a) 和式 (7.69b) 中的方程组两两相除

$$\frac{I_{iJ}}{I_{jK}} = \frac{x_{iJ}}{x_{iK}} \cdot \frac{\sum_{i=1}^{n} x_{iK} \mu_{mi}}{\sum_{i=1}^{n} x_{iJ} \mu_{mi}} \tag{7.70a}$$

$$\frac{I_{iJ}}{I_{jK}} = \frac{x_{iJ}}{x_{iK}} \cdot \frac{\sum_{j=1}^{n} x_{jK} \mu_{mj}}{\sum_{j=1}^{n} x_{jJ} \mu_{mj}} \tag{7.70b}$$

再把式 (7.70) 中两式相除, 并考虑到 $\sum_{i=1}^{n} x_{iK} \mu_{mi} = \sum_{j=1}^{n} x_{jK} \mu_{mj}$, $\sum_{i=1}^{n} x_{iJ} \mu_{mi} = \sum_{j=1}^{n} x_{jJ} \mu_{mj}$, 则有

$$\begin{cases} \frac{I_{iJ}}{I_{iK}} \cdot \frac{I_{jK}}{I_{jJ}} = \frac{x_{iJ}}{x_{iK}} \cdot \frac{x_{jK}}{x_{jJ}} & (7.71a) \\ x_{iJ} = \frac{I_{iJ}}{I_{iK}} \cdot \frac{I_{jK}}{I_{jJ}} \cdot \frac{x_{jJ}}{x_{jK}} \cdot x_{iK} & (7.71b) \end{cases}$$

下面分三种情况讨论.

1. 已知各相的质量吸收系数

因为 $\sum_{i=1}^{n} x_{iJ} \mu_{mi} = \sum_{j=1}^{n} x_{jJ} \mu_{mj}$, $\sum_{i=1}^{n} x_{iK} \mu_{mi} = \sum_{j=1}^{n} x_{jK} \mu_{mj}$, 故式 (7.70b) 可改写成

$$\sum_{i=1}^{n} x_{iJ} \mu_{mi} = \frac{x_{jJ}}{x_{jK}} \cdot \frac{I_{jK}}{I_{jJ}} \sum_{i=1}^{n} x_{iK} \mu_{mi} \tag{7.72}$$

将式 (7.71b) 代入得

$$\sum_{i=1}^{n}\left[\mu_{mi}\frac{I_{iJ}}{I_{iK}}\cdot\frac{I_{jK}}{I_{jJ}}\cdot\frac{x_{jJ}}{x_{jK}}x_{iK}\right]=\frac{x_{jJ}}{x_{jK}}\cdot\frac{I_{jK}}{I_{jJ}}\sum_{i=1}^{n}\mu_{mi}x_i \tag{7.73a}$$

将式 (7.73a) 左边与 i 无关的提到求和符号外面并化简后得

$$\sum_{i=1}^{n}\left[\frac{I_{iJ}}{I_{iK}}\mu_{mi}x_{iK}\right]=\sum_{i=1}^{n}\mu_{mi}x_{iK} \tag{7.73b}$$

移项合并则有

$$\begin{cases}\displaystyle\sum_{i=1}^{n}\left[\left(1-\frac{I_{iJ}}{I_{iK}}\right)x_{iK}\mu_{mi}\right]=0\\ \displaystyle\sum_{i=1}^{n}x_{iK}=1\end{cases} \tag{7.74}$$

式 (7.74) 表示 $(n-1)+1$ 个方程, 即 $J=1,2,\cdots,n,J\neq K$, 每个方程都有 n 个项. 如果已知要测定的试样中各物相的质量吸收系数 μ_{mi}, 则从 n 个试样的实验测量便可求出第 K 个样品中各相的重量分数 $x_{iK}(i=1,2,\cdots,n)$. 类似地对其他样品进行数据处理则可求得各样品中各相的重量分数.

2. 已知各样品的质量吸收系数

当各相的质量吸收系数 $\mu_{mi}(i=1,2,\cdots,n)$ 不知道, 而样品中的元素组元定量分析已知, 则可以计算各试样的质量吸收系数 $\bar{\mu}_{mJ}(J=1,2,\cdots,n)$, 那么, 各物相的重量分数可用下述方法求解. 式 (7.70a) 可改写为

$$x_{iJ}=\frac{I_{iJ}}{I_{iK}}\cdot\frac{\displaystyle\sum_{i=1}^{n}\mu_{mi}x_{iJ}}{\displaystyle\sum_{i=1}^{n}\mu_{mi}x_{iK}}\cdot x_{iK}=\frac{I_{iJ}}{I_{iK}}\cdot\frac{\bar{\mu}_{mJ}}{\bar{\mu}_{mK}}\cdot x_{iK} \tag{7.75}$$

代入 $\displaystyle\sum_{i=1}^{n}x_{iJ}=1$ 得到 K 样的求解方程

$$\begin{cases}\displaystyle\sum_{i=1}^{n}\left(\frac{I_{iJ}}{I_{iK}}\cdot\frac{\bar{\mu}_{mJ}}{\bar{\mu}_{mK}}x_{iK}\right)=1\\ \displaystyle\sum_{i=1}^{n}x_{iK}=1\end{cases} \tag{7.76}$$

类似上法可求解各样品中的各相的重量分数 $x_{iJ}(i=1,2,\cdots,n;J=1,2,\cdots,n)$.

3. 未知质量吸收系数

如果被测试样的元素组元的重量分数不知道, 质量吸收系数 $\bar{\mu}_{mJ}$ 就无法计算, 但可用下述混样法求得. 将第 K 个试样与其余各样品按一定比例 (为简化起见按 1:1) 一一混合, 制成 $(n-1)$ 个新的复合试样, 则复合样品中第 i 相的重量分数记为 $x_{i(K+1)}$, 复合样品的质量吸收系数记为 $\bar{\mu}_{m(K+J)}$, 并有如下关系

$$x_{i(K+J)} = \frac{1}{2}(x_{iK} + x_{iJ})$$
$$\bar{\mu}_{m(K+J)} = \frac{1}{2}(\bar{\mu}_{mK} + \bar{\mu}_{mJ}) \tag{7.77}$$

第 J 号样品和混合后的复合样品 $K+J$ 中第 i 相的衍射强度比为

$$\frac{I_{iJ}}{I_{i(K+J)}} = \frac{x_{iJ}}{x_{i(K+J)}} \cdot \frac{\bar{\mu}_{m(K+J)}}{\bar{\mu}_{mJ}} \tag{7.78}$$

将式 (7.77) 的两式代入式 (7.78), 整理后得

$$\frac{I_{iJ}}{I_{i(K+J)}} \cdot (x_{iK} + x_{iJ}) = \frac{x_{iJ}}{\bar{\mu}_{mJ}} \cdot (\bar{\mu}_{mK} + \bar{\mu}_{mJ}) \tag{7.79}$$

式 (7.75) 也可改写为

$$x_{iK} = \frac{I_{iK}}{I_{iJ}} \cdot \frac{\bar{\mu}_{mK}}{\bar{\mu}_{mJ}} \cdot x_{iJ} \tag{7.80}$$

代入式 (7.79) 得

$$\frac{I_{iJ}}{I_{i(K+J)}} \left(\frac{I_{iK}}{I_{iJ}} \cdot \frac{\bar{\mu}_{mK}}{\bar{\mu}_{mJ}} \cdot x_{iJ} + x_{iJ} \right) = \frac{x_{iJ}}{\bar{\mu}_{mJ}} (\bar{\mu}_{mK} + \bar{\mu}_{mJ})$$
$$I_{iK}\bar{\mu}_{mK} + I_{iJ}\bar{\mu}_{mJ} = I_{i(K+J)} \cdot (\bar{\mu}_{mK} + \bar{\mu}_{mJ})$$
$$I_{iK}\bar{\mu}_{mK} + I_{iJ}\bar{\mu}_{mJ} = I_{i(K+J)}\bar{\mu}_{mK} + I_{i(K+J)}\bar{\mu}_{mJ}$$
$$I_{iK}\bar{\mu}_{mK} - I_{i(K+J)}\bar{\mu}_{mK} = I_{i(K+J)}\bar{\mu}_{mJ} - I_{iJ}\bar{\mu}_{mJ}$$

最后可得

$$\frac{\bar{\mu}_{mJ}}{\bar{\mu}_{mK}} = \frac{I_{iK} - I_{i(K+J)}}{I_{i(K+J)} - I_{iJ}} \tag{7.81}$$

这样, 我们可以分别测定混合前第 K、J 两样品中第 i 相的强度 I_{iK}、I_{iJ} 和按 1:1 混合后样品中第 i 相的强度 $I_{i(K+J)}$, 代入式 (7.81) 即可求得该两个待测样品的质量吸收系数之比 $\bar{\mu}_{mJ}/\bar{\mu}_{mK}$. 最后代入式 (7.76) 即可求得各样品中各相的重量分数, 即

$$\begin{cases} \displaystyle\sum_{i=1}^{n} \left[\frac{I_{iJ}}{I_{iK}} \cdot \frac{I_{iK} - I_{i(K+J)}}{I_{i(K+J)} - I_{iJ}} x_{iK} \right] = 1 \\ \displaystyle\sum_{i=1}^{n} x_{iK} = 1 \end{cases} \tag{7.82}$$

这种无标样法的最大特点是不使用待测样品以外的任何标样, 且对仅已知各相的质量吸收系数或各样品的质量吸收系数, 甚至二者均未知的三种情况都可适用, 因此是一种较好的、适用性较广的方法. 但要求有 n 个样品, 每个样品中都有 n 个相, 且待测相在各样品的重量分数不同, 其差别越大测量精度越高, 各样品中不包括非晶相.

若样品有 m 个 $(0 < m < n)$ 相可用其他方法求得, 又存在 $(n - m)$ 个独立样品, 可按林树智、张喜章介绍的方法求解.

郭常霖、姚公达发展了有 n 个样品而样品中的相数目 $\leqslant n$ 时的无标样定量相分析方法.

Zevin 法、联立方程法和普适无标法等, 均需解联立方程. 但测量前不知道有无物相组成比例相同的试样存在, 方程简并可能性不能完全排除. 另外还存在误差传递问题. 对此, 陈铭浩于 1988 年提出了回归求解法. 此法使用 m 个 $(m > n)$ 试样的数据和最小二乘方法为 n 个物相求 K 值得联立方程找出最佳系数, 进而求出各相的 K 值和含量. (m 的值大得足以求得 n 个独立方程) 消除了误差传递、方程简并等问题.

1989 年陆金生把陈铭浩提出的方法运用于 Zevin 无标法.

7.4.4　无标样法的实验比较

当 K 值比用计算或实验求得后, 简化外标法只需对待测样进行实验测量强度, 即可求得待测样中的各相重量分数, 因此在这种情况下简化外标法也属无标样法. 三种无标样法及简化外标法的测量实例的结果列入表 7.3 中. 仔细比较此表的各项和数据可得如下结论.

表 7.3　一组样品不同无标样法的测量结果

样品样			1			2			3		
物相			Cu	Ni	GaAs	Cu	Ni	GaAs	Cu	Ni	GaAs
原配比 (%)			20.0	50.0	30.0	15.7	35.3	50.0	50.0	15.7	35.3
测定结果%	直接比较法		20.6	55.3	25.1	18.2	39.2	45.6	55.5	17.6	25.9
	绝热法	K 值理论计算	20.6	55.3	25.1	18.2	39.2	45.6	55.5	17.6	25.9
		K 值实验测定	19.7	51.5	28.8	15.3	35.7	49.9	55.8	15.7	31.5
	Zevin 法	已知 μ_{mi}	25.8	45.4	29.9	19.3	29.9	50.8	57.8	15.6	29.6
		已知 $\bar{\mu}_{mJ}$	25.2	45.7	30.1	18.8	30.0	51.1	55.8	15.0	30.2
	简化外标法		19.7	51.5	28.8	15.3	35.7	49.9	55.8	15.7	31.5

(1) 直接比较法最为方便, 只要一个试样就能给出结果, 但 K 值需要理论计算, 要求知道物相单晶胞中原子的数目及其坐标位置才能计算结构因数, 要求知道德拜温度 Θ 才能计算温度因数 e^{-2M}, 这在很多情况下是难以办到的, 故多用于结构简

单的体系中, 如铁基或铁–镍基合金中 α 相和 γ 相的测定, 钛合金中 α 相合 β 相的测定等.

(2) Zevin 法是一种很好的无标样法, 仅涉及物相或样品质量吸收系数的计算, 只需知道物相或样品的化学成分, 查阅吸收系数就可计算. 显然这是不难办到的, 因此具有较广泛的应用前景. 但它要求 n 个样品均含不同重量分数的 n 个物相. 这一点与郭常霖等的改进方法不同, 后者所用样品可以缺相或多相. 但二者解工作方程都比较烦杂. 值得注意的是, 从原理上讲, Zevin 的第三种方法虽然可行, 但当 $\left[I_{iK}-I_{i(K+J)}\right]/\left[I_{i(K+J)}-I_{iJ}\right]$ 之值在积分强度测量的统计误差范围内时, 便可能出现

$$\left[I_{iK}-I_{i(K+J)}\right]/\left[I_{i(K+J)}-I_{iJ}\right]<0$$

的情况而无解. 普适法回归求解法和陆金生优化计算法是很好的改进, 可望广泛应用.

(3) 简化外标法虽属标样法, 但当 K 值之比一旦由实验测得后, 就是一种简便易行的无标样法, 也可以从一个试样的强度测量获得各相的重量分数. 当 K 值采用理论计算时, 绝热法与直接法一致; 而当 K 值由实验求得时, 绝热法与简化外标法一致. 在后一种情况下, 简化外标法实际上是一种无标样法, 且只要求出一相重量分数后, 其他各相均与该相成倍率关系, 故计算简单.

(4) 由表 7.3 可知, 实验测定的准确度以简化外标法与 K 值实验测得的绝热法最高, Zevin 法次之, 直接比较法与 K 值理论计算的绝热法最差. 由此可知, 由实验求出 $K\rho^{-1}$ 值的方法准确度高, 这涉及外标样的采用; 由理论计算常数的方法的准确度差, 计算中采用理论数据 (即有关书籍中给出的数据) 越多, 造成的误差越大, 因此在完全无标样法中以 Zevin 法最好, 即无标样, 使用的理论数据也最少.

7.5 中子衍射物相分析注意事项

7.5.1 PDF 标准数据库的格式

在 PDF 中数据排列格式为

$$2\theta(\text{或 } d) \qquad I/I_1 \qquad hkl$$

其中, 2θ 多对 $\text{CuK}\alpha_1$ 而言, 有时也用 Mo、Co、Cr、Ni 靶等, 因此, 由于所使用的入射中子的波长与卡片不同, 一般不能使用 2θ 数据, 必须使用晶面间距 d 的数据, 即用 d、I/I_1、hkl. 故一般不能直接使用 Jade 程序进行实验数据与 PDF 标准数据比对. PDFwin 程序中有 $2\theta\leftrightarrow d$ 的数据相互转换功能, 使用起来较为方便.

7.5.2　衍射花样中的线条分布和相对强度

由于, ① 同一物相中的各原子对 X 射线原子散射因子与中子散射长度有很大差别, 造成结构因子 $|F|$ 的巨大差别; ② 同一物相中各原子对中子和对 X 射线的吸收因子也不相同, 即使两者的波长相等也是如此; ③ 中子衍射的分辨率比 X 射线低得多, 这造成同一物质的衍射花样中的线条分布明显不同, 相对等强度明显不同, 三强线 (八强线) 的 d 值也不同.

下面给一个具体例子. 图 7.3 示出 $YBa_2Cu_3O_{7-x}$ 单相物质的粉末 X 射线衍射花样, 图 7.4 为其中子粉末衍射花样及 Rietreld 精修后的 ΔY. 对比图 7.3 和图 7.4 可知:

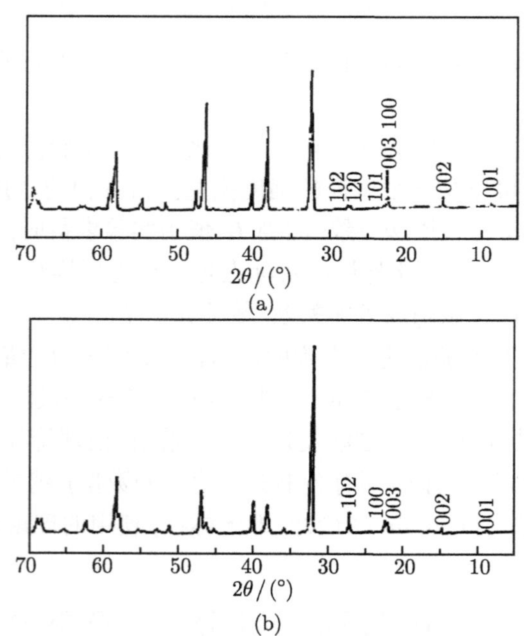

图 7.3　$YBa_2Cu_3O_{7-x}$ 的粉末 X 射线衍射花样 λ=1.54056Å

(a) 正交超导相; (b) 四方非超导相

	X 射线散射因子/(10^{-12}cm)		中子散射长度/(10^{-12}cm)
	$\sin\theta/\lambda$ =0.00	0.5	
Y	39.00	19.76	0.79
Ba	56.00	30.44	0.52
Cu	29.00	13.82	0.76
O	8.00	2.338	0.58

(1) 两者的分辨率有很大差别, X 射线粉末衍射仪的分辨率一般优于 1×10^{-4},

而中子粉末衍射一般为 2.5×10^{-3}, 高分辨的中子粉末衍射也只有 5×10^{-4};

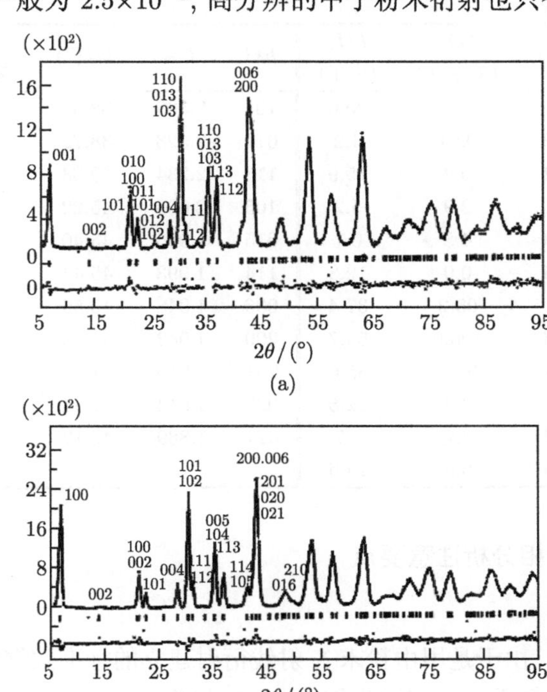

图 7.4 $YBa_2Cu_3O_{7-x}$ 的粉末中子射线衍射花样 λ=1.4125Å

(a) 正交超导相; (b) 四方非超导相

(2) 衍射峰出现情况以及各衍射峰的相对强度也明显不同, 这是由于试样中各元素的散射因子显著不同.

表 7.4 给出了在所有条件均相同时, 用 LAZY 程序计算的相对衍射强度, 这充分说明粉末衍射花样上 X 射线与中子的差别仅由原子散射因子不同而引起, 这就显示了 X 射线和中子衍射在晶体结构测定中的互补性, 测定轻元素原子、同位素原子、相近原子序数的原子位置时, 中子衍射是主要手段, 尽管同步辐射 X 射线源已提供很高的强度, 但中子衍射仍是不可缺少的, 甚至是不可代替的, 特别是测定轻元素和同位素方面.

表 7.4 正交 $YBa_2Cu_3O_{7-x}$X 射线和中子粉末衍射强度的比较 λ =1.540Å用 LAZY 程序计算相对强度 I/I_1

hkl	*d*/Å	2θ/(°)	I/I_1 (X 射线)	I/I_1 (中子)	*hkl*	*d*/Å	2θ/(°)	I/I_1 (X 射线)	I/I_1 (中子)
001	11.690	7.55	0.6	48.1	003	3.897	22.79	4.7	10.0
002	5.845	15.14	9.7	0.05	100	3.883	22.88	6.4	9.1

续表

hkl	d/Å	2θ/(°)	I/I_1 (X 射线)	I/I_1 (中子)	hkl	d/Å	2θ/(°)	I/I_1 (X 射线)	I/I_1 (中子)
010	3.828	22.21	4.2	20.0	104	2.335	38.51	3.4	14.6
101	3.685	24.12	0.01	4.2	014	2.323	38.72	2.3	6.1
011	3.638	24.44	0.2	15.9	113	2.234	40.33	19.1	48.3
102	3.234	27.55	2.9	5.2	105	2.003	45.22	3.1	0.12
012	3.202	27.83	4.8	0.1	015	1.995	45.40	2.3	0.9
004	2.923	30.55	0.0	12.3	114	1.993	45.44	3.4	19.8
103	2.751	32.51	95.2	37.4	006	1.948	46.56	18.9	37.9
013	2.731	32.76	100.0	55.7	200	1.942	46.73	29.6	91.2
110	2.726	32.81	98.4	35.6	201	1.915	47.41	0.0	2.8
111	2.655	33.72	3.0	22.5	020	1.914	47.44	28.2	88.9
112	2.471	36.32	7.7	6.7	021	1.889	48.12	0.0	2.7
005	2.338	38.46	6.0	14.6					

7.5.3　中子衍射物相分析注意要点

由上可知：

(1) 作物相鉴定, 由于是用由粉末 X 射线衍射建立的标准数据库, 要以 d、I/I_1、hkl 谱为比对数据, 主要以 d 值谱为依据, I/I_1 仅作参考;

(2) 在进行定量相分析时, 无论采用哪一种方法, 标样法或是无标样法, 所有的强度数据都必须用中子衍射获得, 不能参用任何 X 射线衍射数据;

(3) 在用无标样法进行定量分析时, 在计算 K 和 μ_m 时, 也只对中子衍射进行, 也不能参用任何 X 射线衍射的数据;

(4) 使用哪条衍射线或哪几条衍射线作强度测量积分强度遵循的原则是：强线, 最好是最强线; 相互不重叠的线, 同种相的不重叠线和不同相的不重叠线. 这样较为简单;

(5) 在一系列要求相互比较的定量分析中, 所有实验条件都必须相同.

7.6　相 变 研 究

7.6.1　结构相变和非结构相变

相变是材料科学和固体物理学的重要内容, 结构相变是相变前后两种物相的晶体结构不同, 即发生了结构的变化. 总的分为扩散型和非扩散型.

扩散型相变与温度和时间有关, 即由原子扩散过程和新相成核–长大过程. 研究扩散型相变的衍射方法是在固定温度情况下观测随热处理时间的变化, 或是在相同时间间隔情况下观测随温度的变化, 以研究扩散型相变的动力学和晶体学. 这里所要观测的变化是结构变化前的精细结构的变化和结构变化后的精细结构变化.

非扩散型相变则是物相的晶体在某晶面上沿某方向发生形变而使结构发生变化, 如马氏体相变等.

有序–无序相变也属于结构相变. 比如, $AuCu_3$ 合金在高于 400°C 热处理呈无序固溶体, 属面心立方结构, Fm-$3m$(No.225) 空间群, 在每一个阵点找到金原子或铜原子概率等于各自的原子分数 (0.25Au+0.75Cu), 其衍射花样属面心立方, 即 111、200、220、311、222、$\cdots$. 当把这种合金在大于 250°C 和低于 400°C 范围热处理, 就能获得有序的 $AuCu_3$, Au 原子占 000 位, 而 Cu 原占 $0\ \frac{1}{2}\ \frac{1}{2}$、$\frac{1}{2}\ 0\ \frac{1}{2}$ 和 $\frac{1}{2}\ \frac{1}{2}\ 0$ 的位置, 属简单立方结构, 属 Pm-$3m$(No.221) 空间群, 其衍射花样属简单立方, 即 100、110、111、200、210、211、300、310、311、222、$\cdots$. hkl 为奇偶混合的线条如 100、110、210、211 等称为超点阵线. 其有序度还与热处理的温度和时间而变化.

以上所述的扩散型相变、非扩散型相变和有序–无序相变都是晶体结构发生了变化, 而成分可能发生变化, 也可能不发生变化.

此外, 还有赝结构相变. 所谓赝结构相变是指相变前的原相和相变后的新相的晶体结构基本不变, 但成分发生某些变化的一种的相变.

7.6.2 现代相变研究

当在某种或某些条件 (如温度、压力、磁场、电场等) 的作用下, 结晶系统的结构变化时, 相变就发生了. 比如, 从一种点阵变为另一种点阵; 虽然点阵类型不变, 但原子排列发生了有序–无序转变而改变了空间群; 结晶物质中的原子磁矩的无序排列变成有序排列而发生了磁相变, 但晶体结构不变. 以上总称为结构相变. 相变研究的基本部分是测定不同的晶体结构或磁结构, 这属物相结构测定和新相与母相的取向关系问题.

所谓现代相变研究是讨论在近接连续相变时发生的结构涨落问题, 了解这些涨落是相变现代理论的心脏. 由于热中子的波长和能量与相变中临界涨落发生的波长和能量是可比较的, 加之绝大多数物质的低吸收, 在散射实验的试样周围附加庞大的特殊条件装置较之容易, 使热中子散射成为现代相变研究最有效的手段, 以实现实验测量由临界涨落随波矢和频率而变化而引起的散射. 实验要求高质量的样品、好的温度控制以及随波矢和能量变化的高的实验分辨率.

1. 马氏体相变中的结构涨落

马氏体相变属一级相变, 它有如下特点: ① 与时间无关的非扩散型; ② 是温度的特征, 即在临界温度 T_M 下发生; ③ 可逆性; ④ 原来高温结构与低温下的新结构有确定的取向关系; ⑤ 化学成分无变化, 且体积也几乎无变化. 这无论是纯金属还是合金都是如此. 然而, 在接近 T_{M} 连续马氏体相变时的结构涨落则明显不同. 关于合金的中子散射表明, 弹性散射可作为在接近 T_{M} 时很好的动力学先兆效应, 它们的温度关系和 Q 空间的位置显示关于形变微观的详细信息. $\mathrm{Zr}_{1-x}\mathrm{Nb}_x$ 形状记忆合金就是一例证, 它的高温 BCC 相能被淬火到室温, 在 $\boldsymbol{q}$ 矢量上发现非常低频的声子, 其与 $\mathrm{Zr}_{1-x}\mathrm{Nb}_x$ 的 BCC 到 HCP 或 BCC 到 ω 结构的转变温度 T_{M} 有关, 这些声子不再有很好的确定频率, 而扩展到零能量转移的宽能量范围, 但发现附加的强的弹性散射. 对于第 4 族 Ti、Zr、Hf 的声子色散研究表明: 存在异常低频谷区和沿 $[2\ \xi\ \xi\ \xi]$ 方向强衰减的声子, 它们与 $\beta\to\omega$ 或 $\beta\to\alpha$ 马氏体相变相关. 处在 $L\dfrac{2}{3}(111)$ 的低频声子不随温度而变化, 这是由于 BCC 固有的趋向 ω 位移的弱点; $T_1\dfrac{1}{2}(110)$ 声子在接近 T_{M} 时急剧减小, 这是 $\beta\to\alpha$ 转变的预兆涨落.

对纯金属和金属合金的中子散射实验观察到的马氏体相变结构涨落的差别, 使得人们考虑由合金化引起的点缺陷在驱使马氏体相变中软模凝聚和衰减声子至中心峰所引起的作用.

2. *磁性相变的磁涨落*

探索接近磁转变温度 T_{C} 时的涨落是现代相变理论和实验研究的热门课题. 相变的平均场理论是磁性系统最简单的理论, 也是更精确理论的开始点. 相变平均场理论给出, 在接近居里温度 T_{C} 时, 磁涨落的振幅正比于所对应敏感度, 而敏感度则表示对波矢 $\boldsymbol{q}$ 的响应, 因此对实验测定声子谱进行观测和分析可获得磁涨落的振幅. 响应最大时的波矢为 q_{s}, q_{s} 一般是 Brillouin 区的中心 (铁磁结构) 或 Brillouin 区的边界 (反铁磁结构).

3. *结构相变中结构涨落*

结构相变习惯上分为置换相变和有序–无序相变, 后者很类似于磁相变, 比如 β-黄铜中原子有序化和 $\mathrm{NaNO_2}$ 铁电相变中的 $\mathrm{NaNO_2}$ 族的有序化等. 在接近有序化温度 T_{C} 时也存在结构涨落. 在 $T < T_{\mathrm{C}}$ 时可用 Raman 散射技术来研究, 而当 $T > T_{\mathrm{C}}$ 时, Raman 散射不再有效, 而中子的非弹性散射十分有效, 并用软模概念来讨论.

在接近 T_{C} 但高于 T_{C} 的温度下, 结构相变的一个特点是存在两种散射: 明锐的准弹性散射峰和宽的非弹性散射峰, 如图 7.5 所示. 非弹性散射峰对应于结构涨落, 准弹性散射峰用 Halperin 和 Varma 发展由缺陷引起中心峰的理论来解释. 非公度调至相变中不完整性对结构涨落也有重要影响. 当在某种或某些条件 (如温度、压力、磁场、电场) 的作用下, 结晶系统的结构变化时, 相变就发生了. 比如, 从一种晶体结构变为另一种晶体结构, 虽然点阵类型不变, 但原子排列发生了有序–无序转变而改变了空间群; 结晶物质中的原子磁矩的无序排列变成有序排列而发生磁相变, 但晶体结构不变, 这属于前几节讨论的问题.

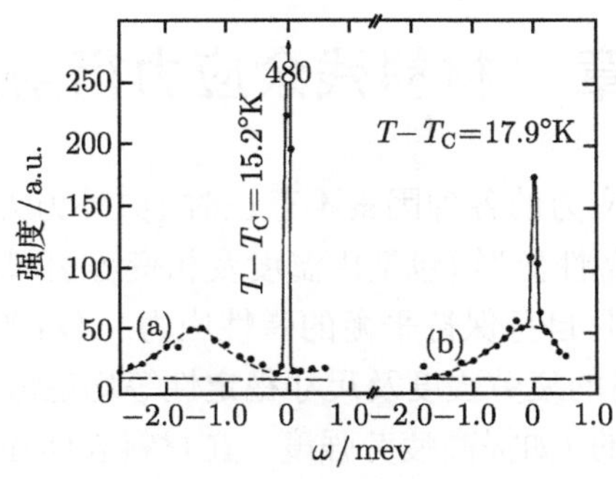

图 7.5 $SrTiO_3$(a) 和 $KMnF_3$(b) 的中子散射强度显示存在强的准弹性散射峰

主要参考文献

1 程国峰, 杨传铮, 黄月鸿. 纳米材料 X 射线分析. 北京: 化学工业出版社, 2010.

2 杨传铮, 谢达材, 陈癸, 等. 物相衍射分析. 北京: 冶金工业出版社, 1988.

3 杨传铮, 谢达材, Newsam J. M, 等. 用中子散射法研究凝聚态物质的新进展. 物理学进展, 1994, 14(3): 231-276.

第 8 章　材料残余应力衍射测定

残余应力是指产生应力的各种因素不存在时 (如外力去除、温度已均匀、相变结束等), 由于不均匀的塑性变形 (包括由温度及相变等引起的不均匀体积变化), 致使材料内部依然存在并且自身保持平衡的弹性应力, 又称为内应力. 一方面, 由于残余应力的存在, 对材料的疲劳强度及尺寸稳定性等均造成不利的影响. 另一方面, 出于改善材料性能的目的 (如提高疲劳强度), 在材料表面还要人为引入压应力 (如表面喷丸). 总之, 内应力是一个广泛而重要的问题.

当多晶材料中存在内应力时, 必然还存在内应变与之对应, 造成材料局部区域的变形, 并导致其内部结构 (原子间相对位置) 发生变化, 从而在射线衍射谱线上有所反映, 通过分析这些衍射信息, 就可以实现内应力的测量. 目前虽然有多种应力测量的方法, 但射线应力测量方法最为典型. 由于这种方法理论基础比较严谨, 实验技术日渐完善, 测量结果十分可靠, 并且是一种无损测量方法, 因而在国内外都得到普遍的应用.

8.1　应力的分类及其射线衍射效应

材料中存在的应力和起因是多种多样的, 如生长应力、表面应力、焊接应力和相变应力等. 当材料被加工处理或使用后还有应力存在于材料中, 则称为残余应力. 总的分为宏观残余应力和微观残余应力. 图 8.1 示出宏观和微观残余应力不同类型

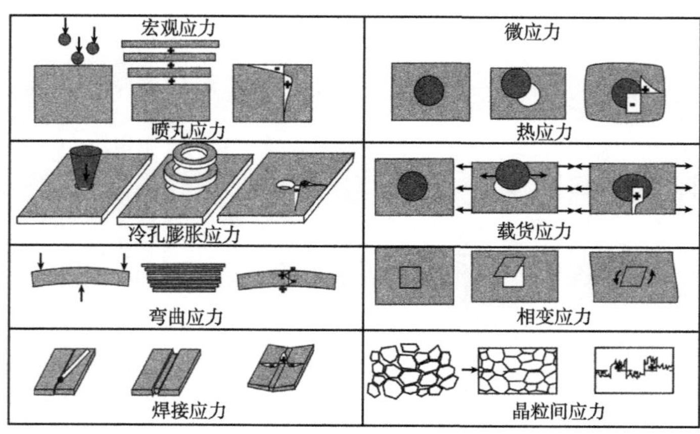

图 8.1　宏观和微观残余应力不同类型的例子

的例子. 依据射线衍射效应, 材料中内应力可分为三类.

8.1.1 第 I 类内应力

材料中第 I 类内应力属于宏观应力, 其作用与平衡范围为宏观尺寸, 此范围包含了无数个小晶粒. 如图 8.2(a) 所示. 在射线辐照区域内, 各小晶粒所承受内应力差别不大, 但不同取向晶粒中同族晶面间距则存在一定差异. 根据弹性力学理论, 当材料中存在单向拉应力时, 平行于应力方向的 (hkl) 晶面间距收缩减小 (即衍射角增大), 同时垂直于应力方向的同族晶面间距拉伸增大 (即衍射角减小), 其他方向的同族晶面间距及衍射角则处于中间. 当材料中存在压应力时, 其晶面间距及衍射角的变化与拉应力相反, 如图 8.3 所示. 材料中宏观应力越大, 不同方位同族晶面间距或衍射角之差异就越明显, 这是测量宏观应力的理论基础. 严格意义上讲, 只有在单向应力、平面应力以及三方向应力不等的情况下, 这一规律才正确. 有关宏观应力的研究已比较透彻, 其 X 射线测量方法已十分成熟, 中子衍射方法的原理与

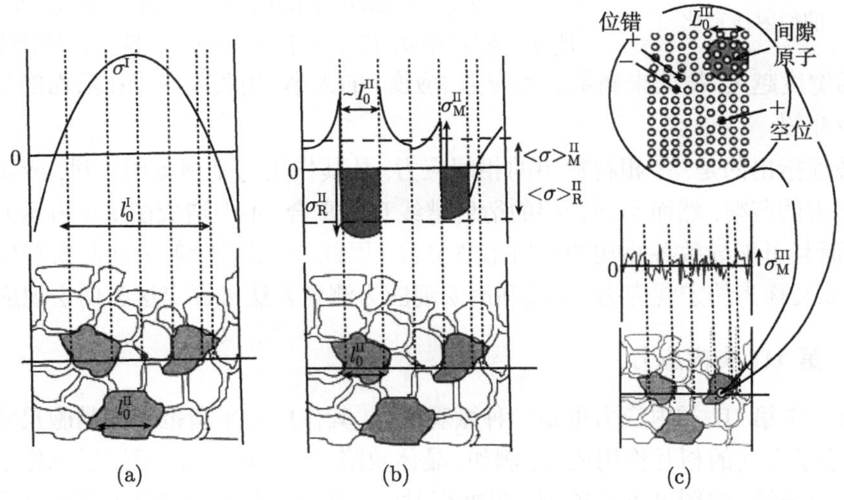

图 8.2 三类内应力的分类

(a) I 型 宏观应力; (b) II 型 微观应力; (c) III 型 微观应力

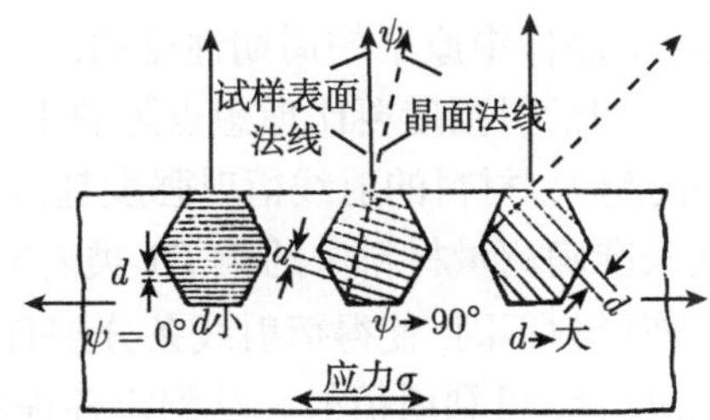

图 8.3 第 I 类应力与不同方位同族晶面间距的关系

X 射线相似, 但测定方法不尽相同. 本章主要讨论宏观应力测量问题, 若不作特别说明, 材料内应力均是指宏观应力.

第 I 类应力有单轴应力、双轴 (平面) 应力和三轴 (三维) 应力. 后者又分各向同性和各向异性的.

8.1.2　第 II 类内应力

材料中第 II 内应力是一种微观应力, 其作用与平衡范围为晶粒尺寸数量级, 如图 8.2(b) 所示. 在射线的辐照区域内, 有的晶粒受拉应力, 有的则受压应力. 各晶粒的同族 (hkl) 晶面具有一系列不同的晶面间距 $d_{hkl} \pm \Delta d$ 值. 即使是取向完全相同的晶粒, 其同族晶面的间距也不同. 因此, 在材料的射线衍射信息中, 不同晶粒对应的同族晶面衍射谱线位置将彼此有所偏移, 各晶粒衍射线的总和将合成一个在 $2\theta_{hkl} \pm \Delta 2\theta$ 范围内宽化的衍射谱线, 如图 8.4 所示. 材料中第 II 类内应力 (应变) 越大, 则射线衍射谱线的宽度越大, 据此来测量这类应力 (应变) 的大小, 相关内容将在后面的章节中进一步介绍.

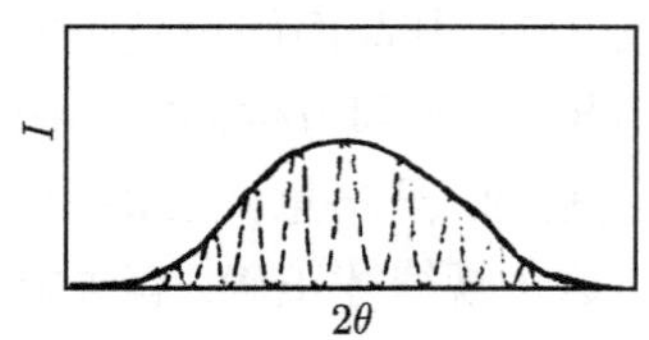

图 8.4　不均匀微观应力造成的衍射线宽化

必须指出的是, 多相材料中的相间应力, 从其作用与平衡范围上讲, 应属于第 II 类应力的范畴. 然而不同物相的衍射谱线互不重合, 不但造成图 8.4 所示的宽化效应, 而且可能导致各物相的衍射谱线位移. 因此, 其射线衍射效应与宏观应力相类似, 故又称为伪宏观应力, 可以利用宏观应力测量方法来评定这类伪宏观应力.

8.1.3　第 III 类内应力

材料中第 III 类内应力也是一种微观应力, 其作用与平衡范围为晶胞尺寸数量级, 是原子之间的相互作用应力, 例如, 晶体缺陷 —— 空位、间隙原子或位错等周围的应力场等, 如图 8.2(c) 所示. 根据衍射强度理论, 当射线照射到理想晶体材料上时, 被周期性排列的原子所散射, 各散射波的干涉作用, 使得空间某方向上的散射波互相叠加, 从而观测到很强的衍射线. 在第 III 类内应力作用下, 由于部分原子偏离其初始平衡位置, 破坏了晶体中原子的周期性排列, 造成了各原子射线散射波周相差的改变, 散射波叠加, 即衍射强度要比理想点阵的小. 这类内应力越大, 则各原子偏离其平衡位置的距离越大, 材料的射线衍射强度越低. 由于该问题比较复杂, 目前尚没有一种成熟方法来准确测量材料中的第 III 类内应力.

三类应力对材料的点阵影响不同, 使得衍射线条分别有线条位移、线形宽化和衍射强度降低的三种效应. 因此, 可利用衍射方法测定各种应力. 其中 X 射线衍射法应用最广, 有专门的应力测定仪对大型工件进行现场测定, 中子衍射也有应用.

本章介绍宏观应力测定的原理、方法以及数据处理等内容, 重点讨论平面应力, 同时还对三维应力与薄膜应力测量问题进行必要的简述.

8.2 平面宏观应力测定原理

在各种类型的内应力中, 宏观平面应力 (简称平面应力) 最为常见. 射线应力测量原理, 是基于布拉格方程, 即衍射方向理论, 通过测量不同方位同族晶面衍射角的差异, 来确定材料中内应力的大小及方向, 换言之, 是通过测量应变, 并用测量的弹性模量来计算应力的. 即

$$\begin{aligned}\varepsilon_{hkl} &= \frac{d_{hkl}^S - d_{hkl}^0}{d_{hkl}^S} = -\Delta\theta_{hkl}\cot\theta_{hkl}^0 \\ \sigma_{hkl} &= E_{hkl}\varepsilon_{hkl}\end{aligned} \tag{8.1}$$

式中, 上标 S 和 0 分别表示存在和无应变两种情况. 材料中晶面间距变化与材料的应变量有关, 而应变与应力之间遵循胡克定律 (Hooke's law) 关系, 因此晶面间距变化可以反映出材料中的内应力大小和方向. 由于 X 射线穿透深度较浅 (约 10μm), 材料表面应力通常表现为二维应力状态, 法线方向的应力为零. 但中子射线的穿透厚度达 mm 到 cm 量级, 许多则属于三轴应力情况.

8.2.1 材料中应变与晶面间距

图 8.5(a) 示出了材料体积单元中的六个应力分量, σ_x、σ_y 及 σ_z 分别为 x、y 及 z 轴方向的正应力分量, τ_{xy}、τ_{xz} 及 τ_{yz} 分别为三个切应力分量. 图 8.5(b) 为相应的直角坐标系, Φ 及 Ψ 为空间任意方向 $\boldsymbol{OP}$ 的两个方位角, Ψ 为 $\boldsymbol{OP}$ 与样品表面法线的夹角, Φ 是 $\boldsymbol{OP}$ 在样品平面上的投影与 x 轴的夹角. $\varepsilon_{\Phi\Psi}$ 为材料沿 $\boldsymbol{OP}$ 方向的弹性应变. 根据弹性力学的理论, 应变 $\varepsilon_{\Phi\Psi}$ 可表示为

$$\begin{aligned}\varepsilon_{\Phi\Psi} =& \frac{(1+\nu)}{E}(\sigma_x\cos^2\Phi + \tau_{xy}\sin 2\Phi + \sigma_y\sin^2\Phi - \sigma_z)\sin^2\Psi \\ &+ \frac{(1+\nu)}{E}(\tau_{xz}\cos\Phi + \tau_{yz}\sin\Phi)\sin 2\Psi + \frac{(1+\nu)}{E}\sigma_z \\ &- \frac{\nu}{E}(\sigma_x + \sigma_y + \sigma_z)\end{aligned} \tag{8.2}$$

式中, E 及 ν 分别是材料的弹性模量及泊松比. 如果入射线沿图 8.5(b) 中的 $\boldsymbol{PO}$ 方向入射, 则应变 $\varepsilon_{\Phi\Psi}$ 还可表示为垂直于该方向的 (hkl) 晶面间距改变量, 根据布拉格方程 $2d_{\Phi\Psi}\sin\theta_{\Phi\Psi} = \lambda$, 这个应变为

$$\varepsilon_{\phi\psi} = \frac{d_{\phi\psi} - d_0}{d_0} = -(\theta_{\phi\psi} - \theta_0)\cot\theta_0 = -\Delta\theta_{\phi\psi}\cot\theta_0 \tag{8.3}$$

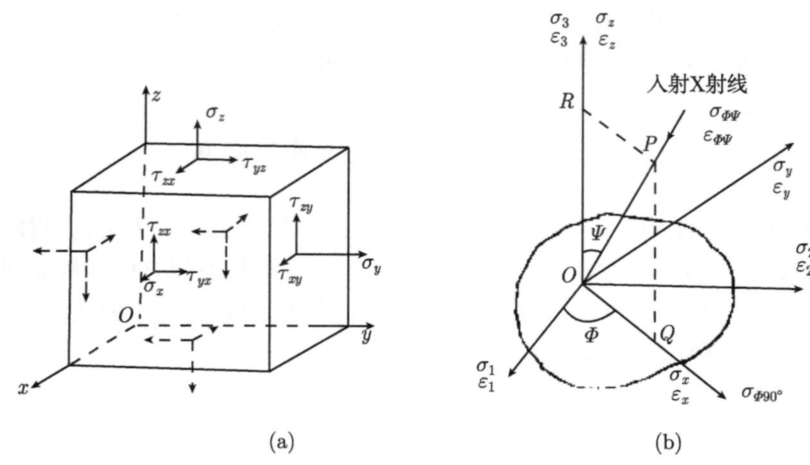

图 8.5　材料中应力分量 (a) 与应力测量几何 (b)

σ_1、σ_2 分别表示平面内应力的最大值和最小值

式中, d_0 及 θ_0 分别是材料无应力状态下 (hkl) 晶面间距及半衍射角, 单位为弧度. 式 (8.2) 与式 (8.3) 都表示应变 $\varepsilon_{\Phi\Psi}$, 其中前者代表了宏观应力与应变之间关系, 后者则是晶面间距的变化, 因此二者将宏观应力 (应变) 与微观晶面间距变化结合在一起, 从而建立了射线衍射应力测量的理论基础.

8.2.2　平面应力表达式

材料内部的单元体通常处于三轴应力状态, 但其表面却只有两轴应力, 垂直于表面上的应力为零. 由于 X 射线穿透表面的深度很浅, 在测量厚度范围内可简化为平面应力问题来处理, 此时 $\sigma_z = \tau_{xz} = \tau_{yz}=0$, 将式 (8.2) 进一步简化, 并令其与式 (8.3) 相等, 得到

$$\begin{aligned}&\frac{(1+\nu)}{E}\left(\sigma_x\cos^2\Phi+\tau_{xy}\sin 2\Phi+\sigma_y\sin^2\Phi\right)\sin^2\Psi-\frac{\nu}{E}(\sigma_x+\sigma_y)\\&=-\left(\theta_{\Phi\Psi}-\theta_0\right)\cot\theta_0\end{aligned} \tag{8.4}$$

当方位角 Φ 为 0°、90° 及 45° 时, 分别对上式简化, 并对 $\sin^2\Psi$ 求偏导, 整理后得到

$$\begin{aligned}\sigma_x &= K\frac{\partial 2\theta_{\Phi=0°}}{\partial\sin^2\Psi},\\ \sigma_y &= K\frac{\partial 2\theta_{\Phi=90°}}{\partial\sin^2\Psi}\\ \tau_{xy} &= K\left[\frac{\partial 2\theta_{\Phi=45°}}{\partial\sin^2\Psi}-\frac{\dfrac{\partial 2\theta_{\Phi=0°}}{\partial\sin^2\Psi}+\dfrac{\partial 2\theta_{\Phi=90°}}{\partial\sin^2\Psi}}{2}\right]\end{aligned} \tag{8.5}$$

$$K=-\frac{E}{(1+\nu)}\cot\theta_0 \tag{8.6}$$

式中, K 称为射线弹性常数或射线应力常数, 简称应力常数. 式 (8.5) 就是平面应力测量的基本公式, 利用应力分量 σ_x、σ_y 和 τ_{xy}, 实际上已完整地描述了材料表面的应力状态. 由于公式中不包含无应力状态的衍射角 $2\theta_{0^\circ}$, 给应力测量带来方便.

在工程上, 往往需要了解最大主应力 σ_1、最小主应力 σ_2 及最大主应力方向 (用 σ_1 与 x 轴夹角 α 表示), 可用以下等式换算

$$\begin{gathered}\sigma_1=(\sigma_x+\sigma_y)/2+\sqrt{[(\sigma_x-\sigma_y)/2]^2+\tau_{xy}^2}\\ \sigma_2=(\sigma_x+\sigma_y)/2-\sqrt{[(\sigma_x-\sigma_y)/2]^2+\tau_{xy}^2}\\ \alpha=\arctan[(\sigma_1-\sigma_x)/\tau_{xy}]\end{gathered} \tag{8.7}$$

为了获得 x 轴方向正应力 σ_x, 射线应在 $\Phi=0^\circ$ 情况下以不同 Ψ 角照射试样, 测量出各 Ψ 角对应相同 (hkl) 晶面的衍射角 $2\theta_{0^\circ,\Psi}$ 值. 为了获得 y 轴方向正应力 σ_y, 射线应在 $\Phi=90^\circ$ 情况下进行照射, 测量出各 Ψ 角对应的晶面衍射角 $2\theta_{90^\circ,\Psi}$ 值. 为了获得切应力分量 τ_{xy}, 则需要分别在 $\Phi=0^\circ$、$\Phi=45^\circ$ 及 $\Phi=90^\circ$ 情况下进行测量.

式 (8.5) 中 $\partial 2\theta/\partial\sin^2\Psi$ 项, 实际是 $2\theta_{0^\circ,\Psi}$ 与 $\sin^2\Psi$ 关系直线的斜率, 采用最小二乘方法对它们进行线性回归, 精确求解出该直线斜率, 代入应力公式中即可获得被测的三个应力分量. 在每个入射方位角 Φ 下, 必须选择两个以上的 Ψ 角进行测试. 所选择入射角 Ψ 的数量, 视具体情况而定. 为了节省应力测量的时间, 有时只选择两个 Ψ 角进行测试, 假设它们分别是 Ψ_1 和 Ψ_2, 则该直线斜率为

$$\left(\frac{\partial 2\theta}{\partial\sin^2\Psi}\right)_{\Psi 1,\Psi 2}=\frac{(2\theta_{\Psi 2}-2\theta_{\Psi 1})}{(\sin^2\Psi_2-\sin^2\Psi_1)} \tag{8.8}$$

典型情况为 $\Psi=0^\circ$ 和 45°, 这就是所谓的 $0^\circ\sim45^\circ$ 法, 此时

$$\left(\frac{\partial 2\theta}{\partial\sin^2\Psi}\right)_{\Psi=0^\circ,45^\circ}=2K\left(2\theta_{\Psi=45^\circ}-2\theta_{\Psi=0^\circ}\right) \tag{8.9}$$

如果选择多个 Ψ 角进行测试, 假设有 n 个 Ψ 角, 则最小二乘方法的结果为

$$\frac{\partial 2\theta}{\partial\sin^2\Psi}=\frac{\left[n\sum_{i=1}^{n}2\theta_i\sin^2\Psi_i-\left(\sum_{i=1}^{n}2\theta_i\right)\left(\sum_{i=1}^{n}\sin^2\Psi_i\right)\right]}{\left[n\sum_{i=1}^{n}\sin^4\Psi_i-\left(\sum_{i=1}^{n}\sin^2\Psi_i\right)^2\right]} \tag{8.10}$$

8.3　平面宏观应力的测定方法

应力测量方法属于精度要求很高的测试技术. 测量方式、试样要求以及测量参数选择等, 都会对测量结果造成较大影响.

根据 Ψ 平面与测角仪 2θ 扫描平面的几何关系, 可分为同倾法与侧倾法两种测量方式. 在条件许可的情况下, 建议采用侧倾法.

8.3.1　同倾法

同倾法的衍射几何特点, 是 Ψ 平面与测角仪 2θ 扫描平面重合. 同倾法中设定 Ψ 角的方法有两种, 即固定 Ψ_0 法和固定 Ψ 法.

1. 固定 Ψ_0 法

此方法的要点是, 在每次探测扫描接收反射射线的过程中, 入射角 Ψ_0 保持不变, 故称之为固定 Ψ_0 法, 如图 8.6 所示. 选择一系列不同的入射线与试样表面法线之夹角 Ψ_0 来进行应力测量工作. 根据其几何特点不难看出, 此方法的 Ψ 与 Ψ_0 之间的关系为

$$\Psi = \Psi_0 + \eta = \Psi_0 + 90^\circ - \theta \tag{8.11}$$

其中, η 角为衍射面法线与衍射线的夹角.

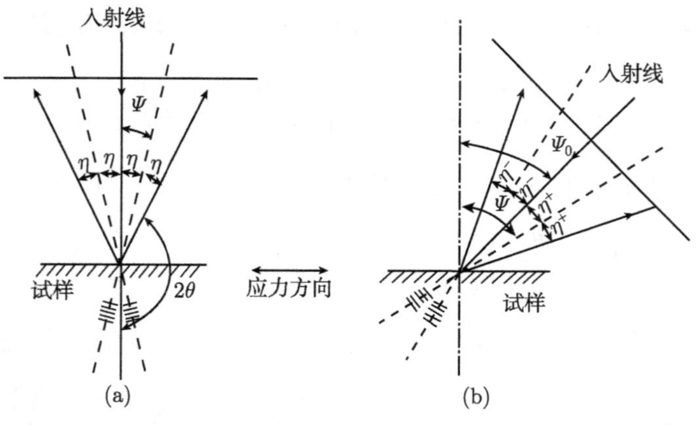

图 8.6　固定 $\Psi_0(=0^\circ$ 和 $45^\circ)$ 法的衍射几何

(a) $\Psi_0 = 0$; (b) $\Psi_0 = 45^\circ$

同倾固定 Ψ_0 法既适合于衍射仪, 也适合于应力仪. 由于此方法较早应用于应

力测试中, 故在实际生产中的应用较为广泛. 其 Ψ_0 角设置要受到下列条件限制

$$\begin{aligned}\Psi_0 + 2\eta < 90^\circ \rightarrow \Psi_0 < 2\theta - 90^\circ \\ 2\eta < 90^\circ \rightarrow 2\theta > 90^\circ\end{aligned} \tag{8.12}$$

即必须选择背反射 ($2\theta \geqslant 90^\circ$) 衍射线.

2. 固定 Ψ 法

此方法的要点是, 在每次扫描过程中衍射面法线固定在特定 Ψ 角方向上, 即保持 Ψ 不变, 故称为固定 Ψ 法. 测量时 X 光管与探测器等速相向 (或相反) 而行, 每个接收反射 X 光时刻, 相当于固定晶面法线的入射角与反射角相等, 如图 8.7 所示. 通过选择一系列衍射晶面法线与试样表面法线之间夹角 Ψ, 以进行应力测量工作.

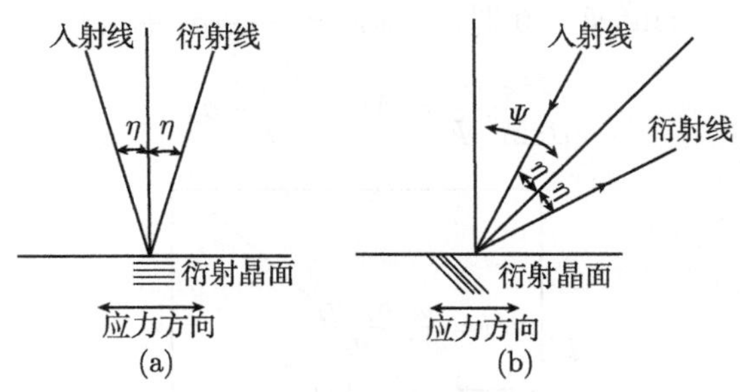

图 8.7 固定 Ψ 法的衍射几何

(a) $\Psi = 0^\circ$; (b) $\Psi = 45^\circ$

同倾固定 Ψ 法同样适合于衍射仪和应力仪, 其 Ψ 角设置要受到下列条件限制

$$\Psi + \eta < 90^\circ \rightarrow \Psi < \theta \tag{8.13}$$

8.3.2 侧倾法

侧倾法的衍射几何特点是 Ψ 平面与测角仪 2θ 扫描平面垂直, 如图 8.8 所示. 由于 2θ 扫描平面不再占据 Ψ 角转动空间, 二者互不影响, Ψ 角设置不受任何限制. 在通常情况下, 侧倾法选择为 Ψ 扫描方式, 即不同 Ψ 法或 $\sin^2\Psi$ 法. 我们有

$$\begin{aligned}\varepsilon_{\Phi,\Psi} &= \frac{1+\nu}{E} \cdot \sigma_{\Phi,0^\circ} \sin^2\Psi - \frac{\nu}{E}(\sigma_1 + \sigma_2) \\ \varepsilon_{\Phi,\Psi} &= \frac{d_{\Phi,\Psi} - d_0}{d_0} = -\cot\theta \cdot \Delta\theta \\ \sigma_x &= \sigma_{\Phi,0^\circ} = \cos^2\Phi \cdot \sigma_1 + \sin^2\phi \cdot \sigma_2\end{aligned} \tag{8.14}$$

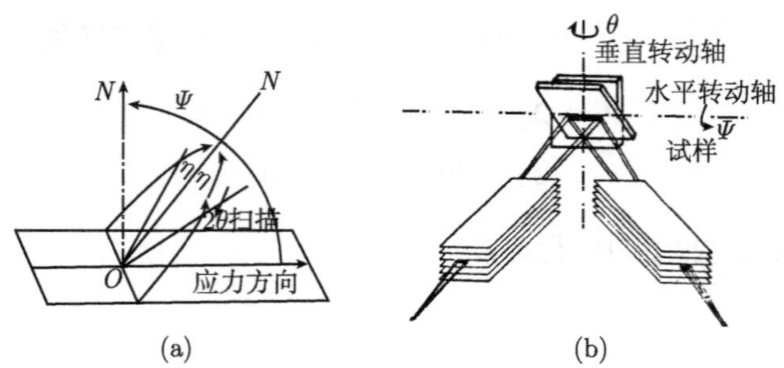

图 8.8　X 射线应力仪 (a) 与衍射仪 (b) 侧倾法测应力的衍射几何

图 8.9 给出了 $\varepsilon_{\Phi,\Psi} \sim \sin^2 \Psi$ 的关系图, 由此可得:

$$\varepsilon_{\Phi,\Psi} = 0 \text{ 时}, \quad \sin^2 \Psi = \frac{\nu}{1+\nu} \cdot \frac{\sigma_1 + \sigma_2}{\sigma_x}$$

$$\sin^2 \Psi = 0 \text{ 时}, \quad \varepsilon_{\Phi,0^\circ} = -\frac{\nu}{E}(\sigma_1 + \sigma_2)$$

$$\frac{\partial \varepsilon_{\Phi,\Psi}}{\partial \sin^2 \Psi} = M = \frac{1+\nu}{E}\sigma_x \tag{8.15}$$

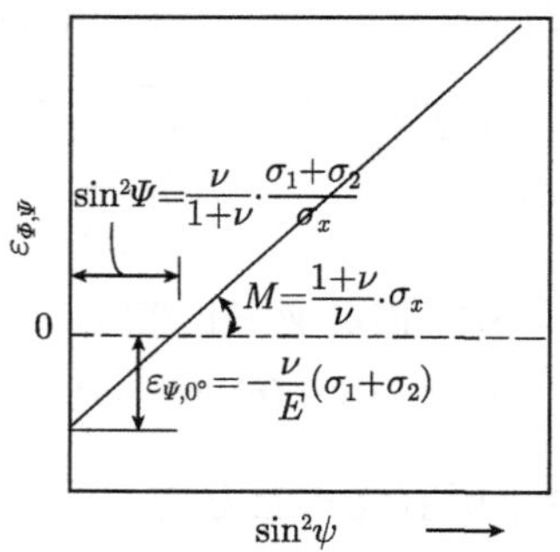

图 8.9　$\varepsilon_{\Phi,\Psi} \sim \sin^2 \Psi$ 的关系图

在张应力的情况下, 设 $\Phi = 0^\circ$, 则 $\sigma_x = \sigma_1 = \sigma, \sigma_2 = 0$, 则有

$$\varepsilon_{0^\circ,\Psi} = \frac{1+\nu}{E}\sigma \cdot \sin^2 \Psi - \frac{\nu}{E}\sigma \tag{8.16}$$

当 $\varepsilon_{0^\circ,\Psi} = 0$ 时, 则有

$$\sin^2 \Psi = \frac{\nu}{1+\nu}$$

$$\frac{\partial}{\partial \sigma}\left[\frac{\partial \varepsilon_{\Phi,\Psi}}{\partial \sin^2 \Psi}\right] = \frac{1+\nu}{E} \tag{8.17}$$

于是联立式 (8.19) 可求得弹性常数 E 和 ν.

侧倾法主要具备以下优点: ① 由于扫描平面与 Ψ 角转动平面垂直, 在各个 Ψ 角衍射线经过的试样路程近乎相等, 因此不必考虑吸收因子对不同 Ψ 角衍射线强度的影响; ② 由于 Ψ 角与 2θ 扫描角互不限制, 因而增大这两个角度的应用范围; ③ 由于几何对称性好, 可有效减小散焦的影响, 改善衍射谱线的对称性, 从而提高应力测量精度.

8.4 三维应力的测定

对于具有强烈织构或经过磨削、轧制及其他表面处理的金属材料, 其表层往往存在激烈的应力梯度, 造成表面应力分布呈现为三维应力状态. 此外, 多相材料的相间应力通常是三维的, 有些薄膜及表面改性材料也表现三维应力特征. 对这些材料, 必须采用三维应力测量方法, 需要确定六个应力分量, 即三个正应力分量 σ_x、σ_y 和 σ_z, 以及三个切应力分量 τ_{xy}、τ_{xz} 和 τ_{yz}, 从而正确地评价这类材料中的内应力. 定义参数 b_1 及 b_2 为

$$b_1 = (2\theta_{\Phi\Psi+} + 2\theta_{\Phi\Psi-})/2; \quad b_2 = (2\theta_{\Phi\Psi+} - 2\theta_{\Phi\Psi-})/2 \tag{8.18}$$

式中, $2\theta_{\Phi\Psi+}$ 及 $2\theta_{\Phi\Psi-}$ 分别表示在同一 Φ 角平面内, Ψ 角大小相等而方向相反条件下所测得的一对衍射角. 由上式及式 (8.4) 和式 (8.5) 可得到

$$\begin{cases} \partial b_1/\partial \sin^2\Psi = \left(\sigma_x \cos^2\Phi + \sigma_{xy}\sin 2\Phi + \sigma_y \sin^2\Phi - \sigma_z\right)/K \\ \partial b_2/\partial \sin 2\Psi = (\sigma_{xz}\cos\Phi + \sigma_{yz}\sin\Phi)/K \end{cases} \tag{8.19}$$

当 $\Phi = 0°$、$90°$ 及 $45°$ 时, 由上式分别得到

$$\begin{cases} \sigma_x - \sigma_z = K\left(\partial b_{1,\Phi=0°}/\partial\sin^2\Psi\right); \quad \tau_{xz} = K\left(\partial b_{2,\Phi=0°}/\partial\sin 2\Psi\right) \\ \sigma_y - \sigma_z = K\left(\partial b_{1,\Phi=90°}/\partial\sin^2\Psi\right); \quad \tau_{yz} = K\left(\partial b_{2,\Phi=90°}/\partial\sin 2\Psi\right) \\ \tau_{xy} - \sigma_z + (\sigma_x+\sigma_y)/2 = K\left(\partial b_{1,\Phi=45°}/\partial\sin^2\Psi\right) \end{cases} \tag{8.20}$$

当 $\Psi = 0°$ 时, 令式 (8.1) 与式 (8.2) 相等得到

$$\sigma_z - [\nu/(1+\nu)](\sigma_x+\sigma_y+\sigma_z) = K\left(2\theta_{\Psi=0°} - 2\theta_0\right) \tag{8.21}$$

式中, $2\theta_{\Psi=0°}$ 是 $\Psi = 0°$ 情况下所测得的衍射角.

将式 (8.20) 和式 (8.21) 联立求解, 得到正应力分量为

$$\begin{cases} \sigma_x = K\left[S'\left(2\theta_{\Psi=0°} - 2\theta_0\right) - (S''-1)\left(\partial b_{1,\Phi=0°}/\partial\sin^2\Psi\right) - S''\left(\partial b_{1,\Phi=90°}/\partial\sin^2\Psi\right)\right] \\ \sigma_y = K\left[S'\left(2\theta_{\Psi=0°} - 2\theta_0\right) - S''\left(\partial b_{1,\Phi=0°}/\partial\sin^2\Psi\right) - (S''-1)\left(\partial b_{1,\Phi=90°}/\partial\sin^2\Psi\right)\right] \\ \sigma_z = K\left[S'\left(2\theta_{\Psi=0°} - 2\theta_0\right) - S''\left(\partial b_{1,\Phi=0°}/\partial\sin^2\Psi\right) - S''\left(\partial b_{1,\Phi=90°}/\partial\sin^2\Psi\right)\right] \end{cases} \tag{8.22}$$

式中, $S' = (1+\nu)/(1-2\nu)$, $S'' = -\nu/(1-2\nu)$.

切应力分量为

$$\left\{\begin{array}{l}\tau_{xy}=K\left[\partial b_{1,\Phi=45^\circ}/\partial\sin^2\Psi-\left(\partial b_{1,\Phi=0^\circ}/\partial\sin^2\Psi+\partial b_{1,\Phi=90^\circ}/\partial\sin^2\Psi\right)/2\right]\\\tau_{xz}=K\left[\partial b_{2,\Phi=0^\circ}/\partial\sin 2\Psi\right]\\\tau_{yz}=K\left[\partial b_{2,\Phi=90^\circ}/\partial\sin 2\Psi\right]\end{array}\right.\tag{8.23}$$

式 (8.22) 和式 (8.23) 就是材料表层三维应力测量的普遍表达式, 共包括 6 个应力分量. 对于平面应力问题, 即 $\sigma_z=\tau_{xz}=\tau_{yz}=0$, 这些公式分别简化为式 (8.7) 的形式, 因此二维应力公式是三维应力公式的特例. 从式 (8.1) 和式 (8.3) 不难发现, 在进行三维应力测量时, 必须首先精确测定出材料无应力状态下的衍射角 $2\theta_0$, 这实质上是要完成点阵常数精确测定的工作, 而且在许多情况下无法获得无应力的试样, 从而给上述三维应力测量带来一些不便.

8.5　中子衍射法应变测定装置

图 8.10 示出了从反应堆发出连续中子束的应变测量最简单的仪器布置图, 从反应堆发出的连续中子束经准直器或导管, 打到晶体单色器上被衍射, 衍射束经快门孔径被监视计数, 经 Soller 准直器, 经过孔径光阑打到样品上, 被样品衍射, 衍射束经 Soller 准直器后, 被探测器探测. 这里示出 $\phi_{\rm M}=2\theta_{\rm M}=2\theta_{\rm S}=90^\circ$ 的特殊情况. 一束波长为 λ 的单色中子入射到多晶样品上, 对于无应变样品晶面间距为 d 的晶面, 在满足布拉格方程的衍射角 2θ 方向产生衍射峰. 如果在应力的作用下材料的某个局部晶面间距产生小的变化 Δd, 则衍射峰的峰位将改变 $\Delta\theta=-\tan\theta\times\Delta d/d$, 垂直于该晶面方向, 即散射矢量 $\boldsymbol{Q}$ 方向的晶格应变 $\varepsilon=\Delta d/d=-\Delta\theta\times\cot\theta$. 为测定某局部点处与应力状态对应的应变张量 (可有 6 个独立分量), 获得各个分量的变化量, 至少需在样品的 6 个方向做上述测量 (如果主应变方向已知, 则可相应地减少测量方向). 利用材料的弹性常数建立弹性力学方程, 即可求出该点处的应力张量. 图 8.11 给出了使用位敏探测器时的布置.

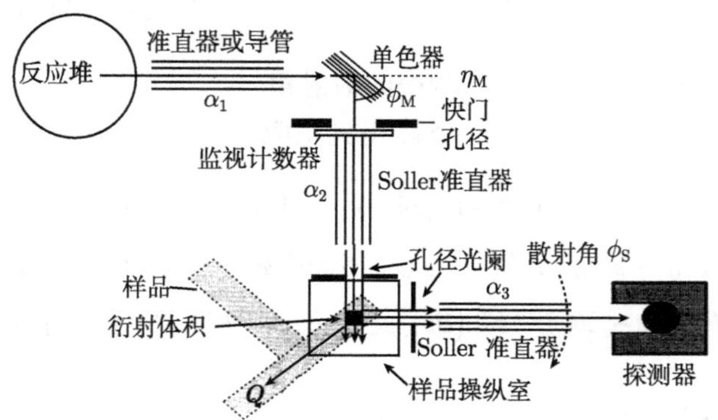

图 8.10　反应堆中子源上应变测量标准二轴仪器的示意图

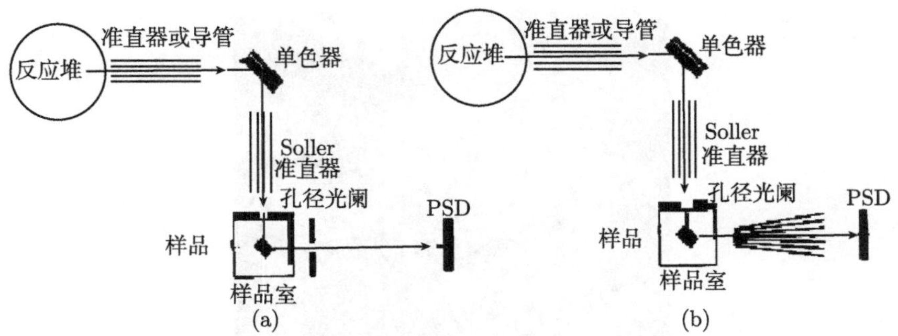

图 8.11 用位置灵敏探测器的应变测量标准二轴仪器

(a) 单个狭缝; (b) 径向准直器

图 8.12 给出了飞行时间 (TOF) 技术测量应变实验装置示意图, 其中 (a) 中子源是反应堆, 使用了斩波器, 其设计见图 8.12; (b) 和 (c) 均使用单色器, 以获得单色中子束. 图 8.13 示出了英国散裂中子源 (ISIS) 上 ENGIN-X 应变测量仪. 显示出

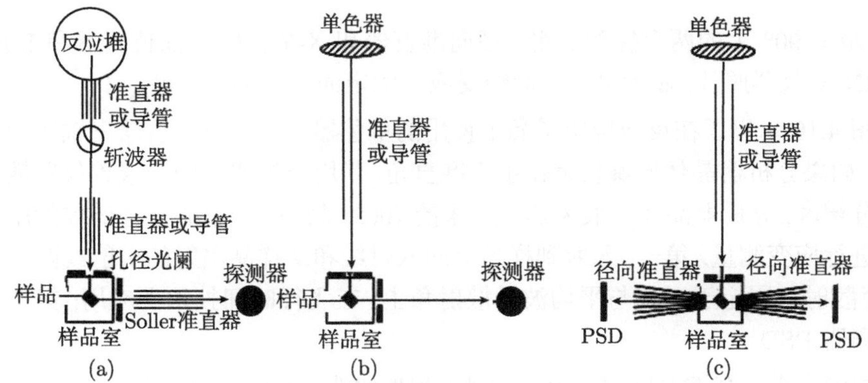

图 8.12 应变测量用三种飞行时间仪器的示意图

(a) 反应堆源用单个探测器; (b) 脉冲源上用单个探测器; (c) 带有径向准直器用位置灵敏探测器

(a)

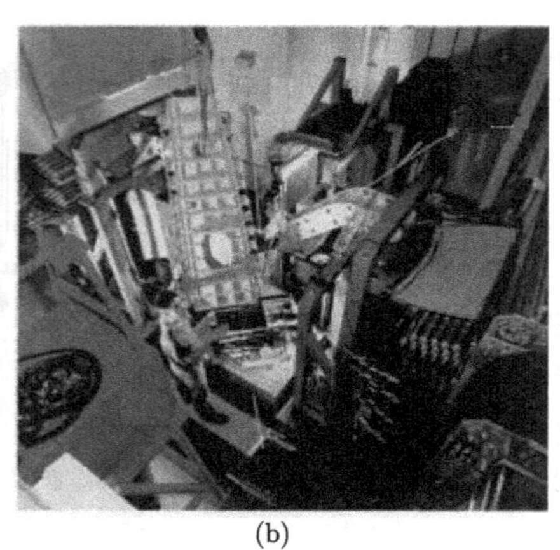

(b)

图 8.13

(a) 英国卢瑟福实验室散裂中子源 ISIS 上 ENGIN-X 仪器的 CAD 像, 显示出处在 $2\theta = 90°$ 上的两个探测器组、径向准直器和 X-Y-Z-Ω 样品位置器; (b) ISIS 上 ENGIN-X 仪器照片, 显示出一大的经受应力测定的航空部件样品

处在 $2\theta = 90°$ 上的两个探测器组、径向准直器和 X-Y-Z-Ω 样品位置器和 ISIS 上 ENGIN-X 仪器照片, 显示出一大的经受应力测定的航空部件样品 (b).

图 4.16 示出了在反应堆中子源上使用的单色器－样品－分析器三轴应变测量仪器. 如果分析器晶体嵌镶块宽化小于准直角, 使用分析器有助于改善仪器散射角的角分辨率. 分析器晶体一般为热解石墨的 (002) 晶面. 一般的三轴谱仪能用两种模式进行应变测量. 第一, 入射到样品上的入射线和从样品出射的衍射线两者都扫描, 而散射角固定于对应与平均波长散射角上, 在飞行时间技术上应用; 第二是位敏探测器 PSD.

中国先进研究堆 (CARR) 中子散射工程拟建造一台应力测量中子衍射谱仪. 这台中子应力衍射谱仪, 拟安装在 CARR 堆的一个长 4.66m、截面尺寸为 7cm(宽)× 14cm(高) 的水平孔道旁 (见图 8.14). 中子束从水平孔道引出经第一准直器准直后入射到单色器上, 单色器将满足布拉格条件的单色中子束反射出来, 经第二准直器和限束光阑入射到样品上, 样品产生的衍射束经限束光阑后被探测器记录. 第一准直器共 3 个, 安装在旋转闸门内, 有效尺寸为 5cm(宽)×14cm(高)×100cm(长), 水平发散度分别为 10′、20′ 和 30′. 使用垂直聚焦单色器, 单色器焦距可调; 单色器起飞角 $2\theta_{\mathrm{M}}$ 可在 $60° \sim 120°$ 连续变化, 以便在 0.08~0.3nm 波长范围选择合适的中子波长和谱仪分辨. 单色器屏蔽大鼓半径 1.2m, 第二准直器位于单色器屏蔽大鼓内, 长 400mm, 其入口处距单色器 800mm, 出口与屏蔽大鼓的出口相合. 为避免强度损失, 测量时样品应尽可能靠近单色器, 但对于大样品不可能靠得太近, 必须为其留下足够的空间, 因此样品台到单色器的距离在 1.6~2m 可调. 样品台可实现样品三维平移和三维旋转; 通过在样品前放置一个限束光阑减小入射束的截面, 并在样品后放置一个限束光阑来限定标样体积. 限束光阑可以是用热中子吸收截面大的镉片制成的矩形孔. 为减少测量时间, 提高测量效率, 探测器使用一维或二维位置灵敏探测器, 水平分辨为 1mm 或 1.5mm, 到样品距离为 0.5~1.5m 可调, 以适应不同强度和分辨的需要. 应力测量时, 探测器放在衍射角 $2\theta_S = 90°$ 附近, 这时标样体积元近似为立方体. 要求衍射角范围为 $3° \sim 120°$, 如此, 除了最关心的 90° 衍射角外, 还可以测量衍射全谱. 整个谱仪的最好分辨率希望达到 $\Delta d/d$=0.3%, 以便在测量中获得比较好的精度; 样品处中子束强度达 $10^6 \sim 10^7 \text{cm}^{-2}\cdot\text{s}^{-1}$, 标样体积可在 1mm×1mm×1mm 至 8mm×8mm×8mm 之间变化; 样品最大尺寸 1m, 最大重量 200kg.

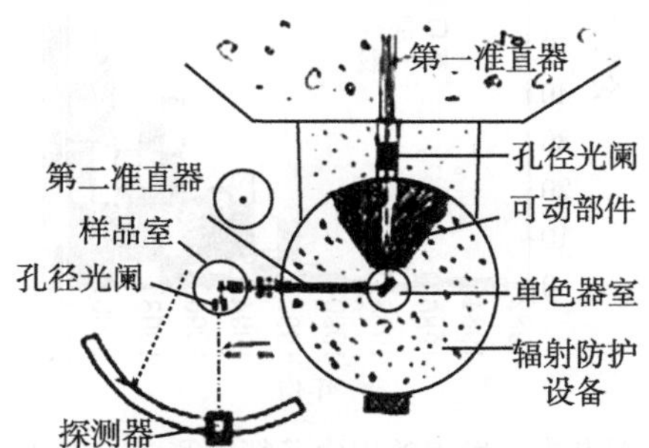

图 8.14 CARR 应力测量中子衍射谱仪结构示意图

表 8.1 给出了世界上部分新近发展的中子应力谱仪.

表 8.1 部分新近发展的中子应力谱仪

装置名称	所属机构	国别
CARR	中国原子能科学研究院	中国
SMARTS	洛斯阿拉莫斯国家实验室 (Lose Alamos National Laboratory)	美国
ENGIN-X	卢瑟福–阿普尔顿实验室 (Rutherford-Appleton Laboratory)	英国
SALSA	劳厄–朗之万研究所 (Institute of Laue Langevin)	法国
STRESS-SPEC	慕尼黑技术大学 (Technology University of Munich)	德国
KOWARI	澳大利亚核科学技术组织 (Australia Nuclear Science Technology Organization)	澳大利亚
VULCAN	橡树岭国家实验室 (Oak Ridge National Laboratory)	美国
FSD	联合核子所 (Join Institute of Nuclear Research)	俄罗斯
DIANE	里昂–布里渊实验室 (Laboratory Leon Brillouin)	法国
RST	韩国原子能研究所 (Korea Atomic Energy Research Institute)	韩国

8.6 残余应变中子衍射测定的一些例子

中子衍射应力测定已在材料科学和工程中得到广泛应用, 图 8.15 给出了在主要杂志上每年发表的用中子衍射测定工程残余应力的论文数 (1982~2002 年), 并对用中子衍射和同步辐射 X 射线衍射在相关方面论文作了百分数统计 (%):

	焊接和部件	多相体	晶粒间的	表面和包覆	一般	总计
中子衍射	24	30	22	3	19	100
同步辐射	9	21	20	32	18	100

可见, 表面应力多用 X 射线衍射方法, 体效应多用中子衍射方法. 下面举几个例子.

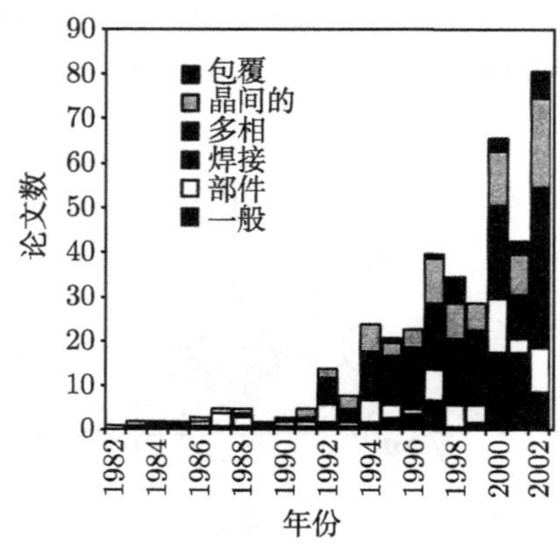

图 8.15　每年在主要杂志上发表的用中子衍射测定工程残余应力论文的数目

8.6.1　焊接应力测定的两个例子

用于焊接应力测量的方法有三类: ① 应力弛豫法; ② 衍射法; ③ 裂纹关系法. 基于衍射法发展的新方法是 “等应力线” 法. 图 8.16 示出了用中子衍射测量获得的 Ni 超合金惯性焊件残余应力绘制图 (map). 比较各图可知, 一般后置焊接热处理不能足以把应力弛豫到安全值, 但高于一般热处理 +50°C 的后置焊接热处理后, 足以把应力弛豫到设计的限度内.

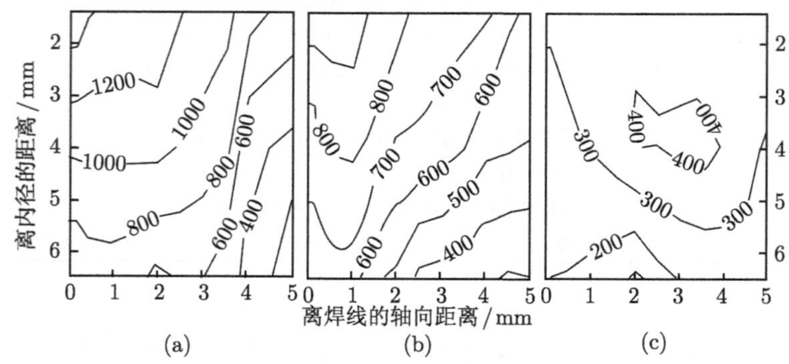

图 8.16　Ni 超合金惯性焊件的通过横管截面性环型应力分量

(a) 刚惯性焊接管; (b) 一般后置焊接热处理后; (c) 高于一般热处理 +50°C 的后置焊接热处理后

图 8.17 给出了在 12.5mm 厚的铁板包含 12–穿孔 TWL 焊接方法 (a) 和纵向应力测量的等应力线图 (b)、(c).

通过这两个例子表明, 中子衍射法已用于评价纵向焊接应力. 这种方法的主要优点是超过所有其他非破坏测定方法, 能提供二维应力绘制图 (map). 在工业上的

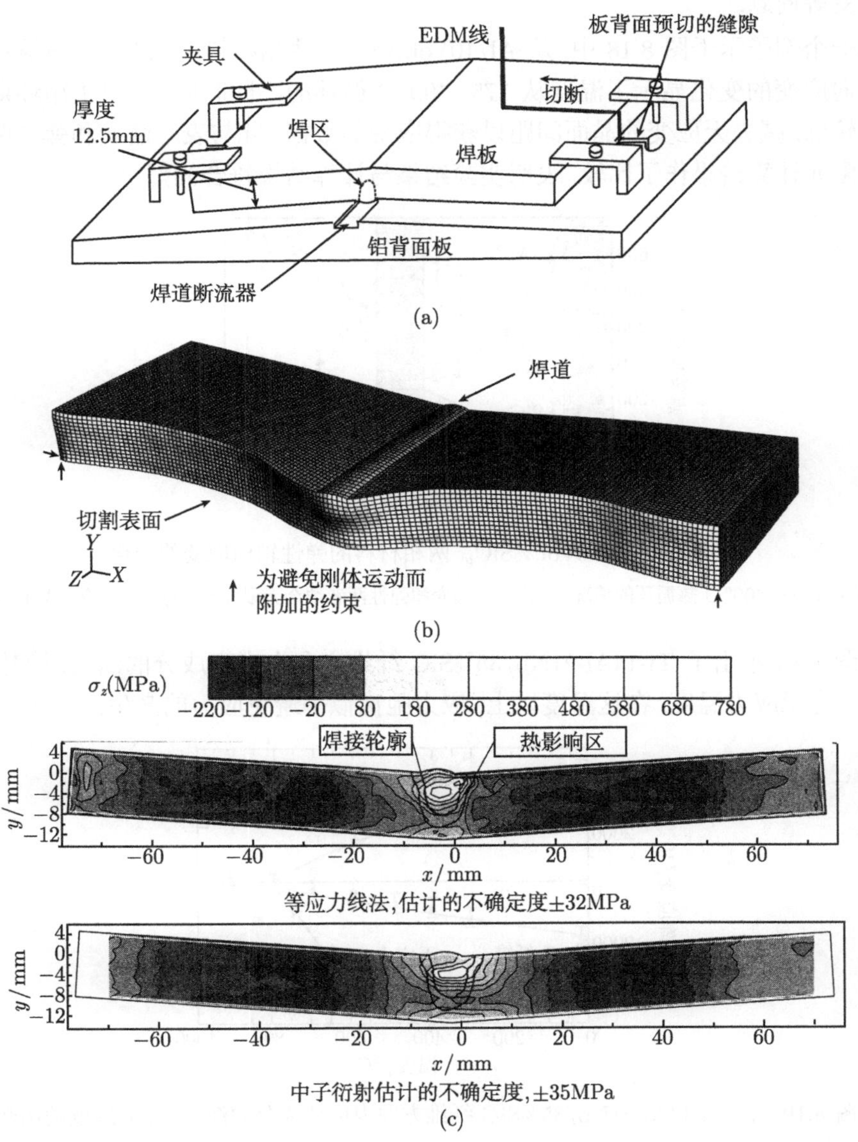

图 8.17　在 12.5mm 厚的铁板包含 12–穿孔 TWL 焊接和纵向应力测量的等应力线法

(a) 怎样用电学放电机进行焊接的示意图; (b) 用切割引起的应力弛豫, 放大 40 倍; (c) 切割制作前推算的残余应力, 并与中子衍射测定结果的比较

广泛应用穿孔焊接, 检测厚度达 mm~cm 量级.

8.6.2　合成物和多相材料中的残余应力

合成物和多相材料中, 应考虑相间的弹性失配应力、热配合不良、塑性不匹配和相变等问题.

一个例子示于图 8.18 中, 从 Al/10Vol.%SiC$_w$ 两相材料的 (111) 反射测得的弹性轴向应变的变化显示了温度从 175~400°C 循环的不同时间, 画出了循环期间的温度轮廓, 减去无应变的晶面间距以获得应变的数据. 并与表示蠕变和弹性两者结合无限元计算结果作了比较, 表明实验结果与计算结果符合尚好.

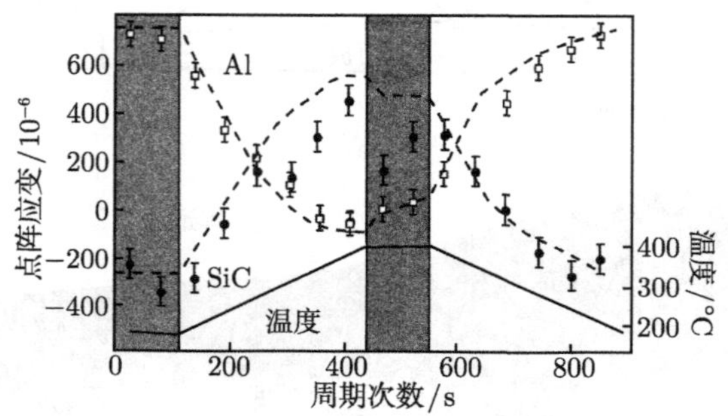

图 8.18　Al/10Vol.%SiC$_w$ 两相材料的弹性轴向应变的变化

实线表示 175~ 400°C 热循环的情况; 虚线表示蠕变和弹性两者结合无限元计算结果; 实验点表示热住周期

图 8.19 示出了 Ti-14Al-21Nb/35%SiC 纤维方向内应变成分的演变, 清楚看到, 800°C 为无应力温度. 在这温度以上, 应力弛豫似乎避免应力的产生.

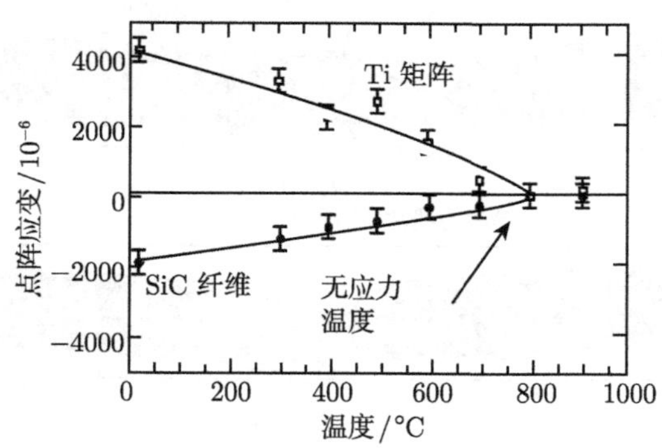

图 8.19　沿 Ti-14Al-21Nb/35%SiC 纤维方向内应变成分的演变, 作为温度的函数

图 8.20 给出了 Ti-14Al-21Nb/35%SiC 纤维方向的点阵应变成分的响应, 微应变随所用应力增加而增加, 但纤维 SiC 中 (111) 的点阵应变与负载无明显关系.

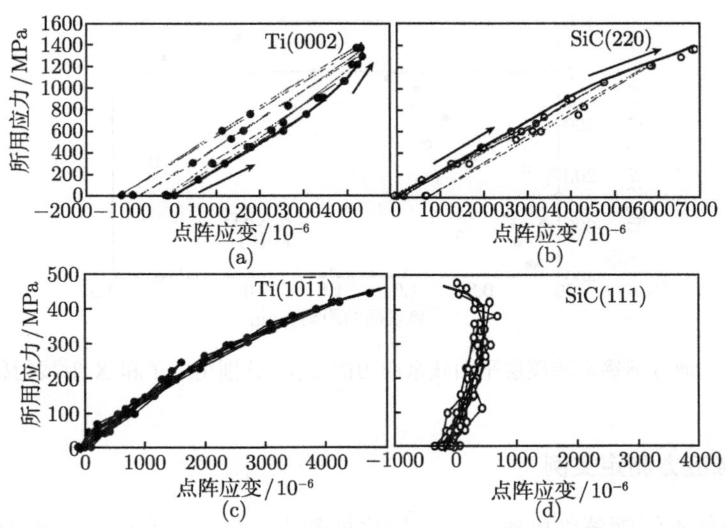

图 8.20 Ti-14Al-21Nb/35%SiC 纤维方向的点阵应变成分的响应, 单轴负载平行于纤维方向

(a) 基体 (0002); (b) 纤维 (220), 点阵应变响应沿单轴负载方向, 其垂直于纤维方向; (c) 基体 (10-11); (d) 纤维 (111)

8.6.3 渗碳层中的残余应力

渗碳常常用于钢的表面硬化, 其深度的变化与应用要求有关, 典型的约 4mm, 由于渗碳改变了近表面成分, 图 8.21(a) 示出了这种变化. 钢的点阵参数对碳成分的变化是敏感的, 图 8.21(b) 给出了点阵应变随碳浓度的变化. 图 8.22 给出了中子衍射和 X 射线衍射的测定结果. 这里有两个假定, 即平面内垂直于表面的应力为零, 垂直于表面的应力梯度等于零. 比较得知, 在非常接近表面的区域 (0~50μm), X 射线具有独特的优点. 但在较大的深度, 中子衍射能给出更多的信息, X 射线方法必须对样品作分步剥层分步测试.

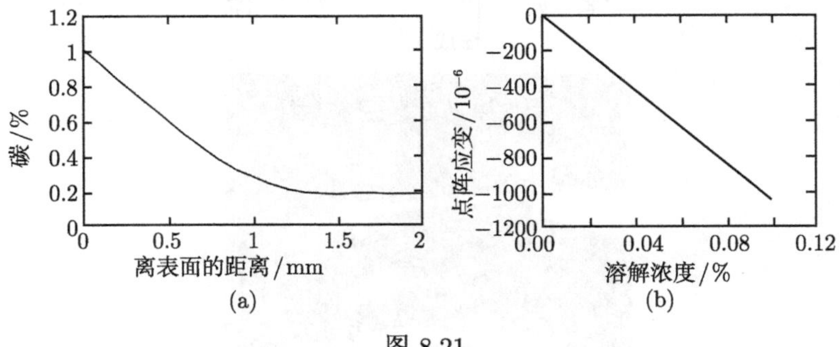

图 8.21

(a) 渗碳区碳含量随深度的变化; (b) 引入的寄生点阵应变随碳浓度的变化

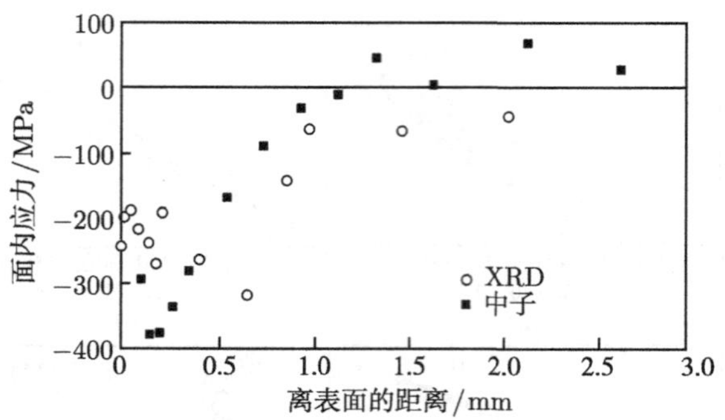

图 8.22　通过圆钢板渗碳层平面残余应力的变化, 分别用中子和 X 射线衍射测得

8.6.4　三维应力测定实例

在奥氏体不锈钢铸件固溶后的水韧化处理中, 由于不锈钢热导率很低, 产生较大的残余应力, 它将导致锻件的应力腐蚀或疲劳断裂, 常用去应力退火 (stress-relief annealing) 的方法来消除这种残余应力, 但较高的温度又会导致组织变脆, 而降低的温度又不能达到消除这种残余应力的目的. 考虑到不锈钢部件固溶处理后通常还要进行打孔等机械加工, 因而部件内部残余应力的准确测定对选择合适的退火工艺显得尤为重要. 图 8.23 为奥氏体不锈钢部件的几何尺度与具体测量位置 (1~6) 及原位中子衍射实验装置. SUS304 奥氏体不锈钢部件经 1080°C 保温 3 小时固溶处理, 550°C 退火 24 小时以消除应力. Jin 等用中子衍射测定了部件在轴向 (axial)、径向

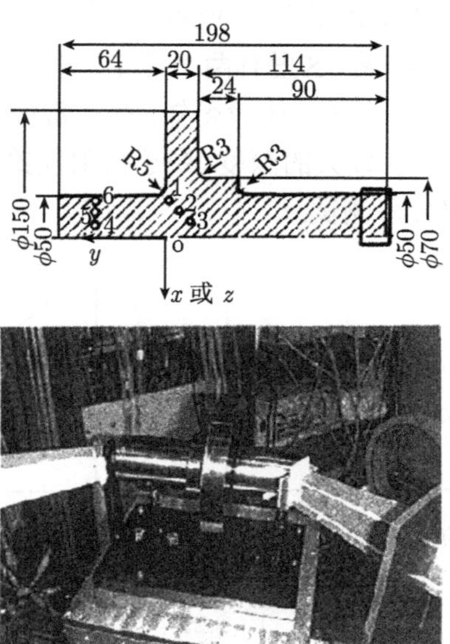

图 8.23　奥氏体不锈钢部件的几何尺度与具体尺度位置和原位中子衍射实验装置

(radial)、环向 (hoop) 的 (111) 衍射峰, 有效衍射体积为 10mm×10mm×10mm, 并用试样部件端部自由面处取下 3mm×3mm×3mm 试样片测定无应力状态. 将 (111) 的晶面间距 d_0 应变 $\varepsilon = (d - d_0)/d_0$ 代入广义的 hooke 定律

$$\sigma_{xx} = E\{(1-\nu)\varepsilon_{xx} + \nu(\varepsilon_{yy} + \varepsilon_{zz})\}/(1-2\nu)(1+\nu) \tag{8.24}$$

取弹性模量 E = 220GPa, Poisson 比 ν =0.30, 进而分析出部件不同部位的三维应力. 如图 8.24 所示. 尽管由于用于该实验的中子通量低, 穿透能力有限, 测定绝对误差较大, 以致测定点 4 处未能得到有效的应力数据, 但仍不难发现部件根部 (测定点 3 处), 由于较高的应力集中, 导致三向拉伸残余应力最大, 证实了应力场理论的分析结果, 即此处最容易产生应力腐蚀裂纹和疲劳裂纹; 同时还发现传统退火工艺未能达到预期的退火效果, 需要进一步优化去应力退火工艺.

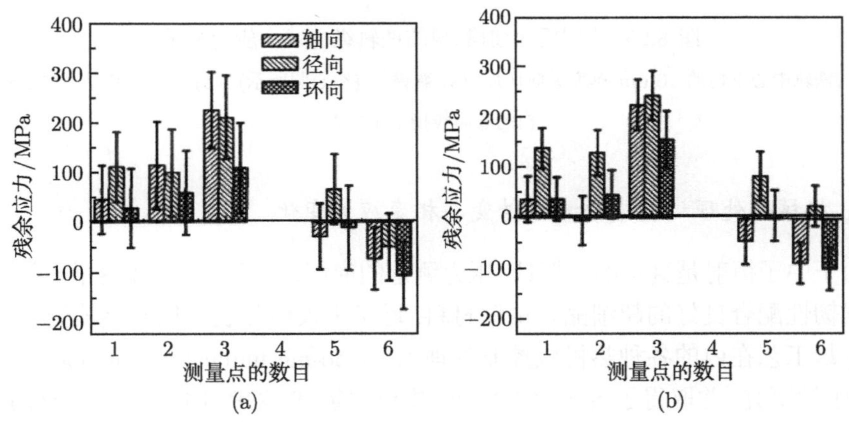

图 8.24 奥氏体不锈钢部件中的三维残余应力的尺度结果

8.6.5 原位测定残余应力的两个例子

1. 铁轨的使用寿命 (service life) 研究

残余应力的发展可作为使用寿命的函数, 如疲劳、磨损或旋转接触疲劳、热循环和蠕变等强烈地受残余应力的影响. 图 8.25 示出了用中子衍射测得的铁轨纵向残余应力分量的结果, 其显示在铁轨的头部和足部有张应力, 并以中间支柱中的压应力来平衡. 与实验相一致, 除近头部的接触面以外, 用过的铁轨具有十分相似的应力分布轮廓, 在近表面区域, 滚动接触已塑性变形, 建立压应力被轨头中心张应力的增加来平衡. 图中画出的等应力线是铁轨用了近 15 年. 与前述相比两次的测量结果符合很好, 压应力区和张应力区及应力大小两方面都符合得很好.

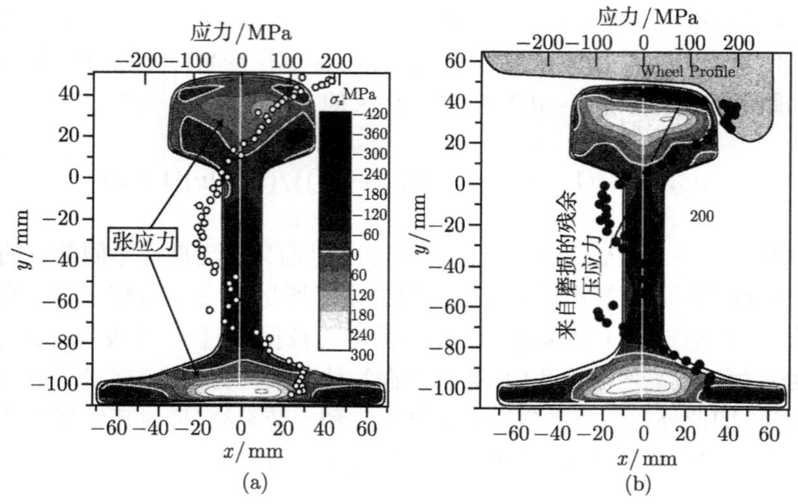

图 8.25　用中子衍射测得的铁轨纵向残余应力分量

样品是从铁轨中心下切的 10mm 厚度纵向切片; (a) 新铁轨 (空心圆所示); (b) 用过的铁轨 (实心圆所示); 白的等高线指示无应力

2. 机械热处理过程中铁素体转变与相变应力变化

由于中子衍射是真正的体探针, 压力测定的应用报道很多, 下面仅举一例. 为了发展强韧性配合良好的超细晶粒钢铁材料, 近年来人们开展了包括温轧变形、分段控制冷却工艺在内的各种热机械控制处理 (thermo-mechanically controlled process, TMCP) 的研究, 并取得了若干重要成果. 原位表征 TMCP 中的组织转变与应力变化对深入理解阐明 TMCP 对超细晶粒铁素体形成机理十分重要, 因为它是组织转变最直接的证据之一. 徐平光等利用原位组织衍射对比研究了不同 Nb 含量的两种低合金钢在奥氏体 0%和 25%预变形之后逐步冷却过程中的奥氏体 → 铁素体转变行为. 奥氏体/铁素体双相区特定温度下的实测研究积分强度除以铁素体逐步完成所对应的衍射积分强度 (后者由铁素体低温单相区的衍射积分强度推算得到) 进而得出该温度的铁素体相对转变量. 结果表明, 由原位中子衍射分析出的铁素体转变量与 TMCP 中不同阶段淬火得到的铁素体转变量在 ±5%误差范围内有良好的一致性. 较好地描述了逐步冷却铁素体转变进程. 如图 8.26(a) 所示. 分析结果还表明, 逐步冷却过程中预形变试样的铁素体转变量～温度曲线不同于未形变试样, 如图 8.26(b) 所示, 前者在铁素体转变到一定程度后出现奥氏体稳定化, 形成转变延迟现象. 原位相应变的变化分析 (见图 8.26) 表明, 铁素体转变冷却转变前期, 奥氏体相应变为小拉伸应变, 与形变有利于铁素体转变; 铁素体逐步冷却逐步后期, 奥氏体富碳导致显著的压应变, 进而产生逐步延迟现象.

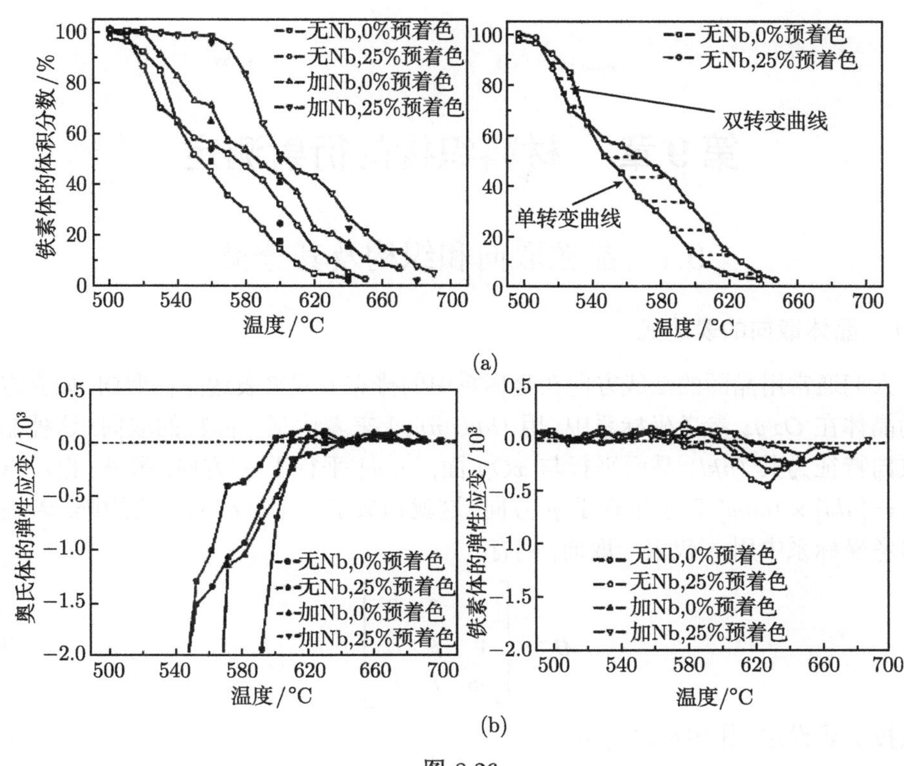

图 8.26

(a) 奥氏体形变和 Nb 微合金化对逐步冷却过程中奥氏体 → 珠光体转变的影响; (b) 奥氏体 → 铁素体转变过程中奥氏体与铁素体弹性应变随温度的变化

主要参考文献

1 Hutchings M T, Withiers P J, Holden T M, et al. Introduction to the characterization of residual stress by neutron diffraction. Taylor & Francis: New York CRC press, 2005.

2 Michael T Hutchings, Aaron D Krawitz. Measurement of residual stress in materials using neutron diffraction. Proccedings of technical meeting , Vienna, Oct., 13-17, 2003.

3 姜传海, 杨传铮. 材料射线衍射和散射分析. 北京：高等教育出版社, 2010.3.

4 孙光爱, 陈波. 中子衍射残余应力分析技术及其应用. 核技术, 2007, 30(4): 286-289.

5 徐平光, 友田阳. 原位中子衍射材料表征技术的进展. 金属学报, 2003, 42(7): 681-688.

6 孙光爱, 陈波, 陈华, 等. 中子衍射法研究单晶镍基高温合金机械疲劳引起的应力和晶格失配. 物理学报, 2009, 58(4)：2549-2555.

7 焦书军, S Yue. 平整轧制的 X80 钢管残余应力与中子衍射测量. 钢铁, 2004, 38(3)：61-66.

8 用中子衍射测定残余应力的标准试验方法//无损检验 国家标准. BS DD ISO/TS 21462-2006.

第 9 章　材料织构的衍射测定

9.1　晶粒取向和织构及其分类

9.1.1　晶体取向的表达式

人们通常用晶面的法线方向在坐标系中的排布方式来表达晶粒取向. 如立方晶系的晶体在 $Oxyz$ 参考坐标系中, 用 $(hkl)[uvw]$ 来表达某一晶粒的取向. 这种晶粒的取向特征为其 (hkl) 晶面平行与 xOy 面, $[uvw]$ 平行于 x 方向. 另外, 也可以用 $[rts]=[hkl]\times[uvw]$ 表示平行于 y 方向, 这就构成了一个标准的正交矩阵. 若在上述参考坐标系中用 g 代表一取向, 则有

$$\boldsymbol{g}=\begin{bmatrix} u & r & h \\ v & s & k \\ w & t & l \end{bmatrix} \tag{9.1}$$

显然按上述设定, 其初始取向矩阵 $\boldsymbol{g}_0$ 为

$$\boldsymbol{g}_0=\begin{bmatrix} 1 & 0 & 0 \\ 0 & 1 & 0 \\ 0 & 0 & 1 \end{bmatrix} \tag{9.2}$$

由于从初始取向出发经欧拉角 (ψ,θ,ϕ) 转动可把晶体的 $Oxyz$ 坐标系转动到任何取向的晶体坐标系上, 因此晶粒的取向 $\boldsymbol{g}$ 可表示为

$$\boldsymbol{g}=(\psi,\theta,\phi) \tag{9.3}$$

显然其初始取向矩阵 $\boldsymbol{g}_0=(0,0,0)$.

若用矩阵表示任意 (ψ,θ,ϕ) 转动所获得的取向, 则可推导出如下关系

$$\boldsymbol{g}=\begin{bmatrix} \cos\phi & \sin\phi & 0 \\ -\sin\phi & \cos\phi & 0 \\ 0 & 0 & 1 \end{bmatrix}\begin{bmatrix} 1 & 0 & 0 \\ 0 & \cos\theta & \sin\theta \\ 0 & -\sin\theta & \cos\theta \end{bmatrix}\begin{bmatrix} \cos\psi & \sin\psi & 0 \\ -\sin\psi & \cos\psi & 0 \\ 0 & 0 & 1 \end{bmatrix} \tag{9.4}$$

各矩阵相乘后得总的转置矩阵, 且可以证明有下述关系

$$\boldsymbol{g}=\begin{bmatrix} \cos\psi\cos\phi-\sin\psi\sin\phi\cos\theta & \sin\psi\cos\phi+\cos\psi\sin\phi\cos\theta & \sin\phi\sin\theta \\ -\cos\psi\sin\phi-\sin\psi\cos\phi\cos\theta & -\sin\psi\sin\phi+\cos\psi\cos\phi\cos\theta & \cos\phi\sin\theta \\ \sin\psi\sin\theta & -\mathrm{con}\psi\sin\theta & \cos\theta \end{bmatrix}$$

$$= \begin{bmatrix} u & r & h \\ v & s & t \\ w & t & l \end{bmatrix} \tag{9.5}$$

此时 Ox、Oy 和 Oz 分别平行于 $[uvw]$、$[rst]$ 和 $[hkl]$, 这样就建立了两种取向表达式的换算关系.

9.1.2 晶体学织构及分类

多晶材料中的晶粒取向形成某种有规律排列的现象, 通称为 "择尤取向" 或 "织构", 其物理含义是: 多晶材料中的晶粒取向分布明显偏离完全随机分布的取向分布. 这时多晶材料的在力学、磁性等许多性能上表现出各向异性.

"织构" 按生成方式基本上可分为: 液态凝固织构、气态凝聚织构、电解沉积织构、加工织构 (冷加工、热加工)、再结晶和二次再结晶织构、相变织构等. 按晶粒的晶体学取向分布状况可分为纤维织构和板织构两种. 前者是某种 (或几种) 晶面法线择优地与纤维轴一致, 常用平行于纤维轴的指数 $< hkl >$ 及其分散度来表示; 在板织构的情况下, 某些指数的晶面 (hkl) 择优地平行于板平面, (hkl) 平面内的某些方向 $< uvw >$ 择优地平行于轧向, 故用 $\{hkl\} < uvw >$ 的符号来表示, 称为理想取向.

虽然有多种测定织构的方法, 但以衍射方法 (X 射线衍射和中子衍射) 最为直接和方便. 除一些简单的表示方法外, 还有下面三种不同的方法来描述织构, 即

极图 (pole figure);

反极图 (inverse pole figure);

三维取向分布函数 (three dimensional orientation distribution function), 简称 ODF.

下面几节分别介绍之.

9.2 极图测定

9.2.1 极图测定的衍射几何和方法

极图就是多晶材料中各个晶粒的某类 $\{hkl\}$ 晶面族法线的极射赤面投影, 也就是多晶材料中各个晶粒的某些 $\{hkl\}$ 晶面在试样坐标系中概率分布的极射赤面投影. 对于板织构, 令投影基面平行于板平面, 板平面的法线极点与极图中心重合, 其向上的直径与板的轧向 (RD) 平行, 水平直径与板的横向 (TD) 平行. 在完全无序的情况下所有晶面的极点都以同一强度遍布整个极图. 在有织构的情况下, 极图的图案随反射晶面指数和样品的织构状况不同而异.

在多晶衍射仪的对称反射几何的情况下, 只有平行于表面的那些晶面参与衍射, 即只能测量极图中心 ($\alpha = 90°$) 的强度, 欲测得与表面成各种角度的那些晶面的衍射强度, 需绕试样平面内的轴旋转, 称为 α 旋转, $\alpha = 0° \sim 90°$; 此外还需绕试样表面法线旋转, 称为 β 旋转, $\beta = 0° \sim 360°$. 因此需要专用的织构测角头.

在对称透射几何情况下, 即入射线与衍射线的夹角被样品表面平分的对称几何情况下, 只能测量与样品表面垂直的那些晶面的衍射, 欲测量所有垂直于样品表面的那些晶面, 样品也需绕其表面法线作 β 旋转; 欲测量与样品表面夹角小于 90° 的那些晶面也需作 α 旋转, 透射几何一般只能测量 $\alpha = 0° \sim (90° - \theta_B)$ 范围. 图 9.1 给出透射法的衍射几何及 α、β 旋转与投影极网上 α、β 角的关系. 不过现在 α、β 旋转方式已从分开运动发展到螺旋式联动方式, 并用计算机联合控制 α、β 旋转. 那么 α、β 旋转的轨迹在极网上则为螺旋线. 记录或打印给出 α、β 连续扫描的衍射强度曲线或选定角度的强度数据.

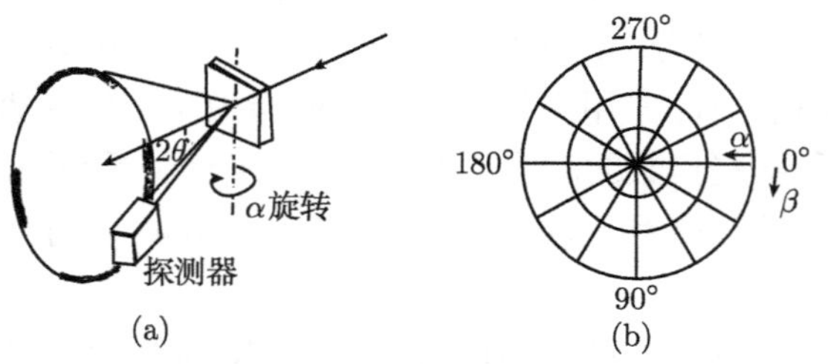

图 9.1 极图测定中透射法的衍射几何 (a) 和投影极网 (b)

9.2.2 数据处理和极图的描绘

所测得到强度数据一般尚需作如下处理.

(1) 扣除背景.

(2) 透射法测定时, 必须考虑 $\alpha \neq 0$ 时由于透射厚度的增加而要做吸收校正, 其公式如下

$$(I_{\pm\alpha})_{\text{校正}} = (I_{\pm\alpha})_{\text{实测}} \times (I_0/I_{\pm\alpha}) \tag{9.6}$$

式中,

$$I_0/I_{\pm\alpha} = \frac{\mu t \mathrm{e}^{-\mu t/\cos\theta}}{\cos\theta} \times \frac{[\cos(\theta \pm \alpha)/\cos(\theta \mp \alpha)] - 1}{\mathrm{e}^{-\mu t/\cos(\theta\pm\alpha)} - \mathrm{e}^{-\mu t/\cos(\theta\mp\alpha)}} \tag{9.7}$$

$I_0/I_{\pm\alpha}$ 为无序排列的样品在 0° 与 $\pm\alpha°$ 时的衍射强度比; μt 可通过实验求得, 即通过 $I_1 = I_0\mathrm{e}^{-\mu t}$ 关系实验求得 μt.

(3) 对于反射几何, 由于 α 角旋转而改变, 会改变衍射体积, 特别是使用线焦点源时, 因此一般使用点光源.

(4) 当用综合 (透射 + 反射) 法时, 还要注意透射和反射强度的统一. 一般用透反射法都测量的重叠部分来校正.

(5) 最后对强度进行分级, 并把各分级线与强度分布曲线相交处的 α、β 数据连同强度等级描会于投影图中.

(6) 用光滑曲线连接各等强度级各点, 得绘制有强度等高线极图.

进行人工数据处理和描绘极图, 故属半自动测绘极图. 现已发展到由计算机和织构衍射仪组成的全自动极图测绘装置, 数据收集、数据处理和画极图都能按设定程序自动完成.

图 9.2 给出了中子衍射测得的锆–锡合金轧制织构的 (0002) 和 $(10\bar{1}0)$ 极图, 可见联合使用了透射和反射两种方法.

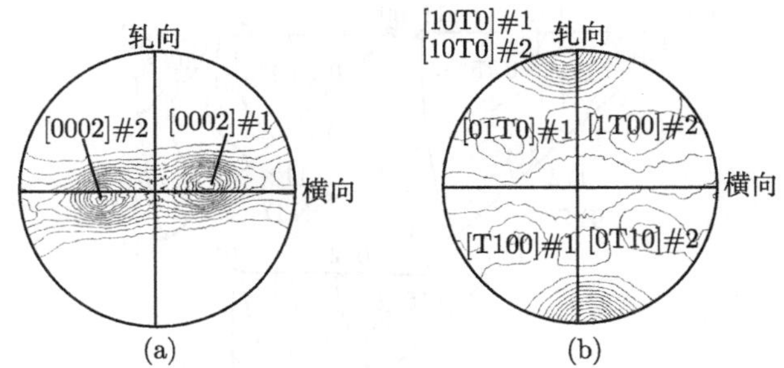

图 9.2 用中子衍射测得的锆–锡合金轧制织构的 (0002) 和 $(10\bar{1}0)$ 极图

9.3 反极图的测定

反极图就是把多晶材料中垂直于轧面法线 ND(或轧向 RD、横向 TD) 的所有晶面的极点全部投影于同一基本三角形中, 也就是某一试样的参考轴方向 (ND、RD、TD) 在晶体坐标系概率分布的极射赤面投影. 与极图比较, 反极图比较直观、全面地表达了织构的情况. 优点是便于定量处理, 可直接将织构与物理量的变化联系起来, 而且测绘手续简单, 勿需专用的测角头. 缺点是不能从一张反极图上反映出轧面与轧向的关系.

由于普通衍射仪都采用对称反射几何, 这时只有与样品表面平行的晶面才参与衍射, 因此, 某晶面的衍射强度的变化就反映了该晶面平行于样品表面分数的变化. 由此可知, 获得反极图的办法是分别测量相同材料的无织构试样和有织构试样的各条衍射线的强度 I_i^0 和 I_i, 将它们的强度比 I_i/I_i^0 标到标准投影三角形的相应位置上, 最好用光滑的曲线连接各等强度点, 就能获得反极图, 图 9.3 和图 9.4 分别给出了挤压铝棒和 2S 铝冷轧板织构的反极图, 由法向图可知强度最高为 011, 轧向图是 112, 横向为 111, 故该织构理想取向为 $\{110\} < 112 >$.

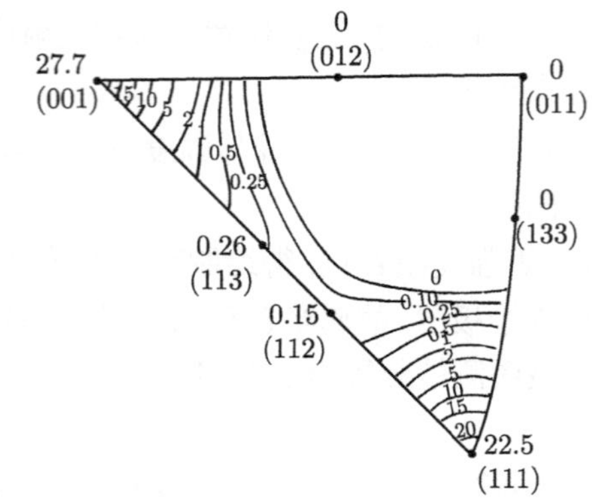

图 9.3　挤压铝棒的反极图

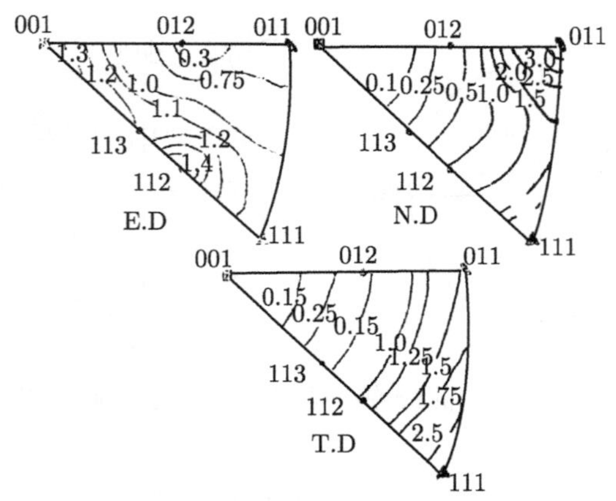

图 9.4　2S 铝冷轧板织构的反极图

9.4　三维取向分布函数

9.4.1　一般介绍

多晶材料中晶粒取向是三维空间分布的. 完全描述晶粒取向需三个自变参数, 其中两个参数用来描述一个特定的晶轴取向, 第三个参数用来描述这个晶轴的转动. 因此晶粒的取向分布函数是三个自变量的函数, 称为三维取向分布函数, 简称 ODF.

三维取向分布函数是基于试样的宏观坐标系和晶体坐标系之间的关系建立起来的. 现令 $O\text{-}XYZ$ 为试样的直角坐标系, 对于板材, OX— 轧向, OY— 横向, OZ— 轧面法向; $O\text{-}ABC$ 为晶体直角坐标系, 对于立法晶系, OA、OB 和 OC 分别为 [100]、[010] 和 [001]. $O\text{-}XYZ$ 和 $O\text{-}ABC$ 之间的关系用一组角度旋转来表示, 见图 9.5(a) 和 (b). 先绕 OZ 轴旋转 ψ 角度, OY 转至 OY', OX 转至 OX', 再绕 OY'

旋转 θ 角度, OX' 转至 OX'', OZ 转至 OC, 最后绕 OC 轴旋转 ϕ 角度, OY' 转至 OB, OX'' 转至 OA, 这时两个坐标系统重合. 这样 $O\text{-}XYZ$ 和 $O\text{-}ABC$ 之间的转换由 ψ、θ、ϕ 三个角度表示, 这种角度称为 Euler 角.

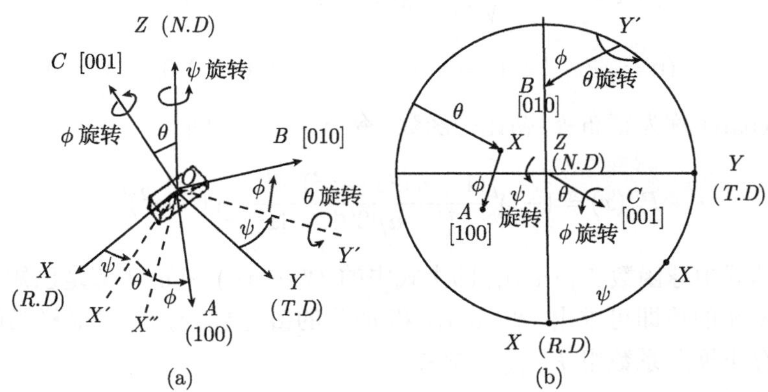

图 9.5

(a) 试样坐标系 $O\text{-}XYZ$ 与晶体坐标系 $O\text{-}ABC$ 之间的按 ψ,θ,ϕ 顺序旋转的关系; (b) 用极射赤面投影表示的一组坐标 $\psi=60°$, $\theta=66°$, $\phi=45°$ 晶体取向

被测多晶材料中每个晶粒取向均可用一组 ψ、θ、ϕ 表示, 即在 $O\text{-}\psi\theta\phi$ 直角坐标系中有一个对应点. 将所有晶粒的 ψ、θ、ϕ 都标在 $O\text{-}\psi\theta\phi$ 中得到该样品的晶粒取向分布图. 与极图的极密度和反极图中的轴向密度相似, 引入三维取向密度 $\omega(\psi,\theta,\phi)$, 其定义为

$$w(\psi,\theta,\phi)=K\frac{\Delta V}{V}/(\sin\theta\cdot\Delta\theta\Delta\psi\Delta\phi) \tag{9.8}$$

式中, K 为比例系数, 令其为 1; $\sin\theta\cdot\Delta\theta\Delta\psi\Delta\phi$ 为取向元; $\dfrac{\Delta V}{V}$ 是取向落在该取向元内晶粒的体积 ΔV 与试样的总体积之比. 对 $\omega(\psi,\theta,\phi)$ 在整个取向范围内积分有

$$\int_0^{2\pi}\int_0^{2\pi}\int_0^{\pi} w(\psi,\theta,\phi)\sin\theta \mathrm{d}\psi\mathrm{d}\theta\mathrm{d}\phi=1 \tag{9.9}$$

目前取向分布函数 $\boldsymbol{g}(\psi,\theta,\phi)$ 不能直接测定, 通常利用调和分析方法, 在测定组合试样的一组 (立方晶系一般为三个) 极图数据 $q_i(\alpha,\beta)$ 之后, 把极图数据 $q_i(\alpha,\beta)$ 和取向分布函数 $\boldsymbol{g}(\theta,\psi,\phi)$ 分别展开为球谐函数的级数, 再根据两级数之系数关系, 从 $q_i(\alpha,\beta)$ 级数之系数求 $\boldsymbol{g}(\theta,\psi,\phi)$ 级数之系数, 进而求得 $\boldsymbol{g}(\psi,\theta,\phi)$.

9.4.2 极密度分布函数

用衍射方法测得的极图密度 $q_{HKL}(\alpha,\beta)$ 可由下式表示

$$q_{HKL}(\alpha,\beta)=\sum_{l=0}^{\infty}\sum_{n=-l}^{\ln}F_{l(HKL)}^{n}K_l^n(\alpha,\beta)_l \quad (0\leqslant\alpha\leqslant\pi, 0\leqslant\beta\leqslant 2\pi) \tag{9.10}$$

其中, $K(\alpha,\beta)$ 称为球函数; $F^n_{l(HKL)}$ 是二维线性展开系数, 它们是一组常数. 球函数可表达为

$$K_l^n(\alpha,\beta)=\sqrt{\frac{(l-n)!}{(1+N)!}\frac{2l+1}{4\pi}}P_l^n(\cos\alpha)\mathrm{e}^{\mathrm{i}n\beta}$$

$$(n=-l,-l+1,-l+2,\cdots,1.\quad l=0,1,2,3,\cdots) \tag{9.11}$$

式中, $P_l^n(\cos\alpha)$ 称为霍布森–勒让德函数. 令 $x=\cos\alpha$, 则有

$$P_l^n(x)=(-1)^l\frac{(1+n)!(1-x^2)}{(l-n)!2^l l!}\frac{\mathrm{d}^{l-n}}{\mathrm{d}x^{l-n}}(1-x^2)^l \tag{9.12}$$

极密度表达式中球函数 $K_l^n(\alpha,\beta)$, 即上式中的 $P_l^n(\cos\alpha)$ 和 $\mathrm{e}^{\mathrm{i}n\beta}$ 都是已知的标准函数. 给定 α,β 的值即可求出 $P_l^n(\cos\alpha)$ 和 $\mathrm{e}^{\mathrm{i}n\beta}$ 的值. 显然易见, 多晶样品的织构信息全部储存于展开系数组 $F^n_{l(HKL)}$ 之中.

根据球函数的正交关系, 可求得函数 $K_l^n(\alpha,\beta)$ 的共轭复数表达式 $K_l^{*n}(\alpha,\beta)$ 为

$$K_l^{*n}(\alpha,\beta)=(-1)^nK_l^{-n}(\alpha,\beta)=\sqrt{\frac{(l-n)!}{(l+n)!}\frac{2l+1}{4\pi}}P_l^n(\cos\alpha)\mathrm{e}^{\mathrm{i}n\beta} \tag{9.13}$$

9.4.3 取向分布函数的表达式

与极密度分布函数的球谐函数级数表达相似, 根据旋转群的一些概念和新性质, 可将取向分布函数以级数的形式展开成广义球函数的线性组合, 其形式如下

$$f(g)=f(\psi,\theta,\phi)=\sum_{l=0}^{n}\sum_{m=-l}^{l}\sum_{n=-l}^{l}C_l^{mn}T_l^{mn}(\psi,\theta,\phi) \tag{9.14}$$

式中, C_l^{mn} 是三维展开系数, 他们是一组常数; $T_l^{mn}(\psi,\theta,\phi)$ 即是广义勒函数, 它的定义是

$$T_l^{mn}(\psi,\theta,\phi)=\mathrm{e}^{\mathrm{i}m\phi}P_l^{mn}(\cos\theta)\mathrm{e}^{\mathrm{i}n\psi} \tag{9.15}$$

式中, $P_l^{mn}(\cos\theta)=P_l^{mn}(x)$ 是广义勒让德函数, 它的定义是

$$P_l^{mn}(\cos\theta)=P_l^{mn}(x)=\frac{(-1)^{l-n}\mathrm{i}^{n-m}}{2^l(l-m)!}\sqrt{\frac{(l-m)!(l+n)!}{(l+m)!(l-n)!}}(1-x)^{-\frac{n-m}{2}}$$
$$\times(1+x)^{-\frac{n+m}{2}}\frac{\mathrm{d}^{l-n}}{\mathrm{d}x^{l-n}}[(1-x)^{l-m}(1+x)^{l-m}] \tag{9.16}$$

由式 (9.15) 和式 (9.16) 可知广义球函数是一个完全已知的标准函数. 给 ψ、θ 和 ϕ 值, 即可求出 $T_l^{mn}(\psi,\theta,\phi)$ 的值. 取向分布函数 $f(\psi,\theta,\phi)$ 中全部的织构信息储存于式 (9.14) 所示的系数 C_l^{mn} 之中.

9.4.4 取向分布函数的计算

虽然能用三维衍射技术逐点扫描检测多晶材料某一三维区域内各点的取向, 以计算取向分布函数. 但目前还是通过测量多晶样品的极图数据间接地计算取向分布函数.

取向分布函数 $f(\psi,\theta,\phi)$ 中全部的织构信息储存于式 (9.14) 所示的系数 C_l^{mn} 之中, 而多晶样品的织构信息同时也全部储存于式 (9.10) 所示的级密度分布函数的展开系数组 $F_{l(HKL)}^n$ 之中. 只要建立了极密度函数 $q_{HKL}(\alpha,\beta)$ 的球函数展开系数 $F_{l(HKL)}^n$ 与取向分布函数 $f(\psi,\theta,\phi)$ 的广义球函数展开系数 C_l^{mn} 的关系, 就可以借助测量样品的极图而获得其取向分布函数. $F_{l(HKL)}^n$ 和 C_l^{mn} 之间的关系如下:

$$F_{l(HKL)}^n = \frac{4\pi}{2l+1}\sum_{m=-1}^{l} C_l^{mn} K_l^{*m}(\delta_{HKL},\omega_{HKL}) \tag{9.17}$$

由式 (9.13) 可知, $K_l^{*m}(\delta_{HKL},\omega_{HKL})$ 是已知的球函数, 其中 $K_l^{*m}(\delta_{HKL},\omega_{HKL})$ 表示 $[HKL]$ 晶向在晶体坐标系内的方向.

通过实际测量多晶样品的极密度分布, 即从极图获得 $q_{HKL}(\alpha,\beta)$; 再根据已知的球函数 $K_l^n(\alpha,\beta)$ 借助式 (9.10) 求出各 $F_{l(HKL)}^n$ 值; 然后利用关系式 (9.17) 求出 C_l^{mn}; 最后把 C_l^{mn} 代入式 (9.14) 即可计算出取向分布函数.

由式 (9.14) 可以看出, 对于每一个确定的 $F_{l(HKL)}^n$ 都有 $2n+1$ 个 C_l^{mn} 系数相对应, 即 C_l^{mn} 系数中的 m 可取 $-l$, $-l+1$, $\cdots$, l. 所以若想求得 $2l+1$ 个 C_l^{mn} 系数, 需有 $2l+1$ 个不同 HKL 值的 (9.17) 式, 组成一个线性方程组求解. 实际上不可能测得这么多数据. 由于实际晶体和样品总有一定的对称性, 所以计算取向分布函数所需测量的极密度分布可以大大减少. 对于立方晶系, 通常需测量三组以上的极密度分布, 六方晶系通常需测量四个以上的极图数据.

从极图测定原理可知, 只有综合使用透射法和反射法进行极图测定才能获得完整的极图, 如果仅用其中一种方法, 无论是透射法, 还是反射法, 都只能获得不完整的极图数据. 对于完整的极图和不完整的极图, 其三维取向分布函数的计算方法和过程不同, 这里不再介绍, 可参阅主要参考文献 9 的介绍.

9.4.5 取向分布函数截面图和取向线

三维取向分布函数图是一种三维空间分布图, 一般只能描绘一些等 ϕ 或等 ψ 的截面图. 图 9.6 给出了中子衍射测试的 SUS316 奥氏体不锈钢 75%冷轧形变织构的不同 ϕ 角时的三维取向分布函数截面, 样品尺度为 6mm×6mm×6mm, 其结果与前人的结果非常吻合. 但这样尺度的样品, X 射线只能测量某些表面和近表面的织构, 而中子衍射则是整个样品尺度的平均, 固与宏观性能有很好的对应关系, 这是 X 射线衍射办不到的.

所谓取向线是固定 ψ、θ、ϕ 三个参数中的两个, 仅一个参数变化时的取向分布函数. 针对所研究材料的制备、加工、使用等过程, 分析观察和直接对比取向空间内某一特定取向线上取向密度的变化规律就显得重要而方便.

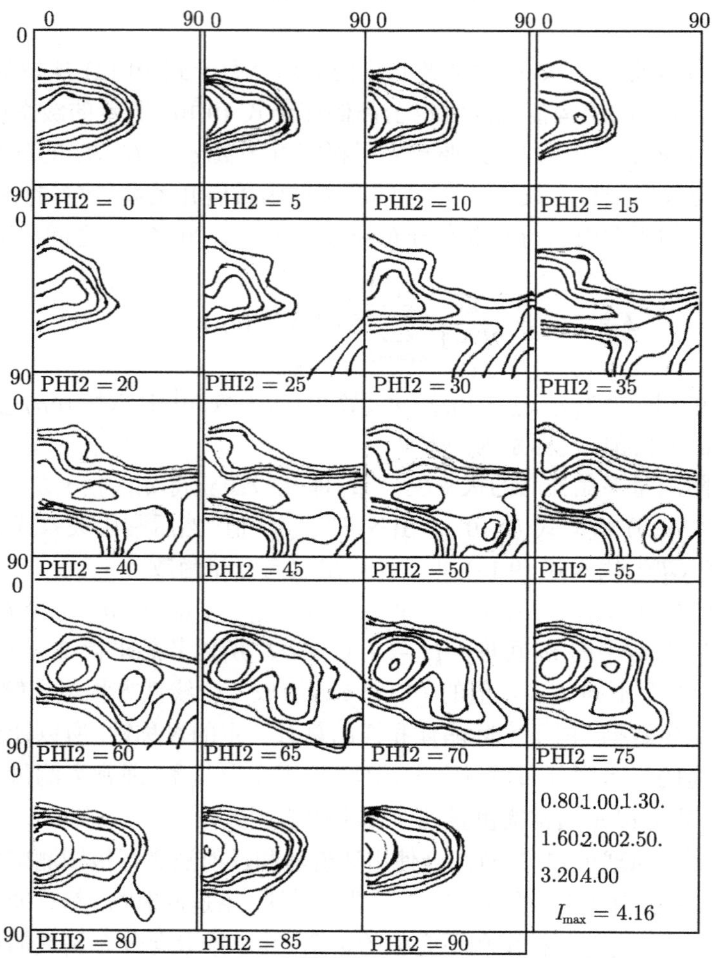

图 9.6　中子衍射测得的 SUS316 奥氏体不锈钢 75%冷轧形变织构的三维取向分布函数等 ϕ 截面图

9.5　材料织构分析

在有织构材料中, 衍射分析技术除实验测定极图、反极图和计算三维取向分布函数外, 还包括:

(1) 对极图、反极图和三维取向分布函数图进行诠释, 求得织构的理想取向及分散度;

(2) 进行某些定量织构的计算, 进而与材料的各向异性参数联系起来, 研究它们之间的关系;

(3) 加工织构到退火再结晶织构的织构演变分析;

(4) 材料加工织构、再结晶织构的形成机理及材料加工形变机理和再结晶过程的研究.

9.5.1 理想取向的分析

1. 轴向对称织构的理想取向

一般垂直于丝 (棒) 取样, 或直接用沉积片, 用对称 Bragg 反射测试, 其花样中异常增强的衍射线 (最强或其他) 的晶面指数为轴向对称织构的理想取向. 按图 9.7 右上角的插图, 即固定探测器于异常增强线的 2θ 位置, 样品从 $\theta-\phi$ 到 $\theta+\phi$ 扫描, 即得到如图 9.7 所示的一维极密度分布图. 当 $P(\phi)/P(0)=0.5$ 时所对应的 ϕ 角定义为分散角. 可见退火能大大减少轴向对称织构的分散度. 表 9.1 和表 9.2 分别为金属的一些轴向对称织构和沉积织构.

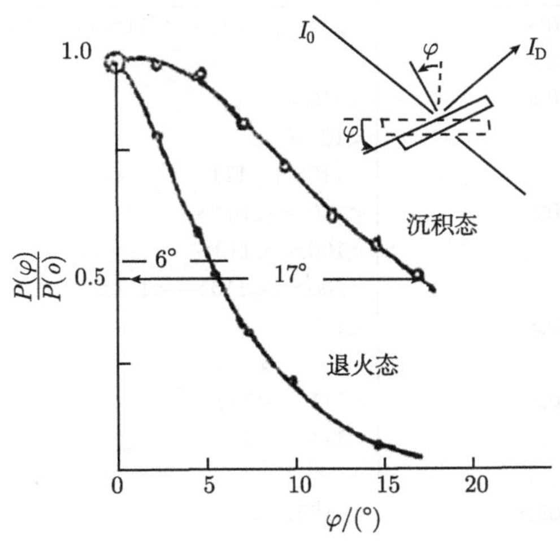

图 9.7 坡莫合金薄膜退火前后一维极密度分布取向

表 9.1 金属的一些轴向对称织构

金属	晶体构造	拉伸织构		压缩织构	
		加工	再结晶	加工	再结晶
Ag	*FCC*	<111>+<100>	<111>+<100>	<110>+<100>	<110>
Al	*FCC*	<111>	<112>	<110>+<100>+<113>	<110>+<113>
Au	*FCC*	<111>+<100>			
Cu	*FCC*	<111>+<100>	<112>	<110>+<100>	<100>+<100; <111>

续表

金属	晶体构造	拉伸织构		压缩织构	
		加工	再结晶	加工	再结晶
Ni	*FCC*	<111>+<100>		<110>+<100>	
Pb	*FCC*	<111>	<111>		
Pd	*FCC*	<111>			
Fe	*BCC*	<110>	<110>	<111>+<100>	<110>
Mo	*BCC*	<110>	<110>; <100>	<110>	
W	*BCC*	<110>			
Zn	*CPH*	<0001>*			
Mg	*CPH*	<11-20>			
Zr.	*CPH*	<10-10>	<11-20>**		
Ti	*CPH*	<10-10>	<11-20>**	<0001>***	<0001>***

<0001>* 与丝轴成 70°; <11-20>** 与丝轴成 11°; <0001>*** 与压缩轴成 17.2° ~30°

表 9.2　金属的一些沉积织构

金属	晶体结构	固体凝固	电沉积	汽相外延
		平行与柱状晶的晶向	垂直于表面的晶向	垂直于基底的晶向
Ag	*FCC*	<100>	<111>+<100>;<111>+<110>	<111>;<100>;<110>
Al	*FCC*	<100>		<111>;<100>;<110>
Au	*FCC*	<100>	<110>	<110>;<111>
Co	*FCC*		<100>	
Cr	*FCC*		<110>+<111>	<111>
Cu	*FCC*	<100>	<110>; <100>	
Ni	*FCC*		<100>; <112>	<111>
			<100>+<110>+<111>	
Pb	*FCC*	<100>	<112>	
Pd	*FCC*			
Fe	*BCC*	<100>	<111>; <112>	<111>
Cr	*BCC*		<111>; <112>	<111>
Mo	*BCC*			<110>
Cd	*CPH*	<0001>	$<11\bar{2}2>$	<0001>
Zn	*CPH*	<0001>	<0001>	<0001>
Mg	*CPH*	$<11\bar{2}0>$		
β−Sn	四方	<110>	<111>; <001>	

2. 板织构的理想取向

以图 9.8 给出的超坡莫合金轧制织构的{111}极图为例, 借助于标准晶体投影图, 可确定板织构的理想取向指数 $\{hkl\} < uvw >$. 超坡莫合金属立方晶系, 应选立方晶系的标准投影图与之对照 (基圆半径与极图相同), 将二图圆心重合, 转动其中之一, 使极图上{111}极点高密度区与标准投影图上的{111}面族极点位置重合, 若不能重合，则换标准极图再对. 最后，发现此 (111) 极图中最强点到中心的角距离为 35.5°，这与 (110) 标准投影图中 111 极点到中心的角距离为 35.5° 相符合，故轧面指数为 (110)，与轧向重合点的指数为 $1\bar{1}2$，故此织构指数为$\{110\}<1\bar{1}2>$.

如果从反极图出发来分析织构的理想取向，则需综合 ND、TD、RD 三个方向的反极图才能做出判定，如从图 9.4 的 2S 铝冷轧板织构的反极图得，法向是 (011) 最强，轧向是 (112) 最强，TD 方向是 (111) 最强，故得出其理想取向为$\{110\}<1\bar{1}2>$，这和超坡莫合金轧制织构的理想取向相同，因为二者都属面心立方结构. 表 9.3 列出了一些金属的重要轧制织构.

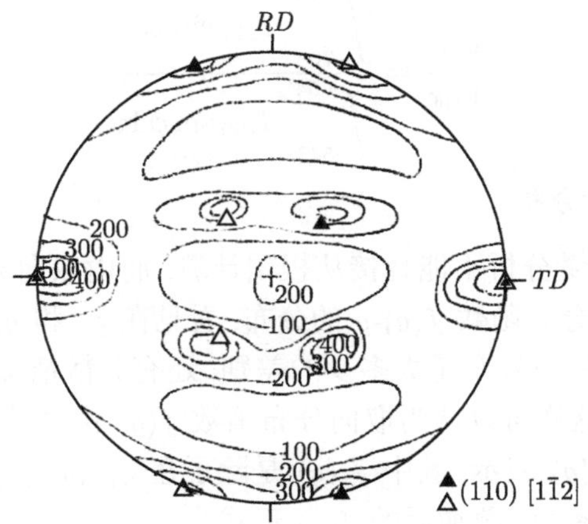

图 9.8 超坡莫合金轧制织构的{111}极图

△, ▲ 示出$\{110\}<1\bar{1}2>$

表 9.3 金属的轧制织构

金属	晶体结构	冷轧织构	再结晶织构
Ag	*FCC*	{110}<112>+{112}<111>	{113}<112>
Al	*FCC*	{110}<112>+{112}<111>	{100}<001>
Cu	*FCC*	{110}<112>+{112}<111>	{100}<001>
Ni	*FCC*	{110}<112>+{112}<111>	{100}<001>
Pb	*FCC*	{110}<112>+{112}<111>	
Fe	*BCC*	{100}<011>+{112}<110>+{111}<112>	{100}<011>*
Mo	*BCC*	{100}<011>	{100}<011>
W	*BCC*	{100}<011>	
Cd	*CPH*	{0001}<11-20>**	{0001}<11-20>**
Zn	*CPH*	{0001}<11-20>**	{0001}<11-20>**
Mg	*CPH*	{0001}<11-20>	{0001}<11-20>
Zr	*CPH*	{0001}<10-10>***	{0001}<11-20>***
Ti	*CPH*	{0001}<10-10>***	{0001}<11-20>***

<011>* 与轧向成 15°; <0001>** 沿轧向倾斜 20° ~25°; <0001>*** 沿轧向倾斜 25° ~30°

9.5.2 多重织构组分分析

1. 轴向对称织构定量分析

轴向对称织构定量分析是按图 9.7 右上角的插图测定各织构组分的极密度分布曲线, 即固定探测器的 2θ 位置, 样品作 $0^\circ \sim \pm 90^\circ$ 的 ϕ 扫描, 得 I-ϕ 分布曲线, 然后转换成 $I\sin\phi$-ϕ 曲线, 可看到极密度分布曲线的峰位和峰形, 该峰形的面积表征该织构组分. 比如 Ag 丝具有 <111>+<100> 双重织构, 它们的 $I\sin\phi$-ϕ 曲线分别在 $-70^\circ \sim +70^\circ$ 和 $-54^\circ \sim +54^\circ$ 有峰, 则两者织构组分比可由下式计算

$$\frac{V_{111}}{V_{100}} = \frac{\displaystyle\int_{-70^\circ}^{+70^\circ} I_{111}\sin\phi \mathrm{d}\phi}{\displaystyle\int_{-54^\circ}^{+54^\circ} I_{100}\sin\phi \mathrm{d}\phi} \tag{9.18}$$

2. 板织构的定量分析

板织构组分的定量分析不能直接从极图计算, 而由取向分布函数入手. 图 9.9 为某多晶材料的取向分布函数 $f(g)$-g 的分布, 看见在 g_1 和 g_2 处有取向聚集现象. g_1 和 g_2 处附近的聚集不仅有量大多少的差别, 还有分散情况的差别. 一般认为分散成正态分布规律. 这样可以认为取向分布函数 $f(g)$ 由 3 个组分叠加而成, 分别用 $f_1(g)$、$f_2(g)$ 和 $f_r(g)$ 表示, 其中 $f_r(g)$ 是除了在 g_1 和 g_2 附近聚集的取向分布之外的随机取向分布密度. 叠加后的 $f(g)$ 形式为

$$f(g) = f_r(g) + \sum_{j=1}^{n} f_j(g) \tag{9.19}$$

这里 $n = 2$. 对某一正态分布的织构组分, 可推导出其体积含量应为

$$V_j = Z_j S_0^j \int_0^\infty \exp\left(-\frac{\varphi^2}{\varphi_j^2}\right)(1-\cos\varphi)\mathrm{d}\varphi = \frac{1}{2\sqrt{\pi}} Z_j S_0^j \varphi_j \left[1 - \exp\left(-\frac{\varphi_j^2}{4}\right)\right] \tag{9.20}$$

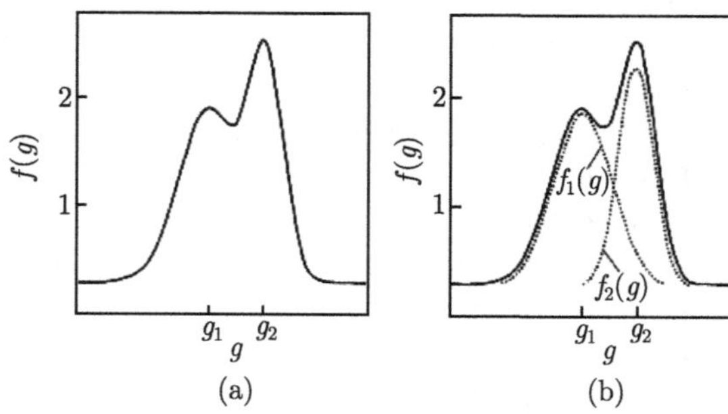

图 9.9 织构组分的正态分布齿合计算

(a) 取向分布函数; (b) 正态分布函数

式中, j 表示第 j 种织构组分; Z 为织构组分的重复次数; S_0 为正态分布织构组分中心的取向密度值; φ 为取向密度中心的 S_0 降至 S_0e^{-1} 时偏离中心的角度. 由此可算出各织构组分的体积. 通常, 如上就能获得 n 种织构组分 V_j, 还需要对各织构组分按照 $V_r+\sum\limits_{j=1}^{n}V_j=1$ 作归一化处理, 式中 V_r 为取向随机分布组分的分数.

9.5.3 织构的形成和演变

关于织构的形成和演变详细讨论似乎已超过本书的范围, 但作为衍射专业的测试分析人员似乎也应该具有这方面的知识, 故这里仅作简单介绍, 更多内容可参阅主要参考文献 1, 2, 10.

表 9.4 给出了一些重要织构的特征和形成, 以供参考.

表 9.4 一些重要织构的特征和形成

织构类别	织构名称	织构特征	织构形成
冷加工织构	冷轧织构	轧制织构 $\{hkl\}<uvw>$	各晶粒某些晶面择优平行于轧面, 其中某些方向择优平行于轧向
	冷拉拔织构	轴向对称织构, $<uvw>$	各晶粒某些晶向择优平行于拉拔单轴应力
	冷墩压织构	轴向对称织构, $<uvw>$	各晶粒某些晶面倾向于压应力方向
再结晶织构	再结晶织构	与原织构组分有一定关系	择优成核和/或择优长大
	二次再结晶织构	原加工织构消除, 再结晶织构降低, 产生新的织构	择优成核和/或择优长大
热加工织构	铸造织构	具有轴向织构的柱状晶	金属快速生长方向与铸造温度梯度方向平行
	热轧织构	轧制织构 $\{hkl\}<uvw>$	由于形变和再结晶交替作用, 使形变织构降低
	热拔织构	轴向对称织构, $<uvw>$	
	粉末烧结织构		烧结时的颗粒的定向偏转造成明显的择尤取向
表面膜织构	电镀织构	轴向对称织构, $<uvw>$	电镀物的某些晶面择优垂直于电场方向
	沉积织构	轴向对称织构, $<uvw>$	沉积物的某些晶面择优平行于衬底表面
	外延织构	轴向对称织构, $<uvw>$	外延物的某些晶面择优平行于衬底表面
	金刚石薄膜	{100}{111}双重织构	{100}{111}的表面能最低
特殊再结晶织构	立方织构	{100}<001>	定向形核和/或选择生长
体织构	相变织构	母相与新相有固有的取向关系	母相与新相有固有的取向关系, 特别是马氏体相变

织构演变分析的内容十分广泛, 如织构在加工过程中随加工量 (压下量等) 的变化, 此后随退火温度和时间的不同变化也不同, 不同类型材料以及晶体结构不同, 织构演变也不同, 因此不可能做系统讨论, 这里仅举两个例子.

1. 冷轧织构随真应变的变化

图 9.10 给出了冷轧织构组分的体积分数 V_j 和分散度 ψ_j 的变化情况. 可以看出, 随形变量的增加两织构组分的体积分数 V_j 也增加, 而随机取向组分随之降

低, 无论是工业纯铝还是工业纯铁都是如此; 两种织构成分的分散程度都随形变量的增加而降低, 表明随形变量增加两种织构组分都更强更集中.

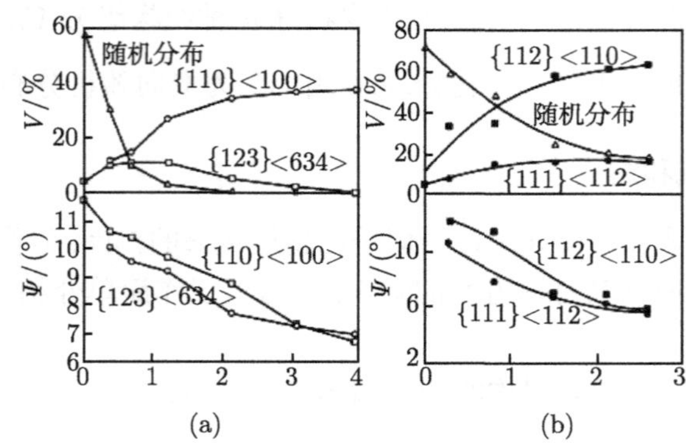

图 9.10　冷轧金属板材织构组分体积分数 V_j 和分散度 ψ_j 随冷轧真应变量的变化关系

(a) 工业纯铝; (b) 工业纯铁

2. 再结晶织构的变化

图 9.11 展示了用织构组分分析法观察与分析再结晶和二次再结晶织构演变的过程. 从图 9.11(a) 可知, 800°C 加热初期, 95%冷轧 Cu-30%Zn 合金板中冷轧织构组分{110}<112> 减少, 而再结晶织构组分{236}<358> 增加, 表明合金板内发生了再结晶. 随加热时间的延长, 再结晶组分{236}<358> 减少, 而新生的织构组分{179}<112> 增强, 说明合金板内发生了二次再结晶, {179}<112> 取向的晶粒大量吞噬{236}<358> 取向的晶粒.

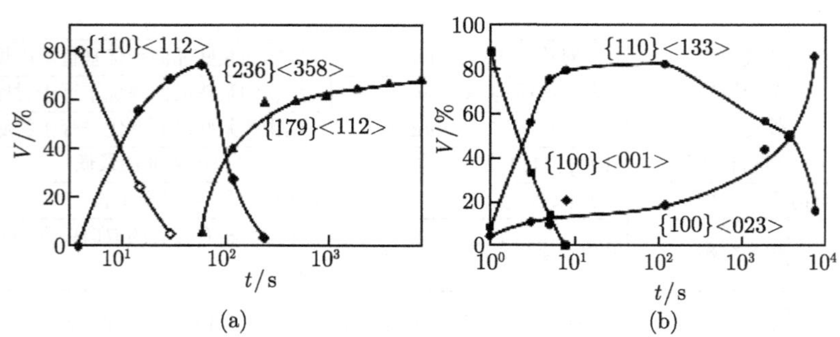

图 9.11　95%冷轧合金板再结晶织构组分的变化

(a) 冷轧 Cu-30%Zn 板 800°C 加热; (b) 冷轧 Al-1%Mn 板再结晶后 620°C 加热

图 9.11(b) 示出, 95%冷轧 Al-1%Mn 板材再结晶后得到了很强的{100}<001> 织构. 对该合金板做 620°C 加热时, {100}<001> 织构减弱, 而{110}<123> 织构增强, 同时有少量的{100}<023> 织构出现, 也说明合金板内发生了二次再结晶. 继后

随时间继续延长, {110}<133> 逐渐减弱, 同时{100}<023> 织构明显增强, 说明合金板内发生了第二轮再结晶, 因而造成织构组分的再次转换.

主要参考文献

1 毛卫民. 金属材料的晶体学织构与各向异性. 北京：科学出版社, 2002.

2 毛卫民, 杨平, 陈冷. 材料织构分析原理与测试技术. 北京：冶金工业出版社, 2008.

3 毛卫民, 张新民. 晶体材料织构定量分析. 北京：冶金工业出版社, 1993; 毛卫民. 板织构的定量分析. 物理测试, 1992, 3: 44-49.

4 Mitin B S, Serov M M, Yakovlev V B. The crystallographic texture and properties of metal materials. Moscow Aviation Technology Institute, 2006.

5 Maja D, Ladislav K and Alexander G. Quantitative texture analysis of metal sheets and polymer foils by neutron diffraction. Physica B condensed matter, 2006, 358-386; 1, (15): 611-613.

6 Bunge H J, Tobish J. Texture transition in β-brasses determined by neutron diffraction. Appl. Cryst., 1972, 5: 27-40.

7 Szpunar J. Texture and neutron diffraction. Atomic Energy Rev., 1976, 14: 199-261.

8 Kocks U F, Tome C N, Wenk H R. Texture and anisotropy. Cambridge: Cambridge University Press, 1998.

9 梁志德, 徐家桢, 王福. 织构材料的三维取向分析技术 —ODF 分析. 沈阳：东北工学院出版社, 1986; 許顺生, X 射线衍射学进展, 北京：科学出版社, 1986, 305-338.

10 张信钰. 金属与合金的织构. 北京：科学出版社, 1976.

第 10 章　中子小角衍射散射的应用

10.1　中子反射率和中子折射指数

中子反射技术能研究层平均核和磁散射密度随深度的变化. 热中子的折射指数

$$n^{\pm}_{(Z)} = 1 - \frac{\lambda^2}{2\pi} \cdot \frac{1}{V}[b_{(Z)} \pm C\mu_{(Z)}] - \mathrm{i}\beta \tag{10.1}$$

其中, λ 是入射中子波长; V 为研究材料的分子体积; $C = 0.3695 \times 10^{-10}\mathrm{cm}/\mu_{\mathrm{B}}$; μ_{B} 为玻尔磁子; $\beta = a_l\lambda/4\pi$; a_l 为长度吸收系数. 用中子反射率测量的层平均和深度相关量是散射振幅 $b_{(Z)}$ 和磁矩 $\mu_{(Z)}$. 对偏振平行于磁矩的有正的折射指数, 反平行的有负的反射指数. 对于非偏振中子, 铁磁测量有双折射现象.

中子反射率被定义为反射和入射中子强度之比, 由 Fresnel 定律给出

$$R_f = \frac{2x^2 - 1 - 2x\sqrt{x^2 - 1}}{2x^2 - 1 + 2x\sqrt{x^2 - 1}}\text{Å} \tag{10.2}$$

$$x = q/q_{\mathrm{c}} \text{ 或 } \theta/\theta_{\mathrm{c}} \text{ 或 } \lambda_{\mathrm{c}}/\lambda \tag{10.3}$$

这里 $q = \dfrac{4\pi\sin\theta}{\lambda}$; θ 是中子束与表面的夹角; $q_{\mathrm{c}} = \dfrac{4\pi\sin\theta_{\mathrm{c}}}{\lambda}$; 下标 c 表示临界值. 当 $x \leqslant 1$ 时为全反射, $R_f = 1$; 对于 $x \geqslant 1$ 强度很快降低; 当 x 为大值 $(x > 5)$ 时,

$$R_f \approx \frac{1}{16}x^{-4} \tag{10.4}$$

如果表面不完整, 反射线形 (轮廓) 偏离 Fresnel 定律, 这种偏离包括了垂直于表面方向表面结构的信息.

在实验上测定这种反射线形有两种方法: ① 单色中子束以 θ 角度掠射到表面, 作 $\theta - 2\theta$ 扫描, 当 $\theta > \theta_{\mathrm{c}}$ 所记录的反射线形随 θ 而变化; ② 用固定的几何学, 即保持入射角相同, 而入射波长变化, 当 $\lambda < \lambda_{\mathrm{c}}$ 时, 所记录的反射线形为波长的函数. 图 10.1 为 $\lambda = 1.62$Å时 Co 的反射率, 有关数据如下:

Co($\lambda = 1.26$Å)	$b/10^{-4}$Å	$C\mu/10^{-4}$Å	$ae/10^{-8}$Å^{-1}	$C/$Å^3	θ_{c}/弧度
中子 (−)	0.25	−0.47	2.85	11.0	0
中子 (0)	0.25	0	2.85	11.0	1.38
中子 (+)	0.25	+0.47	2.85	11.0	2.34
X 射线 (X)	7.6	–	408	11.0	7.60

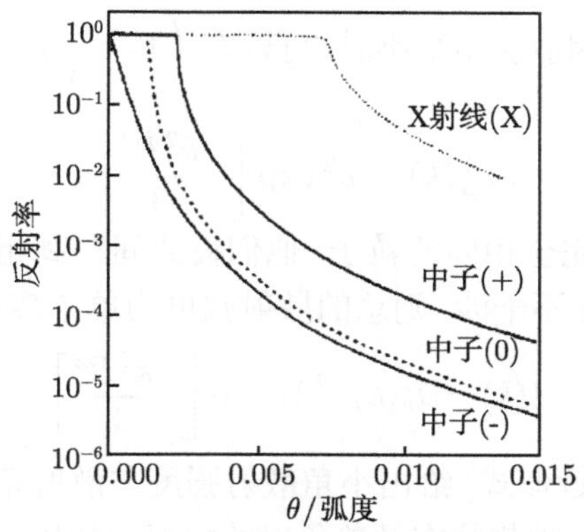

图 10.1 Co 的反射率 ($\lambda = 1.26$Å)

"+" 为中子偏振平行于试样的磁矩; "−" 为中子偏振反平行于试样的磁矩; "0" 为中子未极化

于是可根据式 (10.1) 求折射指数 $n(x)$ 和系统的折射指数的变化 $\Delta n(x)$.

10.2 材料颗粒大小的小角中子散射研究

所谓小角散射 (SAS) 是用射线研究倒易空间原点附近的相干散射现象. 由于它仅对样品与介质的电子浓度差 (置换无序) 灵敏, 因此它的强度分布只与散射体的粒子大小及其分布相关, 与散射体的应力状态和结构因素无关. 因此已成为测定大分子的长周期、超细 (纳米) 颗粒大小及微孔大小 (10Å~0.1μm, 即 1~100nm) 及其分布测定的有效工具.

10.2.1 多粒子系统的小角散射

对于单个粒子系统的散射, 当粒子的尺度远大于射线的波长时, 粒子内各散射点产生散射波的相位差不同, 散射波的干涉作用使散射强度增强或减弱, 这是粒子内部的散射干涉. 对于多粒子系统, 如果粒子相互之间的距离远远大于粒子本身的尺度, 其总的散射强度是单个粒子散射强度的简单加和, 并对任何数量的粒子体系都能适用.

1. 粒子的形状、大小完全相同时小角散射强度及其分布 — Guinier 近似

一个粒子小角散射强度 $I(k)$

$$I(k) = I_{\rm e}(k)F^2(k) \tag{10.5}$$

其中, $k = \dfrac{2\pi\sin\theta}{\lambda} \approx \dfrac{2\pi\theta}{\lambda}$; $F^2(k)$ 为粒子的结构因数, 可展开为

$$F_{\rm p}^2(k) = n^2(1 + \frac{k^2}{3}\bar{R}^2 + \cdots) \tag{10.6}$$

$\bar{R}$ 为粒子的回转半径. 因散射角很小时, 可以取 $\left(1-\dfrac{k^2}{3}\bar{R}^2+\cdots\right)=\exp\left[-\dfrac{k^2\bar{R}^2}{3}\right]$ 作近似函数, 可得

$$F_{\mathrm{p}}^2(k)=n^2\exp\left[-\frac{k^2\bar{R}^2}{3}\right] \tag{10.7}$$

若样品中有 M 个这样完全相同的粒子, 他们彼此间距离相当远, 并且做完全无序分布, 各粒子间的散射互不干涉, 则总的散射强度为单个离子的 M 倍.

$$I(k)=I_{\mathrm{e}}(k)n^2M\exp\left[-\frac{k^2\bar{R}^2}{3}\right] \tag{10.8}$$

式 (10.8) 就是 Guinier 近似式, 给出小角散射强度与散射角的分布关系. 这个近似式适用于很小的散射角、理想状态及单色射线情况. 式中 $I_{\mathrm{e}}(k)Mn^2=I_{(0)}$ 为 $\varepsilon=0$ 时的散射强度.

不同形状的粒子, 通过其相关尺度与回转半径 $\bar{R}$ 相联系, 见下表 10.1.

表 10.1　几种颗粒形状的尺度与回转半径的关系

1. 圆球形, 直径为 D	$D=2\sqrt{\dfrac{5}{3}}\bar{R}\approx 2.582\bar{R}$	5. 薄圆盘, 半径为 R	$R=\sqrt{2}\bar{R}$
2. 外径为 R, 内径为 CR	$D=2R=2\sqrt{\dfrac{5}{3}}\sqrt{\dfrac{1-C^3}{1-C^5}}\times\bar{R}$	6. 细纤维, 长度为 $2L$	$L=\sqrt{3}\bar{R}$
3. 椭球, 半径为 R, VR	$R=\sqrt{\dfrac{5}{2+V^2}}\times\bar{R}$	7. 平行六面体, 边长为 $2a$、$2b$、$2c$	$\sqrt{\dfrac{a^2+b^2+c^2}{3}}=\bar{R}$
4. 圆柱体, 长度为 $2l$, 直径为 $2R$	$\sqrt{\dfrac{R^2}{2}+\dfrac{L^2}{3}}=\bar{R}$	8. 立方体, 边长为 $2a$	$a=\bar{R}$

2. 样品中粒子形状相同但大小不同时的强度

若以 g_m 表示结构因素为 $F_m(k)$ 的粒子数目, 那么不同大小粒子组合样品的散射强度是分别独立散射强度的总和, 即

$$I(k)=I_{\mathrm{e}}(k)\sum_{m=1}^{i}F_m^2(k) \tag{10.9}$$

类似式 (10.6) 的方式展开成级数形式, 则有

$$I(k)=I_{\mathrm{e}}(k)\left(\sum_{m=1}^{i}g_mn_m^2\right)\left(1-\frac{k^2}{3}\frac{\sum\limits_{m=1}^{i}(g_mn_m^2\bar{R}_m^2)}{\sum\limits_{m=1}^{i}(g_mn_m^2)}+\cdots\right) \tag{10.10}$$

式中, n_m 是结构因数为 $F_m(k)$ 的每一粒子中的电子数; $\bar{R}_m$ 为这种粒子的回转半径. 该式与式 (10.5) 有些类似, 所以从这种曲线所求得的回转半径为下式所表示的平均权重值 $\bar{R}_{\mathrm{w}}^2$:

$$(\bar{R}^2)_{\mathrm{w}} = \frac{\sum g_m n_m^2 \bar{R}_m^2}{\sum g_m n_m^2} \tag{10.11}$$

当散射角较大时, 即在小角散射曲线的尾部时, 曲线有下列近似关系

$$I(k) = I_{\mathrm{e}}(k)\left(\sum g_m \rho_m^2 S_m\right)\frac{2\pi}{k^4} \tag{10.12}$$

式中, ρ_m 为这种 m 型粒子的电子密度; S_m 为每一个 m 粒子的表面积; 当样品中有 M 个粒子具有完全相同的电子密度, 且是完全无规分布的, 则式 (10.12) 中的 $\left(\sum g_m \rho_m^2 S_m\right)$ 可以写成 $M\rho^2 S$, 其中 S 为每一个这样均匀粒子的表面积, 故

$$I(k) = I_{\mathrm{e}}(k)M\rho^2\left(\frac{2\pi s}{k^4}\right) = I_{\mathrm{e}}(k)\rho^2\left(\frac{2\pi S}{k^4}\right) \tag{10.13}$$

式中, $S = Ms$, 即所有粒子的总表面积. 因此对于具有不同粒子大小的样品, 可根据小角散射曲线中的散射角很小处的强度求出粒子回转半径的权重值 $(\bar{R}^2)_{\mathrm{w}}$, 以及在较大散射角情况下求出粒子的总表面. 此外还可作适当处理计算, 以求出样品中粒度分布状况 —— 各种大小的粒子尺度及其所占的百分数.

10.2.2 材料微粒大小及其分布的测定

当样品具有相同形状和大小时, 可借助一些近似的方法: 逐步切线法、逐级对数法、数值计算法和解析法, 求出不同粒子大小和粒度分布. 下面介绍两种方法.

1. Fankuchen *方法*

Fankuchen 方法实质是逐级对数切线法, 对式 (10.13) 两边取对数得

$$\lg I(k) = \lg[I_{\mathrm{e}}(k)n^2 M] - \frac{k^2\bar{R}^2}{3}\lg \mathrm{e}$$

或

$$\lg I(k) = \lg[I_{\mathrm{e}}(k)n^2 M] - \frac{4\pi^2}{3\lambda^2}R_0^2\varepsilon^2\lg \mathrm{e} \tag{10.14}$$

令 $\lg[I_{\mathrm{e}}(k)n^2 M] = \lg I(0)$ 则有

$$\lg I(k) = \lg I(0) - \frac{k^2\bar{R}_0}{3}\lg \mathrm{e} \tag{10.15}$$

于是 Fankuchen-Jellinek 方法的步骤如下.

(1) 首先根据散射花样上小角度散射强度分布画出 $\lg I(k) \sim k$ 的关系曲线, 结果得一条凹面向上的曲线.

(2) 在曲线的最大散射角部分作一切线, 和纵坐标相交于 K_1, 然后在原曲线中各点所表示的强度值中减去这条切线所表示的强度值, 得到第二条曲线.

(3) 再在这条新曲线的最大散射角部位作第二条切线交纵坐标于 K_2, 把第二条曲线中各点所表示的强度值减去第二条切所表示的强度值, 得第三曲线.

(4) 继续 (2)、(3) 步, 直至最低角部分, 切线与曲线重合为止.

(5) 根据每条切线的斜率的负值, $\alpha = \dfrac{R_0^2}{3}\lg\mathrm{e}$, 求出一系列 $\bar{R}_{on}(n=1, 2, 3, \cdots)$

$$R_{on} = \left(\frac{3}{\lg\mathrm{e}}\right)^{\frac{1}{2}}(-\alpha_n)^{\frac{1}{2}} = 2.628(-\alpha_n)^{\frac{1}{2}} \tag{10.16}$$

然后根据粒子的不同形状中粒子尺度与回转半径 $\bar{R}_{on}$ 的关系 (见表 10.1), 求出对应的粒子尺度.

(6) 根据 $K_n = CR_{on}^3 W_{(R_{on})}$($C$ 为常数), 用下式

$$W_{(R_{on})} \propto \frac{K_n}{R_{\mathrm{on}}^3} = \frac{\dfrac{K_n}{R_{on}^3}}{\sum\left(\dfrac{K_n}{R_{on}^3}\right)} \tag{10.17}$$

求该颗粒 R_{on} 所占的百分数, 最后画出粒子分布曲线. 作出切线数目尽可能多些. 图 10.2 为日本 Rigaku 公司已推出的 Fankuchen-Jellinek 方法程序流程图.

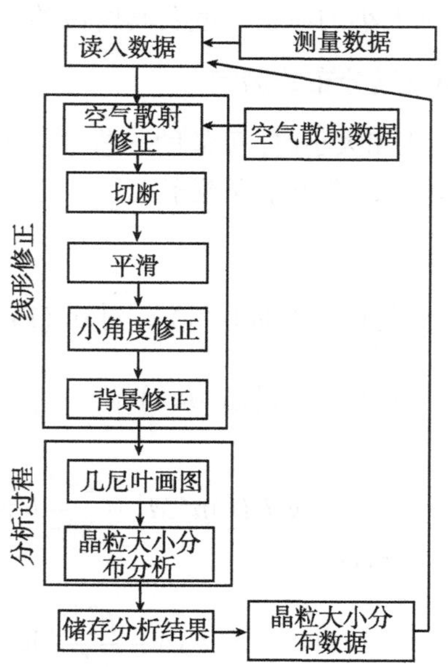

图 10.2 日本 Rigaku 公司已推出的 Fankuchen-Jellinek 方法程序流程图

郭常森和陆昌伟改进了这种多级切线法, 称为多级斜线法, 并编制了计算程序, 这可把粒径分布从几级增加到二十级以上. 图 10.3 示出了用这两种方法分析铁红釉结果的比较. 多级切线法得到六个粒径数据, 结果粗略, 最大粒径为为 240nm 也不合理; 多级斜线法得到 21 个粒径数据, 范围从 6~166nm, 粒径主要分布在 40nm 以下, 9nm 和 33nm 各占体积 15.2%和 9.5%, 相对比较集中, 也比较合理.

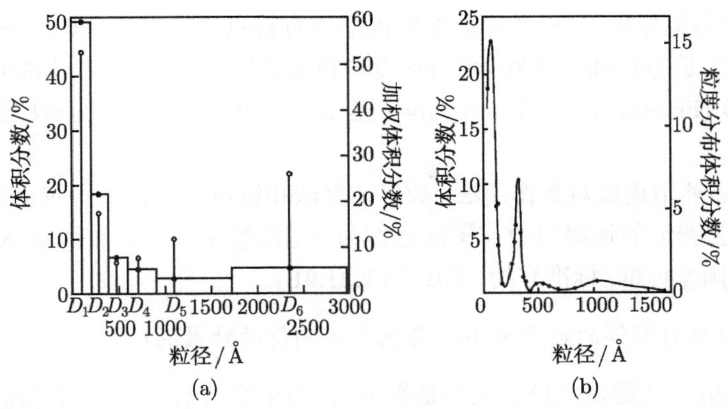

图 10.3 用多级切线 (a) 和多级斜线法 (b) 分析铁红釉结果的比较

2. 模拟 (或拟合) 计算法

新近发展的模拟 (或拟合) 计算的方法, 日本 Rigaku 公司已推出 Nano-Solver 程序, 其分析流程图见图 10.4.

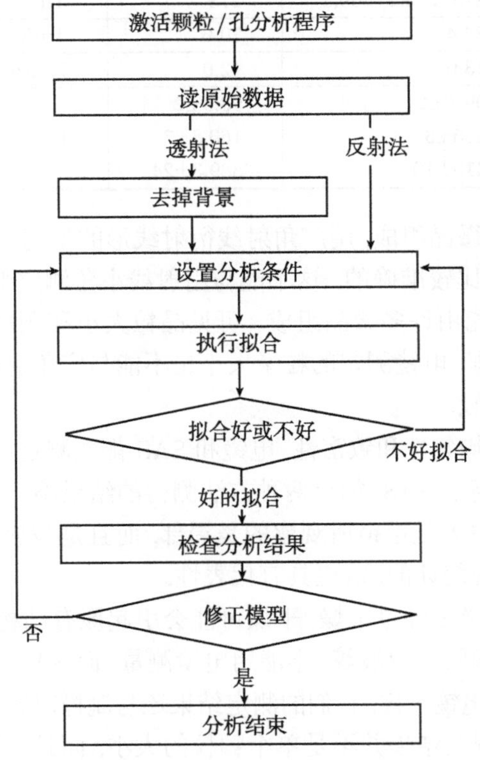

图 10.4 Nano-Solver 程序分析流程图

这两种类型分析 SAS 散射数据的程序各有特点和用途, 切线法 (多级切线与多级斜线法) 是 $\lg I \sim \lg k$ 曲线, 可得粒度和粒度分布, 从曲线的直线部分的斜率 P 可求得分形 (Fractal) 维度; Nano-Solver 是 $\lg I \sim 2\theta$ 曲线, 求粒度和粒度分布是很方便的.

此外, 还能用逐级对数作图法、数值计算法和解析法求得不同粒子大小和粒度分布. 其中张晋远的逐级对数作图法已作为 "超细粉末粒度分布测定 X 射线小角散射法" 的国家标准, 标准号为: GB/T13221:91

3. 小角散射测得的粒子大小与其他方法测得的结果的比较

小角散射方法测得的粒子大小是否可信, 历来是人们所关心的问题. 一般常与透射电子显微镜所测定的结果相对比. 表 10.2 给出若干种粒子大小, 两种方法测得结果的比较, 可见 SAXS 和 TEM 的结果基本相符. 这从实验上证明了 X 射线小角散射理论公式的正确性和有效性.

表 10.2　SAXS 和 TEM 两种方法测得粒子大小结果的比较

所测定的粒子	SAXS/nm	TEM/nm	作者	年代
乳胶球	275, 273.2, 269.2	278	Yudowitch	1951
胶体金粒子	82.4	70.0	Turkevitch	1950
胶体银粒子	13.0	12.0	Fournet	1951
三种沉胶硅球	99.5±2 155±3 410±10	98.9±2 160.8±7 389.3±24	Rieker 等	1999

如果被测样品由微晶组成, 用广角射线衍射线形的半高宽, 经 Scherrer 公式计算求得的晶粒尺度是比较准确的. 这不能与用射线小角测定颗粒 (粒子) 大小相比较, 因为一个颗粒可能由许多微晶组成. 可见晶粒大小和颗粒 (粒子) 大小是两个完全不同的概念. 同理, 电镜测定的粒子大小也不能与广角射线衍射线形的半高宽测定的晶粒大小相比较.

若不考虑样品的均匀性和致密性, 电镜和 SAS 都能测定粒子的大小和形状, 就精确度而言, 电镜要高于 SAS. 如果两种方法测得的结果不一致, 可以预计 SAS 所得结果可能较小, 其原因是电镜所观察的是局部, 而且是被放大了的. SAS 观测样品的整体, 结果是宏观统计的, 故更具有代表性.

电镜观测的样品必须经过干燥, 干燥可能会引起原有结构的变化或破坏, 因此液体样品, 如悬浮液和胶体溶液等, 不能用电镜测量, 而 SAS 能直接测量.

扫描电镜与透射电镜一样, 它们的测定结果还与制样时颗粒的分散是否良好有关. 如果分散不好, 测定结果并不是单个颗粒的大小, 而是粒团的大小. 这时电镜的结果一般都比 SAS 的结果大得多. SAS 能测定粒子大小分布, 而电镜要配备有图像分析设备才能获得颗粒大小分布.

10.3 材料分形 (fractal) 结构研究

在过去的 40 多年来, 已发现分形在物理科学、材料、化学和生物科学的许多领域十分有用, 其中包括用于分析和诠释来自畸变系统的小角散射数据, 这里仅对小角散射中最重要的分形的概念、性质与小角中子散射的关系作简单介绍.

10.3.1 分形

分形起源于数学研究. 数学结构是长度的任何标度上的分形, 而真实的物体仅仅在由两个长度为边界的间隙内才是分形, 这两个长度分别称为内截断 ε_1 和外截断 ε_2, 当然 ε_1 至少与分子或原子半径一般大, ε_2 不能大于 Fractal 的直径 ξ. ξ 定义为分形系统中分离两点的最大距离. 显然十分抽象, 让我们来研究测量英国 Britain 西海岸线长度的问题.

海岸线的长度是多少? 人们用一把长度为 l 的尺子从海岸线这一头量到那一端, 共 N_l 尺, 测得海岸线的长度 $C = lN_l$, 这似乎是无疑的. 然而, 当尺子的长度缩小, 所测的海岸线的长度必定增加, 并涉及海岸线上的半岛和海湾、沙咀和小海湾等. 人们能预计到海岸线的长度接近某有限值. 但是, 当我们的尺子长度缩小趋近于零时, C 趋向无穷大. 可见海岸线的长度对测量的标度 (scale) 非常敏感. Richardson 在他的创新工作中发现, 海岸线的长度 lN_l 可转换到反比于尺子长度的幂, 即 $C \propto 1/l^W$, 并能用海岸线长度的非欧几里得测量来说明, 则有

$$C' = l^D N_l \tag{10.18}$$

这揭示了海岸线长度 C' 具有不依赖于尺子长度 l 的很吸引人的性质. 事实上, 非整的指数 D (对于 Britain 西海岸线 $D = 1.25$) 对表观病态的海岸线起着类似维度 —— 分形维度的作用. 把 D 解释为维度似乎是合理的. 例如, 把绳子的尺度算为 $L = l^1 N_l$, 地板的面积是 $A = l^2 N_l$. 就一般情况来说, d 维立方体的体积是 $V_d = l^d N_l$. 从上可清楚知道, 对于小的尺子长度, 以上讨论的测量结果 (C'、L、A、V_d) 都变成与 l 无关的了, 所以它们都视为具有不同维度的分形, 它们的共同特点是用尺子长度的幂作为度量的标度, 而不是把尺子的长度作为度量的标度, 所以我们把它们统称为尺幂度体, 即能用尺子长度的幂来度量的物体称为尺幂度体 —— 分形 (fractal 或 fractal object). 经过如此处理之后, 求得尺幂度体海岸线是拓扑学一维表面. 用类似的方法我们来讨论胡桃, 那么胡桃表面是以三维固体为边界的拓扑学二维表面. 推广到一般, 人们能考虑以 D 维为边界的拓扑学 $(D-1)$ 维表面. 在每

种情况下, 表面尺幂度体的维度被描述为

$$A \propto R^{Ds} \tag{10.19}$$

A 是表面积的 $(D-1)$ 维欧几里得度量

$$A = l^{D-1} N_l \tag{10.20}$$

D_s 的下限由完全光滑的最小表面 (一个肥皂泡泡) 给出, $D_s = D-1$; 上限由一个卷绕复杂表面给出, $D_s = D$, 所以表面尺幂度体的维度 D_s 范围介于 $(D-1)$ 和 D 之间, 即 $(D-1) < D_s < D$. 式 (10.35) 就是定义尺幂度体维度的一般方法.

畸变系统的小角散射研究的对象主要是分散在合金或溶液中的粒子, 或是多孔物质中的微孔洞, 等等. 人们引入了 "表面尺幂度体和质量尺幂度体两个概念, 质量尺幂度体是在具有半径 R 的以一个球体表面的内部质量为 $M(R)$ 的结构

$$M_{\text{mas}}(R) \sim R_{\text{mas}}^{D} \tag{10.21}$$

表面尺幂度体是 $D_{\text{mas}} = 3$ 的质量尺幂度体的一个区域, 这个质量尺幂度体被埋置在维度 $D = 3$ 的欧几里得空间中, 并以表面尺幂度体维度为 D_{suf} 的尺幂度表面为边界. 注意区分 "表面尺幂度体" 和 "质量尺幂度体" 两个概念是重要的. 因为, 所有的表面尺幂度体都是以尺幂度表面为边界, 但不是所有的尺幂度表面都是表面尺幂度体.

对于理想的三维物体, 如表面理想光滑圆球, 维度 $D = 3$, 小角散射研究的对象 (如像粒子或微孔等) 几乎都是不规则形状, 粒子表面高低凹凸不光滑, 微孔内表面粗糙不光滑, 所以 $D_{\max} \leqslant 3$; $2 \leqslant D_{\text{suf}} \leqslant 3$.

现归纳尺幂度体的两个性质如下：第一是它的自相似性 (self-similarity), 即尺幂度体的细节就整体来讲是结构相同的, 换言之, 物体的结构与观察的特征长度的标度无关; 第二个性质是表征尺幂度体的是它的尺幂度体的维度 D.

10.3.2 来自质量和表面尺幂度体的小角散射

如果单个散射体是相对单分散的, 小角散射强度 $I(k)$ 为

$$I(k) = \Phi P(k) \bar{S}(k) \tag{10.22}$$

其中, $\Phi = N/V_b$; N 是散射体的数目; V_0 是试样的体积; Φ 是用 cm^{-1} 表示的散射体的密度; $P(k)$ 是形状因子 $F(k)$ 的函数; $\bar{S}(k)$ 是有效的结构因子

$$\bar{S}(k) = 1 + \frac{|< F(k) >|^2}{< |F(k)|^2 >}[S(k) - 1] \tag{10.23}$$

对于一个中心对称的粒子, $\bar{S}(k)=S(k)$

$$S(k)=1+\varPhi\int[G(r)-1]\exp(\mathrm{i}kr)\mathrm{d}r \tag{10.24}$$

经积分得

$$\varPhi[G(r)-1]=\left(\frac{D}{4\pi r_0^D}\right)r^{D-3}\exp\left(-\frac{r}{\zeta}\right) \tag{10.25}$$

$\varPhi G(r)$ 表示在距离 r 处找到粒子的概率. 经推导得到, 当 $k\xi\gg 1$ 时, 对维度 D_{mas} 的质量尺幂度体的小角散射强度 $I_m(k)$ 为

$$I_m(k)=I_{\mathrm{om}}\varGamma(D_m+1)\{\sin[\pi(D_m-1)/2]/(D_m-1)\}k^{-D_m} \tag{10.26}$$

I_{om} 是和实验条件和尺幂度体的结构两者有关的常数, $\Gamma(D_m+1)$ 为 Γ 函数.

当 $k\xi\gg 1$ 时, 维度为 D_s 的表面尺幂体的小角散射强度 $I_s(k)$ 为

$$I_s(k)=I_{\mathrm{os}}\Gamma(5-D_s)\sin[\pi(D_s-1)/2]k^{-(6-D_s)} \tag{10.27}$$

I_{os} 也为常数, $\varGamma(5-D_s)$ 是 $\varGamma$ 函数. D、ξ 与回旋半径 R_{g} 的关系如下

$$R_{\mathrm{g}}^2=D(D+1)\xi^2/2 \tag{10.28}$$

对于多分散性体系, 质量尺幂度体的小角散射强度

$$I_m(k)=I_{\mathrm{om}}\chi_0[M_{\mathrm{om}}]^2\int_0^R R^{2D_m-r}F_{(k,R)}\mathrm{d}R \tag{10.29}$$

表面尺幂度体的小角散射强度

$$I_s(k)=I_{\mathrm{os}}\chi_0[M_{\mathrm{os}}]^2\int_0^R R^{2D_s-r}F_{(k,R)}\mathrm{d}R \tag{10.30}$$

这里 I_{om}、I_{os}、M_{om}、M_{os} 和 χ_0 都是常数. $1+D<r<2D+1$

综上得, 引入尺幂度体概念之后,

$$I(k)\propto\frac{1}{k^{6-D}}\quad 2\leqslant D\leqslant 3 \tag{10.31}$$

而经典的 Porod 定律是

$$I(k)\propto\frac{1}{k^4} \tag{10.32}$$

$$I(k)=2\pi I_{\mathrm{e}}\delta^2Sk^{-4} \tag{10.33}$$

这显示了尺幂度体概念引入与否的差别. 其中, 对于中子散射 $I_{\mathrm{e}}=1$, δ 为散射体的散射长度密度, S 为散射的内部面积.

小角散射研究的尺幂度体多数是无规的, 也有是有规的, 研究的材料很多, 航空硅胶多孔固体等, 也可对取向质量尺幂度体作模型计算.

10.3.3 散射强度与尺幂度体维度的关系

在倒易空间中, 散射强度 I 与 k 之间有如下关系

$$I \sim k^P \tag{10.34}$$

其中, P 称为 Porod 斜率. 对于有质量尺幂度体和表面尺幂度体的体系, P 有下列表达式

$$P = -2D_{\rm v} + D_{\rm s} \tag{10.35}$$

其中, $D_{\rm v}$ 为该结构体系内的维度; $D_{\rm s}$ 为该结构体系的表面维度. 对于有质量尺幂度体的体系, 其表面和体内维度相同, 故有

$$D_{\rm v} = D_{\rm s} = D \tag{10.36}$$

则有

$$p = -D$$

其散射曲线 $\ln I \sim \ln k$ 的斜率 P 值在 $-1 \sim -3$, 相应维度值在 1~3.

对于有表面尺幂度体的体系, $D_{\rm v} = 3$, 则有

$$P = -(6 - D_{\rm s}) \tag{10.37}$$

若体系有光滑表面, 其 $D_{\rm s} = 2$, 则 $P = -4$; 若体系有粗糙表面, 其 $D_{\rm s}$ 在 2~3, 则 P 在 $-4 \sim -3$.

由 SAXS 的散射曲线 $\ln I \sim \ln k$ 可求出 Porpd 斜率 P 的值, 再用上述公式, 便可求出质量尺幂度体和表面尺幂体的维度. 由于在实际尺幂度体体系中, 其自相似性只在一定范围内成立, 反映在倒易空间中, SAXS 散射曲线也只在一定范围内成直线, 并在不同 Q 范围可以有不同斜率的直线, 它们分别对应于不同尺幂度体的维度.

10.3.4 分形结构测定实例 —— 碳纳米管的分形

图 10.5 给出了孤立壁碳钠米管 (SWNCT) 的 SAXS 散射花样, 其 $P = -3.400$, 维度 $D_{\rm s} = 2.600$, 吸附法测得的结果为 2.625. 模型计算 $D_{\rm s} = 2.77, 2.83, 2.86, 2.87$.

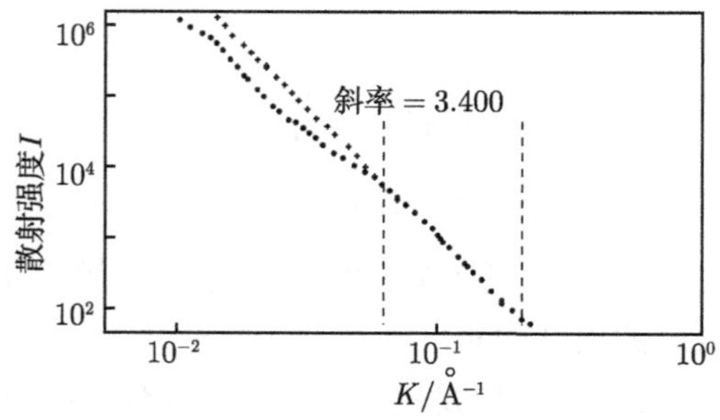

图 10.5 孤立壁碳钠米管 (SWNCT) 的 SAXS 散射花样

这表明有限长度和不规则集聚的影响, 表面维度值表示 SWCNT 的表面粗糙度和不规则性.

10.4 应用实例 —— 含氮奥氏体钢拉伸形变中纳米偏聚

研究表明, 无 Ni 或添加少量 Ni 可抑制奥氏体不锈钢存在的点蚀现象; 而加氮可增加形变过程中位错运动受到的热应力与非热应力, 进而提高材料的屈服强度与结构硬化能力. 关于后一现象, 人们推测应和钢中氮与合金原子形成的纳米偏聚团有关. 氮的添加促进了钢中位错由胞状团向面状位错转变. Ikeda 等人利用原位装置小角散射测试了不同含氮量的奥氏体钢在单轴拉伸过程中散射矢量的变化, 见图 10.6. 一般来说, 较低散射矢量 $[q(=2\pi\sin 2\theta/\lambda)] < 0.1\text{nm}^{-1}$ 对应的散射截面反映试样的晶粒特征; 而较高区域 $(q > 0.1\text{nm}^{-1})$ 散射截面则反映试样的纳米偏聚团的特征. 由图 10.6 的低 q 值区域的曲线可知, 在未变形条件下, 低氮含量奥氏体钢比高氮含量钢的散射截面大, 表明前者的原始晶粒较小, 这与金相组织观察结果一致. 随着拉伸形变的进行, 高氮钢的散射截面迅速增加, 低氮钢的散射截面则增加缓慢, 这与粗晶粒中容易形成变形带或亚晶有关. 在随后的加工硬化过程中, 两者的散射截面增加程度相近, 所不同的是高氮钢的流变应力显著高于低氮钢. 在高 q 值区间

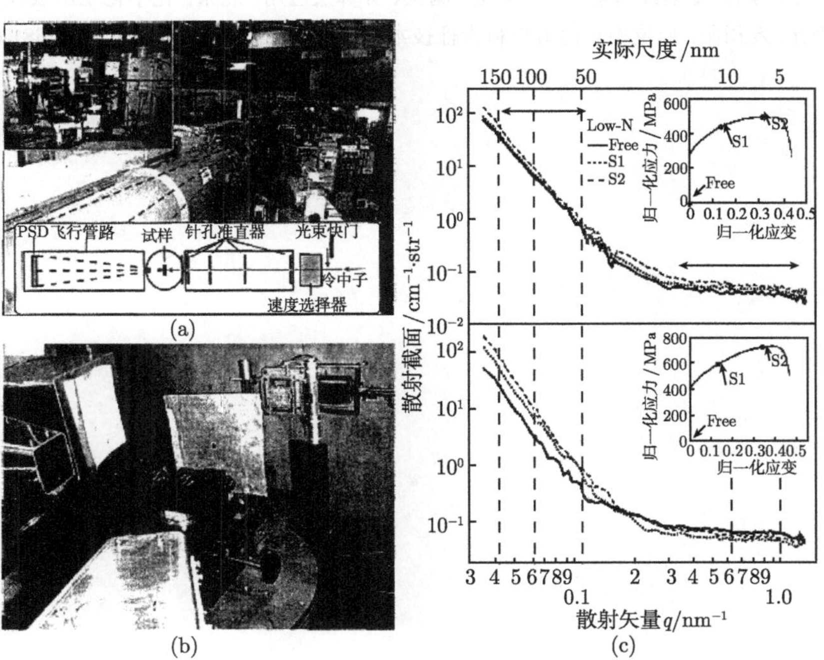

图 10.6 含氮奥氏体钢拉伸形变中的原位小角度中子散射衍射装置 (a)、原位拉伸装置 (b) 及散射截面与散射矢量 q 的关系 (c)

内, 低氮钢的散射截面呈稳定增加趋势, 表明在形变过程中, 纳米偏聚团的存在导致位错密度持续增加; 而高氮钢的散射截面先稍有减小, 然后才逐渐增加, 分析表明这与纳米偏聚团的破坏及面状位错的复合有关, 在 10%~15%处达到谷底后进一步变形位错密度又逐渐增加.

主要参考文献

1 Dasgupta K, Krishna P S R. Caebon Sci., 2003, 4(1): 10-13.
2 Jellinck, et al. Ind. Eng. Chem., 1945, 27:158; 1946, 28: 172.
3 冶金部钢铁研究总院四室 X 光室. 新金属材料, 1974, (2): 56.
4 Glatter O. J. Appl. Crys., 1977, 10:415; 1980, 13:7.
5 Refiorentron S. J. Appl. Cryst., 1982, 53:245.
6 Fedorova I S, Schmidt P W. J. Appl. Cryst., 1978, 11:405.
7 Vonk C G. J. Appl. Cryst., 1976, 9:433.
8 张晋远, 柳春兰. 钢铁研究总院学报, 1982, 2(1): 97.
9 郭常霖, 陆昌伟. 硅酸盐学报, 1985, 13(4): 459-466.
10 杨传铮, 谢达材, Newsam J M, 等. 用中子散射研究凝聚态物质的新进展. 物理学进展. 1994, 14(3): 231-281.
11 朱育平. 小角 X 射线散射 —— 理论、测试、计算及应用. 北京: 化学化工出版社, 2008.
12 徐平光, 友田阳. 原位中子衍射材料表征技术的进展. 金属学报, 2006, 42(7): 681-688.

第 11 章　新型材料的衍射散射分析

随着新兴产业的出现和发展、新型材料的不断涌现，对材料分析的要求也越来越高. 本章就几种新型材料的衍射散射分析作些概括性的介绍，包括薄膜和一维超点阵材料、纳米材料和介孔材料等. 虽然例子不一定都是中子分析结果，但意在推广中子衍射散射分析在新型材料的应用.

11.1　薄膜和一维超点阵材料的分析

为了方便，把薄膜材料作如下分类: ① 表面科学意义上的薄膜，它的厚度约几个埃，即原子尺度的薄膜; ② 表面工程意义上的薄膜，它的厚度从几微米到几十、几百微米; ③ 多层薄膜，层的数目为 2 或大于 2，单层厚度可以相等或不等，各层材料也不相同; ④ 超点阵和量子阱，它们属多层膜，不同点是: 两层、三层或多层不同材料的周期排列，每单层厚度在几埃、几十埃到百埃量级范围.

上述所有的薄膜都制备在衬底上，衬底或是非晶体 (如玻璃或塑料等)、或是多晶材料、或是具有一定取向的单晶片. 除表面科学意义的薄膜必定是单晶层外，其他薄膜、多层膜和超点阵材料或是近完整的单晶层、或是多晶层、或是非晶 (无定型) 层. 薄膜究竟是什么材料类型呢? 这不仅取决于衬底的类型，而且还决定于生长薄膜的条件.

上述四类材料除第一类外，其他三类材料都是中子衍射和散射的分析研究对象.

11.1.1　工程薄膜和多层膜的研究

为了改善材料的表面性能，表面工程中已发展了许多方法，如磁性薄膜、防护涂层和活性层等，其厚度在几微分到几百微分不等，其衍射分析的内容包括; ① 膜的结晶形态: 单晶、非晶或多晶以及织构、晶粒大小和分布; ② 膜的相结构和相变; ③ 膜的厚度，多层膜的各层厚度; ④ 膜的应力状态和应力弛豫. 另一类工程薄膜是半导体各种外延膜，它们多为单晶，主要分析的内容是厚度、成分和膜的完整性测定等.

掠入射和一般中子衍射术在多层及界面结构研究中应用很广，如高聚合物界面、层界面的电化学、外延多层结构等. 作为一个例子介绍 [Dy_{16}/Y_{20}] 稀土磁性多层材料的研究. 图 11.1 示出了 Dy_{16}/Y_{20} 沿 [0001] 方向的中子衍射花样. 由图

11.1(a) 可见, 0002 峰 ($Q = 2.215\text{Å}^{-1}$) 与温度无关, 其右边的小峰是双层谐波引起. 在 $Q^- \approx 2.02\text{Å}^{-1}$ 和 $Q^+ \approx 2.42\ \text{Å}^{-1}$ 的基本峰和双层谐波峰为磁性卫星峰, 它们在低于螺旋有序温度 T_c 下随温度升高逐渐消失, 其峰位也向低 Q 值方向漂移. 卫星峰的存在表明在遍及许多多层周期中磁性散射是相干的. 如果磁有序仅在 Dy 层中, 那么中心磁卫星峰的 Q 宽化会淹埋双层谐波峰而不能分开. 图 11.1(b) 分别示出了 $T = 10\text{K}$ 和 130K 时磁场对磁卫星峰的影响, 磁卫星随磁场增加而逐渐宽化漫散, 这表明长程相干的消除, 这对应于螺旋磁化的减弱, 并转化为铁磁有序.

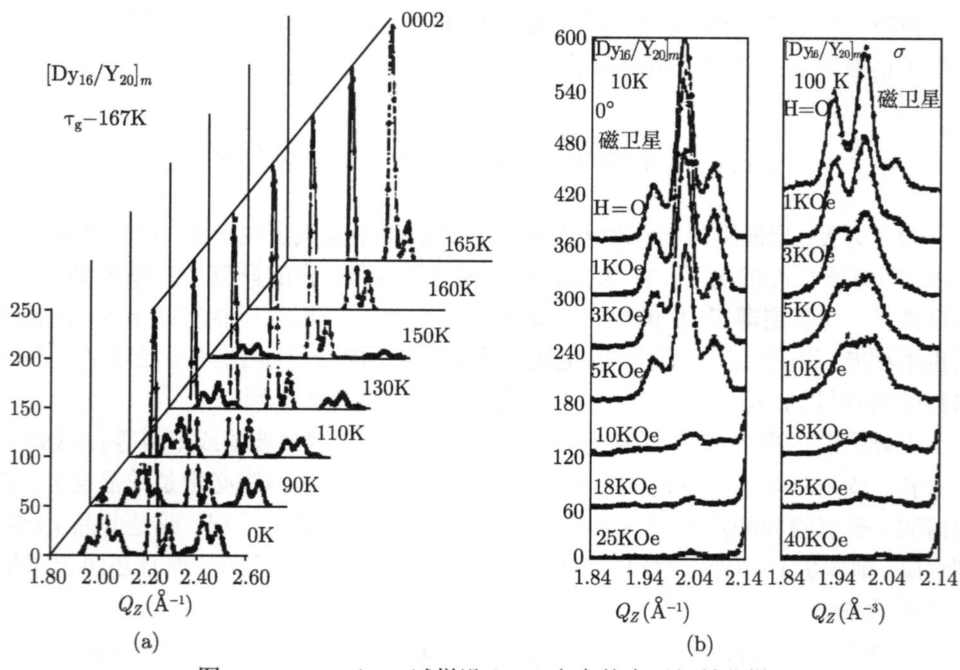

图 11.1　Dy_{16}/Y_{20} 试样沿 [000] 方向的中子衍射花样

(a) 温度效应; (b) 磁场效应

11.1.2　一维超点阵材料的分析

随着超点阵材料及其应用的发展, 一维超点阵结构又显示出它的复杂性. 除按层中材料的结晶特性分为非晶超点阵、多晶超点阵和单晶超点阵以外, 还可按一维超点阵的势垒结构分为单势垒、双势垒和多势垒超点阵, 比如 ($Ga_{1-x}Al_xAs$ - GaAs)/GaAs, (AlAs - GaAs - AlAs - $Ga_{1-x}Al_xAs$) / GaAs (分母表示衬底) 等; 还可按一维超点阵堆积周期性分为周期超点阵和准周期超点阵. 下面介绍作者所做的一个例子.

图 11.2 给出了杨传铮用同步辐射 (λ= 0.9687Å)、高分辨粉末衍射仪 (美国 BNL NSLS X10B) 和 CuKα 辐射 (λ= 1.5418 Å), 实验室普通粉末衍射仪获得的

$In_{1-x}Al_xAs$/ GaAs 一维超点阵系统的低角 X 射线散射花样, 见图 11.2, 其主要数据列入表 11.1 中, 用 $\sin^2\theta_m \sim m^2$

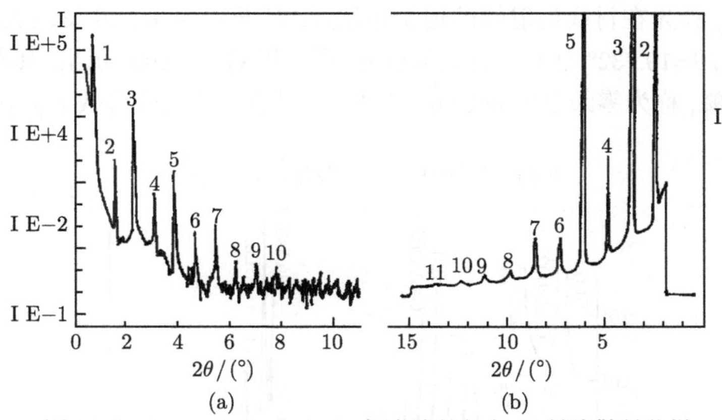

图 11.2 $In_{1-x}Al_xAs$/ GaAs 超点阵的低角 X 射线散射花样

(a) 同步辐射 X 射线 (λ= 0.9687 Å); (b) CuKα 辐射 (λ= 1.5418 Å)

表 11.1 图 11.1 中 $In_{1-x}Al_xAs$/ GaAs 系统低角散射花样的数据分析

CuKα 辐射 λ=1. 5418 Å					同步辐射 X 射线 λ=0. 9687 Å				
m / 00L	2θ(°)	D_{00L}/Å	$\sin^2\theta_m$	$\sin^{-2}\theta_m$	m / 00L	2θ/(°)	D_{00L}/Å	$\mathrm{Sin}^2\theta_m$	$\mathrm{Sin}^{-2}\theta_m$
					1	0.88	63.07	8.897×10^{-5}	16956
2	2.40	38.81	8.38×10^{-4}	2280.6	2	1.62	38.26	1.998×10^{-4}	5003.8
3	3.70	23.88	1.04×10^{-3}	959.5	3	2.39	23.22	8.349×10^{-4}	2299.2
4	8.96	8.82	1.87×10^{-3}	538.1	4	3.17	8.51	8.650×10^{-4}	1308.1
5	8.12	18.35	2.89×10^{-3}	348.4	5	3.93	18.76	1.176×10^{-4}	850.3
6	8.44	11.88	8.21×10^{-3}	238.6	6	8.72	11.76	1.697×10^{-3}	589.7
7	8.69	10.09	8.83×10^{-3}	171.4	7	8.51	10.08	2.310×10^{-3}	432.8
8	9.80	9.03	8.29×10^{-3}	138.1	8	8.28	8.84	3.000×10^{-3}	333.3
9	11.26	8.86	8.69×10^{-3}	103.9	9	8.06	8.87	3.791×10^{-3}	263.8
10	12.44	8.12	11.74×10^{-3}	88.2	10	8.78	8.14	8.602×10^{-3}	28.3
11	13.76	8.43	18.39×10^{-3}	69.5					

作图求得等同周期 Λ 和 2δ 及折射指数 n 如下:

对于同步辐射 Λ= 71.5 Å δ= 2.0 ×10^{-5} n = 0.99998

CuKα 辐射 Λ= 65 Å δ= 2.0 ×10^{-4} n = 0.9998

也可按改进的 Bragg 方程

$$Ld_{002} = \Lambda\left(1 - \frac{1-n}{\sin^2\theta_L}\right) \tag{11.1}$$

用 $Ld_{00L} \sim \sin^{-2}\theta_L$ 作图求得 Λ: 对于 CuKα$_1$, Λ= 66 Å; 对于同步辐射, Λ= 71 Å, 两种处理结果符合良好, 其中 d_L 是 00L 反射用 Bragg 定律算得的面间距.

对应于图 11.1, $In_{1-x}Al_xAs$/ GaAs 超点阵的近 GaAs(002) 的高角 X 射线散射花样示于图 11.3 中, 除 GaAs(002) 峰外, 还有一系列超点阵卫星衍射峰. 在识别各峰的属性时, 首先在衬底衍射峰的理论角位置, 对于 $CuK\alpha_1$, 2θ=31.625° 处, 对于 λ=0.9687Å, 2θ=19.732° 处找到衬底衍射峰, 图中用 GaAs(002) 示出. 其次注意超点阵的主反射峰, 称为零级卫星峰 SL0, 它对应于具有平均点阵参数 $a_{平均}$:

$$a_{平均} = (n_1a_1 + n_2a_2)/(n_1 + n_2) \tag{11.2}$$

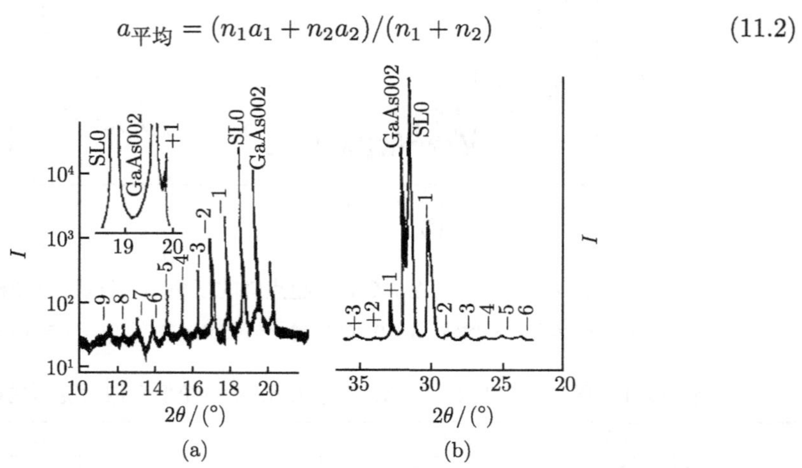

图 11.3　$In_{1-x}Al_xAs$/ GaAs 超点阵的近 GaAs(002) 的高角 X 射线散射花样

(a) 同步辐射 X 射线 (λ= 0.9687 Å); (b) $CuK\alpha$ 辐射 (λ= 1.5418 Å)

的实际晶体. n_1 和 n_2 分别为一维超点阵一个周期内 $In_{1-x}Al_xAs$/GaAs 的分子数目, a_1 和 a_2 为垂直于界面的点阵参数. 弱的高级卫星峰标以 $SL\pm1$, $SL\pm2$, $\cdots$, 常简称为 ±1, ±2$\cdots$, 其峰的多少及强度呈不对称地分布在 $SL0$ 的两侧. 低角度一侧卫星峰多且强度较高, 造成这种情形的原因是所研究的系统是一正应变超点阵. 由于 $CuK\alpha_1$ 辐射的分辨率较低、强度较弱, 故仅对同步辐射的花样作分析, 其数据列入表 11.2.

表 11.2　图 11.3(a) 的近衬底 GaAs(002) 衍射花样的数据分析

峰	−8	−7	−6	−5	−4	−3	−2	−1	SL0	GaAs	+1	+2
$2\theta_{观}/(°)$	12.48	13.31	18.06	18.87	18.66	16.44	18.04	18.02	18.80	19.58	19.80	20.40
$2\theta_{测}/(°)$	12.63	13.46	18.21	18.02	18.81	16.59	18.17	18.17	18.95	19.73	19.52	20.55
00L	0015	0016	0017	0018	0019	0020	0021	0022	0023	–	0024	0025

以 GaAs(002) 的 2θ 理论值与测定值之差作角度修正后, $2\theta_{SL0}$=18.952°, 按 $2\Lambda\sin\theta_{SL0}=L\lambda$ 取 Λ=130~142Å, 计算得 L=22~24, 取 L=23, 对卫星峰指标化, 列入表 11.2 中. 由 θ_{SL0} 和 $2d00L\sin\theta_{SL0} = \lambda$ 求得平均点阵参数 $a_{平均}$=8.8839 Å, 代入下式

$$(6.058 - a_{平均})/(6.058 - 8.6611) = x_{平均}$$

求得平均成分 $x_{平均} = 0.438$. 式中 6.058 和 8.6611 分别为 InAs(x=0) 和 AlAs(x=1) 的点阵参数.

根据定义 $\Lambda = n_1 d_1 + n_2 d_2$, 取 Λ=65~71, $d_2 = d_{GaAs(002)}$=2.8276, d_1=2.942, 估算 n_1 和 n_2 值, 得 n_1=11, 12, 13, 对应的 n_2 =12, 11, 11. 根据

$$x = x_{平均}(n_1 + n_2)/n_1$$

设 n_1=12, n_2=11; n_1=13, n_2=12; n_1=12, n_2=12; 分别求得一维超点阵中 $In_{1-x}AlxAs$ 层的成分为 0.839, 0.808, 0.876. 其中只有 0.808 与制样成分 0.80 符合良好. 故最后得一维超点阵的结构参数为：

$$\Lambda = 68.38Å$$

$$d_1 = 2.8686Å \qquad d_2 = 2.8267Å$$

$$n_1 = 13 \qquad n_2 = 11$$

$$x_{平均} = 0.438 \qquad x = 0.81$$

从这个例子的求解可知, 把小角和高角衍射结合起来, 能方便求得一维超点阵材料的全部结构参数. 一个超点阵周期中 $In_{0.19}Al_{0.81}As$ 的厚度和 GaAs 的厚度分别为 38.29Å和 31.09Å.

11.2 纳米材料微结构分析

纳米材料 (nanometer-material) 是不十分明确的概念, 可能是纳米大小 (nanometer size)、纳米尺度 (nanometer scale)、纳米颗粒 (nanometer particle)、纳米晶粒 (nanometer-grain) 材料的通称, 所谓纳米级材料是大小、尺度、颗粒或晶粒在 1~100nm 范围的材料.

由于纳米材料比大块结晶材料具有更多优异性能, 它正在过滤器、生物助长器、净水剂、涂料、复合银粉、催化剂、塑料、纤维、陶瓷、饲料等方面获得应用.

纳米材料的结构表征方法有：传统的透射电子显微镜 (TEM)、扫描电子显微镜 (SEM)、粒度分布测量仪. 20 世纪 80 年代以后, 扫描探针显微镜 (SPM), 包括扫描隧道显微镜 (STM) 和原子力显微镜 (AFM), 在纳米材料研究中获得应用, 有人甚至把 SPM 视为纳米科技的 "眼" 和 "手". 在纳米操纵中 SPM 确实起着 "手" 的作用. 作为纳米科技的 "眼睛", 就不能仅仅限于 SPM, 而且原子力显微镜价格十分昂贵, 不可能成为常规应用的眼睛. 在此介绍一下纳米材料的射线分析 —— 一种较常规的纳米材料测试方法和内容.

尺度在 1~100nm 范围的材料的纳米材料, 无论晶态或是非晶态的, 无论尺度是指颗粒直径, 还是指晶粒直径, 都是射线衍射或射线散射研究的极好对象, 其研

究内容包括: 结晶纳米材料的相分析、非晶纳米材料的局域结构、结晶纳米材料晶粒度、纳米材料的颗粒度的小角射线散射研究和纳米材料的分行 (fractal) 研究, 等等.

11.2.1 测定纳米材料微结构时各有关参数的获得

下面将会看到, 晶粒度及其分布的测定是从 X 射线衍射线形分析入手, 第 9 章介绍了衍射谱线形分析的有关概念和方法. 获得衍射线形的宽度方法如下.

1. *半高宽 (FWHM)*

衍射线的半高宽就是在衍射峰扣除背景后最大强度一半处作背景的平行弦, 用此弦长表示衍射线的半高宽. 令实测线形 $h(x)$、无宽化效应标样线形 $g(x)$、待测样的真实线形 $f(x)$ 的半高宽分别为 $B_{1/2}$、$\beta^0_{1/2}$、$\beta_{1/2}$.

2. *积分宽度*

衍射的积分宽度 B、β° 和 β 就是衍射线的积分强度除以峰高强度 I_P, 即

$$B = \frac{1}{I_\mathrm{P}} \int I(2\theta)\mathrm{d}2\theta \tag{11.3}$$

其意义是 $I_\mathrm{P} \cdot I_{积分}$ 所表示的矩形面积.

实际经验表明, 要获得正确可信的半宽度数据必须注意以下两点.

(1) 当衍射线明显宽化时, 不能使用基于峰顶、抛物线和质心法的自动寻峰获得, 而应采用拟合 (fitting) 衍射线形方法. 如用 Jade 程序, 右击 BG Aplly Strip alpha-2, 退出, 右击 Profile Fitting Refine(或 Fit all peaks), 必要时还应选择 Pseude-Voit 及 Lorenzia 的比例和 Backgroud 类型, 使拟合结果与实验之差达最小, 然后左击 Report, 才能获得正确可信的 FWHM 数据.

(2) 只有样品仅存在仪器宽化时, 才能使用自动寻峰法获得 FWHM 数据.

3. *方差*

线形的方差 $\langle B\rangle$、$\langle\beta^\circ\rangle$ 和 $\langle\beta\rangle$ 也能分别表示 $h(x)$、$g(x)$ 和 $f(x)$ 线形的宽度, 它的意义是

$$\langle B\rangle = \frac{\displaystyle\int (2\theta - \langle 2\theta\rangle)^2 I(2\theta)\mathrm{d}2\theta}{\displaystyle\int I(2\theta)\mathrm{d}2\theta} \tag{11.4}$$

其中, $\langle 2\theta\rangle$ 为线形重心位置, 即

$$
\begin{cases}
\langle 2\theta \rangle = \dfrac{\displaystyle\int 2\theta I(2\theta)\mathrm{d}2\theta}{\displaystyle\int I(2\theta)\mathrm{d}2\theta} \\
\langle 2\theta \rangle = \dfrac{\displaystyle\sum_{i=1}^{n} 2\theta_i I(2\theta_i)}{\displaystyle\sum_{i=1}^{n} I(2\theta_i)}
\end{cases}
\tag{11.5}
$$

11.2.2 晶粒大小、微应力及层错的宽化效应

用衍射方法来表征纳米晶的任务是: ① 测定纳米晶的大小和形状; ② 所研究的纳米材料中是否存在微 (残余) 应力 (应变), 如果存在微应力, 就出现微晶–微应力二重宽化效应; ③ 研究的纳米材料中是否存在点阵缺陷, 特别是堆垛层错也引起衍射线的明显宽化, 如果存在堆垛层错, 就出现微晶–层错、微应变–层错二重宽化效应, 以及微晶–微应变–层错三重宽化效应. 微晶、微应变和层错在样品中的存在状况, 是单一效应还是二重或三重效应, 这随不同种类的纳米材料以及其制备方法而不同. 因此, 在分析各种纳米材料的微结构前, 必须了解微晶、微应变和层错在样品中的存在状况.

1. 晶粒宽化效应和微应力宽化效应

$$
\begin{cases}
\beta_{hkl} = \dfrac{0.89\lambda}{D_{hkl}\cos\theta_{hkl}} \\
D_{hkl} = \dfrac{0.89\lambda}{\beta_{hkl}\cos\theta_{hkl}}
\end{cases}
\tag{11.6}
$$

$$
\begin{cases}
\sigma_{\text{平均}} = E\bar{\varepsilon} = E\dfrac{\pi\beta_{hkl}\mathrm{ctg}\theta_{hkl}}{180^\circ \times 4} \\
\beta_{hkl}(\text{度}) = \dfrac{180^\circ \times 4}{E\pi}\sigma_{\text{平均}}\mathrm{tg}\theta_{hkl}
\end{cases}
\tag{11.7}
$$

2. 堆垛层错宽化效应

1) 密堆六方的堆垛层错宽化效应

Warren 指出, 密堆六方的滑移为 $(001)\langle 110\rangle$, 孪生系为$\{102\}\langle 101\rangle$, 把实验线形 $F(x)$ 展开为 Fourier 级数, 将其余弦系数 A_L^S 对 L 作图, 从曲线起始点的斜率求得微晶尺度 D, 形变层错概率 f_{D} 和孪生层错概率 f_{T} 之间有三种组合, 即

$$
\text{当}\begin{cases} h-k=3n \text{ 或 } hk0, & -\left(\dfrac{\mathrm{d}A_L^S}{\mathrm{d}L}\right)_0=\dfrac{1}{D} \\ h-k=3n\pm 1, \quad l=\text{偶数}, & -\left(\dfrac{\mathrm{d}A_L^S}{\mathrm{d}L}\right)_0=\dfrac{1}{D}+\dfrac{|l_0|d}{c^2}(3f_{\mathrm{D}}+3f_{\mathrm{T}}) \\ h-k=3n\pm 1, \quad l=\text{奇数}, & -\left(\dfrac{\mathrm{d}A_L^S}{\mathrm{d}L}\right)_0=\dfrac{1}{D}+\dfrac{|l_0|d}{c^2}(3f_{\mathrm{D}}+f_{\mathrm{T}}) \end{cases} \tag{11.8}
$$

可见, 当 $h-k=3n$ 或 $hk0$ 时, 无层错效应; $h-k=3n\pm 1$ 时, 当 l 为偶数时, 衍射线严重宽化, 当 l 为奇数时, 衍射线宽化较小. 还能从半高宽计算 f_{D} 和 f_{T}, 即

$$
h-k=3n\pm 1\begin{cases} l=\text{偶数}, \quad \beta_f=\dfrac{2l}{\pi}\mathrm{tg}\theta\left(\dfrac{d}{c}\right)^2(3f_{\mathrm{D}}+3f_{\mathrm{T}}) \\ l=\text{奇数}, \quad \beta_f=\dfrac{2l}{\pi}\mathrm{tg}\theta\left(\dfrac{d}{c}\right)^2(3f_{\mathrm{D}}+f_{\mathrm{T}}) \end{cases} \tag{11.9}
$$

β 以弧度为单位, d 为晶面间距, c 为六方 c 轴的点阵参数.

2) 面心立方的堆垛层错宽化效应

对面心立方 (FCC), Warren 把总的衍射贡献认为是宽化 (b) 和未宽化 (u) 组分的和, 并展开为 Fourier 级数, 并得出结论：余弦系数表征线形宽化; 正弦系数表征线形的不对称性, 这种不对称性只表现在线形底部附近, 对取半宽度的计算无影响; 常数项与形变层错概率 f_{D} 成正比, 使峰巅位移. 其中峰位移 $\Delta(2\theta)^\circ$ 的表达式为

$$
\Delta(2\theta)^\circ=\frac{90}{\pi^2}\frac{\sum(\pm)L_0}{h_0^2(u+b)}\mathrm{tg}\theta\sqrt{3}f_{\mathrm{D}} \tag{11.10}
$$

其中, $\dfrac{\sum(\pm)L_0}{h_0^2(u+b)}=\sum\dfrac{(\pm)L_0}{h_0^2(u+b)}$; $h_0=(h^2+k^2+l^2)^{1/2}$. 有关数据列入表 11.3 中. 从表 11.3 可见, 由于形变层错的存在, 111 线峰 $2\theta_{111}$ 向高角度方向位移, 而 $2\theta_{200}$ 向低角度方向位移, 它们的二级衍射正好相反. 由于 f_{D} 引起峰位移很小, 用单线法测量会引起较大误差, 故常用线对法, 即

$$
\begin{cases} (\Delta 2\theta_{200}-\Delta 2\theta_{111})^\circ=\dfrac{-90}{\pi^2}\sqrt{3}f_{\mathrm{D}}\left(\dfrac{\mathrm{tg}\theta_{200}}{2}+\dfrac{\mathrm{tg}\theta_{111}}{4}\right) \\ (\Delta 2\theta_{400}-\Delta 2\theta_{222})^\circ=\dfrac{90}{\pi^2}\sqrt{3}f_{\mathrm{D}}\left(\dfrac{\mathrm{tg}\theta_{400}}{4}+\dfrac{\mathrm{tg}\theta_{222}}{8}\right) \end{cases} \tag{11.11}
$$

可见用线对峰位移法能求得形变层错概率 f_{D}.

当忽略微应力的影响, 衍射线形 Fourier 级数展开的余弦系数可写为

$$
A_L^S=1-L\left\{\frac{1}{D}+\frac{(1.5f_{\mathrm{D}}+f_{\mathrm{T}})}{ah_0(u+b)}\sum|L_0|\right\} \tag{11.12}
$$

其对 L 微分得

$$-\frac{\mathrm{d}A_L^S}{\mathrm{d}L}=\frac{1}{D}+\frac{(1.5f_\mathrm{D}+f_\mathrm{T})}{ah_0(u+b)}\sum|L_0| \tag{11.13}$$

将式 (11.13) 与式 (11.8) 比较, 并结合式 (11.9) 得

$$\beta_f=\frac{2}{\pi\, a}\sum\frac{|L_0|}{h_0(u+b)}\mathrm{tg}\theta(1.5f_\mathrm{D}+f_\mathrm{T}) \tag{11.14}$$

β_f 的单位为弧度, $\sum\frac{|L_0|}{h_0(u+b)}$ 对各 hkl 衍射线之值列入表 11.3 中.

表 11.3 具有层错的 *FCC* 结构粉末衍射线形的几个有关数据

hkl	$\sum\frac{(\pm)L_0}{h_0^2(u+b)}$	$\sum\frac{\lvert L_0\rvert}{h_0(u+b)}$	$\Delta(2\theta)$(7.25) 式
111	$\frac{1}{4}$	$\sqrt{\frac{3}{4}}$	$\frac{90}{\pi^2}\sqrt{3}f_\mathrm{D}\mathrm{tg}\theta_{111}\left(\frac{1}{4}\right)$
200	$-\frac{1}{2}$	1	$\frac{90}{\pi^2}\sqrt{3}f_\mathrm{D}\mathrm{tg}\theta_{200}\left(-\frac{1}{2}\right)$
220	$\frac{1}{4}$	$\frac{1}{\sqrt{2}}$	
311	$-\frac{1}{11}$	$\frac{3}{2}\sqrt{11}$	
222	$-\frac{1}{8}$	$\frac{\sqrt{3}}{4}$	$\frac{90}{\pi^2}\sqrt{3}f_\mathrm{D}\mathrm{tg}\theta_{222}\left(-\frac{1}{8}\right)$
400	$\frac{1}{4}$	1	$\frac{90}{\pi^2}\sqrt{3}f_\mathrm{D}\mathrm{tg}\theta_{400}\left(\frac{1}{4}\right)$

3) 体心立方的堆垛层错宽化效应

对体心立方 (BCC) 金属, Warren 也把总的衍射等于宽化 (b) 和未宽化 (u) 之和, 并展开为 Fourier 级数, 其余弦系数可写为

$$A_L^S=1-L\left\{\frac{1}{D}+\frac{(1.5f_\mathrm{D}+f_\mathrm{T})}{ah_0(u+b)}\sum|L|\right\} \tag{11.15}$$

其对 L 微分得

$$-\frac{\mathrm{d}A_L^S}{\mathrm{d}L}=\frac{1}{D}+\frac{(1.5f_\mathrm{D}+f_\mathrm{T})}{ah_0(u+b)}\sum|L| \tag{11.16}$$

将式 (11.16) 与式 (11.8)、式 (11.9) 比较得

$$\beta_f=\frac{2}{\pi\, a}\frac{\sum|L|}{h_0(u+b)}\mathrm{tg}\theta(1.5f_\mathrm{D}+f_\mathrm{T}) \tag{11.17}$$

β_f 的单位同样为弧度, 对 BCC 结构各 hkl 衍射线的 $\frac{\sum|L|}{h_0(u+b)}$ 之值列入表 11.4 中.

表 11.4 含有层错的 BCC 结构粉末衍射各衍射线的 $\dfrac{\sum|L|}{h_0(u+b)}$ 值

hkl	110	200	211	220	310	222	321	400
$\dfrac{\sum\lvert L\rvert}{h_0(u+b)}$	$\dfrac{2}{3}\sqrt{2}$	$\dfrac{4}{3}$	$\dfrac{2}{\sqrt{6}}$	$\dfrac{2}{3}\sqrt{2}$	$4\sqrt{10}$	$2\sqrt{3}$	$\dfrac{5}{2}\sqrt{14}$	$\dfrac{4}{3}$

小结本节可知, 式 (11.9)、式 (11.14) 和式 (11.17) 分别表示堆垛层错对密堆六方 (CPH)、面心立方 (FCC) 和体心立方 (BCC) 粉末衍射线条宽化的贡献.

11.2.3 分离微晶和微应力宽化效应的最小二乘方法

采用 Lorentzian 近似则有

$$\beta=\beta_{\rm C}+\beta_{\rm S} \tag{11.18}$$

将 $\beta_{\rm C}=\dfrac{0.89\lambda}{D\cos\theta}$ 和 $\beta_{\rm S}=4\bar{\varepsilon}{\rm tg}\theta$ 代入则得

$$\frac{\beta\cos\theta}{\lambda}=\frac{0.89}{D}+\bar{\varepsilon}\cdot\frac{4\sin\theta}{\lambda} \tag{11.19}$$

令

$$\begin{cases} Y_i=\dfrac{\beta_i\cos\theta_i}{\lambda} & a=\dfrac{0.89}{D} \\ X_i=\dfrac{4\sin\theta_i}{\lambda} & m=\varepsilon \end{cases} \tag{11.20}$$

重写式 (11.19) 为

$$Y=\alpha+mX \tag{11.21}$$

其最小二乘方的正则方程组为

$$\begin{cases} \sum\limits^{n}Y_i=an+m\sum\limits^{n}X_i \\ \sum\limits^{n}X_iY_i=a\sum\limits^{n}X_i+m\sum\limits^{n}X_i^2 \end{cases} \tag{11.22a}$$

这是典型的二元一次方程组, 写成矩阵形式 (略去下标) 为

$$\begin{pmatrix} n & \sum X \\ \sum X & \sum X^2 \end{pmatrix}\begin{pmatrix} a \\ m \end{pmatrix}=\begin{pmatrix} \sum Y \\ \sum XY \end{pmatrix} \tag{11.22b}$$

其判别式为

$$\varDelta=\begin{vmatrix} n & \sum X \\ \sum X & \sum X^2 \end{vmatrix} \tag{11.23}$$

当 $\Delta \neq 0$ 时, 才能有唯一解

$$\left\{\begin{aligned} a &= \frac{\Delta_a}{\Delta} = \frac{\begin{vmatrix} \sum Y & \sum X \\ \sum XY & \sum X^2 \end{vmatrix}}{\Delta} = \frac{\sum Y \sum X^2 - \sum X \sum XY}{n\sum X^2 - \left(\sum X\right)^2} \\ m &= \frac{\Delta_m}{\Delta} = \frac{\begin{vmatrix} n & \sum Y \\ \sum X & \sum XY \end{vmatrix}}{\Delta} = \frac{n\sum XY - \sum X \sum Y}{n\sum X^2 - \left(\sum X\right)^2} \end{aligned}\right. \tag{11.24}$$

此式对于不同晶系、不同结构均适用. 从下述可知, 对于存在层错的密堆六方, 只有与层错无关 (即 $h-k=3n$ 或 $hk0$) 的线条才能计算.

11.2.4 分离微晶–层错 XRD 线宽化效应的最小二乘方法

采用 Lorentzian 近似, 同时受微晶和层错影响总的半高宽 β 为微晶宽化 β_{C} 和层错宽化 β_{F} 之和, 即

$$\beta = \beta_{\mathrm{C}} + \beta_{\mathrm{F}} \tag{11.25}$$

先讨论 CPH 结构, 把式 (11.6) 和式 (11.9) 代入式 (11.25), 并乘以 $\dfrac{\cos\theta}{\lambda}$ 得

$$h-k=3n\pm1\left\{\begin{aligned} &l=\text{偶数}\quad \frac{\beta\cos\theta}{\lambda} = \frac{2l}{\pi}\left(\frac{d}{c}\right)^2\frac{\sin\theta}{\lambda}(3f_{\mathrm{D}}+3f_{\mathrm{T}}) + \frac{0.89}{D} \\ &l=\text{奇数}\quad \frac{\beta\cos\theta}{\lambda} = \frac{2l}{\pi}\left(\frac{d}{c}\right)^2\frac{\sin\theta}{\lambda}(3f_{\mathrm{D}}+f_{\mathrm{T}}) + \frac{0.89}{D} \end{aligned}\right. \tag{11.26}$$

令

$$\left\{\begin{aligned} &Y = \frac{\beta\cos\theta}{\lambda} \qquad && f = 3f_{\mathrm{D}} + 3f_{\mathrm{T}} \quad (\text{当}l=\text{偶数}) \\ & && f = 3f_{\mathrm{D}} + f_{\mathrm{T}} \quad (\text{当}l=\text{奇数}) \\ &X = \frac{2l}{\pi}\left(\frac{d}{c}\right)^2\frac{\sin\theta}{\lambda} && A = \frac{0.89}{D} \end{aligned}\right. \tag{11.27}$$

式 (11.26) 可重写为

$$Y = fX + A \tag{11.28}$$

类似式 (11.21)~ 式 (11.24) 的推导得

$$\begin{cases} A=\dfrac{\Delta_A}{\Delta}=\dfrac{\begin{vmatrix}\sum Y & \sum X\\ \sum XY & \sum X^2\end{vmatrix}}{\Delta}=\dfrac{\sum Y\sum X^2-\sum X\sum XY}{n\sum X^2-\left(\sum X\right)^2} \\ f=\dfrac{\Delta_f}{\Delta}=\dfrac{\begin{vmatrix}n & \sum Y\\ \sum X & \sum XY\end{vmatrix}}{\Delta}=\dfrac{n\sum XY-\sum X\sum Y}{n\sum X^2-\left(\sum X\right)^2} \end{cases} \tag{11.29}$$

求出 D_{even}、f_{even}、D_{odd}、f_{odd} 后, 再用式 (11.30)

$$\begin{cases} f_{\text{even}}=3f_{\text{D}}+3f_{\text{T}} \\ f_{\text{odd}}=3f_{\text{D}}+f_{\text{T}} \end{cases} \tag{11.30}$$

联立求得 f_{D} 和 f_{T}.

11.2.5 分离微应力–层错二重宽化效应的最小二乘方法

对于 CPH, $h-k=3n\pm1$, 采用 Lorentzian 近似, 则有

$$\beta=\beta_{\text{F}}+\beta_{\text{S}} \tag{11.31}$$

将式 (11.7) 和式 (11.9) 代入式 (11.31), 并乘以 $\dfrac{\cos\theta}{\lambda}$ 得

$$\begin{cases} l=\text{偶数} \quad \dfrac{\beta\cos\theta}{\lambda}=\dfrac{2l}{\pi}\left(\dfrac{d}{c}\right)^2\dfrac{\sin\theta}{\lambda}(3f_{\text{D}}+3f_{\text{T}})+\varepsilon\dfrac{4\sin\theta}{\lambda} \\ l=\text{奇数} \quad \dfrac{\beta\cos\theta}{\lambda}=\dfrac{2l}{\pi}\left(\dfrac{d}{c}\right)^2\dfrac{\sin\theta}{\lambda}(3f_{\text{D}}+f_{\text{T}})+\varepsilon\dfrac{4\sin\theta}{\lambda} \end{cases} \tag{11.32}$$

$$\text{令}\begin{cases} Y\dfrac{\beta\cos\theta}{\lambda} & f=3f_{\text{D}}+3f_{\text{T}} \quad (\text{当}l=\text{偶数}) \\ X=\dfrac{2l}{\pi}\left(\dfrac{d}{c}\right)^2\dfrac{\sin\theta}{\lambda} & f=3f_{\text{D}}+f_{\text{T}} \quad (\text{当 }l=\text{奇数}) \\ Z=\dfrac{4\sin\theta}{\lambda} & A=\varepsilon \end{cases} \tag{11.33}$$

则得

$$Y=fX+AZ \tag{11.34}$$

类似式 (11.21)~ 式 (11.24) 的推导得

$$
\begin{cases}
f = \dfrac{\Delta_f}{\Delta} = \dfrac{\begin{vmatrix} \sum YZ & \sum Z^2 \\ \sum XY & \sum XZ \end{vmatrix}}{\Delta} = \dfrac{\sum YZ \sum XZ - \sum Z^2 \sum XY}{\left(\sum XZ\right)^2 - \sum X^2 \sum Z^2} \\
A = \dfrac{\Delta_A}{\Delta} = \dfrac{\begin{vmatrix} \sum XZ & \sum YZ \\ \sum X^2 & \sum XY \end{vmatrix}}{\Delta} = \dfrac{\sum XZ \sum XY - \sum X^2 \sum YZ}{\left(\sum XZ\right)^2 - \sum X^2 \sum Z^2}
\end{cases}
\tag{11.35}
$$

11.2.6 微晶 – 微应力 – 层错三重宽化效应的最小二乘方法

对于密堆六方结构的样品, 当 $h-k=3n\pm1$ 时, 仍采用 Lorentzian 近似, 衍射线总的半高宽 β 为

$$
\beta = \beta_{\mathrm{F}} + \beta_{\mathrm{C}} + \beta_{\mathrm{S}} \tag{11.36}
$$

把式 (11.6)、式 (11.7) 和式 (11.9) 代入式 (11.36) 并乘以 $\dfrac{\cos\theta}{\lambda}$ 得

$$
h-k=3n\pm1 \begin{cases}
l=\text{偶数} \quad \dfrac{\beta\cos\theta}{\lambda} = \dfrac{2l}{\pi}\left(\dfrac{d}{c}\right)^2 \dfrac{\sin\theta}{\lambda}(3f_{\mathrm{D}}+3f_{\mathrm{T}}) + \dfrac{0.89}{D} + \varepsilon\dfrac{4\sin\theta}{\lambda} \\
l=\text{奇数} \quad \dfrac{\beta\cos\theta}{\lambda} = \dfrac{2l}{\pi}\left(\dfrac{d}{c}\right)^2 \dfrac{\sin\theta}{\lambda}(3f_{\mathrm{D}}+f_{\mathrm{T}}) + \dfrac{0.89}{D} + \varepsilon\dfrac{4\sin\theta}{\lambda}
\end{cases}
\tag{11.37}
$$

令

$$
\begin{cases}
Y = \dfrac{\beta\cos\theta}{\lambda} & f = 3f_{\mathrm{D}} + 3f_{\mathrm{T}} \quad (\text{当}l=\text{偶数}) \\
 & f = 3f_{\mathrm{D}} + f_{\mathrm{T}} \quad (\text{当}l=\text{奇数}) \\
X = \dfrac{2l}{\pi}\left(\dfrac{d}{c}\right)^2 \dfrac{\sin\theta}{\lambda} & A = \dfrac{0.89}{D} \\
Z = \dfrac{4\sin\theta}{\lambda} & B = \varepsilon
\end{cases}
\tag{11.38}
$$

式 (11.37) 重写为

$$
Y = fX + A + BZ \tag{11.39}
$$

最小二乘方的正则方程为

$$
\begin{cases}
\sum XY = f\sum X^2 + A\sum X + B\sum XZ \\
\sum Y = f\sum X + An + B\sum Z \\
\sum YZ = f\sum XZ + A\sum Z + B\sum Z^2
\end{cases}
\tag{11.40}
$$

写成矩阵形式

$$\begin{pmatrix} \sum X^2 & \sum X & \sum XZ \\ \sum X & n & \sum Z \\ \sum XZ & \sum Z & \sum Z^2 \end{pmatrix} \begin{pmatrix} f \\ A \\ B \end{pmatrix} = \begin{pmatrix} \sum XY \\ \sum Y \\ \sum YZ \end{pmatrix} \tag{11.41}$$

当该三元一次方程组的判别式

$$\Delta = \begin{vmatrix} \sum X^2 & \sum X & \sum XZ \\ \sum X & n & \sum Z \\ \sum XZ & \sum Z & \sum Z^2 \end{vmatrix} \neq 0 \tag{11.42}$$

才有唯一解

$$\begin{cases} f = \dfrac{\Delta_f}{\Delta} = \dfrac{\begin{vmatrix} \sum XY & \sum X & \sum XZ \\ \sum Y & n & \sum Z \\ \sum YZ & \sum Z & \sum Z^2 \end{vmatrix}}{\Delta} \\ A = \dfrac{\Delta_A}{\Delta} = \dfrac{\begin{vmatrix} \sum X^2 & \sum XY & \sum XZ \\ \sum X & \sum Y & \sum Z \\ \sum XZ & \sum YZ & \sum Z^2 \end{vmatrix}}{\Delta} \\ B = \dfrac{\Delta_B}{\Delta} = \dfrac{\begin{vmatrix} \sum X^2 & \sum X & \sum XY \\ \sum X & n & \sum Y \\ \sum XZ & \sum Z & \sum YZ \end{vmatrix}}{\Delta} \end{cases} \tag{11.43}$$

从上述公式推导可知, 只有当 $h-k=3n\pm1$, $l=$ 偶数和 $l=$ 奇数的衍射线条数目 m_{even} 和 m_{odd} 均满足 $\geqslant 2$ (两重效应) 和 $\geqslant 3$ (三重效应) 时才能求解.

以上关于分离微晶–层错、微应力–层错的两重宽化效应和微晶–微应力–层错的三重宽化效应的方法, 虽然仅对密堆六方结构推导, 但推导方法和结果也适用于面心立方或体心立方结构, 不过应注意所存在的重要差别, 特别是层错项及其系数的重要差别.

11.2.7 计算程序系列的结构

1. 密堆六方、面心立方和体心立方层错宽化效应比较

为了比较, 现把三种结构的三重宽化效应有关公式集中重写如下:

对于 $CPH, h-k=3n\pm 1$

$$\begin{cases} l=\text{偶数} \quad \dfrac{\beta\cos\theta}{\lambda}=\dfrac{2l}{\pi}\left(\dfrac{d}{c}\right)^2\dfrac{\sin\theta}{\lambda}(3f_{\mathrm{D}}+3f_{\mathrm{T}})+\dfrac{0.89}{D}+\varepsilon\dfrac{4\sin\theta}{\lambda} \\ l=\text{奇数} \quad \dfrac{\beta\cos\theta}{\lambda}=\dfrac{2l}{\pi}\left(\dfrac{d}{c}\right)^2\dfrac{\sin\theta}{\lambda}(3f_{\mathrm{D}}+f_{\mathrm{T}})+\dfrac{0.89}{D}+\varepsilon\dfrac{4\sin\theta}{\lambda} \end{cases}$$

对于 FCC

$$\frac{\beta\cos\theta}{\lambda}=\frac{1}{2\pi a}\sum\frac{|L_0|}{h_0(u+b)}\frac{\sin\theta}{\lambda}(1.5f_{\mathrm{D}}+f_{\mathrm{T}})+\frac{0.89}{D}+\varepsilon\frac{4\sin\theta}{\lambda}$$

对于 BCC

$$\frac{\beta\cos\theta}{\lambda}=\frac{1}{2\pi a}\frac{\sum|L|}{h_0(u+b)}\frac{\sin\theta}{\lambda}(1.5f_{\mathrm{D}}+f_{\mathrm{T}})+\frac{0.89}{D}+\varepsilon\frac{4\sin\theta}{\lambda}$$

可见三种结构的层错引起宽化效应的表达式有相似之处, 其重要差别是: ① 层错概率的关系上, 对于 CPH, $h-k=3n$ 和 $hk0$ 与层错无关, 当 $h-k=3n\pm 1$, $l=$ 偶数时 $f=3f_{\mathrm{D}}+3f_{\mathrm{T}}$, 而 $l=$ 奇数时 $f=3f_{\mathrm{D}}+f_{\mathrm{T}}$; 对于 FCC 和 BCC 则都是 $f=1.5f_{\mathrm{D}}+f_{\mathrm{T}}$; ② 层错项的系数的差异, 对于 CPH, $l=$ 偶数和 $l=$ 奇数时, 形式相同, 但取值不同. 但对于 FCC 和 BCC 形式相同, 取值也不同, 分别来源于表 11.3 和表 11.4; ③ 另外对于 CPH 可以求得 f_{D} 和 f_{T}; 对 FCC, 在求得 f 后, 可据 (11.11) 式之一求出 f_{D}, 进而求得 f_{T}; 而对 BCC 只能求得 $(1.5f_{\mathrm{D}}+f_{\mathrm{T}})$.

2. 计算程序系列结构

计算程序系列结构见图 11.4.

11.2.8 纳米材料颗粒大小的小角中子散射分析

所谓小角 (低角) 散射 (SAS) 是研究倒易空间原点附近的相干散射现象. 由于它仅对样品与介质的电子浓度差 (置换无序) 灵敏, 因此它的强度分布只与散射体的粒子大小及其分布相关, 与散射体的应力状态和结构因素无关. 因此已成为测定大分子的长周期、超细 (纳米) 颗粒大小及微孔大小 (10 Å~0.1μm, 即 1~100 nm) 及其分布测定的有效工具. 对于纳米级的薄膜和多层膜, 除了电子密度差引起的低角散射背景外, 还由于折射效应和厚度涨落引起的附加衍射峰和峰间的强度涨落, 因此低角散射在薄膜测试中也有广泛应用. 其分析内容包括:

(1) 纳米晶大小、形状及其分布的测定;

(2) 纳米材料分形结构的下降散射分析;

具体方法参见第 10 章.

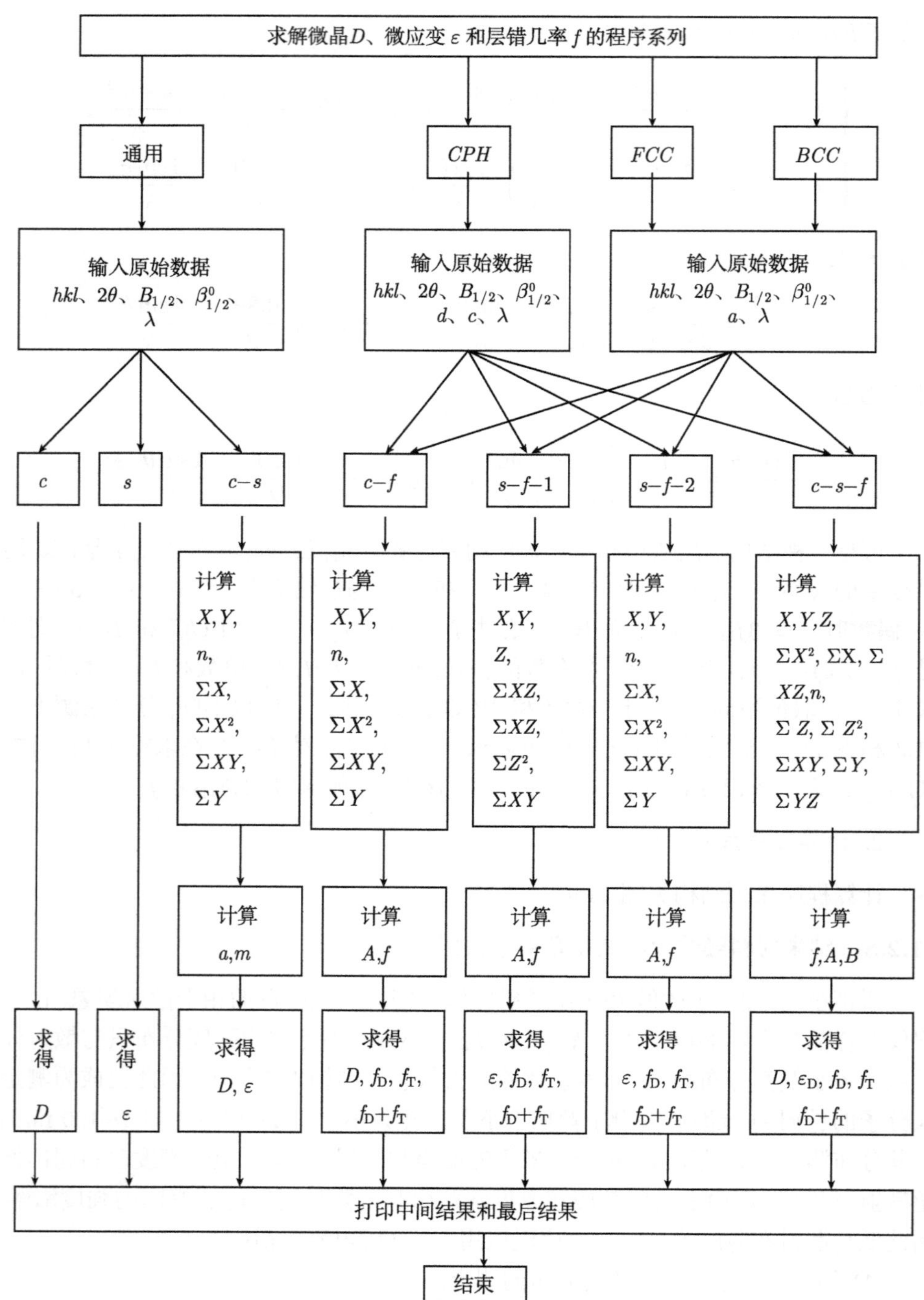

图 11.4　计算程序系列结构

11.3 介孔材料的射线分析

11.3.1 介孔材料的分类

介孔材料是一种特殊材料, 1992 年, 美国 Mobil 公司的 Kresge 首次在 *Natrure* 杂志上报道了一类硅铝酸盐为基的新颖的介孔氧化硅材料. 从此就开始了介孔材料研究、开发的热潮.

介孔材料的分类如下.

(1) 按照其化学组成, 介孔材料可分为三大类: 无机、有机–无机和有机介孔材料. 无机介孔材料又可分为硅基和非硅基两大类, 后者主要包括过渡金属氧化物、磷酸盐、碳和硫化物以及介孔金属材料等; 有机–无机杂化介孔材料主要指以有机桥联硅烷 $[(RO)_3Si]_mR'(m \geqslant 2)$ 或含有苯环的此类硅烷为前驱体, 在表面活性剂模板存在的条件下, 通过控制前驱体的水解缩合反应, 从而在表面活性剂自组装体外层形成骨架, 一旦去除表面活性剂模板, 即可得到周期介孔有机硅石 (periodic meso-porous organo-silicas, PMOs) 材料. 与以 M41 S 为代表的有序介孔氧化硅材料相比, PMOs 的无机氧化物骨架中含有桥联的有机基团, 有机分子与硅原子间互相以共价键相连. 另有一类有机–无机杂化骨架的非典型介孔材料常常是通过水热法合成得到的一些特殊结构; 纯有机组成的介孔材料主要包括介孔的有机高分子聚合物骨架.

(2) 按不同孔径的无机材料分为微孔、介孔和大孔三大类, 见图 11.5.

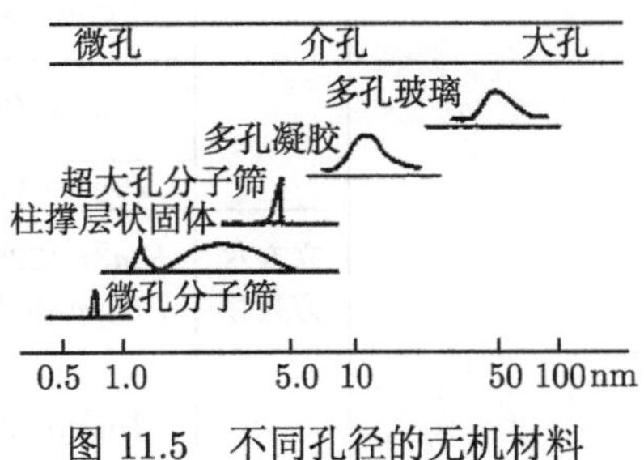

图 11.5 不同孔径的无机材料

介孔氧化硅材料的基本合成过程为: 将表面活化剂、酸或碱加入水中组成混合溶液, 然后向其中加入硅源或其他物质源, 反应所得产物经水热处理或室温陈化后, 进行洗涤、过滤等处理, 最后经煅烧或化学处理过程除去有机表面活性剂, 得到只有无机骨架结构的介孔材料. 归纳起来有六种合成介孔材料的方法, 即:

$$S^+ + I^- \quad S^+ + X^- + I^+ \quad S^+ - I^+ \quad S^- + M^+ + I^- \quad S^0 + I^0 \quad S - I$$

其中, S 代表表面活性剂; I 代表无机离子; X^-代表中间过渡阴离子, 如 Cl^-、Br^-等; M^+ 代表过渡阳离子. 不同基的介孔材料的制备方法有很大差别, 下面将会提到.

其介孔材料的孔间的孔壁材料可为非晶体, 也可是结晶体.

11.3.2 介孔材料的结构特征

介孔材料一般也按孔结构特征来分类, 而不按空间的材料类型来分类. 表 11.5

列出了某些介孔材料的归类.

表 11.5　不同孔结构的介孔材料归类

孔道结构特征	晶系	最高对称性的空间群 (No.)	典型材料	小角衍射特征 (XRD 衍射峰, 衍射条件)
有序程度低, 多为一维	六方		MSU-n, HMS KIT-1	较宽的 1~2 个衍射峰
一维层状 (无孔道)			MCM-50	$1/d_{002}=1/a$ $001, 002, 003, 004, \cdots$
二维 (直孔道)	六方	$P6mm$ (17)	MCM-41,SBA-3,15 FSM-16,TMa-1	$(1/d_{hk0})^2=4/3[(h^2+k^2+l^2)/a^2]$ $100, 110, 200, 210, \cdots$
	四方	$C2mm$ (9)	SBA-8,KSW-2	$(1/d_{hk})^2=(h^2/a^2)+(k^2/b^2)$ $11, 20, 22, 31, 40, h+k=2n$
三维 (笼形孔道、空穴)	六方	$P6_3/mmc$ (194)		$1/d^2=(4/3)[(h^2+hk+k^2)/a2]+l^2/c^2$ $hhl: l=2n$
	立方	$Pm\bar{3}n$ (223)	SBA-1, SBA-6	$(1/d^2)=(h^2+k^2+l^2)/a^2$ $110, 200, 210, 211, 220, 310, 222, 320, 321, 400 \cdots hhl: l=2n$, (第一个峰没被观察到)
		$Im\bar{3}m$ (229)	SBA-16	$110, 200, 211, 220, 310, 222, 321 \cdots, h+k+l=2n$
		$Fd\bar{3}m$ (227)	FDU-2	$111, 220, 311, 222, \cdots$, 全奇, 全偶之和 $=4n$
		$Fm\bar{3}m$ (225)	FDU-12	$111, 200, 220, 311, 222, 400 \cdots$, 全奇, 全偶
		$Pm\bar{3}m$ (221)	SBA-11	无消光限制
	立方六方共存	$Fm\bar{3}m$(225) $P6_3/mmc$(194)	SBA-2,7,12 FDU-1	$1/d^2=(4/3)[(h^2+hk+k^2)/a^2]+l^2/c^2$ $hhl: l=2n$
三维交叉孔道	立方	$Im\bar{3}m$ (229)	SBA-16	$110, 200, 211, 220, 310, 222, 321, 400 \cdots$ $h+k+l=2n$
		$Ia\bar{3}d$ (230)	MCM-48 FDU-5	$211, 220, 321, 400, 420, 332, 422, 431, 440, 532 \cdots$, $h+k+l=2n$, $hhl: 2h+l=4n$
		$Pn\bar{3}m$ (224)	HOM-7	$110, 111, 200, 211, 220, 221, 310, 311, 222 \cdots$, $0kl: k+l=2n$
	四方	$I4_1/a$ (88)	CMK-1 HUM-1	110, 211, 220···
二维交叉孔道	三方	$R\bar{3}m$ (166)	无	$101, 102, 003, 110, 201, 202, 104, 113, 211$, (按六方晶系指标化)

从分析蜂巢和泡沫到笼形结构的介孔材料得知, 笼形结构的几何特点及有关性能示于表 11.6 中, 可以看出, 六方密堆 (HCP) 和立方密堆 (FCC) 非常接近, 因此很难合成它们的纯相, 而合成的材料多为两种结构共存.

表 11.6 笼形结构的几何特征(基于球形密堆模型, D_{me} 为笼的直径, a 为胞参数)

性质	结构			
	简单六方	体心六方	面心六方	密堆六方
空间群	$Pm\bar{3}m$	$Im\bar{3}m$	$Fm\bar{3}m$	$P6_3/mmc$
单位晶胞内空穴的数量	8	2	4	2
最小孔壁厚度	$(a/4)(5)^{1/2}$-D_{me}	$(a/2)(3)^{1/2}$-D_{me}	$(a/2)(2)^{1/2}$-D_{me}	a-D_{me}
最大介孔空穴率	$(5\pi/48)(5)^{1/2}$ = 0.7318	$(\pi/8)(3)^{1/2}$ = 0.6802	$(\pi/6)(2)^{1/2}$ =0.7405	$(\pi/6)(2)^{1/2}$ =0.7405
最大孔体积/(cm^3/g)	1.240	0.967	1.297	1.297

11.3.3 介孔材料的应用

1. 介孔材料在催化领域中的应用

除介孔二氧化硅分子筛外, 其他介孔金属氧化物本身就是很好的催化材料. 例如, 具有有序孔道的介孔 TiO_2 已经在光催化降解有机物和光氧化还原制备有机化学品等方面显示出优异的催化性能. 介孔 CuO 以及介孔 CeO_2 材料在汽车尾气 CO 等的直接处理中有一定的催化作用.

1) 骨架内修饰介孔材料的催化应用

掺杂不同的金属离子或非金属元素进入介孔氧化物的材料, 在介孔材料骨架中创造了具有酸碱或氧化还原催化性能的活性中心. 全硅的介孔分子筛只具有很弱的酸性, 但当其骨架中引入一定数量的 Al, Ga, B, Sn, Cu, Co, Ce, La, Cr, Mg, Fe 等其他非硅原子之后, 它便可获得具有一定数量的催化活性中心, 从而具备了酸催化的功能.

2) 骨架外修饰介孔材料的催化应用

介孔材料是一种优良的催化剂载体. 直接负载具有功能性催化作用的组分常常能够得到具有新颖功能的催化剂. 直接负载杂化多酸催化剂, 可以得到具有一种较强酸催化功能的催化材料.

2. 纳米工程

介孔材料具有有序的孔道, 由于其孔壁的限制作用, 介孔材料可以作为纳米反应器来应用. 利用介孔 SiO_2 作为纳米反应器, 各种排列规则的金属或金属氧化物纳米线, 各类半导体纳米线, 如 CdS 等已经被合成出来. 而且介孔 SiO_2 材料也为合成碳纳米管提供了有效的空间. 可以期望, 在未来纳米器械的组装等领域, 利用介孔材料有望为金属或金属氧化物纳米线提供新的组装思路.

3. 介孔材料在生物医药领域的应用

介孔分子筛材料狭窄的孔径分布使其在蛋白质分离上有巨大的潜在应用价值. Stucky 等利用经过氨基化的不同孔径的介孔分子筛 SBA-15 及 MCF, 通过调节溶液的离子强度, 实现了对不同大小蛋白质的分离.

4. 光、电、磁功能材料

Ozin 等通过低温 CVD 技术在自支撑介孔 SiO_2 薄膜上制得尺寸为 1nm 左右的硅纳米簇, 这种复合薄膜具有光致发光的性能, 并且其发光寿命为纳秒级, 远低于一般的多孔硅微秒级的发光寿命. Yang 等结合溶胶–凝胶技术和软印刷技术, 制备出低折射率的介孔材料, 这类材料有望在光学回路的构筑中得到应用. Wirnsberger 等在一般光学纤维上分别涂上一层介孔薄膜和一层涂有燃料分子但未除去表面活性剂的介孔薄膜.

5. 能源领域的应用

固体燃料电池是能源领域一个重要的研究方向. Antonelli 小组系统地考察了氧化铌介孔材料的电磁学性质, 他们将甲苯、萘、二茂钴、二茂镍、K_3C_{60} 等化合物嵌入氧化铌的介孔孔道中, 得到了一批具有特殊性质的材料, 如超磁性材料和优良阳极材料. Ozin 等报道利用二元介孔氧化钇–氧化锆复合材料用作 SOFC, 这是利用过渡金属氧化物介孔材料在燃料电池上应用的很好的例子. 染料敏化的介孔 TiO_2 太阳能电池, 利用其介孔结构的高比表面积, 可以大大增加光敏染料分子对太阳光的化学吸附量, 制成的太阳能电池可获得 10%~11%的光电转换效率.

11.3.4　介孔材料射线表征方法的特点

尺度在介孔观范围 (2~50nm) 的孔呈现一定对称关系有序排列, 故在倒易原点附近的电子密度也呈对称有序关系, 因此是小角衍射研究分析的对象. 这种介孔材料的 X 射线小角散射花样呈现一单调降低曲线上出现若干衍射峰. 因此, 低角 X 射线衍射 (LAXD) 是表征介孔材料孔结构的主要方法, 如果使用 CuK 辐射 (λ=1.5418Å), 其 2θ 角范围大都在 0.5° ~10°. 因此分辨率是最为重要的. 其次, 峰位的准确 2θ 值更是十分重要的, 在低角度时, 它严重影响测定各个峰的 d 值. 在一单调降低曲线上呈现直线段, 它与介孔材料的分形结构相关. 中子射线的低角衍射 (LAND) 也应有相似的效应.

介孔材料孔间墙 (孔壁) 材料的结晶状态则需用广角衍射 (散射) 来表征. 前面几章介绍的方法, 如相分析、微结构、非晶局域结构、光谱术等, 也在介孔材料射线分析中应用. 不过本章主要还是介绍小角衍射的表征和分析, 有时也用广角衍射表征孔壁材料的结构特征.

11.3.5 孔结构参数的计算

对于六方介孔结构的理想 MCM-41, 可由下式求出孔壁厚度 W_d

$$W_\mathrm{d} = cd_{100}[(\rho V_P)/(1+\rho V_\mathrm{P})]^{1/2} \tag{11.44}$$

c 为几何结构因子 (圆孔时为 1.213, 六角形孔为 1.155); d_{100} 为 (100) 面的面间距; ρ 为孔壁的密度; V_P 为单位质量样品的介孔体积. 其实 $(\rho V_\mathrm{P})/(1+\rho V_\mathrm{P})$ 即为空隙率 (样品中介孔体积与样品总体积之比值).

根据式 (11.44) 可得出结论, 孔壁厚度 W_d 的精确度在很大程度上依赖于 d_{100} 值测量的准确度 (因为它们之间呈线性关系), 而较少依赖于 ρ 或 V_P 值的测量精度. 这可以通过 ρ 和 V_P 为横坐标对 W_d 作图看出, 除非 V_P 值很小 (实际 V_P 值一般较大).

对于非理想情况, 即假设样品中存在无序相的情况, 且无序相的孔径远大于有序介孔的孔径. 设此时有序部分占整体样品的质量百分数为 x, 则有

$$W_\mathrm{d} = cd_{100}[(\rho V_\mathrm{P})/(x+\rho V_\mathrm{P})]^{1/2} \tag{11.45}$$

如果孔壁存在微孔, 单位质量的总体积为 $(1/\rho)+V_\mathrm{P}+V_\mathrm{mi}$, 则有下式:

$$W_\mathrm{d} = cd_{100}[(\rho V_\mathrm{P})/(1+\rho V_\mathrm{P}+V_\mathrm{mi})]^{1/2} \tag{11.46}$$

式中, V_mi 为孔壁中的微孔体积.

对于具有立方结构的笼形孔穴的介孔材料, 其空穴壁厚可由下式计算

$$W_\mathrm{d} = \left[\left(\frac{6}{\pi v}\times\rho V_\mathrm{P}\right)/(1+\rho V_\mathrm{P}+V_\mathrm{mi})\right]^{1/3} \tag{11.47}$$

式中, a 为点阵参数; v 为单位晶胞中空穴的数量.

在实际应用中, 由于模型的理想化及有关参数很难测准, 计算一般只作参考.

11.3.6 介孔材料分析实例

1. 金属氧化物介孔材料的结构特征

配位体辅助模板合成非硅组成有序金属氧化物介孔材料举例如下:

名称	无机前聚体	表面活化剂	介孔相结构	合成路径
ZrO_2	$Zr(OPr)_4$	$C_{16}H_{33}PO_3H_2$	六方	共价连接 (SI)
ZrO_2	$Zr(SO_4)_2 \cdot 4H_2O$	$(C_{20}TMA)Br$	六方	SI
ZrO_2	$ZrCl_2 \cdot 8H_2O$	CAPB	六方	SI
Nb_2O_5	$Nb(OEt)_5$	$(C_{18}TMA)Br$	片状, 立方, 六方	SI
Nb_2O_5	$Nb(OEt)_5$	$C_{14}H_{31}N$	六方	SI
Ta_2O_5	$Ta(OEt)_5$	$C_{18}H_{39}N$	六方	SI
TiO_2	$Ti(OiPr)_4$	$C_{14}H_{29}OPO_3H_2$	六方	SI
V_2O_5	未知	$C_{18-3}Si_3$	类螺纹状	
V_2O_5	$VOSO_4 \cdot 3H_2O$	P123	类螺纹状	
V_2O_5	NH_4VO_3	CTA-chloride	薄片状或六方	
Cr_2O_3	$Cr(NO_3)_3$	F-127	立方	
Mn_xO_y	$MnCl_2$	CTAB	六方	
NiO	$NiCl_3$		六方	
ZnO	$Zn(NO_3)_2$	SDS 等	薄片状	

2. 介孔 Co_3O_4 和 Cr_2O_3 的制备及X射线表征

Wang 等利用高度有序的乙烯基修饰的 SiO_2 作模板, 来改善无机前驱物与介孔孔壁之间的作用力, 以 $Co(NO_3)_2$ 为无机前驱物, 在有机溶剂乙醇中通过多次浸渍步骤合成了有序的具有立方对称性的磁性氧化物介孔材料 Co_3O_4. 孔爱国采用一次真空纳米浇铸新方法, 其合成策略, 首先通过高真空处理介孔 SiO_2 模板, 使其孔道表面的 N_2、O_2 等小分子完全去除, 并在介孔孔道内形成高负压; 然后将其沉浸在浓的前驱物水溶液中, 从而在主体介孔孔道内外形成了强大的压力. 这种建造的压力大大增加了前驱物定向进入介孔孔道的作用力, 从而一次灌注就能够实现前驱物的有效填充. 另外, 通过将多余前驱物溶液过滤, 有效避免了非介孔金属氧化物相的生成. 通过这种一次真空纳米浇铸的方法, 一系列具有晶化孔壁的介孔金属氧化物被成功地合成, 而且这种方法也被有效地用于有序介孔稀土金属氧化物的合成制备中. 用这种方法制备的 Co_3O_4 样品在小角度粉末衍射 (见图 11.6) 中表现出一个强的衍射峰和多个较弱衍射峰, 这表明所制备的介孔结构表现出良好的孔道有序性.

将一次真空纳米浇铸法应用到合成介孔 Cr_2O_3 材料. 从其图 11.7 样品的 Cr_2O_3 的大角度和小角度粉末衍射图可以看出, 得到的 Cr_2O_3 材料也是 KIT-6 介孔 SiO_2 的完美复制. 其相应的小角度衍射峰, 分别归为立方 $Ia\bar{3}d$ 结构的 211, 220, 321, 400, 422, 332 方向衍射峰. 其相应大角度粉末衍射, 表明得到的样品是高度晶化的 Cr_2O_3 样品.

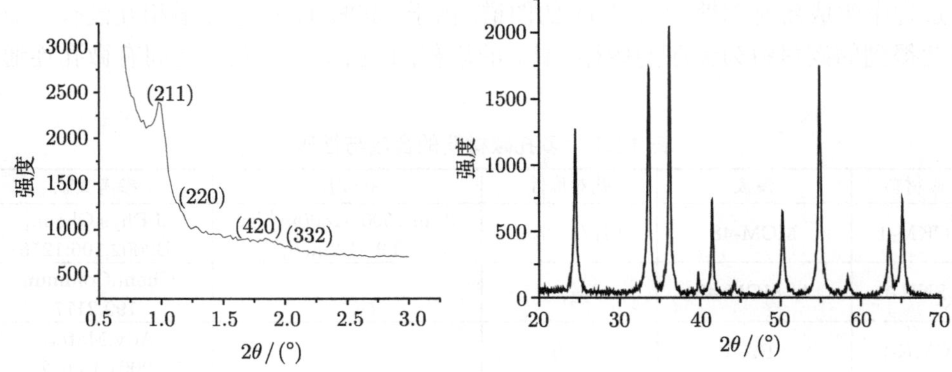

图 11.6 介孔 Co_3O_4 的小角和大角度粉末衍射图

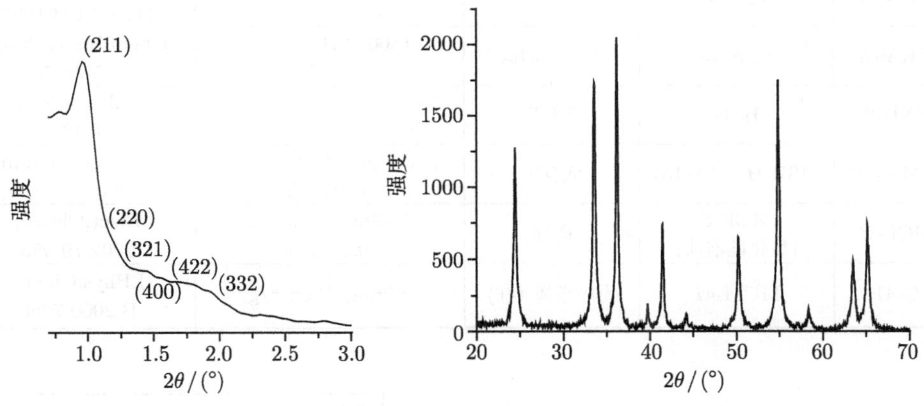

图 11.7 介孔 Cr_2O_3 的大角度和小角度粉末衍射图

3. 介孔碳材料

利用介孔氧化硅为模板合成多孔碳材料, 不仅是介孔氧化硅的一个应用, 也为制造介孔碳材料提供了有效的方法. 表 11.7 中列出了几种多孔碳材料的合成和性质.

由于介孔氧化硅 MCM-48 由两套不相联的孔道组成, 这些孔道将变成碳了的固体的孔壁, 而 MCM-48 中氧化硅部分变成碳材料的孔道. 因此介孔碳 CMK-1 并不是 MCM-48 的真正复制品, 在脱除 MCM-48 的氧化硅过程中, 其结晶对称性下降, 这与所用的碳前聚体有关. 其中一个具有 $I4_1/\mathrm{a}$ 对称性, 通过控制介孔氧化硅 MCM-48 模板的壁厚来控制介孔碳材料 CMK-3 的孔径 (2.2~3.3nm). 当使用修饰过的 MCM-48(有序程度低), 则可以得到具有相同对称性 ($Ia\bar{3}d$) 的介孔碳 CMK-4. 图 11.8 给出了完全反转保持对称性 (CMK-3) 的 XRD 图谱, 图 11.9 给出了在制备过程中生成新对称性 (CMK-1) 的图谱. 由于 MCK-41 的直孔道相互没有连通, 因此得到的碳材料为无序的碳棒 (柱) 的堆积, 而由于介孔孔道之间有微孔连通,

表 11.7　多孔碳材料的合成与性质

碳材料	模板	孔对称性	孔性质	参考文献
CKM-1	MCM-48	$I4_1/a, 3nm$	3nm.1500~1800m^2/g, 0.9~1.2ml/g	J.Phys.Chem., B2002,106:1256
SNU-1	Al-MCM-48	$I4_1/a,$		Chem.Commun. 199,2177
CMK-2	SBA-1	立方		Adv.Mater., 2001,13:677
CKM-3	SBA-15	六方	4.5nm,1600m^2/g, 1.3ml/g	J.Am..Chem.soc., 2000,122:10713
CKM-4	NCN-48	立方 $Ia\bar{3}d$		J.Phys.Chem., B2002,106:1256
CKM-5	SBA-15	六方排列的碳管	1500~2200m^2/g, 1.5ml/g	Chem.Mater.2003, 15:2815
SNU-2	HMs	低有序		Adv.Mater., 2000,12:359
C-MSU-H	MSU-H(SBA-15)	低有序	3.9nm,1230m^2/g, 1.26ml/g	Chem.Commun 2001:2418
MCF-C	MCF-Si (氧化硅泡沫)	碳球	7~9nm,290m^2/g, 0.39ml/g	Elect.Chem., 2002,79:953
C-41	MCM-41	无序碳棒 (柱)	<2nm,1170m^2/g	J.Phys.Chem., B,2000:7960

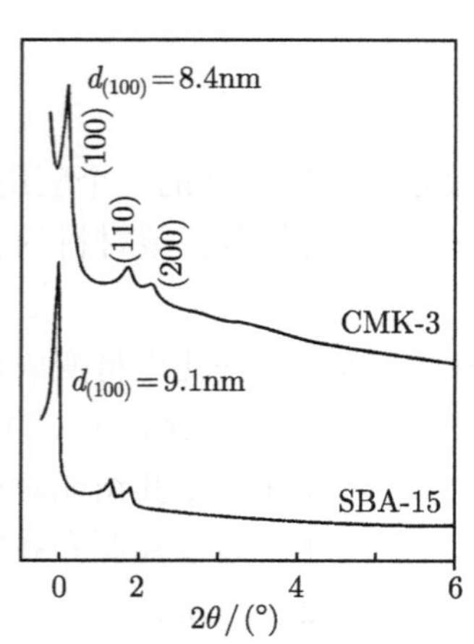

图 11.8　介孔碳 CMK-3 及模板 SBA-15 的 XRD 图谱

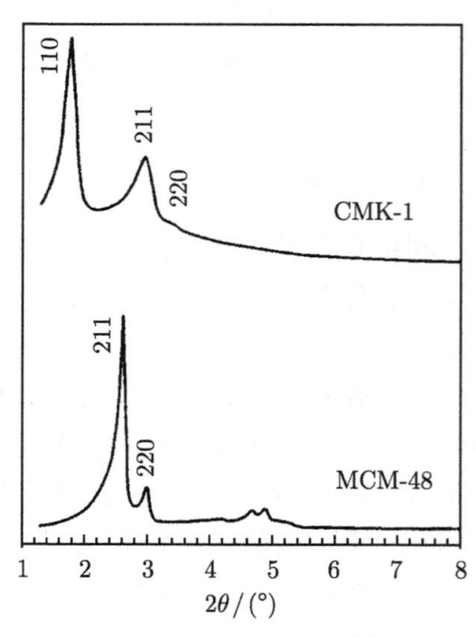

图 11.9　介孔碳 CMK-1 及模板 MCM-48 的 XRD 图谱

因此用 SBA-15 为模板得到的介孔碳材料 CMK-3 保持六方结构, 如果 SBA-15 的介孔只有表面被碳膜所覆盖, 脱除氧化硅部分后则得到六方排列的空心碳管 CMK-5. 图 11.10(c) 为 CMK-5 的 XRD 图谱、(a) 为 TEM 照片、(b) 为结构示意图, XRD 衍射峰相对强度的变化可能是由于碳管壁与管间的联结部分的衍射干扰所致. 图 11.11 为 SBA-15 模板和六方介孔结构碳的小角衍射花样, 介孔结构为 $P6mm$.

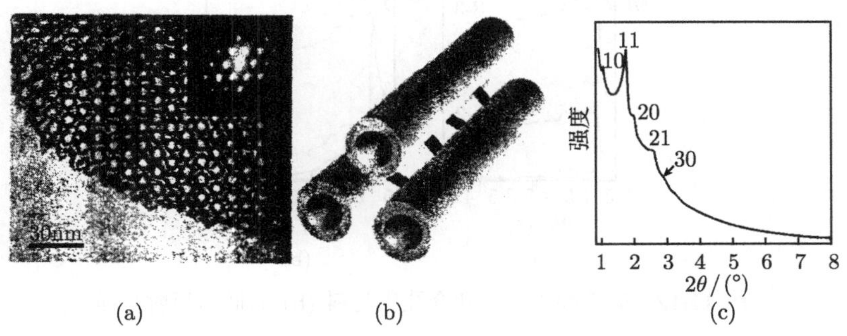

图 11.10 介孔碳材料 CMK-5 的 TEM 照片 (a)、结构示意图 (b) 和 XRD 图谱 (c)

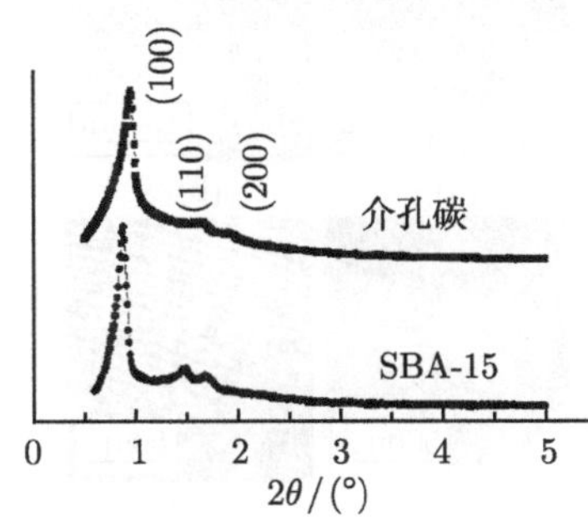

图 11.11 SBA-15 模板和六方介孔结构碳的小角衍射花样

图 11.12(a) 示出了具有六方反射特征的硅石模板的低角衍射花样, 所有样品都呈现 (100)、(110) 和 (200) 三个衍射峰; 图 11.12(b) 为用对应模板制备的介孔碳材料的低角衍射花样, 也呈现 (100)、(110) 和 (200) 三个衍射峰, 其主要数据示于表 11.8 中. 图 11.13 是它们的 TEM 照片, 可见介孔的有序排列.

11.3.7 介孔材料的分形结构 SAXS 研究

分形分为表面分行、质量分行和孔分行三种. 表面分行是指致密物体具有不规则自相似性的表面, 其表面积服从标度定律; 质量分行是指体系质量 M 或密度 ρ 分布的不规则性; 孔分行是指致密物体内存在具有自相似性结构的空隙.

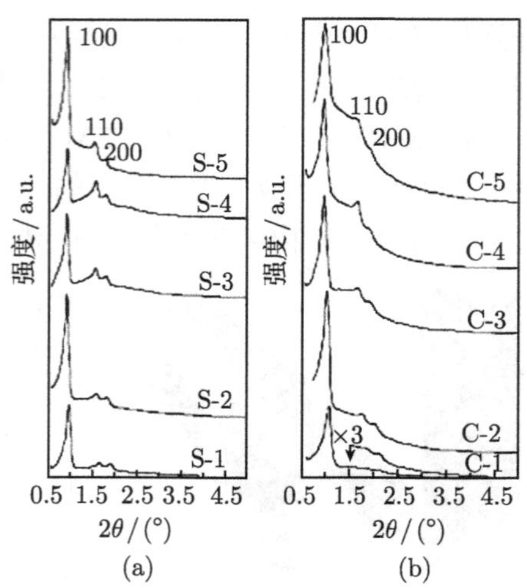

图 11.12　硅石模板 (a) 和介孔碳材料 (b) 的低角衍射花样

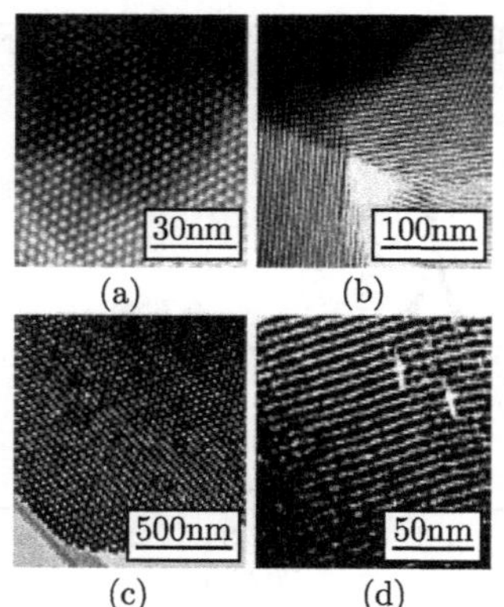

图 11.13　介孔结构 SBA-15 硅石的 TEM 照片, 沿沟道方向和垂直于沟道方向拍摄

(a)S-2(105°C); (b)S-3(120°C); (c,d) S-5(150°C); (d) 中箭头指示 SBA-15(150°C) 中近邻介孔沟道间存在介孔通道

表 11.8　六方对称介孔碳材料主要数据

温度 /°C	硅石模板	单胞参数 /nm	SiO_2 墙厚 /nm	比表面积 /(m^2/g)	比体积 /(cm^3/g)	微空比体积 /(cm^3/g)	介孔碳	单胞参数 /nm	比表面积 /(m^2/g)	比体积 /(cm^3/g)	微空比体积 /(cm^3/g)
90	S-1	10.3	3.4	840	0.93	0.06	D-1	11.5	1550	1.10	0.25
105	S-2	10.7	2.9	940	1.19	0.05	C-2	12.8	1790	1.43	0.32
120	S-3	10.7	2.1	820	1.24	0.06	C-3	10.3	1560	1.30	0.34
135	S-4	10.7	1.5	670	1.25	0.02	C-4	10.5	1540	1.47	0.32
150	S-5	10.9	<1.0	510	1.25	0.00	C-5	10.5	1450	1.46	0.34

在使用三狭缝系统准直时, SAXS 强度分布为

$$I(q) = I_0 q^{-(\alpha-1)} \quad 或 \quad \ln I(q) = \ln I_0 - (\alpha - 1)\ln q \tag{11.48}$$

其中, $q = 2\pi\sin\theta/\lambda$; α 为与分行维度有关的参数, 介于 0~4. 当 3< α <4 时, 表明表面分行存在, 维度 $D_s = 6 - \alpha$, (但 $\neq$3) 即 2~3; 2 为平面, 3 近似实体, D_s 越大则表面越不光滑, 不平整; 当 0< α <3, 则表明质量分行或孔分行的存在, $D_m = \alpha$, $D_p = \alpha$, 介于 1~3, 1 为线, 3 为实体, D_m、D_p 越大, 则质量或孔的分布不规律. 如果 $\ln I(q) \sim \ln q$ 曲线中有线性 (直线) 范围存在, 则表明分行存在. 从斜率可判断分行是否为表面分行、质量分行或孔分行, 求出 D_s、D_m、D_p, 但难以区分质量分行和孔分行, 这是因为根据 Babinet 光学交互作用的原理, 某物体的散射图形和互补物体的散射图形相同, 因此很难区分空间中粒子散射和连续介质中孔的散射, 而孔分行与质量分行相比较, 两者的本体和孔道正好互补, 只能结合其他依据才能判断出是质量分行, 还是孔分行.

李志宏、巩雁军、吴东按表 11.9 所列条件合成介孔氧化硅, 利用北京同步辐射装置 (BSRF)4B9A 光束线进行 SAXS 测量, 其一 SAXS 花样示于图 11.14, 其维度已标于图上, 7 个样品的分析结果列入表 11.10 中. 可见, G1 和 G7 对 Porod 定律无偏离, 证明它们属于理想的两相体系, 即它们由电子密度均匀的氧化硅骨架和孔隙组成的介孔材料, 有机官能化后 (G2~G6), 有机基团连在硅基骨架上, 增加了孔道的活性, 使表面粗糙, 所以表面分行维度高. 将有机基团高温焙烧分解去除后 (G5 和 G7) 的孔道光滑, 表面维度降低. 从表面分行维度 D_s 也可以初步判定介孔氧化硅中有机界面层的存在与否, 如 D_s 接近 2, 则表明有机基团已基本不存在. 就 G1~G7 中不同尺度空隙具有统计意义上的自相似性, 孔尺度越小, 空隙率越大, 孔越发达, 孔分行越高. 各样品的空隙率大约 57%~65%, 且氧化硅的体相是连续的, 因此低角度区的 $\ln I(k) \sim \ln k$ 的线性部份应归属于孔分行, 而不是质量分行.

表 11.9 介孔氧化硅合成条件

样品	前驱体			有机组分	焙烧温度/(°)
	TEOS/%	MTES/%	PTES/%		
G1	100	0	0		
G2	95	5	0	甲基	
G3	90	10	0	甲基	
G4	80	10	10	甲基	
G5	80	20	0	苯基	
G6	80		20	甲基 + 苯基	
G7	80	20	0	苯基	600

注: TEOS- 正硅酸乙脂, MTES- 正硅酸乙脂与有机硅氧烷, PTES- 苯基三乙氧硅烷

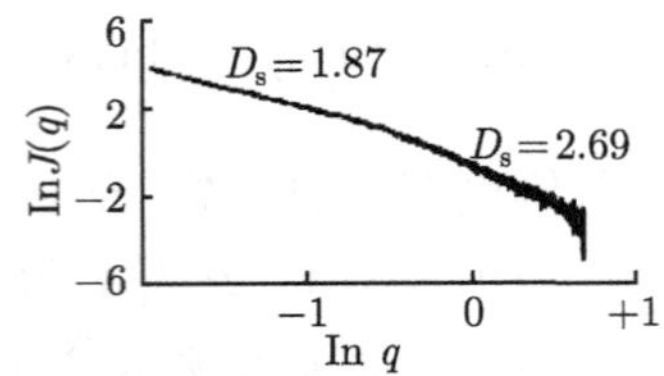

图 11.14　苯基官能化介孔氧化硅 (G5) 的 $\ln I(q) \sim \ln q$ 曲线, λ=1.54 Å

表 11.10　介孔氧化硅 (模板剂已去除) 的 SAXS 的分析结果

样品	Porod 偏离	平均孔径/nm	$\ln I(k) \sim \ln k$ 的斜率		分行维度	
			高角	低角	D_s	D_p
G1	无偏离	4.27	−2.96	−0.76	2.04	1.76
G2	负偏离	3.62	−2.22	−1.34	2.67	2.34
G3	负偏离	3.66	−2.28	−1.46	2.72	2.46
G4	负偏离	3.57	−2.20	−1.67	2.80	2.67
G5	负偏离	3.71	−2.31	−0.87	2.69	1.87
G6	负偏离	4.45	−2.35	−0.38	2.65	1.38
G7	无偏离	4.63	−3.00	−0.39	2.00	1.69

主要参考文献

1 杨传铮. 薄膜、多层膜和一维超点阵材料的 X 射线分析新进展. 物理学进展, 1999, 19(2): 183-216.

2 杨传铮. $In_{1-x}Al_xAs/GaAs$ 一维超点阵结构 X 射线和 Ramam 散射研究. 应用科学学报, 2000, 18(1): 27-31.

3 杨传铮, 张建. X 射线衍射研究纳米材料微结构的一些进展. 物理学进展, 2008, 28(3): 280-313.

4 Zhaohui Pu, Chuanzheng Yang, Lifang Chen, et al. X-ray diffraction characterization and study of the microstructure in hexagonal close-packed Nano Material, Powder Diffraction, 2008, 23(3): 213-223; 纳米科技, 2007, (6): 55-66.

5 程国峰, 杨传铮, 黄月鸿. 纳米材料的 X 射线分析. 北京：化学工业出版社, 2010.

6 Kresge C T, Leonowicz M E,Rofh WJ, et al. Nature, 1992, 359: 710-712.

7 严东生. 院士论坛, 1998, 20(6)：9-12.

8 徐如人, 庞文琴, 于吉红, 等. 分子筛与多孔材料化学. 北京：科学出版社, 2004.

9 孔爱国. 新颖功能介孔金属氧化物的制备及其性能研究. 上海：华东师范大学, 2008.

10 储彬. 新型有序介孔材料的合成与表征. 吉林：吉林大学, 2007.

11 孟岩. 有序的有机高分子介孔材料的合成和结构. 上海：复旦大学, 2006.

12 陈德宏. 介孔材料结构和孔道可控合成及其在电化学和生物分离中的应用. 上海：复旦大学, 2006.

13 姜廷顺. 高稳定性考虑分子筛的合成、表征与催化性能研究. 南京：南京理工大学, 2005.

14 赵岚. 介孔材料的合成及高分辨电子显微镜表征. 吉林：吉林大学, 2005.

15 周琴. 以嵌段共聚物 P123 为软模板制备纳米和介孔材料及电化学性质研究. 上海：复旦大学, 2005.

16 Fuertes A B. Micropoporous and Mesoporous Mater., 2004, 67: 273-281.

17 Freddy Kleitz, Shin Hei Choi and Ryong Ryoo, Chem. Commun., 3003, 2136-2137.

18 Shunai Che, Alfonso E Garcia-Bennett, Liu-Xiaoying, et al., Chem. Int. Ed, 2003, 42: 390-393.

19 Shibata H , Mihara H ,Mukai T, et al, Cem. Mater., 2006: 2256-2260.

20 李志宏, 孔雁军, 吴东, 核技术, 2004, 22(1): 14-16.

第 12 章　物质动态结构的非弹性散射研究

物质的微观结构包括两层意义：一是物质或材料的微观组织和微观成分及其分布; 二是分子和原子尺度上的微观结构. 用 X 射线衍射、中子衍射和电子衍射以及高分辨电镜多束干涉结构象直接观测等实验方法, 以测定分子和原子在物质和材料晶胞中的位置或非结晶物质中的短程有序排列, 这就是通常所说的晶体结构或非晶结构测定, 也就是测定物质的静态结构. 凝聚态物质的许多性质, 如力学性质、机械性质、磁学和光学性质等, 可基于原子固定在它们的平衡位置的静态结构来解释, 因此静态近似的结构研究是很成功的.

然而, 凝聚态物质的大量物理性质, 如声波传播、比热、热膨胀、热传导、熔化以及超导性, 等等, 不能用静态结构来解释. 因此, 必须考虑原子在其平衡位置附近的振动运动、分子键的振动、转动和振–转运动, 这就是物质的动力学 (动态) 结构研究. 测定物质静态 (静力学) 结构的实验方法, 是基于射线 (X、中子和电子射线) 与物质的弹性交互作用, 即弹性散射和衍射, 这是一般专业书籍和文献所介绍的结构研究内容.

物质的动态 (动力学) 结构研究是基于入射波与物质的非弹性散射. 本章综述非弹性散射相关的理论基础和实验方法之后, 描述用这些方法在晶体点阵动力学、非晶物质动态结构和高温超导体点阵动力学研究的若干结果, 章末给出小结和最后评述.

12.1　动态结构研究理论基础简介

12.1.1　核的振动和声子

点阵动力学就是研究晶体点阵中原子的振动性质的. 在这个领域中, Born-Oppenheimer 近似是分子和原子核运动的所有理论的基本假设. 基于这种假设, 原子核的 Hamilton 能写为

$$H(r) = T + V(r) + E_{\mathrm{e}}(r) \tag{12.1}$$

其中, r 表示原子核的位置; T 是动能; $V(r)$ 是交互作用能; $E_{\mathrm{e}}(r)$ 是具有固定 r 位置的核的平均电子能量, 后面两项是由快速运动的电子对核势能贡献的有效势能

$$\Phi(r) = V(r) + E_{\mathrm{e}}(r) \tag{12.2}$$

式 (12.2) 是分子和原子核运动理论的出发点. 基本问题是估计决定作用在核上诸种力的有效势能 $\Phi(r)$.

一旦用微观理论或维象模型来说明原子间的力, 核运动的动力学问题就简化为研究其在平衡位置附近的摆动问题. 由于这种振动很小, 引入谐波近似. 在这种情况下, 核的任何运动都是大量单色波的叠加, 一般振动模式的叠加. 一般振动模式是传播振动波, 波矢 $\boldsymbol{q}$ 和频率 ω 间的关系:

$$\omega = \omega_j(\boldsymbol{q}) \quad (j = 1, 2, \cdots, r) \tag{12.3}$$

此式称为色散关系, 下标 j 表示色散关系的不同支波, 以区别对应于相同传播矢量的各种频率的支波. 晶胞中核的运动图像由偏振矢量 $e_d^j(\boldsymbol{q})(d = 1, 2, \cdots, r)$ 决定, 如果偏振矢量分别平行和垂直于波矢 $\boldsymbol{q}$, 那么这种色散关系的支波称为纵波和横波. 因此, 在谐波近似中, 平移对称允许我们把晶体的振动模式写为

$$\frac{1}{\sqrt{NM_d}} A_j(\boldsymbol{q}) \mathrm{e}_d^j \exp[\mathrm{i}(\boldsymbol{q} \cdot \boldsymbol{l} - \omega_j(\boldsymbol{q})t)] \tag{12.4}$$

$A_j(\boldsymbol{q})$ 决定由这种振动模式所带的能量, 引入因子 $\dfrac{1}{(NM_d)^{1/2}}$ 是为了以后的方便, 其中 N 为晶体中晶胞数目, M_d 为第 d 个原子的质量. 此式是用于点阵动力学问题的基本方程.

考虑小 $\boldsymbol{q}$ 的行为, 允许人们把色散关系的各种支波分类. 固体中的低频振动是声波, 它具有线性关系

$$\omega = V_j \boldsymbol{q} \quad (j = 1, 2, 3) \tag{12.5}$$

这里的 V_j 称为声波的速度. 这样在色散关系中存在三支声学波, 他们的频率趋近于零, 剩下的支波趋向有限频率, 并称为光学波. 传播波矢的允许值由晶体表面的边界条件决定. 最方便的选择是用周期边界条件. 对于一平行周期试样, 他的棱边是 N_1a_1、N_2a_2、N_3a_3, $N_1N_2N_3 = N$ 是晶体中的晶胞数目. 这些条件要求原子位移具有 $N_ia_i(i = 1, 2, 3)$ 周期, 故有

$$q = \frac{h_1}{N_1}b_1 + \frac{h_2}{N_2}b_2 + \frac{h_3}{N_3}b_3 \tag{12.6}$$

原子的位移和频率 $\omega_j(\boldsymbol{q})$ 具有倒易点阵周期 τ 的周期函数, 即

$$\omega_j(\boldsymbol{q} + \tau) = \omega_j(\boldsymbol{q}) \tag{12.7}$$

$$e_d^j(\boldsymbol{q} + \tau) = e_d^j(\boldsymbol{q}) \tag{12.8}$$

为了便于应用波粒二象性描述, 引入准粒子术语, 称这种粒子为声子 (phonon). 声子通过具有确定方向的能量与运动方向在点阵中传播. 声子的能量 $E_j(\boldsymbol{q})$ 和动量 $\boldsymbol{p}$ 与对应的振动波频率和波矢的关系是

$$E_j(\boldsymbol{q}) = h\omega_j(\boldsymbol{q}) \tag{12.9}$$

$$\boldsymbol{p} = h\boldsymbol{q} \tag{12.10}$$

人们可以定义各种各样的声子, 如纵声子、声学声子等. 在谐波近似中, 单色波自由传播对应于完全无交互作用的声子自由运动. 然而, 非谐波的交互作用总是存在的, 声子间发生弹性和非弹性碰撞, 并达到一个声子气的热平衡. 声子的寿命是有限的, 并由非谐波和固体中其他元激发的交互作用决定. 因此, 同时激发许许多多的同样声子, 它们的数量无法给出, 但由平衡条件决定. 在热平衡时给定状态中声子平均数目 n_j 为

$$n_j = \frac{1}{\exp(E_j/k_b T) - 1} \tag{12.11}$$

在高温下, 即 $E_j/k_bT \ll 1$ 时, n_j 正比于温度 T, 而反比于能量 E_j.

为了计算固体的热动力学性质, 如点阵的比热, 人们要求获得固体振动频率分布或声子谱. 频率分布 $Z(\omega)$ 的简单定义使得 $Z(\omega)\Delta\omega$ 是频率间隙在 ω 和 $\omega+\Delta\omega$ 范围内振动频率的分数, 即

$$Z(\omega) = \frac{1}{3N}\sum_{j,q}\delta[\omega - \omega_j(\boldsymbol{q})] \tag{12.12}$$

频率分布是归一化的, 即 $\int_{-\infty}^{\infty} Z(\omega)\mathrm{d}\omega = 1$

12.1.2 声子散射谱的实验测定和数据分析

声子散射谱虽然可以依据模型进行计算或拟合, 也可以进行从头计算, 但主要还是实验测定. 关于固体动力学性质的资料能用多种实验方法测得, 如弹性常数、比热、介电性质的测量以及通道实验等, 然而最有力、最直接的方法是固体的非弹性散射或选择吸收, 也就是第 12.2 节将要介绍的方法.

一个声子的双微分散射截面为

$$\frac{\mathrm{d}^2\sigma}{\mathrm{d}\Omega\mathrm{d}E} = \frac{k_1}{k_0}\left[\frac{(2\pi)^2}{2Nv_0}\right]\sum_{\tau}\sum_{q} h|F_1(\boldsymbol{Q},\boldsymbol{q})|^2 \times \frac{\langle n_j+1\rangle}{\omega_j q}\delta(\boldsymbol{Q}-\boldsymbol{q}-\boldsymbol{\tau})[E-\hbar\omega_j(\boldsymbol{q}) \tag{12.13}$$

如只考虑单个声子的建立或湮灭, 上式右边可写为

$$\frac{k_1}{k_2}\frac{\left[n_j+\dfrac{1}{2}\pm\dfrac{1}{2}\right]}{\omega_j q}|F(\boldsymbol{Q})|^2\delta[E_1-E_0\pm\hbar\omega_j(q)]\delta(\boldsymbol{Q}-\boldsymbol{q}-\boldsymbol{\tau}) \tag{12.14}$$

式中, $\boldsymbol{Q}=\boldsymbol{k}_0-\boldsymbol{k}_1$, 称为散射矢量; $E_0=\hbar k_0/2m_N$; $E_1=\hbar k_1/2m_N$; $\left[n_j(\boldsymbol{Q})+\dfrac{1}{2}\pm\dfrac{1}{2}\right]$ 是由式 (12.13) 给出的声子密度的总体因子; $\pm$ 分别表示声子的建立与湮灭; 两个

δ 函数确定色散过程能量与动量的转移

$$\boldsymbol{Q} = \pm \boldsymbol{q} + \boldsymbol{\tau} \tag{12.15}$$

$$E_1 - E_0 = \pm h\omega_j(\boldsymbol{q}) \tag{12.16}$$

非弹性散射因子 $F_1(\boldsymbol{Q})$ 由下定义

$$F_1(\boldsymbol{Q}) = \sum_d \frac{\overline{bd}}{M_d^y} e_d^j(\boldsymbol{q})\boldsymbol{Q}\mathrm{e}^{\mathrm{i}\boldsymbol{Q}\cdot\boldsymbol{d}\mathrm{e}-W_d} \tag{12.17}$$

求和遍及单胞中所有原子. 由式 (12.13) 可知, 散射截面反比于声子频率, 正比于总体因子 $\left(n_j + \dfrac{1}{2} \pm \dfrac{1}{2}\right)$. 当 $(\hbar\omega/kT) \ll 1$ 时, 散射强度反比于声子频率的平方. 当接受的散射中子能量增加, 则表明声子湮灭, 总体因子为 n_j; 反之, 当接受的散射中子能量损失, 表明声子建立, 总体因子为 $n_j + 1$. 由于 $n_j(q)$ 随 $\hbar\omega/kT$ 的增加很快减少, 所以中子能量损失的实验是有利的. 不过中子能量增益的实验在检查用能量损失测量所观察结果很有用. 在这种情况下, 散射中子的强度正比于试样温度, 因此可在室温和较高温度下详细研究声子的色散曲线.

非弹性中子散射的强度 $I_d(\omega)$ 由下式定义

$$I_d(\omega) = \frac{\sigma_d}{m_d}\left\langle (Q\varepsilon_d)^2 \mathrm{e}^{-2W_d} \right\rangle \tag{12.18}$$

其中, σ_d, m_d, ε_d 分别对应于第 d 个原子的总散射截面、中子质量和位移矢量; W_d 为 Debye-Waller 因子; $\langle\ \rangle$ 表示对所有原子和能量为 ω(波矢) 及所有振动模式声子的平均. 第 j 个组成的声子状态密度 (DOS) $G_j(\omega)$ 由下式给出

$$G_j(\omega) = \sum_\beta \delta(\omega - \omega_{j,\beta}) \tag{12.19}$$

求和对所有模式的声子进行, 可见非弹性散射确实反应声子状态密度. 换而言之, 可从声子散射谱计算声子状态密度.

若用中子飞行时间 (TOF) 技术, $G(\omega)$ 为

$$G(\omega) = \sum_{d,j} \frac{b_d^2}{m_d} \cdot \frac{\mathrm{e}^{-2W_d}}{\omega_s} \delta(\omega - \omega_j) \approx \frac{k}{k'} \cdot \frac{I(\omega)}{n(\omega)} \tag{12.20}$$

这里 $I(\omega)$ 是散射强度; $n(\omega)$ 为多重性因子; k 和 $k\prime$ 分别为入射和散射波矢; b_d, m_d 为第 d 原子的散射长度和质量; 求和遍及所有原子和所有 s 模式.

对于非弹性 X 射线散射, 一个声子散射的散射函数能写为

$$S(\boldsymbol{Q}, \omega) = G(\boldsymbol{Q}, \boldsymbol{Q}, j) F(\omega, T, \boldsymbol{Q}, j) \tag{12.21}$$

动力学结构因子 $G(\boldsymbol{Q},\boldsymbol{Q},j)$ 由下式给出:

$$G(\boldsymbol{Q},\boldsymbol{Q},j)=|\sum_{d}f_d(q)\mathrm{e}^{-W_d}[\boldsymbol{Q}\cdot e_d(\boldsymbol{Q},j)]m_d^{1/2}\mathrm{e}^{\mathrm{i}\boldsymbol{Q}d}]+2 \tag{12.22}$$

这里 $f_d(q)$ 是处在 d 位置 d 原子的形状因子, $f_d(q\to 0)=Z, Z$ 为原子序数; $e_d(\boldsymbol{Q},j)$ 是原子 d 具有声子波矢 $\boldsymbol{Q}$、模式 j 标准化声子特征矢量; 其他符号同前. 对于无阻尼声子, $F(\omega,T,\boldsymbol{Q},j)$ 由下式给出:

$$F(\omega,T,\boldsymbol{Q},j)=\frac{\langle n\rangle+\frac{1}{2}\pm\frac{1}{2}}{\omega_{\boldsymbol{Q},j}}\pm\delta(\omega\mp\omega_{Q,j}) \tag{12.23}$$

式中, 上面的 + 号对应能量损失; 下面 − 号对应 X 射线能量增益; $\langle n\rangle$ 是 Boss 因子; ω、$\boldsymbol{Q}$、j 是具有波矢 $\boldsymbol{Q}$、模式 j 声子的频率.

用 Fermi 散射长度来简单替代原子形状因子, 就能从 X 射线散射定律获得中子散射定律.

对于确定的测量方式, 散射强度通过非弹性散射的结构因子与晶体动力学结构相联系. 如果散射矢量 $\boldsymbol{Q}$ 在镜面对称的点阵平面内, 就观测不到声子的散射, 因此在实验测量单晶样品的声子谱时, 要注意晶体取向问题. 如果使用三轴谱仪测定声子谱, 可根据需要选择恒 $\boldsymbol{Q}$ 值扫描或恒 E 值扫描, 一般应采用两种扫描方式相结合为好.

声子谱的数据观测包括: 声子频率的精确测定、强度分析和线行分析. 在最简单的情况下, 声子频率由恒 $\boldsymbol{Q}$ 扫描获得的强度分布的峰中心决定. 如果试样很少或者研究的支波强度弱, 就不那么简单了. 在更复杂的情况下, 可能存在频率彼此接近的几个支波, 并可能相互交叉, 在这种情况下, 人们对测量强度作定性分析就能识别各种支波. 如果要知道一个振动模式的特征矢量, 需作定量强度分析.

让我们考虑仅有横向光学支波 ω_{Tr} 和刚性分子旋转摆动支波 ω_{Lib}, 它们在对称方向可能属于相同表征, 而在区域边界不同, 可能相反, 在 q 处相交. 当交叉时, 两种模式变换它们的特征矢量, 即在这个区域存在具有不同频率的横波和摆动混合运动两种模式, 两种模式彼此排斥. 在谐波近似中, 可通过具有成对参数 $\varDelta(q)$ 的耦合矩阵

$$\begin{bmatrix}\omega_{\mathrm{Lib}}^2(q) & \varDelta(q)\\ \varDelta(q) & \omega_{\mathrm{Tr}}^2(q)\end{bmatrix} \tag{12.24}$$

对角化后能求出两个频率

$$\omega_{1,2}=\frac{\omega_{\mathrm{Lib}}^2(q)+\omega_{\mathrm{Tr}}^2(q)}{2}\pm[\omega_{\mathrm{Lib}}^2(q)-\omega_{\mathrm{Tr}}^2(q)+4\varDelta^2(q)]^{1/2} \tag{12.25}$$

如前所述, 对应于 ω_1 和 ω_2 的特征矢量是混合的.

欲要求研究声子响应函数的线形, 要求谱仪和散射几何有高的分辨率. 频率漂移和线宽化属于一般的非谐振效应. 一个例子是 AgBr 的声子谱示于图 12.1(a)、(b) 中. $\omega = 0$ 处为弹性散射峰. 在 $[\xi 00]$ 方向, 声子频率漂移而无明显宽化, 在 $[\xi\xi\xi]$ 方向, 频率漂移较小而明显宽化.

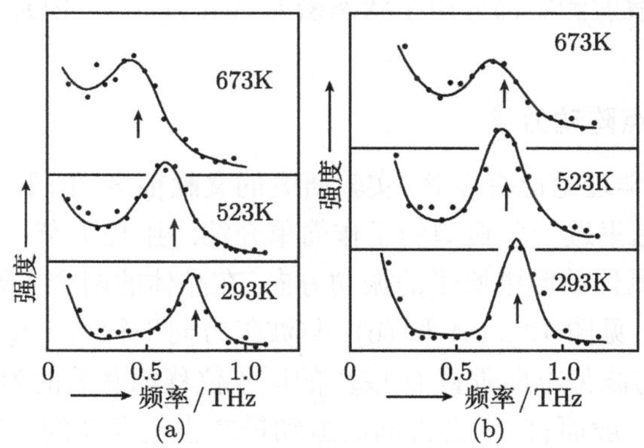

图 12.1 AgBr 恒 $\boldsymbol{Q}$ 扫描的声子谱, $\omega = 0$ 为弹性中子散射峰

(a) $[\xi 00]$ 方向, $\xi = 0.6$; (b) $[\xi\xi\xi]$ 方向, $\xi = 0.2$

12.2 结晶物质的点阵动力学研究

声子强度的定性考虑是为区别不同支波, 而强度定量分析则允许进一步测定特征矢量. 特征矢量的测定被称为动力学结构测定. 它的任务是对已知晶体结构的物质, 通过观测和分析从许多不同动量转移 $\boldsymbol{Q}$ 获得声子散射强度, 进而求解点阵原子的振动模型. 它比晶体结构测定消耗更多时间, 因为声子散射比 Bragg 衍射弱三个量级.

Born-von Karman 模型已广泛用来分析实验测定固体色散曲线. 在实验中, 把力常数考虑为被测定的可调节参数用以拟合实验曲线. 除少数情况以外, 具有少数几个可调节参数 Born-von Karman 模型还不能充分描述所测定的色散曲线, 因此发展大量的现象学模型以解释各种各样固体的动力学性质. 如简单金属的动力学理论在金属赝势理论的骨架内发展起来的, 可在《声子的从头计算》一书中找到 Grimval 的评述; 离子晶体的点阵动力学理论是解释卤化碱物质的纵向和横向光学支波分裂而发展, 在 Bilz 和 Kress 的著作中可以找到; 半导体介于绝缘体 (如卤化碱) 和金属之间, 它的动力学理论, Sham 在《固体的动力学性质》一书中作了全面介绍; 对于过渡金属及其化合物的点阵动力学研究是实验和理论上所偏爱的课题, 尤其是 A-15 型立方超导体化合物、Nb_3Sn 的 X 射线实验和非弹性散射中子都作了大量的研究, 这方面 Sinha 等作了评述. 总之, 非弹性散射动力学实验研究很多,比如 Ni、Al、Cu、Fe、Zn 等金属, Si、Ge、GaAs 等半导体, NaCl、LiF 等离子晶体, β- 黄铜、Ni-Al 合金、Cu-Al 合金、立方 Laves 相铁磁体, 等等.

近十年来, 非弹性散射 X 射线的点阵动力学实验研究也很多, 比如, 就结晶物质而言有: 金刚石、Si、Be、α-SiO_2、He、SiC、AlN、冰、高压下 CdTe 和高压下 Si 等. 用核非弹性散射测定部分声子状态密度有 α-Fe、$^{57}FeBO_3$、赤铁矿 Fe_2O_3 和 Fe_3Al 中 ^{57}Fe 等.

12.2.1 晶体内的点阵动力学

晶体点阵动力学理论已有专著, 实验研究的文献很多. 由于还无法就晶体结构类型作总结分析, 这里选一些典型例子作简单介绍. 由 12.1 节可知, 声子的特征矢量 $e(\boldsymbol{Q},\boldsymbol{j})$ 描述了晶体单胞中原子的振动方向. 在晶体的两个主要对称轴上存在两个不同的振动模式, 见图 12.2 (a) 和 (b): 与波矢方向平行 ($e \parallel \boldsymbol{Q}$) 的原子位移相联系的为纵向模式; 与波矢方向垂直 ($e \perp \boldsymbol{Q}$) 的原子位移相联系的为横波. 因此特征矢量又称偏振矢量. 一般而言, 混合方向的振动模式也是存在的. 探测晶体中声子散射几何画在图 12.2 (c) 和 (d) 中, 它示出了在 ($hk0$) 倒易平面内 [100] 方向的纵向 [图 12.2(c)] 和横向 [图 12.2(d)] 声子的散射矢量位置, 且能用下式

$$\boldsymbol{Q} = \boldsymbol{k}_i - \boldsymbol{k}_f = \boldsymbol{\tau} + \boldsymbol{q} \tag{12.26}$$

来表示散射矢量 $\boldsymbol{Q}$, 这里 $\boldsymbol{q}$ 为声子波矢, 其用最近邻的倒易阵点 $\boldsymbol{\tau}$ 定义. 偏振矢量 $e(\boldsymbol{Q})$ 的方向和散射矢量 $\boldsymbol{Q}$ 的方向按式 (12.20) 选定要探测的振动模式类型. 用这一散射矢量作能量扫描将实现由于声子的建立和湮灭两种信号.

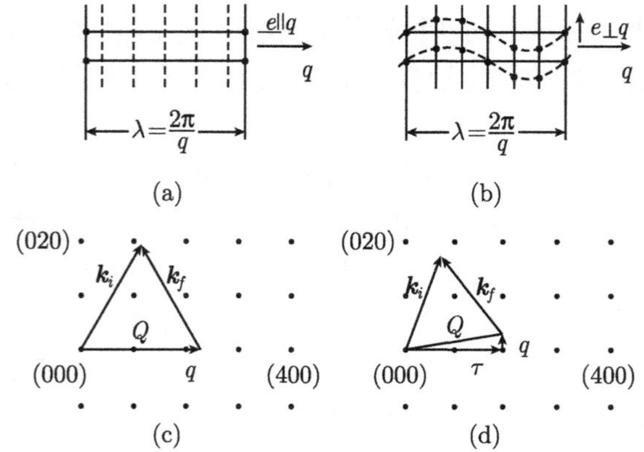

图 12.2 在真实空间具有纵向 (a) 和横向 (b) 振动模式晶体主要对称方向的原子振动. 为了测量 [100] 方向上纵向 (c) 和横向 (d) 声子的倒易空间的散射几何

下面以 α- 石英中为例作介绍. α-SiO_2 属于三方结构, 单胞中有 3 个 SiO_2 单元共 9 个原子. 在一般的方向引起 27 个声子支波, 然而 Γ-K-M [ξ00] 选择法则把

27 个支波降为 13 个可见支波. 图 12.3 给出了 α-SiO_2, $\boldsymbol{Q}$= [1.1500]X 射线散射强度随能量转移的变化, 它显示了纵向模式和几个较高能量模式非常强的信号, 可见能量达 150meV 的振动模式, 既包括能量增益, 也包括能量损失, 即使减去强的声学模式贡献之后 [图 12.3 (b)], 高能量模式也能很好识别.

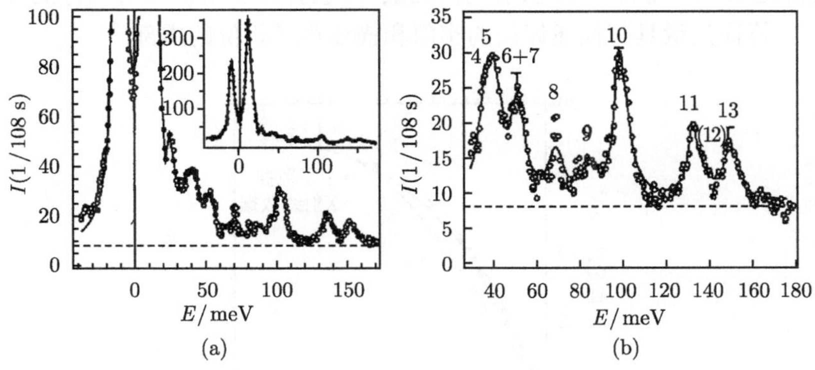

图 12.3

(a) α-SiO_2 的 X 射线能量扫描, 实线为拟合线, 插图显示全部图谱; (b) 减去声学模式贡献后的散射强度, 实线为拟合线, 虚线表示背景

图 12.4 示出了 α-SiO_2 沿 [ξ00] 方向纵向模式的色散曲线, 实线为壳层模型的理论色散支波, 两者符合较好. 图 12.5 示出了 α-SiO_2 沿 [ξ00] 纵向声子模式的色散

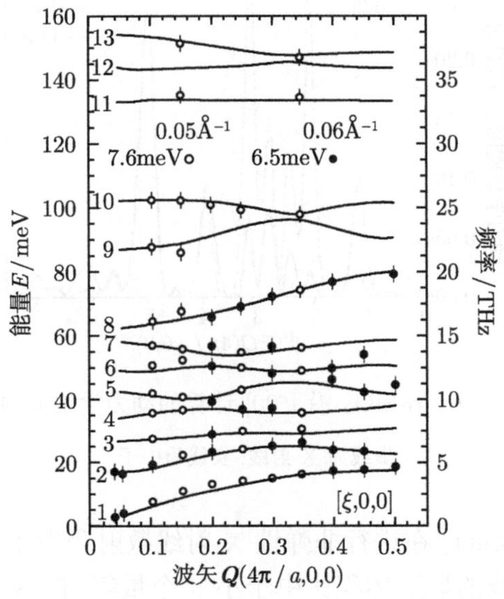

图 12.4 α-SiO_2 沿 [ξ00] 的 X 射线声子色散曲线, 实线为壳层模型的计算结果

X 射线和中子数据比较, 并把壳层模型从头计算结果也示出. 可见, X 射线和中子两种结果符合很好, 然而对理论结果存在某些偏离.

图 12.6 示出了从 X 射线和中子数据计算的动力学结构因子的比较, 可见, 两者在高 $\boldsymbol{Q}(=4\pi/a)$ 处符合较好, 但在点阵矢量 (100)、(200)、(300) 附近可见到强的不对称性, 这显示了非弹性 X 散射的高灵敏性, 它打开了更详细研究特征矢量行为的可能性. 特征矢量具有描述偏振的实部和描述声子相位的虚部.

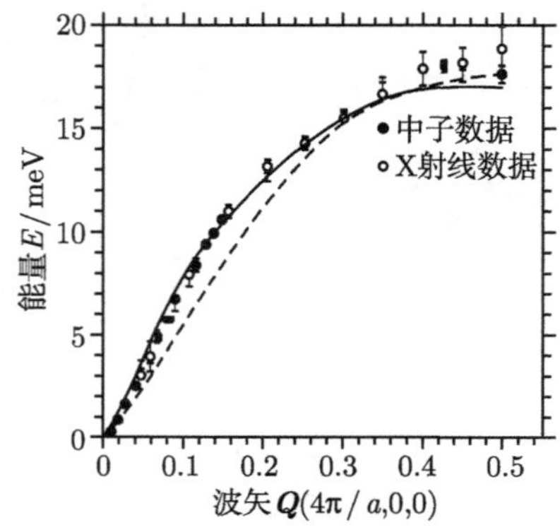

图 12.5　α-SiO_2 沿 $[\xi00]$ 纵向声子色曲线

理论计算: 虚线为壳层模型, 实线为从头计算

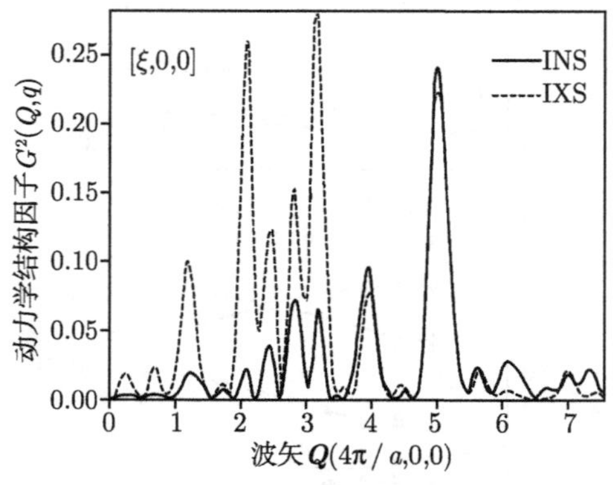

图 12.6　α-SiO_2 沿 $[\xi00]$ 计算的动力学结构因子

虚线为 X 射线; 实线为中子

表 12.1 示出了 α-SiO_2 在进行非弹性 X 射线散射和中子散射实验参数的比较, 明显可见, 尽管 X 射线的散射体积比中子小 6 个量级, 但 X 射线非弹性散射仍能在相同时间内获得类似稳定的声子散射谱.

表 12.1 α-SiO_2 X 射线和中子非弹性散射的比较

	中子	X 射线
试样位置的光流	$10^7(cm^{-2}\cdot s^{-1})$	$10^{12}(cm^{-2}\cdot s^{-1})$
散射体积	$6\times10^4 mm^3$	$5\times10^{-2}mm^3$
在极大处典型纵向声学声子计数率	$215min^{-1}$	$117min^{-1}$
10meV 扫描范围所需时间	60min	65min

12.2.2 晶体表面和界面的动力学结构

固体表面声子谱借助于高分辨 He 散射装置来测定. Ernst 观察清洁 W(100) 重构表面的声子谱, 一结果示于图 12.7 中. 不仅观察到沿 [100] 的 Rayleigh 声子波 R , 而且还观察到异常声子波 A , 后者频率非常小, 这种模式随温度降低继续软化, 说明 W(100) 的 $(\sqrt{2}\times\sqrt{2})$ R45° 重构可继续由软模来驱动置换相变. Mostolle 等对 NiAl 中表面振动模式进行了详细的研究, 这里不再引述.

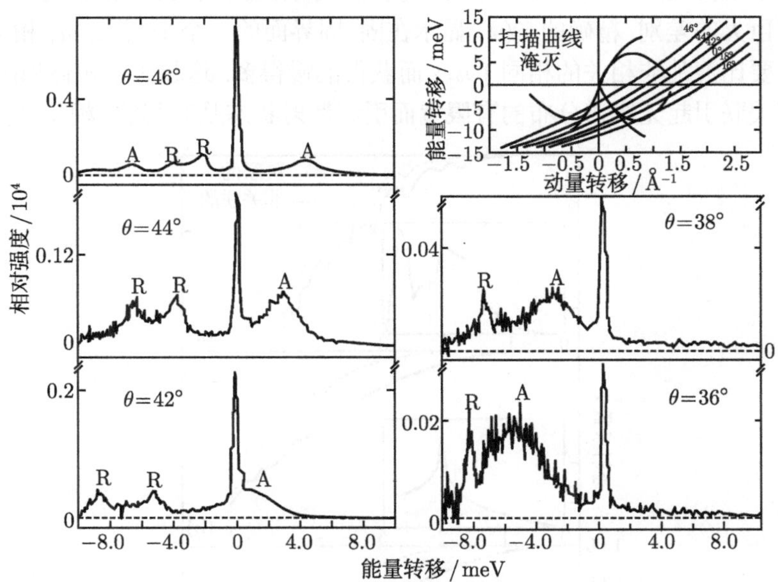

图 12.7 表面温度固定在 450 K, 用 TOF 技术测量 W(100) 表面声子谱, 不同入射角, 横坐标飞行时间已转换成能量转移尺度

零能量转移的峰为 $(\sqrt{2}\times\sqrt{2})$R45° 弹性非相干散射峰, 字母所示为非弹性散射峰; R 为 Rayleigh 模式; A 为异常声子模式; 右上图能识别所有谱情况

进一步研究发现晶体表面声子散射的非谐波效应. Maradudin 等、Kivshar 等和 Watanabe 等用赝谐波近似来处理弱表面非谐波性. Zielinski 等用 Volterra 积分–微分方程来描述谐波介质中非谐波缺陷的运动. 在无色散的一维谐波衬底的特

殊情况下, 积分–微分方程退化为微分方程, 并在非色散衬底的非谐波表面势情况下, 对谐波发生效率、声子反射系数、有效局域状态密度、混合运动范围和表面原子共振吸收条件进行了数值评估.

关于固–固界面的能量转移和声子散射也有不少研究. Young 和 Maris 提出了描述完整固–固界面的综合动力学理论. 对于无序界面需考虑色散中子的透射和反射. Fagas 等讨论一种对能量传递, 即由界面无序引起声子散射其重要作用的额外机制. 在谐波近似中, 用原子位移 $\boldsymbol{u}_j$ 运动线性方程描述点阵动力学

$$m_j u_j^x = -\sum_{\beta,i} K_{ij}^{\alpha\beta} u_i^\beta \tag{12.27}$$

Fagas 等计算铝–铅无序界面的声子透射率 $T(\omega)$ 和声子状态密度给于图 12.8 中. 其显示仅单个原子平面无序化界面所给出强的散射 —— 控制声子透射系数. 整个声子透射系数 [反射, $R(\omega)=1-T(\omega)$] 展示了随入射声子频率增加的频率关系. 清楚地证明了确定的频率关系由无序特性决定. 特别是, 在相关联和非关联无序组态之间存在巨大的差别. 精确的 $T(\omega)$ 显示在固–固界面的一个平面上, m_j 相关配置的频率关系要比混乱非相关的相同 $\{m_j\}$ 而获得的慢得多. 这起源于相体积限制效应, 对于由相关联引起无序谱分布的有限宽而引起散射状态是有利的. 模拟非类似固体

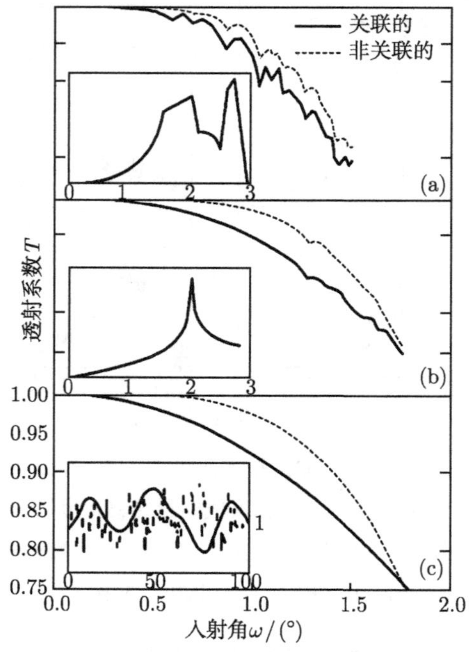

图 12.8 声子在界面的透射系数 $T(\omega)$

(a) *FCC* 模式 (ξ= 5165); (b) 平方尺度模型 (ξ= 20); (c) 据微扰理论估计. 在 (a) 和 (b) 插入对应的归一化 DOS~ ω 曲线, 频率以 (K/m) 1/ 2 为单位测量. (c) 中插入关联和无关联质量线的 $m_j \sim j$ 的曲线

间的有限厚度界面和考虑这种界面的非谐波性需进一步研究.

12.2.3 多晶样品中的声子

多晶样品中包含许多混乱取向变化的晶粒, 因此不能定义动量转移 $\hbar\boldsymbol{Q}$ 的方向, 仅能定义绝对 $|\boldsymbol{Q}|=\boldsymbol{Q}$ 值. 这意味着散射过程在倒易空间的球壳上发生. 显示于图 12.9 中. 弹性散射以 Debye-Scherrer 环观察到壳体, 非弹性散射观察到环的精细结构, 并取决于多晶体中晶粒大小和分辨体积, 为了获得材料的色散关系, 人们需要波矢 $\boldsymbol{Q}$ 与它的频率 ω 的明确关系. 在多晶材料中, 仅在倒易矢量 τ 等于零的第一 Brillouin 区才是可能的. 这引起动量转移 $\hbar\boldsymbol{Q}=\hbar\boldsymbol{q}$. 这显示仅能在第一 Brillouin 区内 [图 12.9 (a)] 测量纵向压缩声子模式, 其结果将给出这些振动模式 [图 12.9 (b)] 状态密度信息的散射谱.

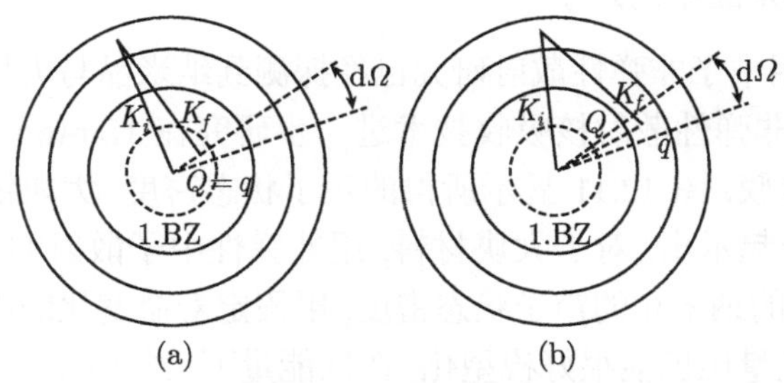

图 12.9 为观测动量转移声子的多晶散射几何

(a) 在 Brillouin 区内的倒易空间; (b) 超过 Brillouin 区的倒易空间

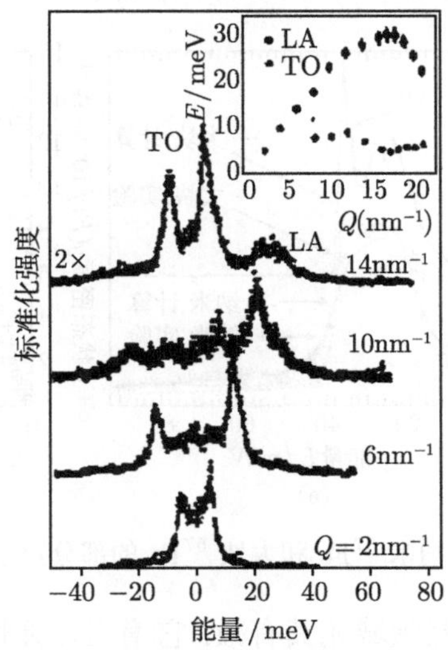

图 12.10 在不同动量转移下, $-10°C$ 多晶冰 (H_2O) 的非弹性散射数据和拟合曲线, 插图为推出模式的色散曲线

Ruocco 和 Sette 用非弹性 X 射线研究了多晶冰 (H_2O), 能量分辨率 3.2meV, −10°C 取得的数据随不同动量转移的拟合曲线一起示于图 12.10 中. 说明样品中仅存在几个晶粒, 峰可用纵向和横向模式能量增量和能量损失来解释, 推出模式的色散曲线示于图 12.10 的插图中. 纵向模式在所有能量中都能见到, 而横向模式仅在能量转移超过 7nm^{-1} 才可见. 这与降低冰中 Brillouin 区到最小尺度相一致. 然而, 人们不得不注意到, 能量分辨率不足以分辨到该值以下的细节.

Krisch 等用金刚石钴容器技术研究 7.5 GPa 下室温多晶 NaCl 结构的 CdTe 动力学, 光束大小 $100\times100\mu\text{m}^{-1}$, 能量宽度 5meV, 能观察到达 10nm^{-1} (超过第一 Brillouin 区) 色散曲线. 这一实验清楚证明, 非弹性 X 射线在高压研究领域的能力.

12.2.4　薄膜和纳米晶中的声子

纳米晶 ^{57}Fe 用中子非弹性散射研究已经探测到纳米晶与大块材料之间状态密度的差异, 后又用非弹性散射核吸收技术进一步研究在 Kapton 衬底上 ^{57}Fe 纳米晶 10 nm±1 nm 薄膜, 图 12.11 显示所得的声子状态密度, 大块铁的数据及两种材料的计算结果也一起示出. 对于大块材料, 用非弹性中子散射的力常数计算, 对仅 10 nm 小粒子尺度的纳米相的声子状态密度, 用假定寿命宽化的阻尼谐振子模型计算. 由图可知, 高能量尾巴能很好模型化; 在低能量下, 纳米晶材料中状态密度比大块材料高 2 倍因子, 这一差异归结于材料弹性的不连续性; 55~75meV 附近的弱强度被猜测由氧–铁键中的振动引起. 纳米晶 ^{57}Fe 的状态密度遵循一般类 Debye 行为, 正比于大块材料小能量 E^2, 如图 12.11 (b) 所示.

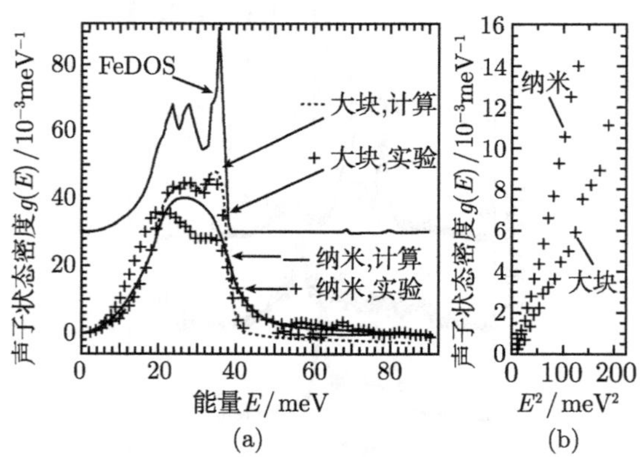

图 12.11　纳米 ^{57}Fe 和大块 ^{57}Fe 的部分声子状态密度

掠入射技术在薄膜研究领域尤其有效, 它增强非弹性核吸收的强度, 图 12.12 (左上部) 所示, 在全反射表面上薄层中多重反射波建造性干涉会引起驻波, 它的周期由光子能量、入射角和层材料的临界角决定, 如果层的厚度是驻波周期的整数倍,增强能达到依赖于材料中吸收的两个量级. 由于能量迁移平行于层面发生, 这个系统起着 X 射线波导的作用. 如果经调整, 使光子束入射角适当被耦合到波导内, 由这光子数产生的任何信息将受驻波电场的影响. 因此, 延迟荧光光子是在核激发后发射的, 能用来测定薄膜中共振核的振动状态密度.

Rohlsberger 等用超抛光衬底上 10 nm Pd-19 nm $^{57}Fe_2Cr_2Ni$ 薄膜证明了这种波导效应的存在. 掠入射几何见图 12.12(a), 主探测器在试样的正上方以覆盖大的立体角. 图 12.12(b) 示出了依赖于入射角的反射率, 4.1mrad、4.8mrad 和 5.8 mrad 位置分别对应于第一、第二和第三级波导模式, 增强因子对应于第一级为 5, 第三级为 3. 对应于第一和第二量级的计算强度分布随深度的变化示于图 12.12 中部, 从图中可见存在不同深度的选择性. 用改变入射角来控制延迟核荧光的增强和非弹性信号的增强 [见图 12.12(e)]. 在确认极大位置上, 只要一小时就能完成能量扫描, 获得如图 12.12(f) 所示的声子谱.

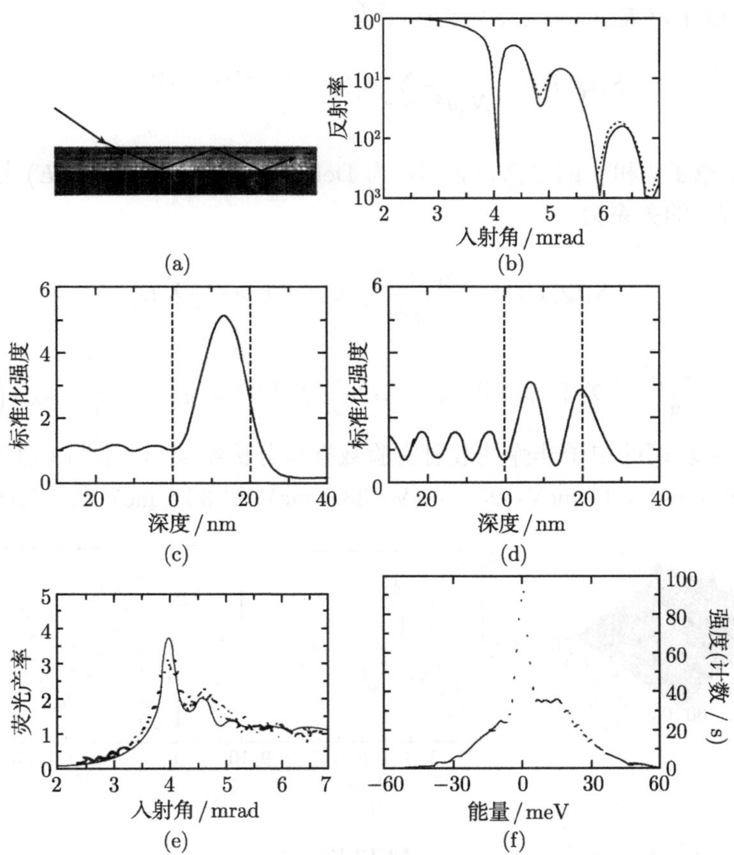

图 12.12 在 Pd 上的 $^{57}Fe_2Cr_2Ni$ 薄膜内, 由膜内驻波引起的非弹性核共振散射强度的增强

用这种掠入射方法 Rohlsberger 等研究了 20nm Pd-13 nm 多晶 α-Fe 薄膜声

子阻尼效应, Pd/ $FeBO_3$/ Pd 波导中 ^{57}Fe 的振动状态密度和钨 (110) 表面 ^{57}Fe 岛 ($400 \times 100\mu m^2$) 非弹性散射核吸收的能量谱.

12.3　非晶物质、聚合物和生物高分子中的动力学结构

12.3.1　非晶固体的动力学结构

关于无定型固体的结构、点阵动力学和弹性, Alexander 给出了最新评论. 人们可以想象, 非晶中的原子核的振动模式可能不同于结晶物质, 进行非晶物质动力学结构测定是必要的. 对于两元素系统的静态结构因子为

$$S(\boldsymbol{Q}) = \frac{1}{N}\sum_{i,j} e^{i\boldsymbol{Q}\cdot(\boldsymbol{R}_{i(0)} - \boldsymbol{R}_{j(0)})} \tag{12.28}$$

其中, $\boldsymbol{R}$ 为原子位置; 而动力学结构因子为

$$S(\boldsymbol{Q}, E) = \frac{1}{N\langle b^2\rangle}\sum_{i.j} b_i b_j e^{-(\beta\omega_1 + W_j)} e^{i\boldsymbol{Q}(i-j)} \tag{12.29}$$

其中, i, j 是原子 i 和 j 的平衡位置; W 为 Debye-Waller 因子; $S(\boldsymbol{Q}, E)$ 与声子状态密度 $G(\boldsymbol{Q}, E)$ 的关系为

$$S(\boldsymbol{Q}, E) = e^{-\overline{W}} \frac{\hbar^2 Q^2}{2\overline{M}E} < n+1 > G(\boldsymbol{Q}, E) \tag{12.30}$$

其中, $\overline{W} = \dfrac{Q^2 < \bar{\mu}^2 >}{3}$ 为平方位移; $\overline{M}^{-1} = \sum\limits_i M_i^{-1}/N$; $<n+1> = \left[1 - \exp\left(\dfrac{\hbar\omega}{kT}\right)\right]^{-1}$.

α-$GeSe_2$ 玻璃的中子非弹性散射实验数据和分析结果示于图 12.13 中, 五个峰的中心约在 9 meV、11 meV、25.7 meV、33.0 meV 和 36.5 meV 处. 在图 12.13 (c)

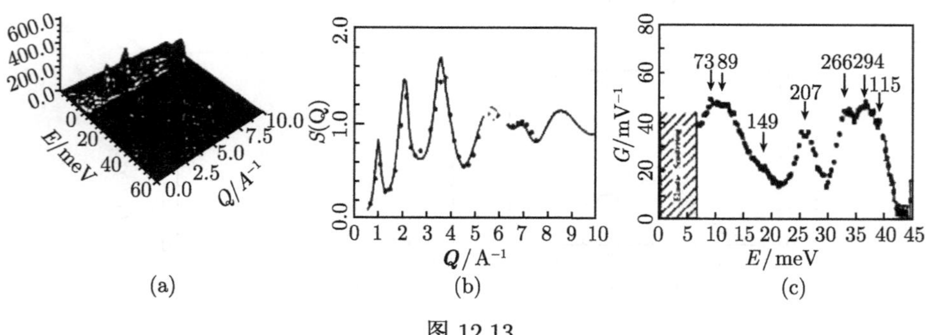

图 12.13

(a) α-$GeSe_2$ 玻璃经修正过的结构因子 $S(\boldsymbol{Q}, E)$; (b) 从 $S(\boldsymbol{Q}, E)$ 的积分推出结构因子 $S(\boldsymbol{Q}, E)$; (c) 从 $S(\boldsymbol{Q}, E)$ 获得的声子状态密度 $G(\boldsymbol{Q}, E)$

的上部示出了对应的波数 73cm^{-1}、89cm^{-1}、207cm^{-1}、266cm^{-1} 和 294cm^{-1}. 其中 25.7 meV 的峰对应于四面体模型, 此外还有三个弱峰. 这些非弹性中子散射结果与其他方法的比较如表 12.2 所示. 可见不同方法的结果大致相符.

表 12.2 α-$GeSe_2$ 的非弹性散射峰

散射方法	散射峰的波数/cm^{-1}				
中子散射	73 89	149	207	266 294	315
Raman 散射	82	140 179	201 218	240 270	310
		135 175	198 212	257	304
红外吸收	80	100	200	255	

12.3.2 高聚合物 (polymer) 动力学结构

聚合物特别是成材的高聚合物, 一般均含有结晶相和非结晶相, 有时还有亚稳相, 但常为结晶相和非结晶相的混合物, 欲把两种相的动力学分开研究是十分困难的, 目前尚不可能. 高聚合物内部分子运动分为: 侧面键的振动和旋转、晶态试样中主键的振动和溶液与熔体中主键运动. 有关评论见主要参考文献 9, 10. 聚合物分子动力学中子散射主要分为: 无定型聚合物、晶体中主键振动、溶液中的单键振动、半稀释溶液中短程排斥扩散、半稀释溶液中长程 Coulomb 交互作用、单轴拉伸键的弛豫、自扩散和互扩散、交迭聚合物和胶状聚合物、浓度涨落弛豫、两相聚合物混合体等. 红外吸收谱也在聚合物中广泛应用. 要分述或综合这方面的研究成果目前尚有困难, 这里仅举一例.

对于相干散射频率的贡献可简写为

$$P(\alpha,\beta) = 2\exp(-2W_1)\beta\sinh\left(\frac{\beta}{2}\right)\frac{S(\alpha,\beta)}{\alpha} \tag{12.31}$$

$$S(\alpha,\beta) = \exp\left(-\frac{\beta}{2}\right)\sin C(\boldsymbol{Q},\omega) \tag{12.32}$$

其中,

$$\alpha = \frac{h^2Q^2}{2mk_{\mathrm{B}}T} \tag{12.33}$$

$$\beta = \frac{h\omega}{b_0T} \tag{12.34}$$

$$\sin C(\boldsymbol{Q},E) = \boldsymbol{Q}\cdot e_d^j(\boldsymbol{Q}) \tag{12.35}$$

式中, W_1 为 Debye-Waller 因子; k_{B} 为玻尔兹曼常量; $\boldsymbol{Q}$ 是波矢; $e_d^j(\boldsymbol{Q})$ 是对波矢 $\boldsymbol{Q}$、第 d 个原子、j 振动模式的位移矢量. 在非相干近似中, 能用下式

$$P(\alpha,\beta) = \exp(-2W_1)G(E) \tag{12.36}$$

把频率分布谱 $P(\alpha, \beta)$ 和振动的权重声子状态密度 $G(E)$ 联系起来.

Sauvajol 等用非弹性中子散射测定聚乙炔激化振动状态密度, 实验安排采用四种几何:

$$C_{\perp}\langle 2\theta\rangle = 20^{\circ}, \boldsymbol{Q}_{\perp}$$

$$C_{\perp}\langle 2\theta\rangle = 92^{\circ}, \boldsymbol{Q}_{\perp}$$

$$C_{//}\langle 2\theta\rangle = 20^{\circ}, \boldsymbol{Q}_{//}$$

$$C_{//}\langle 2\theta\rangle = 90^{\circ}, \boldsymbol{Q}_{//}$$

这里 $C_{\perp}$ 和 $C_{//}$ 表示平均键轴 C 平行和垂直于衍射面, 这时波矢 $\boldsymbol{Q}$ 分别平行和垂直于平均 C 轴, 即 $\boldsymbol{Q}_{//}$, $\boldsymbol{Q}_{\perp}$ 之意. 前者为获得平行于平均 C 轴的运动, 后者给出垂直于平均 C 轴的偏振模式的信息. 图 12.14 示出了测量结果, 其中 (b) 为 (a) 的放大和 0~80 meV 范围中心归一化的结果, 对应图 (b) 中六个峰的特征如下:

编号	能量/meV	波数/cm^{-1}	偏振振动模式
1	2.9	23	$//C$
2	5.0	40	无偏振
3	14.5	116	无偏振
4	31.5	250	$//C$
5	39.0	312	$\perp C$
6	53.0	427	无偏振

这里显示了聚乙炔的三维动力学, 在 $\boldsymbol{Q}//C$ 几何中, 2.9 meV 的峰归结为两个非等效键相对纵向运动.

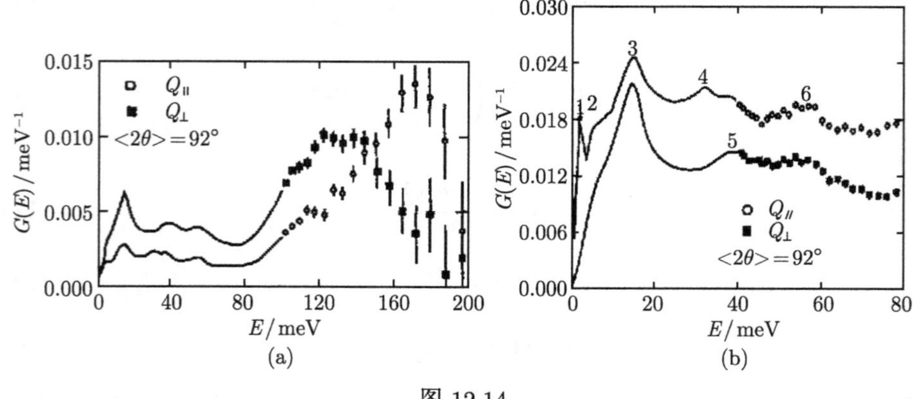

图 12.14

(a) 聚乙炔在 295 K 时的振动状态密度 $G(E)$; (b) 图为 (a) 图的放大. 在 0~8meV 范围重新归一化, 使 $G(E)$ 的形式更清楚

12.3.3 生物大分子的动力学结构

为了理解生物大分子的生物功能, 它们的动态结构研究是必要的, 也是重要领域. 过去主要使用中子非弹性散射, 近几年来, 非弹性 X 射线散射和非弹性核吸收谱以及 Raman 散射也得到应用. 几个重要的研究是: 球蛋白的内部动力学、脱氧核糖核酸、肌红蛋白中蛋白质动力学等. 并有一本专著《生物大分子动力学》. 下面介绍肌红蛋白的一些研究结果. 用核共振吸收测量非弹性 X 射线实验装置获得的所有振动状态密度示于图 12.15 中, 非相干非弹性中子散射 (虚线) 的数据也一起示出. 由于氢原子大的非相干截面, 中子方法仅对氢原子运动是灵敏的, 但不能揭示氢的运动和其他原子 (C、N、O) 运动的差异.

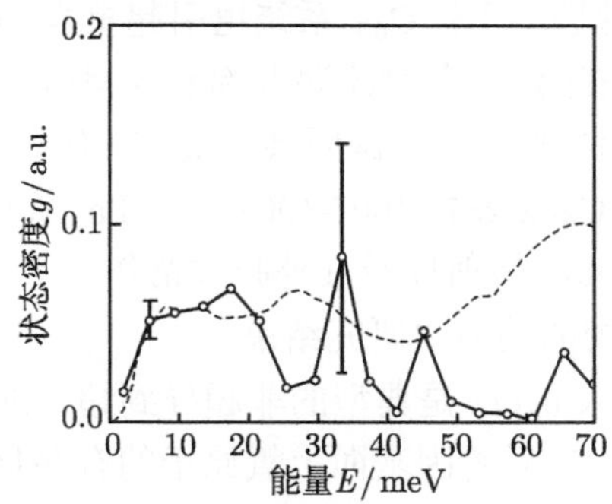

图 12.15 从核共振分析的非弹性散射推出水合肌红蛋白振动状态密度

虚线示出了中子散射的数据

脱氧肌红蛋白晶体中铁的振动状态的状态密度给出于图 12.16 中, 为了比较, 4K 下共振 Raman 散射实验结果也画出. 30 meV 附近所观察到的模式、铁组氨酸连续模式和 38 meV 的其他模式, 两种实验结果很好一致. 35 meV 和 65 meV 附近的

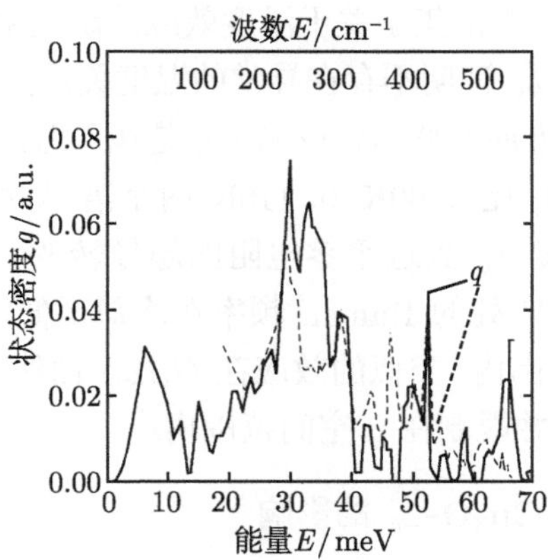

图 12.16 从非弹性核吸收推出的脱水肌红蛋白中 ^{57}Fe 振动状态密度; Raman 散射结果用虚线表示

振动似乎是 Raman 非活性的. 46 meV 附近的 Raman 线指出对铁原子仅有弱的振动耦合. Raman 实验中的 52 meV 线是石英试样架所引起的.

通过这个实验成功证明, 非弹性核共振散射这种新技术在研究蛋白质动力学方面有潜在的能力, 也说明非弹性核共振、中子和 Raman 三种方法的互补性.

12.4 高 T_c 超导体的点阵动力学研究

经典的超导体, 如 NbC 或 Nb_3Sn 的非弹性散射实验显示, 作为点阵振动与传导电子强交互作用的结果, 使声子明显反常. 高 Tc 超导体发现不久, 它的点阵动力学研究便成了热门课题. 后来 C_{60} 系统也引起重视. 在每一次 “声子物理学” 国际会议和 “超导体” 国际会议上对此课题都有大量报道. 就 1997 年在北京召开 “高温超导体材料和超导性机理” 国际会议而言, 有关论文达 30 多篇, 详细摘要刊登在 *Physica*(1997, C282-287: 1007-1068) 上. La_2CuO_4 系统的点阵动力学已用非弹性中子散射和 Raman 散射以及红外吸收谱作了不少研究. 这里仅重点介绍 $YBa_2Cu_3O_{7-\delta}$ 和相关系统的动力学研究结果.

$YBa_2Cu_3O_6$ 和 $YBa_2Cu_3O_7$ 是典型的非超导到超导的变化, 前者为四方结构, $P4/mmm$ 空间群, $T_c < 2$K; 后者因基面上氧原子的有序化而变为正交相, $Pmmm$ 空间群, $T_c \approx 92$ K, 且随失氧而变化, $REBa_2Cu_3O_7$ (RE = Y, La, Sm, Gd, $\cdots$) 也属于这一系统, 这个系统已用非弹性中子散射、Raman 散射和红外吸收谱广泛研究. 尽管如此, 仍不能作系统综合分析, 故仅分析几个典型有代表性的研究结果.

12.4.1 $YBa_2Cu_3O_7$ 的温度效应

研究温度效应的目的是看看超导相 $YBa_2Cu_3O_7$ 在超导转变临界温度 T_c 前后声子状密度的变化. 图 12.17 汇集了关于温度效应的研究结果. 其中 (a) 示出 6 K 和 300 K 两温度下的测量结果, 证明不存在异常的温度关系, 仅观察到低温下谱的轻微硬化, 及许多峰向高能量方向漂移. 图 12.17 (b) 是在入射能量 $E_0 = 67$meV, 在 60K, 111K 和 300 K 下测量的, 比较 60K 和 110K 两个谱, 勉强辨别表明, $YBa_2Cu_3O_7$ 从正常电阻经过临界温度 T_c 到近乎零电阻的超导转变, 对声子谱的影响非常小. Thomsen 等观察到 42meV 处的 Raman 频率在冷却至低于 T_c 时, 仅发生 0.5meV 的软化. 由于这个能量范围内, 类似的效应在 $G(\hbar\omega)$ 曲线上不存在, 故能说软化仅在非常少的支波中发生, 并限制在 q 空间范围内.

12.4.2 氧含量对 $YBa_2Cu_3O_{7-\delta}$ 的影响

Reichardt 等和 Renker 等系统研究了 $YBa_2Cu_3O_{7-\delta}$ 声子谱随氧含量的变化, δ=0.10、0.19、0.47、0.60、0.84、0.93, 为清晰起见, 图 12.18 中仅画出氧含量为

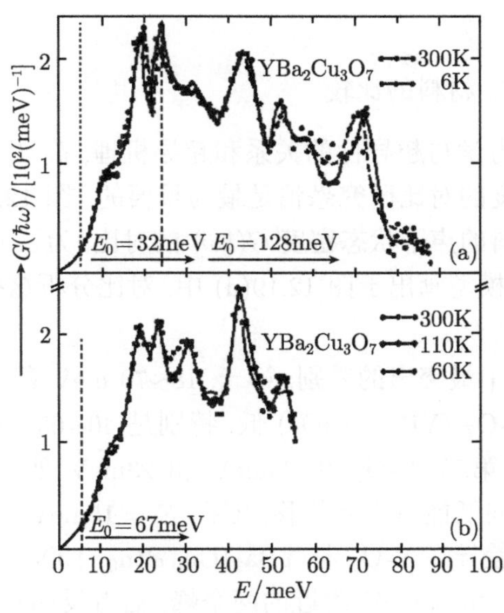

图 12.17 不同温度下测量的 $YBa_2Cu_3O_7$ 声子状态 $G(\hbar\omega)$

垂直虚线左边受弹性散射干扰, 右边垂直线两侧为不同入射中子束能量 E_0 下测定

6.07、6.53 和 6.90 全能量范围的谱, 而对中间浓度 6.40 和 6.81 仅在 40~70meV 范围用实线画出. 测量是在能量增益模式下操作.

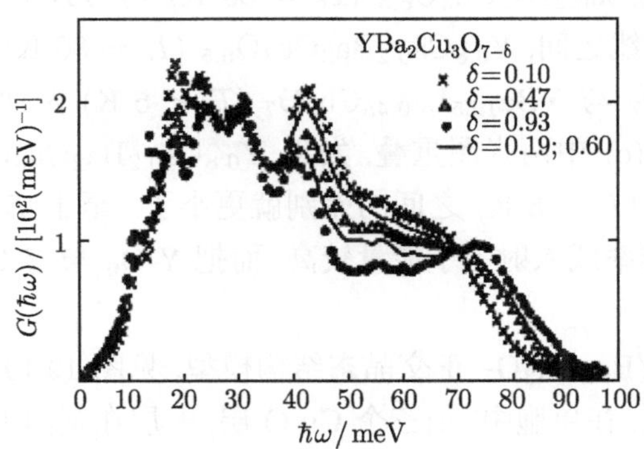

图 12.18 296 K, $YBa_2Cu_3O_{7-\delta}$ 的声子状态密度随含氧含量的变化

为清晰起见, δ= 0.19, 0.60 仅在 35~70meV 间以实线示出

由于能量分辨率的不足, 50 meV 以上的谱结构被冲掉了. 由于 6.17 的分布非常接近于 6.07 的分布, 因此图中省去 6.17 这条曲线. 由图可见, 谱随氧浓度单调变化, 这些结果反应 $YBa_2Cu_3O_{7-\delta}$ 本征的性质. 仔细比较可知, 强烈的变化发生在 40~65 meV, 即非超导成分样的谱总量强烈降低, 且随氧含量降低而降的弧度越大, 当氧含量达 6.07 时, 能量达 70meV 的谱总量反而超过超导成分. 并在 E = 75meV

出现一个新峰.

12.4.3 高 T_c 和低 T_c 材料的比较

为了寻找点阵动力学与超导性的关系和超导机理, 高 T_c 和低 T_c 超导体的色散曲线和声子状态密度的对比研究恐怕是最为重要的. 图 12.19 (a)、(b)、(c) 给出几对高 T_c 和低 T_c 材料的声子状态密度 $G(\hbar\omega)$ 的对比, 为了分析和讨论的方便, 把 $YBa_2Cu_3O_7$ 正交结构模型画出于图 12.19(d) 中, 对比分析这些 $G(\hbar\omega)$ 分布是很有必要的.

图 12.19 (a) 上图中最突出的差别: 第一, 18~70 meV 范围 Y-O_6($YBa_2Cu_3O_6$) 的 $G(\hbar\omega)$ 的重量比 Y-O_7 ($YBa_2Cu_3O_7$) 低, 特别是 40~65meV, 而 $E < 18$meV 和 $E > 70$meV, 则反之; 第二, Y-O_7 在 20meV 和 23meV 处有两个非常强的峰, 而 Y-O_6 的峰低很多, 且向低能量方向位移, 但在 $E = 15$meV 和 80meV 则分别有较强的峰. 然而, 这两点差异在 Y-O_7 与 $YBa_2(Cu_{0.9}Zn_{0.1})_3O_{6.8}$ (正交, $T_c < 3$K) 之间幅度小得很多, 20meV 和 23meV 附近的两个峰, 后者反而较强, 15meV 处的峰近乎消失, 80meV 的峰有较高的强度, 并位移到 83meV, 见图 12.19(a) 下图.

图 12.19 (b) 下图, 即 Y-O_7 与 $Y_{0.5}Pr_{0.5}Ba_2Cu_3O_7$ 的对比, 除 20meV 和 23meV 附近有较明显差别外, Y-O_6 与 Y-O_7 的显著差异在这里几乎不存在了; 图 12.19 (b) 上图, $NdBa_2Cu_3O_7$ (T_c = 84 K) 与 $PrBa_2Cu_3O_7$ 之间几乎没有多大差别; 而在图 12.19 (c) 中, $Y_{0.8}Ca_{0.2}Ba_2Cu_3O_{6.5}$ (T_c = 80 K) 与 $YBa_{1.55}La_{0.45}Cu_3O_7$ 都处在 Y-O_7 与 Y-O_6 曲线之间, $Y_{0.8}Ca_{0.2}Ba_2Cu_3O_{6.5}$ (T_c = 80 K) 与 Y-O_7 两曲线间有较大距离, 而 Y-O_7 与 $YBa_{1.55}La_{0.45}Cu_3O_7$ (T_c < 5 K) 两曲线间的距离反而较小; 如果把图 12.19 (c) 中两张图重叠, 发现 $Y_{0.8}Ca_{0.2}Ba_2Cu_3O_{6.5}$($T_c$ = 80 K) 与 $YBa_{1.55}La_{0.45}Cu_3O_7$ (T_c < 5 K) 之间的差别就更小了. 至于 $E < 25$meV 范围, 可能因测量时能量分辨率或入射中子能量较高, 而把 Y-O_6 与 Y-O_7 在这个范围内的明显差异也掩盖了.

下面我们结合 $YBa_2Cu_3O_7$ 正交晶态结构模型, 见图 12.19 (d) 讨论 $G(\hbar\omega)$ 与振动模式的对应关系. 在单胞中, 由三个 Cu-O 层, 一层在基面上的 Cu1-O1 的线性链, 另两层为 Cu2-O2, 它们为畸变的平面, 在 c 轴上的坐标分别为 0.355 和 0.645, 在基面与 Cu2-O3、基面与 Cu2-O2 之间各有一个 Ba-O4 层, 在 Cu2-O3 和 Cu2-O2 之间为无氧的 Y 原子, 其坐标为 (1/2, 1/2, 1/2). Reichardt 等认为当 $E < 15$meV, 谱出现软化, 可用 Y-O_6 缺氧少键来解释; 当 $E = 20$meV 附近, 由于 Cu1-O1 链状键的横向振动模式引起,Y-O_6 缺 O1, 使 20meV 峰强烈降低. 模型认为 Cu1-O1 键的纵向振动模式对应于 ~ 60 meV, 当 $E < 35$ meV 时, 几乎全部由 Cu-O 平面内的 Cu2-O2 、Cu2-O3 的纵向振动和弯曲以及 O4 的纵向模式引起; 在 $40 \sim 70$ meV 范围, 因 Y-O_6 无 O1, 能部分解释 $G(\hbar\omega)$ 重量的降低; Thomsen 等根据 Raman 散射

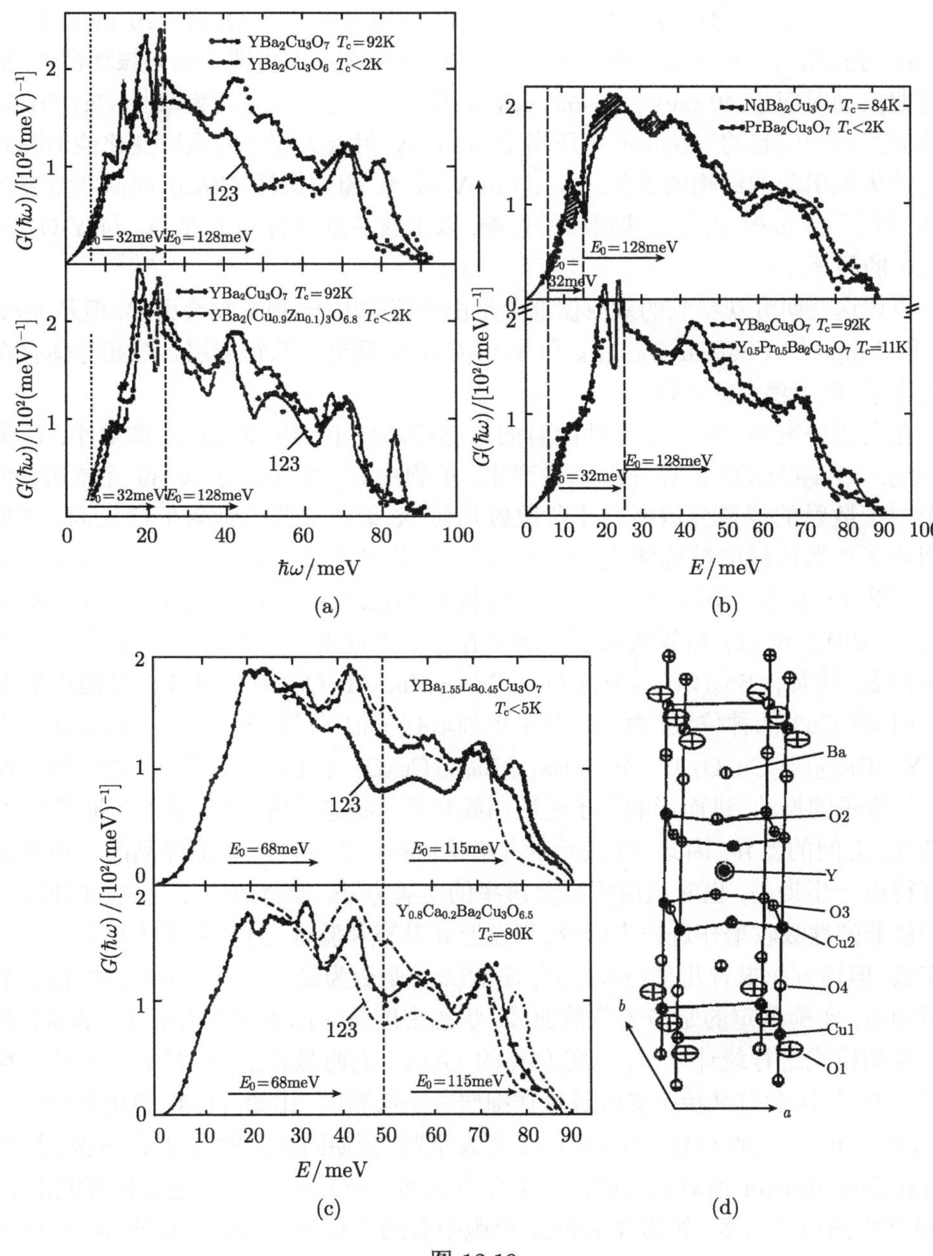

图 12.19

(a) $YBa_2Cu_3O_7$(123) 与 $YBa_2Cu_3O_6$ (四方) 和 $YBa_2(Cu_{0.9}\ Zn_{0.1})_3O_{6.8}$ (正交) $G(\hbar\omega)$ 的比较, 在 $T=6$ K 下测定; (b) $NdBa_2Cu_3O_7$ 与 $PrBa_2Cu_3O_7$, $YBa_2Cu_3O_7$ 与 $Y_{0.5}Pr_{0.5}\ Ba_2Cu_3O_7$ 之间 $G(\hbar\omega)$ 的比较. 上图阴影区表示具有磁散区域; (c) $YBa_2Cu_3O_7$(123) 与 $Y_{0.8}Ca_{0.2}Ba_2Cu_3O_{6.5}$ 和 $YBa_{1.55}La_{0.45}Cu_3O_7$ 的 $G(\hbar\omega)$ 的比较, 在 $T=5$ K 下测量; (d) $YBa_2Cu_3O_7$ (正交) 的静态结构模型

认为, O2 和 O3 的弯曲振动在 35~55 meV, 而纵向伸张振动约在 70 meV 附近. Renker 等指出, 70 meV 峰对应于 Cu2-O2 和 Cu2-O3 平面内四个纵向振动模式, 键的弯曲振动对应于 40 meV, 40~50 meV Y-O_6 强度的降低是因为缺少 Cu1-O1 线性链伸张振动引起的. Renker 等还指出, 40 meV 附近大部分的强度变化能追踪到线性链失氧引起的结构的变化, 75~85 meV 范围, 超导试样 $G(\hbar\omega)$ 向低能量方向漂移, 直至 50 meV 还受这些漂移的影响. 以上较满意地解释了 Y-O_6 与 Y-O_7 间 $G(\hbar\omega)$ 的显著差别.

上述这些研究观察到的效应仅部分是由于强的电子–声子耦合引起, 但是 Motede 和 Sujuk 在 $YBa_2Cu_3O_{6.5\sim6.8}$ 和 $YBa_2Cu_4O_8$ 研究中获得双层含氧超导体存在强的电子–声子耦合的证据.

在上述研究中, 中子非弹性散射的单晶样品较小, 约 30 mm^3 或更小, 质量也不高, $YBa_2Cu_3O_{7-\delta}$ 存在严重微孪生, 单胞中有 13 个原子共 39 个支波, 再加上中子散射的能量分辨率远比背散射几何 X 射线非弹性散射低等原因, 严重阻碍声子色散曲线的精确测定, 对结构的重现性和可靠性可能也有一定影响. 显然, 在图 12.19 (a) 中高 T_c 和低 T_c 材料的 $G(\hbar\omega)$ 的差别是明显可信的, 然而被图 12.19(b) 和 (c) 结果淡化了. 这里存在三个问题值得注意: ① 取代元素的占位问题, 比如,$YBa_2(Cu_{1-x}M_x)_3O_{7-\delta}$($M$ = Zn, Al, Ga, $\cdots$) 中,Zn 是随机的取代 Cu1 和 Cu2 两种位置, 而 Ga 几乎单独取代 Cu1 位置, $Y_{0.5}Pr_{0.5}Ba_2Cu_3O_7$ 中 Pr、$Y_{0.8}Ca_{0.2}Ba_2Cu_3O_7$ 中 Ca、$YBa_{1.55}La_{0.45}Cu_3O_7$ 中 La 等原子在晶胞中的占位影响氧原子的振动, 进而影响声子色散曲线和声子状态密度分布, 或部分抵消高 T_c 和低 T_c 之间的差异; 因此, 取代元素占位是值得研究的; ② 单晶样品的大小和质量有待进一步提高, 也应该用更高分辨率的实验方法, 如背散射 X 射线非弹性散射和核非弹性吸收谱作进一步研究, 以至互相补充和验证, 且能用很小单晶试样进行实验, 但这方面报告几乎还未看到; ③ $G(\hbar\omega)$ 是否为最好的对比方法, 由 12.2 节介绍知道, 实验测定的是声子色散曲线, 状态密度是对晶胞中所有原子 (和键) 和所有振动模式进行统计求得, 可能总体的 $G(\hbar\omega)$ 无明显差别, 但对某些支波却存在重大不同, 因此对某特定支波进行详细研究是必要的, 比如, (123) 型化合物中的 Cu1-O1、Cu2-O2 (或 O3)、O1-Cu2-O4 尤为重要, 预期同步辐射 X 射线偏振、异常散射和偏振 Raman 谱对这类研究是十分有效的. BiO 系 TeO 系超导体可能由于: ① 单胞中的原子太多, 如比 Tl2-2021 单胞中有两个化学式, 22 个原子, 66 个声子模式; Tl2-2223 单胞也有两个化学式, 38 个原子, 114 个声子模式, 可见多重声子的严重性; ② 适合非弹性散射研究用的单晶体难以培养, 特别是非弹性中子用的较大单晶更为困难; ③ 非弹性中子散射的能量分辨率较低, 所以这两个系统的点阵动力学研究很少. BiO 系用中子、Ramna, TeO 系也用中子和 Ramna 作了少量研究, 这里不作介绍.

12.5 小　结

研究动力学结构的方法不仅有中子非弹性散射, 还有① X 射线非弹性散射; ② 同步辐射激发核非弹性散射共振吸收谱; ③ Raman 散射; ④ 红外吸收谱.

但由于: ① 中子射线的有效能量范围 1~1000 MeV, 它和固体的源激发相匹配; ② 原子核和原子磁矩为中子射线的散射体, 因此非弹性散射中子在研究原子核振动的点阵动力学和分子中原子和化学键振动、转动的分子动力学中得到最早应用, 也是最为直接的方法. 1960 年在奥地利的首都 Vienna 召开了 "固体和液体中子非弹性散射" 专业会议, 并出版了文集, 继后 30 多年取得惊人的发展, 分别于 1981 年 (美国, Bloomington)、1985 年 (匈牙利, Budapest)、1989 年 (德国, Heidelberg) 和 1995 (日本, Sapporo) 召开了 "声子物理学" 第 1~4 届国际会议, 第 3、4 届还是与中子散射联合召开, 出版了《声子》专集. 在 Skold 和 Price 编的《实验物理方法》第 2 3 卷、《Neut ron Scattering A、B、C》三本书第 7 章 "点阵动力学" 和第 7 章 "分子动力学和谱学" 有专门的论述. 因此, 中子非弹性散射是成熟的研究物质动态结构的主要手段, 获得成果也最多. 仅就 1995 年第 4 届声子物理学和第 8 届凝聚态物质中声子散射联合国际会议, 会议之大, 论文之多都是空前的, 会议论文详细摘要刊登在 *physica* (1996, B219-220:1-777) 上, 每篇两页, 共计 380 多篇论文, 关于声子和动力学结构约占三分之一.

由于: ① X 射线的散射是依赖于核外电子, 受核束缚不大的电子产生 Compoton 散射和多重声子的修正带入不小的不确定性, 因此实验分析比较困难; ② 普通 X 射线光源的连续 X 射线谱强度很低, 所以非弹性 X 射线起步较晚, 仅在晶胞中含一个或两个原子、高对称性晶体中进行. 近 20 年以来, 同步辐射第 2 、3 代光源相继发展, 高亮度 X 射线源的出现, 自 1986 年用同步辐射背散射 X 射线非弹性实验第一次观测声子信号以后, 非弹性 X 射线散射和计算机在动态结构中的应用得到很快地发展. 由于背散射技术和光源的改进, 能量分辨率从 50 meV 到 10 meV, 已得到 1 meV 的最佳分辨率, 因此它在单晶体、多晶试样、非晶固体、液体的动力学结构研究中获得广泛应用, Burkel 给出最新的评论. 由于同步辐射高亮度、光源小尺寸和极低的光束发散度, 仅需要很小单晶或很少的样品, 以及极高的分辨率, 这是中子非弹性散射不可比拟的.

同步辐射 X 射线激发试样的核非弹性吸收谱是在核共振散射基础发展起来的, 虽然这种技术还很年轻, 但已显示它在研究共振试样和非共振试样的声子散射和动力学结构研究中的能力, 特别是它的能量分辨率高达 neV 量级是很有吸引力的.

Raman 散射是典型的光非弹性散射, 激光 Raman 谱是一种研究分子键振动、转动和振–转运动的分子动力学方便而有效的方法, 使用也很普遍. 但由于许多分子振动模式对 Raman 散射是非活性的, 有赖于红外吸收谱的补充. 但由于使用普通黑体红外光源和可调谐激光红外光源的限制, 仅在中红外和近红外区应用广泛, 且还没有足够注重在动态结构研究方面. 主要在远红外区的物质动态结构研究, 只有在同步辐射红外光束线和实验站建立之后才会获得更大发展. Raman 散射谱基于光的非弹性散射, 而红外吸收谱基于分子能级向上跃迁, 乍看起来, 是否没有什么联系. 然而根据量子理论, 系统两分立能级间进行向上向下跃迁, 辐射就被吸收或发射新的辐射, 且辐射体本身能级能量也是量子化的, 以分立的光子形式出现, 可见光红外吸收谱和 Raman 散射谱都直接与吸收体和散射体的振动能级、转动能级以及振–转能级相联系, 成为研究物质动态结构的方法之一.

图 12.20 给出了不同非弹性散射方法能通向的能量–动量空间范围. 表 12.3 给出了 5 种方法的比较, 特别总结了它们在动力学结构研究中应用的特点. 以供比较和参考.

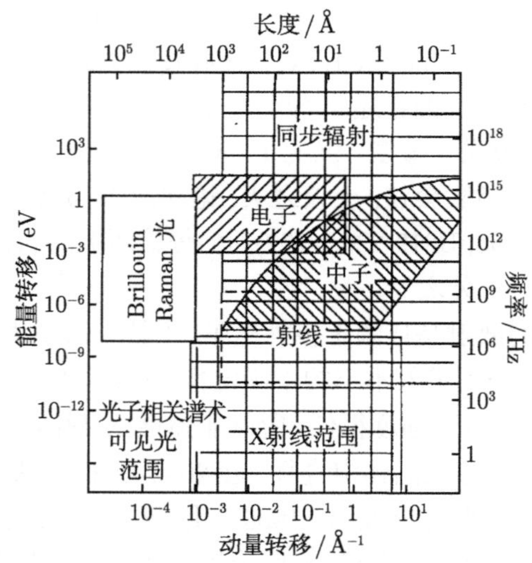

图 12.20　不同非弹性散射方法能通向的能量–动量空间范围

从整章的介绍可以看出: 5 种方法虽各有特点, 迄今的应用也有自己的主要领域, 但有着许多共同规律和内在联系, 就动态结构研究而言, 它们是相互补充的和相互验证的. 从表 12.3 可以看出, 除中子非弹性散射外, 其他 4 种实验技术本身的发展和应用领域的拓开都与同步辐射光源相关. 旋转阳极 X 射线源的亮度约 10^8, 第一代同步辐射从弯曲磁体引出的亮度 10^{10}~10^{14}, 第二代从扭摆磁体引出的亮度 10^{12}~10^{17}, 第三代从波荡磁体引出的亮度达 10^{15}~10^{20}, 第四代从自由电子激光引出的亮度高达 10^{20}~10^{24} . 这么高的亮度使 X 射线物理学革命化, 使 X 射线非弹性散射、核非弹性散射、Raman 散射和红外吸收谱都会发生革命性变化. 除核非弹性散射比较年轻, 尚需加强研究和发展外, 其他方法, 即 X 射线非弹性散射、Raman

表 12.3 研究物质动力学结构实验方法的比较

	中子非弹性散射	X 非弹性散射	核非弹性散射	Raman 散射	红外吸收谱
源能量范围	1~628MeV	1.25~100keV	1.25~100keV	10^{-3} ~1.2eV	10^{-3} ~1.2eV
源波长范围	0.16~100 Å	100~0.1 Å	100~0.1 Å	300~2.5μm	300=2.5μm
实验仪器和技术	三轴谱仪,TOF	同步辐射 X 射线	同步辐射 X 射线	激光, 同步辐射	红外, 激光, 同步辐射
	透射或反射	背散射几何	核非弹性共振谱仪	Raman 谱仪	Fourier 变换红外谱仪
	自旋–共鸣谱	时间关系谱			
光源尺度	mm~cm	mm~100μm	mm~100μm	mm SR:mm ~ 100μm	mm SR:mm ~ 100μm
光源发散度		几 ~40mrad	几 ~40mrad	SR:40mrad	SR: ~40mrad
分辨率	$\Delta d/d = 1.5\times 10^{-3}$ ~5×10^{-4}	50~10meV, 达 1meV	μeV~neV		
试样	较大的单晶, 多的样品	小极小的单晶, 极少试样	小极小的单晶, 极少试样	激光: 较大, 较多; SR: 小, 少	激光: 较大, 较多; SR: 小, 少
应用	应用最早, 晶体、非晶体	高亮度同步辐射; 高的能量分辨率; 单晶、多晶体液体, 对非晶体特别优越; 金刚石容器高压动力学, 对中子吸收太大和非相干散射截面太大的元素有用	高亮度; 高分辨率; 最适于研究核共振同位索	应用非常广泛	应用非常广泛

散射和红外吸收都已成熟, 当然也需随光源的发展而发展, 当前首先要作的课题是把 5 种方法有机地结合起来, 对以前中子非弹性散射点阵动力学研究某些重要结果进行验证和对新问题和动态结构细节的探索, 一方面可验证中子结果的正确性, 另一方面可修正某些错误, 补充新的结果, 对某些确定的科学问题进行新的探索. 由于第三代和第四代同步辐射光源高亮度、小源尺寸和极小发散度以及偏振性和相干性, 可以预期非弹性 X 射线和核非弹性共振吸收谱以它的极高能量分辨率和极小试样的巨大优点, 将使之成为物质动力学结构研究的主要工具. 同样同步辐射 Raman 散射和红外吸收谱在动态结构研究方面的应用将会出现新的局面, 对物质世界更深一步的认识作出贡献, 对那些不能用静态结构解释的许多物理性能做出合理的解释.

主要参考文献

1 杨传铮. 非弹性 X 散射声子光谱术. 理学 X 射线衍射用户协会论文集, 2000, 14(1, 2):

65-95.

2 *杨传铮, 姜玉稀. 物质动态结构的非弹性散射研究. 物理学进展, 2002, 22 (1): 27-72.

3 Burtcel E. Phonon spectroscop by inelastic X-ray scattering. Reports on Progress in Physics, 2000, 63 (2): 171-232.

4 Skold K, Price D L. Method of experimental physics. Orlendo , FL: Academic Press, 1986.

5 Burkel E, Peisl J, Dorner B. Europhys Lett., 1987, 3: 957; Rev. Sci. Instrum., 1992, 63: 1094; Physica, 1992, B180/ 181: 840-842; Naturforsch., 1993, A48: 289.

6 E. Gerdau, H de Waard, Rohlsberger R. Nuclear resonant scattering of synchrotron radiation. Bussum: Baltzer Sci., 1999.

7 Alexander S. Amorphous solids: their structure, lattice dynamics and elastcity. Phys. Rep., 1998, 296 (2-4): 65-236.

8 International Atomic Energy Agency. The proceedings of a symposium on the inelastic scattering of neutron in solids and liquids. Vienna, Oct. 1990; Brockhouse B N, Inelastic Scattering of Neutron. Vienna 1960.

9 Jannlink G, Daoud M. Physica, B156&157: 386-393.

10 Richter L, Farago B, Ewen B, et al. Physica, 1991, B174: 209-217.

11 Rousseau D L, Friedman J B. Biological application of ramam spectroscopy. New York: Wiley, 1988.

12 Sttles M, Doster W. Biological macromolecular dynamics. Schenectady:Adenine, 1996.

13 Hafiner J Krajci M. Physical properties of quasicrystals. Berlin: Springer-Verlay, 1999.

* 许多重要参考文献可在主要参考文献 2 中找到, 故未一一列出.

第 13 章　中子衍射散射的工业应用

由于: ① 绝大数元素对中子束的低吸收, 使得中子束能穿透常用的工业材料的厚度从数毫米到数厘米量级：② 无论是采用透射几何, 还是采用反射几何, 参与衍射或散射的体积都相当大, 这便于与材料的平均性能相联系; ③ 附加试样的特殊环境, 模拟材料应用情况比较容易; ④ 虽然中子与物质的交互作用较弱, 但对于工业应用, 散射实验仍能在几分钟 (反应堆中子源) 和数十秒 (脉冲中子源) 完成. 因此中子衍射散射技术的工业应用已越来越引起重视. 表 13.1 列举了中子散射工业应用的主要散射技术和获得有关材料的信息, 且与 X 射线做了对比. 由表可知, 中子散射工业应用的特点, 有关评论可参考主要参考文献 1, 2.

表 13.1　工业应用的主要中子散射技术和获得有关材料信息

实验技术	材料信息	中子	X 射线
小角散射	非均匀性微结构 粒度 (微孔) 分布	大而厚的试样	薄的试样
粉末衍射	物相鉴定和相变	遍及大样品的平均	薄试样, 分析可能快些
高分辨率粉末衍射	内应力和应变	大的穿透厚度或深度, 大体积的平均	近表面层, 仅小的体积
四圆衍射仪	织构	大体积的平均, 灵敏	快, 小体积的平均, 小晶粒需修正
貌相和双晶衍射仪	单晶质量	大体积的平均	薄的样品, 近表面层
准弹性散射	原子散射	空间信息	
非弹性散射	原子、分子振动, 动力学结构	几个选则法则	
放射性照相	材料定位	穿透厚度大, 定氢的位置	薄的样品
材料辐照	材料改性, 材料着色	应用广泛, 辐照损伤可忽略, 注意残余辐射	几乎不用, 同步辐 射有辐照损伤

13.1　材料微结构参数的测定

许多材料的微结构参数与其性能有良好的对应关系. 这里以作为镍–氢电池正极活性材料的 β-Ni$(OH)_2$ 为例. 其中微结构参数 —— 微晶形状和大小 D、微应变 ε 和层错概率 f 对电池性能有重大影响. 无论是 β-Ni$(OH)_2$ 的生产厂, 还是镍–氢电池生产单位都有测定这些微结构参数的要求, 故测定分析 β-Ni$(OH)_2$ 的微结构参数已成为常规工作. 下面介绍用 X 射线衍射分析 β-Ni$(OH)_2$ 的微结构的方法.

实践证明, 仅对 β-Ni(OH)$_2$ 作物相鉴定和粗略的点阵参数测定, 即从 XRD 花样的 d(晶面间距) 和 I/I_1(相对强度) 数据判定产品是否是 β-Ni(OH)$_2$, 从 (001) 和 (100) 晶面的 d 值求出点阵参数 a 和 c 是不够的. 即使在上述分析结果完全一致的情况下, 衍射花样中各线条宽化情况明显不同, 不能忽略这样的差别, 因为这些差别正好反映样品在晶粒形状、晶粒大小和所含堆垛层错数量的巨大差别, 而这些差别对 β-Ni(OH)$_2$ 的电化学性能和 Cd-Ni、MH-Ni 电池的充放性能以及循环性能产生重大影响.

1. *层错概率的简化求解*

从 11.2 节讨论可知, 只有当 $h-k=3n\pm1$, l 为偶数和 l 为奇数的衍射线条的数目 $m_{\text{偶数}}$ 和 $m_{\text{奇数}}$ 都必须满足 ⩾2 时才能求解; 换言之, 当 $m_{\text{偶数}}$ <2, $m_{\text{奇数}}$ <2, 就不可能用最小二乘方法求得 $f_{\rm D}$ 和 $f_{\rm T}$. 当微晶形状为矮胖柱体状或平行于六方结构 (001) 的扁平盘形时, 可用下述近似方法求解. 由微晶的剖面图 (见图 13.1) 分析得

$$\begin{aligned} D_{101} &= D_{001}/\cos\phi_{101} = 1.973D_{001} \\ D_{102} &= D_{001}/\cos\phi_{102} = 1.313D_{001} \end{aligned} \tag{13.1}$$

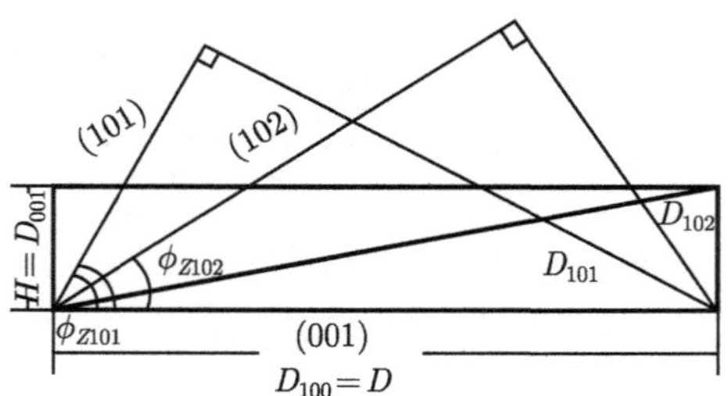

图 13.1　微晶的剖面图分析

将式 (13.1) 的结果代入式 (11.26) 得

$$\begin{aligned} \frac{\beta_{101}\cos\theta_{101}}{\lambda} &= \frac{2}{\pi}\left(\frac{d_{101}}{c}\right)^2\frac{\sin\theta_{101}}{\lambda}(3f_D+f_T)+\frac{0.89}{D_{101}} \\ \frac{\beta_{102}\cos\theta_{102}}{\lambda} &= \frac{4}{\pi}\left(\frac{d_{102}}{c}\right)^2\frac{\sin\theta_{102}}{\lambda}(3f_D+3f_T)+\frac{0.89}{D_{102}} \end{aligned} \tag{13.2}$$

如果忽略不同 β-Ni(OH)$_2$ 之间因点阵参数的差异引起的峰位移, 可把有关数据代入

$$0.6122\beta_{101} = 34.4074\times10^{-3}(3f_{\rm D}+f_{\rm T})+\frac{0.89}{1.973D_{001}}$$

$$0.5827\beta_{102} = 52.4028\times10^{-3}(3f_{\rm D}+3f_{\rm T})+\frac{0.89}{1.313D_{001}} \tag{13.3}$$

式中, β_{101}、β_{102} 的单位为弧度; D_{001} 的单位是Å; 且均为已知, 可求得 f_D、f_T 和 $f_D + f_T$.

2. β-$Ni(OH)_2$ 原材料的微结构与电池性能的关系

不同方法制备的 β-$Ni(OH)_2$ 有关性能和微结构参数如表 13.2. 可见, 四种 β-$Ni(OH)_2$ 的点阵参数随掺杂不相同而不同, 而重要的电化学性能中室温 1 C-1 C 容量与晶体形状、晶粒大小和总的层错概率有一定的对应关系, 具有最大层错概率和适中晶粒尺度的具有较高容量.

表 13.2 某单位生产的 β-$Ni(OH)_2$ 的性能和微结构数据

	Ni-PTX	Ni-$Zn_4Co_{1.5}$	Ni-Cd_3Co	Ni-KY
室温 1 C-1C 容量/mAh	592	571	591	578
600°C,1 C-1 C 容量/mAh	356.7	436.4	476.9	351.3
a/nm	0.310 80	0.310 98	0.311 18	0.311 57
c/nm	0.458 49	0.458 63	0.459 96	0.460 73
D_{001}/nm	13.1	15.5	14.6	11.9
D_{100}/nm	26.3	34.4	28.0	32.3
D_{100}/D_{001}	2.00	2.22	1.92	2.71
f_D/%	9.57	7.04	9.19	7.93
f_T/%	4.48	4.53	3.67	1.95
$(f_D + f_T)$/ %	14.05	11.57	13.86	9.88

表 13.3 不同来源 β-$Ni(OH)_2$ 的性能和微结构数据

	a/Å	c/Å	比容量 /(mAh/g)	内阻/mΩ	β-$Ni(OH)_2$ 的使用率/%	$\frac{D_{100}}{D_{001}}$	D/nm	f_D/%	f_T/%	$(f_D + f_T)$/%
No.1	4.118	4.607	271.9	14.6	92.6	4.076	21.81	4.34	1.47	6.81
No.2	4.118	4.602	271.0	14.3	92.9	4.475	27.14	7.23	−1.71	4.52
No.3	4.118	4.607	262.3	14.9	92.8	2.946	28.26	4.94	1.39	4.08

不同来源 β-$Ni(OH)_2$ 的性能和微结构数据列入表 13.3, 尽管点阵参数几乎一致, 但其容量仍有一定差别, 并与微结构参数有一定的对应关系. 因此可得出结论: 正极活性材料 β-$Ni(OH)_2$ 的晶粒形状、大小, 特别是总的层错概率与 MH/Ni 电池充放电容量有很好的对应关系, 具有适当晶粒大小和较大层错概率的材料, 对应于较大的充放电容量. 这与相关文献的研究结论一致. 与 Delmas 和 Tessier 考虑 β-$Ni(OH)_2$ 存在生长层错和形变层错, 采用 Treacy 等提出的方法和 DIFFax 程序来模拟衍射花样以建立结构模型和估算层错数量, 从而给出含 10%的形变层错概率 (f_D) 和 8%生长层错概率 (f_T) 的 β-$Ni(OH)_2$ 有较佳的电化学性能相一致; 与王超群等借用 Langford Borltif 等处理六方结构 ZnO 中微晶尺度与堆垛层的方法, 获

得总层错概率为 14.9% 的 β-$Ni(OH)_2$ 具有较高 (270 mAh/g) 的放电比容量的结论相一致.

3. 大电流充电情况下, β-$Ni(OH)_2$ 原材料的结构与电池性能的关系

大电流快速充电能力是镍氢电池在实用过程中一个急待解决的问题. 本节研究大电流充电情况下, β-$Ni(OH)_2$ 原材料的结构和电池性能关系. 几种原始 β-$Ni(OH)_2$ 样品的衍射花样示于图 13.2 中. 其化学成分列入表 13.4 中.

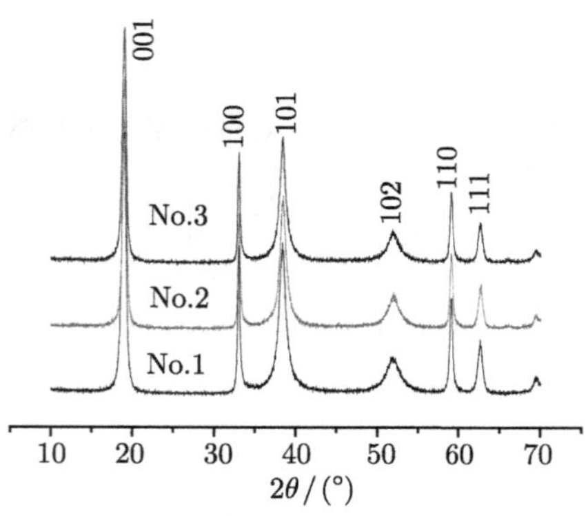

图 13.2 三种原始 β-$Ni(OH)_2$ 样品的衍射花样

表 13.4 三种原始 β-$Ni(OH)_2$ 样品的化学成分和晶粒形状、形状因子 (D_{100}/D_{001}) 及层错概率

	Ni/%	Co/%	Zn/%	a/Å	c/Å	D_{001}/nm	D_{100}/nm	D_{100}/D_{001}	(f_T+f_D)/%
No.1	57.2±2.0	1.5±0.5	4.8±0.5	4.1269	4.6629	16.32	54.6	4.407	10.04
No.2	54.4±2.0	4.5±0.5	4.4±0.5	4.1273	4.642	20.53	56.37	2.746	9.09
No.3	54.2±2.0	5.5±0.5	4.5±0.5	4.1265	4.6563	20.17	54.49	2.702	9.04

表 13.5 不同 β-$Ni(OH)_2$ 对应的电池的性能

	D_{100}/D_{001}	(f_T+f_D)/%	1C 容量/mAh	活性物质利用率/%	内阻/mΩ	不同倍率充电时最高电压		
						3C/V	4C/V	5C/V
No.1	4.407	10.04	901.78	97.8	10.75	1.6505	1.7015	1.727
No.2	2.746	9.09	934.17	97.6	10.5	1.6055	1.637	1.666
No.3	2.702	9.04	949.08	97.1	9.95	1.6025	1.631	1.660

仅从 β-$Ni(OH)_2$ 样品的 X 射线衍射花样看不出三种 β-$Ni(OH)_2$ 样品的区别, 通过计算晶粒大小和晶粒形状因子, 以及测定层错概率, 可以看出 No.1、No.2、No.3 微结构结构参数的不同. 测定结果列入表 13.4 中. 其对应的电池性能列入表 13.5. 从表 13.4 数据可以看出, 形状因子和层错概率随 No.1、No.2、No.3 逐渐减小. 把

表 13.4 和表 13.5 综合起来比较可知, 虽然 $1C$ 的容量随层错概率、形状因子的降低而升高, No.1 的快充电性能最佳. 能得出如下结论:

(1) 正极活性材料 β-$Ni(OH)_2$ 的晶粒形状、大小, 特别是总的层错概率与 MH/Ni 电池充放电容量有很好的对应关系, 具有适当晶粒大小和较大层错概率的材料, 对应于较大的充放电容量;

(2) 三种 β-$Ni(OH)_2$ 的活性物质利用率、内阻、不同倍率充电时最高电压都随层错概率、形状因子的增加而增加, 并与 β-$(Ni,Co)(OH)_2$ 中 Co 含量的增加、Ni 含量的降低相对应.

4. 电池活化循环对 β-$Ni(OH)_2$ 微结构的影响

镍–氢电池未活化、活化和循环 200、400 周期后 β-$Ni(OH)_2$ 的 XRD 花样示于图 13.3 中. 电池经活化和循环后, 存在微应力, 故为微晶–微应变–层错 (即 D-ε-f) 三重宽化效应, 衍射线条数目 $m_{偶数}$, $m_{奇数}$ 均不满足 $\geqslant 3$, 不能用一般方法处理数据, 但可用下述简化方法来处理数据, 即用 001、100、110、111 四条线的 FWHM 数据代入式 (11.24) 求得平均 $\bar{D}$ 和 $\bar{\varepsilon}$, 并代入式 (11.37) 得:

$$\begin{aligned}\frac{\beta_{101}\cos\theta_{101}}{\lambda} &= \frac{2}{\pi}\left(\frac{d_{101}}{c}\right)^2\frac{\sin\theta_{101}}{\lambda}(3f_{\mathrm{D}}+f_{\mathrm{T}})+\frac{0.89}{\bar{D}}+\bar{\varepsilon}\frac{4\sin\theta_{101}}{\lambda}\\ \frac{\beta_{102}\cos\theta_{102}}{\lambda} &= \frac{4}{\pi}\left(\frac{d_{102}}{c}\right)^2\frac{\sin\theta_{102}}{\lambda}(3f_{\mathrm{D}}+3f_{\mathrm{T}})+\frac{0.89}{\bar{D}}+\bar{\varepsilon}\frac{4\sin\theta_{102}}{\lambda}\end{aligned} \tag{13.4}$$

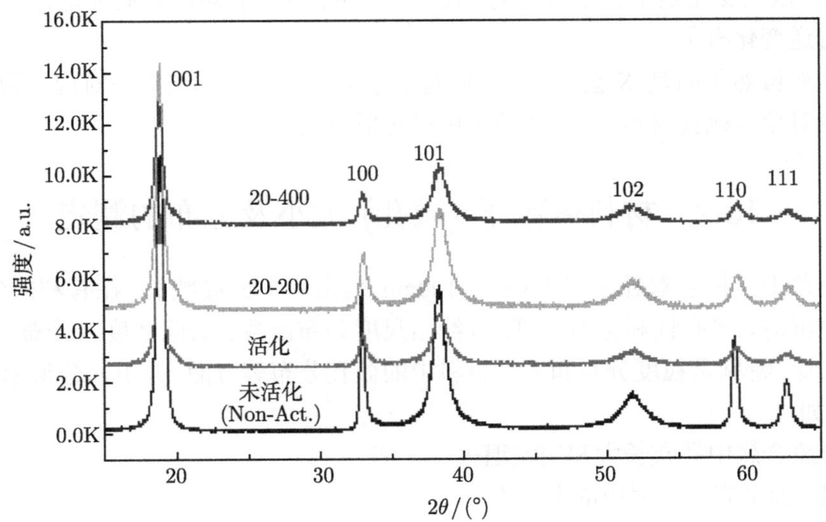

图 13.3 β-$Ni(OH)_2$ 未活化、活化和 20°C 循环 200、400 周期后的 XRD 花样

同样忽略不同 β-$Ni(OH)_2$ 之间因点阵参数的差异引起的峰位移, 可把有关数据

代入

$$\begin{cases} 0.6122\beta_{101} = 34.4074 \times 10^{-3}(3f_{\mathrm{D}} + f_{\mathrm{T}}) + \dfrac{0.89}{\bar{D}} + 0.8552\bar{\varepsilon} \\ 0.5827\beta_{102} + 52.4028 \times 10^{-3}(3f_{\mathrm{D}} + 3f_{\mathrm{T}}) + \dfrac{0.89}{\bar{D}} + 1.1464\bar{\varepsilon} \end{cases} \tag{13.5}$$

于是求得 f_{D}、f_{T} 和 $f_{\mathrm{D}} + f_{\mathrm{T}}$. 分析计算结果列入表 13.6. 可见,

表 13.6 对应于图 13.3 的原始数据的分析结果

	D_{002}/nm	D_{100}/nm	$D_{平均}$/nm	$\varepsilon_{平均}(10^{-3})$	f_{D}/%	f_{T}/%	$(f_{\mathrm{D}}+f_{\mathrm{T}})$/%
未活化	16.50	29.40	27.20	—	9.86	1.59	11.45
仅活化	19.98	17.67	57.30	5.96	4.28	4.66	8.94
100 周	19.78	17.82	54.90	5.57	5.12	2.83	7.95
400 周	16.71	18.46	34.20	4.62	4.13	3.10	7.23

(1) 活化使晶粒明显细化, 特别是垂直 c 晶轴方向的尺度大大减小, 从而使微晶形状由矮胖的柱状体转化为近乎等轴晶. 循环寿命试验没有改变这种状况.

(2) 由于电池的充放电, 使活化后和循环后的 β-$Ni(OH)_2$ 存在微应变 (微应力), 并随循环周期数增加而变小.

(3) 活化后和循环后层错结构和层错概率也发生变化, 总的层错概率随之变小.

(4) 这些变化是不完全可逆的, 表明 MN-Ni 电池的功能和循环寿命可能与这种不可逆变化有关.

本例虽然用的是 X 射线衍射, 但与中子衍射的方法和结果是对应一致的. 如果待测对象是磁性材料, 那就非得用中子衍射方法不可.

13.2 材料微粒子 (微孔) 大小及分布的测定

小角中子散射对粒子尺度在 1~100nm 范围是十分灵敏的, 在有利的条件下, 能研究沉淀、多孔性和位错密度. 以给出尺度分布函数、缺陷密度或分布, 因此应用很广泛, 特别是粒度分布和多孔材料中的微孔分布等方面, 并引入分形 (Fractal) 概念. 如

辐照金属中孔穴长大和空穴退火

煤、油页岩和水泥中的多孔性

金属合金中的沉淀时效

化学工业中的大分子形状

粉末冶金中的超细粉的粒度测定

等. 在实验技术上的发展包括两个方面：一是二维探测器的应用; 二是降低 Q 值的努力. 测定粒子 (微孔) 大小分布的方法有：Backus-Gilbert 方法、Glatter 方法、Moore 方法、Potton、Daniell 等的最大商方法以及后来的改进. 1991 年, Honson 和 Pedersen 对 Glatter、Moore 和最大商三种方法用模拟和实验数据进行比较表明, Glatter 和最大商两种方法给出类似的结果, 并与原始分布相符, 而 Moore 方法偶尔给出人为振动的结果. 近几年, 现代数学方法在分析和诠释小角散射数据方面也获得了成功. 具体方法已在第 10 章介绍.

13.3 多相产品分析

许多工业产品是多相的, 物相的鉴定及其所占的体积分数或质量分数的定量分析是经常的工作, 这方面以 X 射线衍射方法为主要手段, 但中子衍射与 X 射线衍射是相互补充的, 中子衍射是遍及大试样的平均结果, 故更有实际意义.

在多相试样的结构精修方面要比 X 射线衍射收集数据来得容易得多.

从粉末衍射峰的半高宽还能获得晶粒大小和应变的信息. 此外, 从线宽化还可研究催化剂中的类晶性 (paracrystallirity).

下面将 SiC 粉末样品作为多相分析的一个例子. 采用工业 SiC 半成品经 1300°C 烧结后的一个样品的中子 (λ=1.184Å) 衍射花样示于图 13.4 中. 用多相 Rietveld 分析程序 Fullprof 进行拟合结果也示于图中. 分析结果如表 13.7 所示.

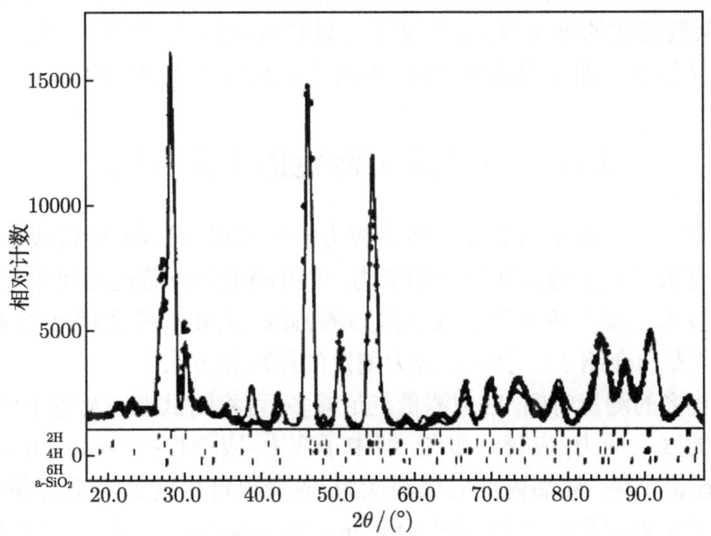

图 13.4 SiC 粉末样品用多相 Rietveld 分析程序 Fullprof 进行四相拟合的中子衍花样

表 13.7　SiC 粉末样品多相分析结果

存在物相	百分数/%	晶体结构	点阵参数 a/Å	c/Å	空间群
2H	73.1±2.0	六方	3.0819	5.0394	$P63mc$
4H	12.8±1.7	六方	3.073	10.053	$C6mc$
6H	14.0±1.1	六方	3.073	15.1183	$C63m$
α-SiO_2	<0.1	立方			$Fd3m$

13.4　材料的织构分析

中子衍射的织构分析与 X 射线方法一样, 能用极图、反极图和三维取向分布函数三种方法来表征. Mathier 等对从极图计算取向分布函数的三种方法作了比较, 结果表明, WIMV 方法使用少的极图就能给出满意的结果. 中子衍射测定结果是整个大样品的平均, 因此与材料性能对应较好. 为了更快地收集数据, 已采用线性位置灵敏探测器.

13.5　单晶质量检查

用来检查晶体质量的热中子技术就是中子貌相术, 但由于中子束极强的穿透能力和大的光束截面 (2 英寸见方或更大), 特别在磁性材料的晶体、对 X 射线高吸收的晶体和有机晶体质量检查较为有利.

另外, 在三轴谱仪的试样位置安装第一晶体, 在分析器晶体处安装欲检查的晶体, 并去除探测器前的准直器, 这样便把三轴谱仪改造成双晶衍射仪, 用这种仪器测定欲检查晶体摆动曲线的高宽, 这种半高宽是晶体质量的量度.

13.6　残余应力测定的工业应用

高分辨率的中子粉末衍射测定残余应力的应力和方法与 X 射线基本相同, 但由于中子束有极强的穿透金属材料的能力, 使得测量的位置达几厘米量级, 所以中子粉末衍射技术已加入各种测定残余应力的挑战, 主要参考文献 2, 3 给出了许多例子. 第 8 章专门介绍了中子衍射应力测定的原理和方法.

如果有较多的测量时间, 应力测量点足够多, 可将测试点遍及整个样品, 进而获得样品内部的残余应力/应变分布图, 即中子应力/应变扫描 (neutron stress/strain scanning). 理论上讲, 样品内部的微观应力/应变也可由逐点测定而获得. 图 13.5 给出了用中子衍射对旧钢轨横截面 (40mm×60mm×12mm) 进行{211}晶面应变扫描, 扫描步间距为 2mm 所得的结果. 结果表明, 在接近轮轨接触面部位存在高达 200MPa 的压缩残余应力, 而在中心部位存在高达 275MPa 的拉伸残余应力. 由于近表明的残余应力可抑制表面缺陷处疲劳裂纹的萌生, 而中心的平衡拉应力并未达到轨面, 该应力分布表明钢轨服役前的热处理工艺是合理的; 仅管生产的钢轨存在残余应力, 列车运行时又附加应力, 但仍能控制在合理范围内, 从而保证了钢轨较高的使用寿命.

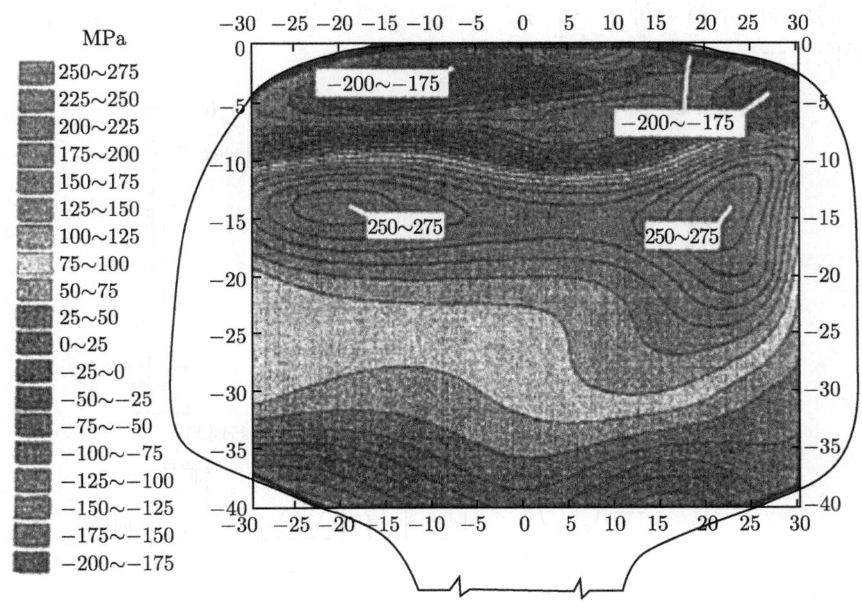

图 13.5 中子衍射应变扫描得到的钢轨横截面典型残余应力分布图

13.7 材料的中子射线照相

在射线照相术中, 所测量的试样透射率作为试样位置的函数, 高穿透率的中子, 特别是冷中子是有利的, 由于中子对氢有较大的散射截面, 与 X 射线或 γ 射线照相术相比较, 它的主要优点是水溶液或碳氢流体也能给出高的衬度.

各种模式的中子射线照相术的示意如图 13.6 所示. (a) 是静态透射成像, 能显示含氢的正确位置; 动力学照相是用 20cm 直径的闪烁晶体、相增强器和电视照相机, 使得信号能适时地观察或记录, 继后处理以给出信息的时间平均, 见图 13.6(b), 所谓相减射线照相术是把所摄取的像用数字方式储存并从早先摄取的像中减去.

图 13.7 给出了发动机气缸的 X 射线 (a) 和中子 (b) 无损透视照片, 看起来中子透视成像的对比度较差, 但中子透视有固有的特点：即具有既适合金属材料、金属构件, 也适合生物结构的动态观察的能量和极强的穿透能力. X 射线通常能穿透几十微米到毫米量级的金属厚度, 而同样波长的中子能穿透几毫米到几十毫米的金

属厚度. 因此中子能透视检测大块样品, 也可检测大的容器, 从根本上成为支持金属及其合金材料生产和零件加工的重要性能评价的手段. 在不改变材料或部件形态的情况下, 可把热中子无损透视用来研究管道中的层流行为, 检查物件内部是否存在缺陷或裂纹, 也可用来透视观察动物较多水分的器官, 直接观察根系的生长、高分子的运动、木材与种子中的水分分布及其变化等, 成为现代技术科学强有力的测试手段之一.

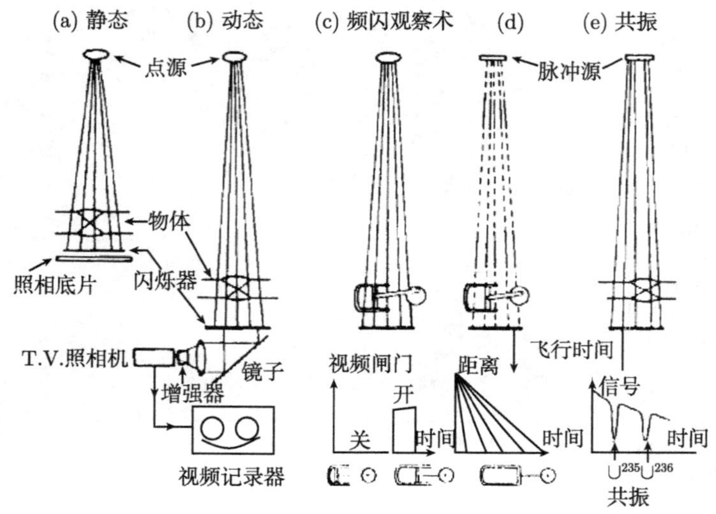

图 13.6　各种模式的中子射线照相术的示意图

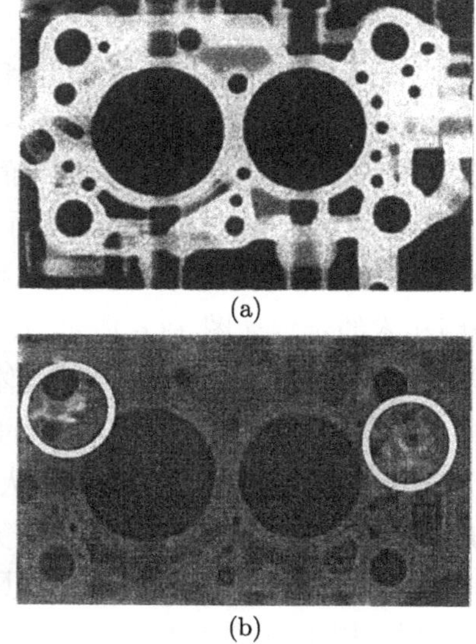

图 13.7　发动机气缸的 X 射线 (a) 和中子 (b) 无损透视照片

图 13.6(c) 所示的闪频观察技术能把被观察物体的周期运动及时冻结起来, 也可用脉冲中子源, 见图 13.6(d), 但在研究下的物体必须与脉冲源固有频率同相位. 图 13.6 (e) 所示的共振射线照相术是应用中子对元素不同的共振吸收能量 (大多数元素在 1eV~1keV) 灵敏的特点而成像中子共振的能量宽度随温度增加按附合良好的理论关系增加, 能用这个效应测量 1000~300K 范围的温度. 其精度达 ±10K.

除了上述的工业应用外, 中子与样品中的特定原子的原子核的直接反应会产生 γ 射线, 利用中子诱发 γ 射线, 可进行 10^{-6} ~10^{-9} 量级的超微量元素和同位素分析, 以实现高精度非破坏性的超微量元素分析.

新近由中国科学院上海光学精密机械研究所提出一种中子层析 (tomography) 成像装置, 能高分辨地重构待测样品的三维空间相位分布. 该装置包括转动平台、闪烁体、铝镜、CCD 相机、计算机和暗箱, 所说的闪烁体、铝镜和 CCD 相机放在暗箱中, 中子束入射到放置在转动平台上的样品上, 中子被样品产生的衍射中子垂直入射, 被闪烁体接收, 转化为含有样品信息的可见光, 被铝镜反射进入 CCD 相机上, 数字化后转入到计算机. 其特点是：在转动平台之前, 还设有由互相垂直放置的、具有一定曲率的单晶铝和单晶铝构成的单色聚焦器. 本实用新型装置兼有中子衍射和中子层析的优点, 能高分辨率地重构待测样品中待测元素的三维空间分布, 特别是能测试和分辨吸收系数非常相近的元素的空间结构.

13.8 材料的中子衍射综合表征

中子被原子核的散射和原子磁矩的散射对绝大数元素都有极高的穿透力, 它是金属及其合金材料和部件测试的真正的体探针. 在衍射区域内：

(1) 材料的化学成分、测试温度与材料的宏观残余应力都会使 Bragg 衍射峰的位置发生变化, 晶面间距也发生相对变化;

(2) 材料组成的各种物相的体积分数 (和质量分数) 在生产时有变化, 在使用过程中也会有变化, 这种变化会改变各相间相对强度的变化;

(3) 组成材料的各相的晶粒 (微晶或纳米晶) 的大小、形状、微观应变 (应力) 以及材料中晶体缺陷, 特别是堆垛层错, 会改变相关衍射线条的线形或轮廓, 使衍射线宽化;

(4) 材料中的晶粒取向因加工、热处理而不同, 在材料的使用过程也会发生变化, 即使材料中只有一种物相, 各衍射线的相对强度也会发生变化, 等等.

因此, 把中子衍射和散射技术用于工业上时, 一方面要注意要检测的目的和内容, 选择最合适的方法, 另一方面还应注意综合使用各种可能的方法, 进行综合比较的检测和分析, 使之结果更加合理、更加正确.

主要参考文献

1 Skold K, Price D L. Industral aplications// Neutron scatering: part C. USA: Academic Press, 1986, Chap. 25.

2 International Atomic Energy Agency. Neutron Scattering in Applied Reseach. Vienna, 1977.

3 Hendricks R W, Schelten J, Schmatz W. Phil. Mag., 1974, 30:819.

4 Galotto G P, Pizzi P, Walther H, et al. Necl. Instrum. Method, 1976, 134:369.

5 Backus G E, Gilbert F, Astron J R. Geophys. Soc.,1968, 16:169.

6 Glatter O. J. Appl. Cryst., 1980, 13:168.

7 Potton J A, Daniell G J, Rainford B D. J. Appl. Cryst., 1988, 21:668.

8 Potton J A, Daniell G J, Rainford B D, J. Appl. Cryst., 1988, 21:891.

9 Hanson S, Pedersen J S. J. Appl. Cryst., 1991, 24:541.

10 Svergun D I. J. Appl. Cryst., 1991, 24:485.

11 Svergun D I, Semenyuk A V, Feigin L A. Acta Cryst., 1988,A44:244.

12 Slattery, Winddor C G. J. Nucl. Instrum., 1983, 118:165.

13 Hosemann R, Preisinger A, Vogel W, Ber. Bunsenges. Phys. Chem.,1966, 70:796.

14 Wright C J, Windson C G, Puxley D C. J. Catal., 1982, 78:257.

15 Bunge H J, Eslin C. Quantitative texture analysis. Dtsch.Ges. Metallbunde,1982.

16 Hansen N, Jeffers T, Kiems J K. Acta Metall., 1981,29:1523.

17 Matthies S, Wenk H R, Vinel G W. J. Appl. Cryst., 1988,21:285.

18 Eent H R. An introduction to modern texture analysis. Orlando, FL: Academic Press, 1985.

19 Baruchel J, Sandonis J, Pearce A. Physica, 1989, B156&157:765.

20 Baruchel J, Schlenker M Zarka A, Ptroff J F. J Cryst. Groth., 1978, 44:186.

21 Dudley M, Mat. Res. Soc. Symp. Proc., 1990,166:55; J. Appl. Cryst., 1990, 23:186.

22 Pintschovius L, Jung V, Macherauch E, et al. Mater. Sci. Eng., 1983,61:43.

23 MacEwen S R, Faber J, Turner A P L. Acta Metall., 1983,31:657.

24 Allen A J, Hutchings M T, Windsor C G, et al. Adv. Phys., 1985, 34:445.

25 Karawiz A D, Holden T M, MES Bull. 1990, 15(11):57.

26 Moss S C, Jorgensen J D. Residual stress and analysis techniques// Neutron scattering for material science. Pennsylvania: Pittsburgh, 1990, 281-344.

27 Van der Hardt P, Rottger H. Nuetron radiography handbook. Dordrecht: Reidel, 1981.

28 Barton J P, Van der Hardt P. Neutron radiography. Dordrecht: Reidel,1983.

29 徐平光, 友田阳. 原位中子衍射材料表征技术的进展. 金属学报, 2006, 42(7):681-688.

30 姜传海, 杨传铮. 材料射线衍射散射分析. 北京：高等教育出版社, 2010.

31 陈建文, 高鸿奕, 谢红兰, 等. 中子衍射层析成像装置: 中国, 02283443. 2003-12-03.

32 程国峰, 杨传铮. 纳米材料 X 射线分析. 北京：化学工业出版社, 2010.6.

33 李际周, 杨继廉, 港健, 等. 功能耐热陶瓷 SiC 的中子衍射多相分析. 原子能科学技术, 1995, 29(3):133-138.

附　　录

附表 1　晶体结构和磁结构的晶系、布拉维点阵、点群、空间群数目的比较

	晶系	布拉维点阵	点群	空间群
晶体结构	7	14	32	230
磁结构	7	36	90	1651

附表 2(a)　晶体的布拉维点阵一览表

晶系	14 种布拉维点阵
三斜	P 简单点阵
单斜	P 简单点阵;　C 底心点阵
正交	P 简单点阵;　C 底心点阵;　F 面心正交;　I 体心正交
菱形	P 简单点阵 (R 晶胞), 常取六方 (H) 晶胞
四方	P 简单点阵;　I 体心点阵
六方	P 简单点阵;
立方	P 简单点阵;　F 面心正交;　I 体心正交

附表 2(b)　磁布拉维点阵一览表

序号	符号	序号	符号	序号	符号
三斜晶系		13	P_1	菱形和六方晶系	
1	P 简单点阵	14	C	28	R 简单点阵
2	P_{21}	15	C_{2c}	29	R_1
单斜晶系		16	C_p	30	P
3	P 简单点阵	17	C_1	31	P_{2c}
4	P_{2a}	18	F	立方晶系	
5	P_{2b}	19	F_c	32	P 简单点阵
6	Pc	20	I	33	P_F
7	C	21	I_p	34	F
8	C_{2c}	四方晶系		35	I
9	C_p	22	P 简单点阵	36	I_P
正交晶系		23	P_{2c}		
10	P 简单点阵	24	P_c		
11	P_{2c}	25	P_1		
12	P_c	26	I		
		27	I_p		

附表 3(a)　晶体点群一览表

序号	国际符号	序号	国际符号	序号	国际符号
三斜晶系		12	422	22	$\bar{6}$
1	1	13	$4mm$	23	$6/m$
2	$\bar{1}$	14	$\bar{4}2m$	24	622
单斜晶系		15	$4/m2/m2/m$	25	$6mm$
3	2	菱形晶系		26	$\bar{6}m2$
4	m	16	3	27	$6/m2/m2/m$
5	$2/m$	17	$\bar{3}$		
正交晶系					
6	$2mm$	18	32	立方晶系	
7	222	19	$3m$	28	23
8	$2/m2/m2/m$	20	$\bar{3}2/m$	29	$2/m\bar{3}$
9	4				
四方晶系		六方晶系		30	432
10	$\bar{4}$	21	6	31	$\bar{4}3m$
11	$4/m$			32	$4/m32/m$

附表 3(b)　磁点群一览表

*1					
*$\bar{1}$	$\bar{1}'$				
*2	*$2'$				
*m	*m'				
*$2/m$	$2'/m$	$2/m'$	*$2/m'$		
222	*$2'2'2'$				
223	$mm2$	*m'm2'	*$m'm'2$		
mmm	$m'mm'$	*$m'm'm$	$m'm'm'$		
*4	$4'$				
*$\bar{4}$	$\bar{4}'$				
*$4/m$	$4'$/m	$4/m'$	$4'/m'$		
422	$4'22'$	*$4m'm'$			
$\bar{4}2m$	$\bar{4}'2'm$	$\bar{4}'2m'$	*$\bar{4}2'm'$		
$4/mmm$	$4/m'mm$	$4'/mm'm$	$4'/m'm'm$	*$4/mm'm'$	$4/m'm'm'$
*3					
*$\bar{3}$	$\bar{3}'$				
32	*$32'$				
$3m$	*$3m'$				
$\bar{3}m$	$\bar{3}'m$	$\bar{3}'m'$	*$\bar{3}m'$		
*6	$6'$				
*$\bar{6}$	$\bar{6}'$				
*$6/m$	$6'/m$	$6/m'$	$6'/m'$		
622	$6'2'2$	*$62'2'$			
$6mm$	$6'm'm$	*$6m'm'$			
$\bar{6}m2$	$\bar{6}'m'2$	$\bar{6}'m2'$	*$\bar{6}m'2'$		
$6/mmm$	$6'm'mm$	$6'/mm'm$	$6'/m'm'm$	*$6/mm'm'$	$6/m'm'm'$
23					
$m3$	$m'3$				
432	$4'32'$				
$\bar{4}3m$	$\bar{4}'3m'$				
$m3m$	$m'3m$	$m3'm'$	$m'3m'$		

附表 3(c)　可接受的磁点群目录

磁点群	可接受的自旋方向
1 $\bar{1}$	$n_1=3$ 任意方向
$2'$ $2/m'm'm2'$	$n_1=2$ 垂直于轴

续表

磁点群	可接受的自旋方向
m'	面内的任意方向
	$n_1=1$
m	垂直与平面
$m'm'm$	垂直与非主要平面
$2'2'2$	沿主要轴
$2\ 2/mm'm'2$	沿着轴
$4\ \bar{4}\ 4/m\ 42'2'$	沿较高有序轴
$4m'm'\ \bar{4}2'm'\ 4/mm'm'$	沿较高有序轴
$3\ \bar{3}\ 32'\ 3m'\ \bar{3}m'$	沿较高有序轴
$6\ \bar{6}\ 6/m\ 62'2'$	沿较高有序轴
$6m'm'\ \bar{6}m'2'\ 6/mm'm'$	沿较高有序轴

附表 4(a) 晶体 230 个空间群一览表

序号	国际符号	序号	国际符号	序号	国际符号	序号	国际符号	序号	国际符号	序号	国际符号
三斜晶系		39	$P222_1$	78	$P4_1$	118	$P4_22_1$	157	$P3_112$	立方晶系	
1	$P1$	40	$P2_12_12$	79	$P4_2$	119	$P4_32$	158	$P3_121$	195	$P23$
2	$P\bar{1}$	41	$P2_12_12_1$	80	$P4_3$	120	$P4_32_1$	159	$P3_212$	196	$F23$
单斜晶系		42	$C222$	81	$I4$	121	$I42$	160	$P3_221$	197	$I23$
3	Pm	43	$C222_1$	82	$I4_1$	122	$I4_12$	161	$R32$	198	$P2_13$
4	Pc	44	$F222$	83	$P4/m$	123	$P4/mmm$	162	$P\bar{3}1m$	199	$I2_13$
5	Cm	45	$I222$	84	$P4_2/m$	124	$P4/mcc$	163	$P\bar{3}1c$	200	$Pm3$
6	CC	46	$I2_12_12_1$	85	$P4/n$	125	$P4/nbm$	164	$P\bar{3}m$	201	$Pn3$
7	$P2$	47	$Pmmm$	86	$P4_2/n$	126	$P4/nnc$	165	$P\bar{3}c$	202	$Fm3$
8	$P2_1$	48	$Pnnn$	87	$\mathrm{I}4/m$	127	$P4/mbm$	166	$R\bar{3}m$	203	$Fd3$
9	C	49	$Pccm$	88	$\mathrm{I}4_1/a$	128	$P4/mnc$	167	$R\bar{3}c$	204	$Im3$
10	$P2/m$	50	$Pban$	89	$P\bar{4}2m$	129	$P4/nmm$	六方晶系		205	$Pa3$
11	$P2_1/m$	51	$Pmma$	90	$P\bar{4}2c$	130	$P4/ncc$	168	$P\bar{6}$	206	$Ia3$
12	$C2/m$	52	$Pnna$	91	$P\bar{4}2_1m$	131	$P4/mmc$	169	$P6$	207	$P\bar{4}3m$
13	$P2/c$	53	$Pmna$	92	$P\bar{4}2_1c$	132	$P4/mcm$	170	$P6_1$	208	$F\bar{4}3m$
14	$P2_1/c$	54	$Pcca$	93	$P\bar{4}m2$	133	$P4/nbc$	171	$P6_5$	209	$I\bar{4}3m$
15	$C2/c$	55	$Pbam$	94	$P\bar{4}c2$	134	$P4/nnm$	172	$P6_2$	210	$P\bar{4}3n$
正交晶系		56	$Pccn$	95	$P\bar{4}b2$	135	$P4/mbc$	173	$P6_4$	211	$F\bar{4}3n$
16	Pmm	57	$Pbcm$	96	$P\bar{4}n2$	136	$P4/mnm$	174	$P6_3$	212	$I\bar{4}3d$
17	Pmc	58	$Pnnm$	97	$I\bar{4}m2$	137	$P4/nmc$	175	$P6/m$	213	$P43$
18	Pcc	59	$Pmmn$	98	$I\bar{4}c2$	138	$P4/ncm$	176	$P6_3/m$	214	$P4_23$
19	Pma	60	$Pbcn$	99	$I\bar{4}2m$	139	$I4/mmm$	177	$P\bar{6}m2$	215	$F43$
20	Pca	61	$Pbca$	100	$I\bar{4}2d$	140	$I4/mcm$	178	$P\bar{6}c2$	216	$F4_13$
21	Pnc	62	$Pnma$	101	$P4mm$	141	$I4/amd$	179	$P\bar{6}2m$	217	$I43$
22	Pmn	63	$Cmcm$	102	$P4bm$	142	$I4/acd$	180	$P\bar{6}2c$	218	$P4_33$
23	Pba	64	$Cmca$	103	$P4cm$	菱形晶系		181	$P6mm$	219	$P4_13$
24	Pna	65	$Cmmm$	104	$P4nm$	143	$P3$	182	$P6cc$	220	$I4_13$
25	Pnn	66	$Cccm$	105	$P4cc$	144	$P3_1$	183	$P6cm$	221	$Pm3m$
26	Cmm	67	$Cmma$	106	$P4nc$	145	$P3_2$	184	$P6mc$	222	$Pn3n$
27	Cmc	68	$Ccca$	107	$P4mc$	146	$R3$	185	$P62$	223	$Pm3n$
28	Ccc	69	$Fmmm$	108	$P4bc$	147	$P\bar{3}$	186	$P6_12$	224	$Pn3m$
29	Amm	70	$Fddd$	109	$I4mm$	148	$R\bar{3}$	187	$P6_52$	225	$Fm3m$
31	Abm	71	$Immm$	110	$I4cm$	149	$P3m$	188	$P6_22$	226	$Fm3c$
32	Ama	72	$Ibam$	111	$I4md$	150	$P31m$	189	$P642$	227	$Fd3m$
33	Aba	73	$Ibca$	112	$I4cd$	151	$P3c$	190	$P6_32$	228	$Fd3c$
34	Fdd	74	$Imma$	113	$P42$	152	$P31c$	191	$P6/mmm$	229	$Im3m$
35	Imm	四方晶系		114	$P42_1$	153	$R3m$	192	$P6/mcc$	230	$Ia3d$
36	Iba	75	$P\bar{4}$	115	$P4_12$	154	$R3c$	193	$P6/mcm$		
37	Ima	76	$I\bar{4}$	116	$P4_12_1$	155	$P312$	194	$P6/mmc$		
38	$P222$	77	$P4$	117	$P4_22$	156	$P321$				

附表 4(b)　六方晶系磁空间群一览表

	$Pm2$	$P6/mcc$
$P6_422$	$P\bar{6}m2$	
$P6_42'2$	$P\bar{6}'m'2$	$P6/m'cc$
$P6'_422'$	$P\bar{6}'m2'$	$P6'/mc'c$
*$P6_42'2'$	*$P\bar{6}m'2'$	$P6'/mcc'$
$P_{2c}6_422$　P_c6_222	$P_{2c}\bar{6}m2$　$P_c\bar{6}m2$	$P6'/m'c'c$
$P_{2c}6'_42'2$　P_c6_422	$P_{2c}\bar{6}'m'2$　$P_c\bar{6}c2$	$P6'/m'cc'$
		*$P6/mc'c'$
$P6_322$	$P\bar{6}c2$	$P6/m'c'c'$
	$P\bar{6}'c'2$	
$P6'_32'2$	$P\bar{6}'c2'$	P_3/mcm
$P6'_322'$	*$P\bar{6}c'2'$	
*$P6_32'2'$	$P\bar{6}2m$	$P_3/m'cm$
	$P\bar{6}'2'm$	$P'_3/mc'm$
$6mm$	$P\bar{6}'2m'$	P'_3/mcm'
$P6mm$	*$P\bar{6}2'm'$	$P'_3/m'c'm$
	$P_{2c}\bar{6}2m$　$P_c\bar{6}2m$	$P'_3/m'cm'$
$P6'm'm$	$P_{2c}\bar{6}'2m'$　$P_c\bar{6}2c$	*$P_3/mc'm'$
$P6'mm'$		$P_3/m'c'm'$
*$P6m'm'$	$P\bar{6}2c$	
$P_{2c}6mm$　P_c6mm	$P\bar{6}'2'c$	$P6_3/mmc$
$P_{2c}6'm'm$　P_c6_3cm	$P\bar{6}'2c'$	
$P_{2c}6'mm'$　P_c6_3mc	*$P\bar{6}2'c'$	$P6_3/m'mc$
$P_{2c}6m'm'$　P_c6cc	P/mmm	$P6'_3/mm'c$
	$P6/mmm$	$P6'_3/mmc'$
$P6cc$	$P6/m'mm$	$P6'_3/m'm'c$
$P6cc$	$P6'/mm'm$	$P6'_3/m'mc'$
$P6'c'c$	$P6'/mmm'$	*$P6_3/mm'c'$
$P6'cc'$	$P6'/m'm'm$	$P6_3/m'm'c'$
*$P6c'c'$	$P6'/m'mm'$	
	*$P6/mm'm'$	
$P6_2mc$	$P6/m'm'm'$	
	$P_{2c}6/mmm$　P_c6/mmm	
$P6'_2m'c$	$P_{2c}6'/mm'm$　P_c6/mcm	
$P6'_2mc'$	$P_{2c}6'/mmm'$　P_c6/mmc	
*$P6_2m'c'$	$P_{2c}6/mm'm'$　P_c6/mcc	

附表 4(c)　立方晶系磁空间群一览表

	$P_4 332$	$I\bar{4}3m$
$P2_3 3$	$P4_2' 32'$	
$I2_1 3$	$P_F 4_2 32$　$F_P 4_1 32$	$I\bar{4}'3m'$
	$F432$	$I_P\bar{4}3m$　$P_I\bar{4}_{3m}$
$I_P 2_1 3$　$P_I 2_1 3$	$F\bar{4}'32'$	$I_P\bar{4}'3m'$　$P_I\bar{4}_{3n}$
$m3$	$F4_1 32$	
$Pm3$	$F4_1' 32'$	$P\bar{4}3n$
$Pm'3$	$I432$	
$P_F m3$　$F_P m3$	$I4'32'$	$P\bar{4}'3n'$
	$I_F 432$　$P_I 432$	$F\bar{4}3c$
$Pn3$	$I_F 4'32'$　$P_I 4_1 32$	$F\bar{4}'3c'$
$Pn'3$	$P4_3 32$	
$P_F n3$　$F_P d3$	$P4_3' 32'$	$I\bar{4}3d$
	$P4_1 32$	$I\bar{4}_{'} 3d'$
$Fm3$	$P4_1' 32$	
$Fm'3$	$I4_1 32$	$m3m$
$Fd3$	$I4_1' 32'$	$Pm3m$
$Fd'3$	$I_P 4_1 32$　$P_I 4_2 32$	$Pm'3m$
$Im3$	$I4_1' 32'$　$P_I 4_1 32$	$Pm3m'$
$Im'3$	$I_P 4_1 32$	$Pm'3m'$
$I_p m3$　$P_I m3$	$I_P 4_1' 32'$	$P_F m3m$　$F_4 m3m$
$Ipm'3$　$P_I n3$	$\bar{4}3m$	$P_F m3m'$　$F_2 m3c$
	$P\bar{4}3m$	
$Pa3$	$P\bar{4}'3m'$	$Pn3n$
$Pa'3$	$P_F\bar{4}3m$　$F_P\bar{4}3m$	$Pn'3n$
$Ia3$	$P_F\bar{4}'3m'$　$F_P\bar{4}3c$	$Pn'3n'$
$Pa'3$	$F\bar{4}3m$	
$I_P m3$　$P_I m3$	$F\bar{4}'3m'$	$Pm3n$
$Ipa'3$　$P_I n3$		$Pm'3n$
	$Fm3c'$	$Pm'3n'$
432	$Fm'3c'$	$Pn3m$
$P432$		
$P4'32'$	$Fd3m$	$Pn'3m$
$P_F 432$　$F_P 432$		$Pn3m'$
	$Fd'3m$	$Pn'3m'$
$Pn3m$	$Fd3m'$	
	$Fd'3m'$	$Im3m$

续表

P_Fn3m　F_Pd3m		
P_In3m'　F_Id3c		$Im'3m$
	$Fd3c$	$Im3m'$
$Fm3m$		$Im'3m'$
	$Fd'3c$	I_Pm3m　P_Im3m
$Fm'3m$	$Fd3c'$	$I_Pm'3m$　P_In3m
$Fm3m'$	$Fd'3c'$	I_Pm3m'　P_Im3n
$Fm'3m$;		$I_Pm'3m'$　P_In3n
$Fm3c$		$Ia3d$
$Fm'3c$		$Ia'3d$
		$Ia3d'$
		$Ia'3d'$

《现代物理基础丛书·典藏版》书目

1. 现代声学理论基础　马大猷　著
2. 物理学家用微分几何（第二版）　侯伯元　侯伯宇　著
3. 计算物理学　马文淦　编著
4. 相互作用的规范理论（第二版）　戴元本　著
5. 理论力学　张建树　等　编著
6. 微分几何入门与广义相对论（上册·第二版）　梁灿彬　周　彬　著
7. 微分几何入门与广义相对论（中册·第二版）　梁灿彬　周　彬　著
8. 微分几何入门与广义相对论（下册·第二版）　梁灿彬　周　彬　著
9. 辐射和光场的量子统计理论　曹昌祺　著
10. 实验物理中的概率和统计（第二版）　朱永生　著
11. 声学理论与工程应用　何　琳　等　编著
12. 高等原子分子物理学（第二版）　徐克尊　著
13. 大气声学（第二版）　杨训仁　陈　宇　著
14. 输运理论（第二版）　黄祖洽　丁鄂江　著
15. 量子统计力学（第二版）　张先蔚　编著
16. 凝聚态物理的格林函数理论　王怀玉　著
17. 激光光散射谱学　张明生　著
18. 量子非阿贝尔规范场论　曹昌祺　著
19. 狭义相对论（第二版）　刘　辽　等　编著
20. 经典黑洞和量子黑洞　王永久　著
21. 路径积分与量子物理导引　侯伯元　等　编著
22. 全息干涉计量——原理和方法　熊秉衡　李俊昌　编著
23. 实验数据多元统计分析　朱永生　编著
24. 工程电磁理论　张善杰　著
25. 经典电动力学　曹昌祺　著
26. 经典宇宙和量子宇宙　王永久　著
27. 高等结构动力学（第二版）　李东旭　编著
28. 粉末衍射法测定晶体结构（第二版·上、下册）　梁敬魁　编著
29. 量子计算与量子信息原理　Giuliano Benenti　等　著
　——第一卷：基本概念　王文阁　李保文　译

30. 近代晶体学（第二版） 张克从 著
31. 引力理论（上、下册） 王永久 著
32. 低温等离子体 B. M. 弗尔曼 И. M. 扎什京 编著
——等离子体的产生、工艺、问题及前景 邱励俭 译
33. 量子物理新进展 梁九卿 韦联福 著
34. 电磁波理论 葛德彪 魏 兵 著
35. 激光光谱学 W. 戴姆特瑞德 著
——第 1 卷：基础理论 姬 扬 译
36. 激光光谱学 W. 戴姆特瑞德 著
——第 2 卷：实验技术 姬 扬 译
37. 量子光学导论（第二版） 谭维翰 著
38. 中子衍射技术及其应用 姜传海 杨传铮 编著
39. 凝聚态、电磁学和引力中的多值场论 H. 克莱纳特 著 姜 颖 译
40. 反常统计动力学导论 包景东 著
41. 实验数据分析（上册） 朱永生 著
42. 实验数据分析（下册） 朱永生 著
43. 有机固体物理 解士杰 等 著
44. 磁性物理 金汉民 著
45. 自旋电子学 翟宏如 等 编著
46. 同步辐射光源及其应用（上册） 麦振洪 等 著
47. 同步辐射光源及其应用（下册） 麦振洪 等 著
48. 高等量子力学 汪克林 著
49. 量子多体理论与运动模式动力学 王顺金 著
50. 薄膜生长（第二版） 吴自勤 等 著
51. 物理学中的数学方法 王怀玉 著
52. 物理学前沿——问题与基础 王顺金 著
53. 弯曲时空量子场论与量子宇宙学 刘 辽 黄超光 编著
54. 经典电动力学 张锡珍 张焕乔 著
55. 内应力衍射分析 姜传海 杨传铮 编著
56. 宇宙学基本原理 龚云贵 编著
57. B介子物理学 肖振军 著